高 等 学 校 环 境 类 教 材

环境科学概论

（第3版）

方淑荣　姚红　编著

清華大學出版社
北 京

内 容 简 介

本教材以人类面临的主要环境问题为研究对象，系统地阐述了人类活动影响下环境要素的变化以及污染物在大气、水体、土壤中的迁移转化规律，并介绍了固体废物污染、物理污染和生物污染对环境的影响，同时从环境管理的视角探讨了解决环境问题的途径，最后对全球性环境问题与可持续发展理论进行概论性的阐述。

本教材每章之前明确了学习目标，章节中附有典型的阅读材料，每章之后附以思考题，并提供了开放性的学习资源，以此提高教材的实用性，既有利于学生的学，又有利于教师的教，尤其是有利于培养学生的综合思维及解决实际问题的能力。

本教材可作为环境科学、环境工程、资源与环境规划等专业的基础课程教材，也可作为环境科学公选课的教材，同时也可供从事环境保护工作的专业人员参考。

图书在版编目（CIP）数据

环境科学概论/方淑荣，姚红编著. —3 版. —北京：清华大学出版社，2022. 11（2024. 9 重印）
高等学校环境类教材
ISBN 978-7-302-61990-1

Ⅰ. ①环… Ⅱ. ①方… ②姚… Ⅲ. ①环境科学—高等学校—教材 Ⅳ. ①X

中国版本图书馆 CIP 数据核字(2022)第 179935 号

责任编辑：王向珍
封面设计：陈国熙
责任校对：赵丽敏
责任印制：杨 艳

出版发行：清华大学出版社
网　　址：https://www.tup.com.cn，https://www.wqxuetang.com
地　　址：北京清华大学学研大厦 A 座　　**邮　　编**：100084
社 总 机：010-83470000　　**邮　　购**：010-62786544
投稿与读者服务：010-62776969，c-service@tup. tsinghua. edu. cn
质量反馈：010-62772015，zhiliang@tup. tsinghua. edu. cn
印 装 者：大厂回族自治县彩虹印刷有限公司
经　　销：全国新华书店
开　　本：170mm×230mm　　**印　　张**：22. 25　　**字　　数**：423 千字
版　　次：2011 年 6 月第 1 版　　2022 年 12 月第 3 版　　**印　　次**：2024 年 9 月第 7 次印刷
定　　价：65. 00 元

产品编号：097507-01

第3版前言

近年来，中国坚持创新、协调、绿色、开放、共享的新发展理念，并将绿色发展理念融汇到经济建设的各方面和全过程，坚定不移走绿色、低碳、可持续发展道路，经济发展与减污降碳协同，在经济社会持续健康发展的同时，环境治理与保护也取得了前所未有的成效，绿色已成为经济高质量发展的亮丽底色。中国政府立足国内、胸怀世界，以大国担当为全球应对气候变化做出积极贡献。党的二十大报告指出："尊重自然、顺应自然、保护自然，是全面建设社会主义现代化国家的内在要求。必须牢固树立和践行绿水青山就是金山银山的理念，站在人与自然和谐共生的高度谋划发展"。加快发展方式绿色转型，深入推进环境污染防治，提升生态系统多样性、稳定性、持续性，积极稳妥推进碳达峰碳中和，这四项重要部署，为推动建设人与自然和谐共生的现代化指明了前进方向，提供了行动遵循准则。

在此大背景下，本教材修订的核心就是在原有基础上，展示我国"十二五"以来生态文明建设、环境保护攻坚战的显著成果，让我们的学生了解我国在生态环境保护方面都做了什么？怎么做的？取得了怎样的成果。修订的主要内容如下：

第 2 章大气环境：增加了挥发性有机物的概念、来源、危害、污染现状及防控措施。我国大气污染治理历程回顾、环境空气质量标准与空气质量预报、我国大气环境的现状及污染特点、我国大气环境污染的综合防控策略。

第 3 章水体环境：增加阅读材料《我国地表水环境污染明显改善》和水体生态修复技术。

第 4 章土壤环境：增加了我国土壤环境质量现状、土壤污染修复技术。

第 5 章固体废物与环境：增加了我国固体废物环境污染防治现状和无废城市建设。

第 7 章生物环境：插入阅读材料《长江十年禁渔计划》和《我国为保护生物多样性到底做了哪些实事儿?》。

第 8 章环境管理：增加了环境保护税、生态保护红线制度、中国环境管理的创新与成就，介绍了习近平生态文明思想的内涵及中国生态环境管理取得的新成就。并插入阅读材料《公民生态环境行为规范(试行)》。

第 9 章环境科学技术与方法：增加了地理信息系统(GIS) 在环境监测中应用

部分内容。

第10章全球环境变化与可持续发展：修订的内容比较多，对温室效应、臭氧层耗竭、酸雨危害加剧部分的内容都进行了更新与扩充，主要增加了中国应对全球环境变化所采取的行动，以彰显我国在应对全球环境变化方面的大国风范及其引领作用和取得的举世瞩目成就。

同时对教学目标及问题与思考也作了相应的修订，更加追求内容的时代性，彰显我国环境治理的巨大成就，将最先进的环境技术、最先进的环境变化数据引入教材中，使学生关注到我们身边环境的改善，提升其对生态环境的保护意识，增强保护生态环境的使命感及爱国情感。

本次修订是在研读大量相关资料的基础上进行的，也听取了很多专家与同行的建议，尤其是得到了在环境科学领域具有多年实践经验的查书平博士的具体指导，在此表示最诚挚的谢意！

本书编著过程中，引用了大量国内外相关文献和阅读资料，在此向文献作者表示诚挚的谢意！非常荣幸的是，在本书出版之际，得到南通摄影大师黄红军提供的南通军山景观图片作为封面图片，图片展现了南通的绿水青山之美，在此对黄红军大师深表谢意！

在此也向那些选用本教材，并提出修改意见的老师和同学表示衷心的感谢！

尽管我们力争将修订工作做得完美，但仍然可能存在一定的不足，请各位读者对书中不当之处给予批评指正！

编著者

2022年10月

第2版前言

本教材自2011年6月出版以来，得到了各位同仁的认可与支持，已经多次重印。在此向选用本教材的各位同仁表示真诚的感谢！同时因书中的疏漏给各位同仁在使用过程中带来不便，我们表示深切的歉意！随着时间的推移和环境科学的发展，书中部分内容已显过时与陈旧，因此进行修订。

当今社会，人们对生存环境越来越重视，对空气质量预报的关注度已不亚于天气预报，环境质量成为评价区域社会经济发展的重要指标。环境科学是近年来快速发展的学科之一，已不仅仅是环境科学专业学生的必修课，也成为很多相关专业学生的必修课或者大学生的通识课程。随着环境科学各分支学科的不断完善，现代环境科学体系日趋成熟。本次修订更加注重教材框架体系的逻辑性，强调内容的科学性，追求内容的时代性，注重内容的适用性，紧密联系实际，反映社会发展对环境科学学科发展的需求。新版主要对第3章水体环境的内容进行梳理、调整和删改，其他章节主要增加一些环境科学的新内容，如目前大家普遍关注的雾霾、热污染以及固体废物管理的创新与实践等，同时对书中原有的错误进行了修正，对一些内容和数据进行更新。力争使其逻辑更合理，重点更突出，既有利于教师的教，又有利于学生的学。

本次修订过程中，姚红博士做了大量的工作，刘波、赵力、蒋慧等都提出了中肯的建议，在此表示感谢。同时，也向那些对本书提出修改意见的老师和同学们表示衷心感谢！

尽管我们反复思考，仔细斟酌，尽力而为，希望将修订工作做得完美，但仍可能存在一定的错误与问题，请各位同仁对书中不当之处给予指正！

编　者

2018年6月

第1版前言

当今全球环境问题日趋严重，臭氧层损耗、气候变暖、酸雨、土地荒漠化、森林锐减、生物多样性减少等，与大气污染、水体污染、土壤污染等交织在一起，对人类的生活、生产与生存构成了极大的威胁，环境保护已成为当今世界面临的重要任务。环境科学以人类-环境系统为研究对象，揭示人类活动与自然环境之间的关系，探索全球环境的演化规律，调控人类与环境之间的物质和能量交换过程，以改善环境质量，促进人类与环境之间的协调发展。经过四十多年的发展与完善，环境科学与自然科学、工程科学、社会科学、管理科学等学科相互交叉渗透，形成了具有自身特征的相对完善的理论体系和学科框架结构。

本教材主要是以人类面临的主要环境问题为研究对象，探讨人类活动导致的环境污染的成因、特征及规律，目的是使学生在掌握一定的环境科学知识的基础上，了解当前全球和我国环境问题的严重性、危害及产生的原因，增强环境忧患意识；树立人与自然和谐共存的观点，同时承担起保护环境的历史重任。在教学内容上，注重知识体系的科学性、系统性和实用性，同时瞄准环境科学研究的前沿，并结合我国环境的现状，力求内容的新颖性。为便于学生的学和教师的教，在每章内容之前都有明确的学习目标，在每章内容之后附有思考题和学习资源，以深化和拓展教学内容。同时，还在文中附有经典的阅读材料和案例研究内容，便于学生自学和深入探讨环境问题的实质，培养学生利用所学知识解决环境问题的能力。

本教材由方淑荣任主编并负责全书统稿。编写工作具体分工如下：第1、2、5、8章由方淑荣编写；第3章由刘波编写；第4章由赵力编写；第6章由蒋慧编写；第7、9章由姚红编写；第10章由游珍编写。全书由王英利主审，他提出了许多宝贵的意见，特表示感谢。

本教材可作为环境科学专业、环境工程专业、环境规划专业及相关专业的基础课程教材，也可作为环境科学公选课的教材。

在本教材编写工作中，我们尽量针对地学及相关专业的学科特点，在选材的新颖性、科学性、知识性等方面做了很大的努力。但限于作者的知识领域和水平所限，本教材仍可能存在不足之处，敬请读者批评指正。

编　者

2011年1月

目录

第1章

绪　论

学习目标

1. 理解和掌握环境的相关概念，如环境要素、环境质量、环境容量和环境污染等。

2. 理解和掌握环境问题的分类及其产生与发展的过程，尤其是环境问题产生的实质。

3. 理解和掌握环境的组成及其特性，尤其是各组成要素之间的相互关系。

4. 理解和掌握环境科学的研究对象与任务。

1.1　环境的基本概念、组成及特性

1.1.1　环境的概念

1. 环境定义

一般来说，环境是相对某一中心事物而言的，即围绕某一中心事物的外部空间、条件和状况，以及对中心事物可能产生影响的各种因素。环境科学所研究的环境是以人类为主体的外部世界的总体。

根据《环境科学大辞典》，环境是指以人类为主体的外部世界，主要是地球表面与人类发生相互作用的自然要素及其总体。它是人类生存和发展的基础，也是人类开发利用的对象。根据《中华人民共和国环境保护法》，环境是指影响人类生存和发展的各种天然的和经过人工改造的自然因素的总体，包括大气、水、海洋、矿藏、森林、草原、野生生物、自然遗迹、人文遗迹、自然保护区、风景名胜区、城市和乡村等。

2. 环境要素

环境要素是指构成人类环境整体的各个相对独立的、性质不同而又服从整体演化规律的基本物质组分，也称环境基质。环境要素分为自然环境要素和社会环

境要素，但通常是指自然环境要素。自然环境要素又包括非生物环境要素（如水、大气、阳光、岩石、土壤等）以及生物环境要素（如动物、植物、微生物等）。各环境要素之间相互联系、相互依赖和相互制约。不同的环境要素组成环境结构单元，环境结构单元又组成环境整体或称环境系统。例如，由多样性的生物体组成生物群落，所有的生物群落构成生物圈。

3. 环境质量

环境质量是环境素质好坏的表征，是用定性和定量的方法对具体的环境要素所处的状态的描述。环境质量好坏的界定只有参照环境质量标准，通过环境质量评价的结果来实现。环境质量对人类的生存与发展影响重大，随着社会的进步及人们生活水平的提高，对环境质量的要求也越来越高。

4. 环境容量

环境容量是在人类生存和自然生态系统不致受害的前提下，某一环境单元所能容纳的污染物的最大负荷量；或一个生态系统在维持生命机体的再生能力、适应能力和更新能力的前提下，承受有机体数量的最大限度。环境容量是一种重要的环境资源。某区域内的大气、水、土地等都有承受污染物的最高限值，这一限值的大小与该区域本身的组成、结构及其功能有关，如果污染物存在的数量超过最大容纳量，这一区域环境的生态平衡和正常功能就会遭到破坏。环境容量是一个变量，通过人为地调节控制环境的物理、化学及生物学过程，改变物质的循环转化方式，可以提高环境容量，改善环境的污染状况。环境容量按环境要素可细分为大气环境容量、水环境容量、土壤环境容量等，此外还有人口环境容量和城市环境容量等。

5. 环境污染

环境污染是指人类活动产生的有害物质或因子进入环境，引起环境系统的结构与功能发生变化，危害人体健康和生物的生命活动的现象。这些有害因子包括化学物质、放射性物质、病原体、噪声、废热等，当其在环境中的数量和浓度达到一定程度时，可危害人类健康，影响生物正常生长和生态平衡。环境污染是各种污染因素本身及其相互作用的结果。同时，环境污染还受社会评价的影响而具有社会性。它的特点可归纳为以下几个方面。

1）时间分布性

污染物在某一环境中的分布呈现一定的时间分布规律，称为时间分布性。一是污染源向环境中排放的污染物种类及数量随时间而呈规律性的变化。例如，工厂排放污染物的种类和浓度往往随时间而变化，包括日变化和年变化。二是随着气象条件等环境要素的改变也会造成同一污染物在同一地点的污染浓度随着时间的不同而相差数十倍。例如，河流由于潮汛和丰水期、枯水期的交替，都会使水体中的污染物浓度随时间而变化。在环境监测时，首先应该研究某一污染物在环境中的时间分布规律，来确定采样时间和采样频率，这样的监测结果才具有一定的代表性。

2）空间分布性

污染物进入环境后，随着环境要素的变化而在空间上呈规律性的变化，称为空间分布性。不同污染物的稳定性和扩散速度与污染物性质有关，也与环境中的风速、风向、水流速度等因素有关。因此，不同空间位置上污染物的浓度和强度分布是不同的。为了正确地表述一个区域的环境质量，单靠某一点的监测结果是无法说明的，必须根据污染物空间分布特点，科学地确定采样点。

根据污染物在环境中的时空分布规律科学地制订监测计划（包括网点设置、监测项目、采样频率等），然后对监测数据进行统计分析，才能得到较全面而客观的评价。

3）污染物含量的复杂性

不同的污染物其毒理效应不同，同一种污染物在不同的条件下其毒性也存在一定差异。有害物质引起毒害的量与其无害的自然本底值之间存在一界限（放射性和噪声的强度也有同样情况）。所以，污染因素对环境的危害有一阈值。对阈值的研究，是判断环境污染及污染强度的重要依据，也是制定环境标准的科学依据。

4）污染因素作用的综合性

从传统毒理学观点来看，多种污染物同时存在对人或生物体的影响有以下几种情况。

（1）单独作用。当机体中某些器官只是由于混合物中某一组分而发生危害，没有因污染物的共同作用而加深危害的，称为污染物的单独作用。

（2）相加作用。混合污染物各组分对机体的同一器官的毒害作用彼此相似，且偏向同一方向，当这种作用等于各污染物毒害作用的总和时，称为污染的相加作用。例如，大气中的二氧化硫和硫酸气溶胶之间、氯和氯化氢之间，当它们在低浓度时，其联合毒害作用即为相加作用，而在高浓度时则不具备相加作用。

（3）相乘作用。当混合污染物各组分对机体的毒害作用超过个别毒害作用的总和时，称为相乘作用。例如，二氧化硫和颗粒物之间、氮氧化物和一氧化碳之间，就存在相乘作用。

（4）拮抗作用。当两种或两种以上污染物对机体的毒害作用彼此抵消一部分或大部分时，称为拮抗作用。例如，动物试验表明，当食物中含有 30×10^{-6}（质量分数）甲基汞，同时又存在 12.5×10^{-6}（质量分数）硒时，硒就可能抑制甲基汞的毒性。

1.1.2 环境的组成

不同的环境在功能和特征上存在很大差异，人类的生存环境是一个复杂的巨系统，它是由自然环境和人工环境组成的。

1. 自然环境

自然环境是指环绕人群空间，可以直接、间接影响人类生活、生产的一切自然形成的物质、能量的总体，包括空气、水、土壤、动植物、岩石、矿物、太阳辐射等。自然环境是人类发生和发展的重要物质基础，它不但为人类提供了生存和发展空间，还提供了生命支持系统，更为重要的是为人类的生活和生产活动提供了食物、矿产、木材、能源等原材料和物质资源，因此人类的一切活动都和自然环境密不可分。自然环境又可以分为非生物环境和生物环境。

1）非生物环境

太阳、大气、水体以及土壤以各种不同的方式为生物组合成多种多样的无机环境。其中包括生物生存和生长所需的能源——太阳能和其他能源，气候——光照、温度、降水、风等，基质和介质——岩石、土壤、水、空气等，物质代谢的原料——二氧化碳、水、氧气、氮气、无机盐、有机质等。

2）生物环境

环境中正因为存在多种多样的生物，世界才丰富多彩，充满生机。生物环境包括植物、动物和微生物，随着其在环境中的功能与作用的不同，可划分为生产者、消费者和分解者。生产者是指能以简单无机物制造食物的自养生物，包括所有的绿色植物和能够进行光能和化能自养的细菌。它们能进行光合作用，固定太阳能，以简单的物质为原料制造各种有机物质。不仅供自身生长发育的需要，也是其他生物以及人类食物和能量的来源。消费者是指不能用无机物直接制造有机物，直接或间接地依赖于生产者所制造的有机物的异养生物。根据营养方式的不同，可以分为食草动物、食肉动物、大型食肉动物或顶级食肉动物，分属于不同的营养级。消费者对初级产物起着加工、再生产的作用，并可以对生物种群的数量起到一定的调控作用，这对维持系统的稳定与平衡发挥了十分重要的作用。分解者都是异养生物，包括细菌、真菌、放线菌及土壤原生动物和一些小型无脊椎动物等。它们把动物残体的复杂有机物分解为生产者能重新利用的简单化合物，并释放出能量。分解者的作用是极为重要的，如果没有它们，动植物尸体将会堆积成灾，物质将不能循环，生物失去生存空间，环境系统将不复存在。

环境中的生物总是组合成一定的生物群落而存在。群落内的各种生物通过食物链紧密相连，物质与能量通过食物链在生物间进行循环与流动，将生物环境和非生物环境连成有机的整体，从而为人类的生存和发展奠定物质基础。无机环境对生物的种类与数量起到决定性的作用，而生物又能改造和调控无机环境。

2. 人工环境

人工环境是在自然环境的基础上，通过人类长期有意识的社会劳动，加工和改造自然物质，创造物质生产体系，积累物质文化等所形成的环境，如城市、农田、道路、工厂等。人工环境与自然环境在形成、发展、结构与功能等方面存在本质差别。随着人类驾驭自然能力的提高，人类对自然环境的影响力度不断增强，范围逐渐扩大。可以说上至九天苍穹，下至海洋深处，到处都有人类活动的印迹。正是人类充满智慧的劳动创造，才形成了堪比自然的、丰富多彩的多样化环境，满足了人类不断增长的物质与文化需求。但也正因为如此，人与自然的矛盾逐渐激化，从而带来了越来越严重的环境问题。

1.1.3　环境的特性

1. 环境的整体性

环境是以人为中心的，对人可能产生影响的各种因素组成的整体。这些因素是相互联系、相互影响、相互制约的。例如，环境中的大气变化对水环境、土壤环境及生物环境都会带来相应的影响。可以说是牵一发而动全身。例如，人类燃烧的矿物质能源使二氧化碳排放量增加，进而导致温室效应加剧，相继引起全球变暖、海平面上升等一系列环境问题。因此环境保护是全球性问题，只有人类携手共同行动，人类的栖息地——地球才能得到保护。

2. 环境的区域性(变化性或差异性)

不同地区的环境呈现明显的地域差异，形成不同的地域单元，称为环境的区域性，是由于环境中物质和能量的地域差异规律而形成的。

(1) 太阳辐射因地球形态和运动轨迹的特点在地表的辐射能量按纬度呈条带状分布，导致具有不同能量水平的环境体系按纬度方向伸展。

(2) 由于地表组成物质的不均匀性，特别是海洋、陆地两大物质体系的存在，使地表的能量和水分进行再分配，引起环境按经度由海洋向内陆有规律的变化(湿润气候、半湿润、半干旱、干旱气候)，从而使具有不同物质、能量水平按经度伸展的环境类型，叠加于按纬度伸展的环境体系之上(沿海、内陆的差异)。

(3) 地貌部位不同，往往会有不同的物质能量水平，相应地有不同的大气、水文和生物状况(高山、平原)，使环境类型更加复杂多样。

(4) 人类由于科学技术水平的不同，生产方式也不同，同时对自然的开发和利用性质、程度都显示出极大的差别，由于自然演化和人类干预的原因，使人类生存环境明显地具有地区差异，形成不同的地域单元，表现出强烈的区域性。这种自然环境的差异导致区域产业结构上的差异，进而产生不同的环境问题，因此在环境管理与治理时应该采用不同的方法。

3. 环境的综合性

环境的综合性表现在两个方面。一是任何一个环境问题的产生，都是环境系统内多因素综合作用的结果，其中既有自然因素如温度、湿度及风速的作用，更有人为因素如污染物的排放等作用，而且这些因素之间相互影响、相互制约。二是解决环境问题需要多学科的综合。在实际工作中，为了解决某一环境问题，往往需要综合所涉及的各个领域的学科，在一个总体目标或方案的构架之下，有针对性地将所涉及的各学科问题逐一解决。例如，为解决一条河流的污染问题，在调查污染物种类、性质时，要依靠环境化学、环境物理学、微生物学等学科方面的理论和知识；弄清污染危害的程度和范围以及河流本身的自净能力，需借助该河流的水文、地质资料以及生态学、土壤学、医学等方面的知识；制定治理方案，要考虑国家、地方的现行有关政策、法规和对经济发展的影响，资金筹措等经济、财政方面的因素；另外要运用系统工程学方法制定一个现实条件下的最佳方案；实施治理时还要涉及各种工程技术科学。这些都需要在进行深入研究和系统分析之后，才能做出综合的科学决策。

4. 环境的有限性

自然环境中蕴藏着大量的物质与能量，这些资源都是有限的。另外环境对污染物的容纳量即环境容量也是有限的。环境的有限性提醒人类必须改变传统的生产方式与生活方式，提高资源的利用率，尽可能少地向环境排放废物，改善人与自然之间的关系，构建和谐的人居环境，这样人类才能够持续地发展下去。

5. 环境的相对稳定性

在一定的时空条件下，环境具有相对稳定性，即环境具有一定的抗干扰能力和自我调节能力，只要干扰强度不超过环境所能承受的界限，环境系统的结构与功能就能逐渐得以恢复，表现出一定的稳定性。这就要求人类的活动必须在环境的承载力范围内。

6. 环境变化的滞后性

自然环境受到外界影响后，其变化及影响往往是滞后的，主要表现为：一是环境受到破坏后其产生的后果很难及时反映出来，有些是难以预测的；二是环境一旦被破坏，所需的恢复时间较长，尤其是超过阈值以后，要想恢复则很难。从这方面来说也体现了环境的脆弱性。例如，森林被砍伐后，对区域的气候、生物多样性的影响可能反应明显，但对水土保持的影响则是潜在的、滞后的。化学污染也是如此，如日本的水俣病是在污染物排放后20年才显现出明显的危害。这种污染危害的时滞性，一是由于污染物在生态系统内的各类生物中的吸收、转化、迁移和积累需要时间；二是与污染物的性质（如半衰期的长短）等因素有关。

1.2　环境问题

1.2.1　环境问题及其分类

环境问题是指由于人类活动或自然原因引起环境质量恶化或生态系统失调，对人类的生活和生产带来不利的影响或灾害，甚至对人体健康带来有害影响的现象。环境问题是多种多样的，按其成因可以将其分成两大类：原生环境问题和次生环境问题。由自然因素引起的为原生环境问题，如火山喷发、地震、洪涝、海啸、干旱、龙卷风等引起的环境问题。由于人类活动而引起的为次生环境问题，一般可细分为环境污染、资源短缺和生态破坏 3 种类型。目前人们所说的环境问题多指次生环境问题，也是环境科学中所要研究的环境问题。

1.2.2　环境问题的由来与发展

人从诞生之日起就与自然环境产生了千丝万缕的联系，一方面依赖自然环境，一方面在改变着自然环境，人与自然之间的关系随着岁月而变化，环境问题随之而来，一般来说环境问题的由来与发展大体经历以下 4 个阶段。

1. 人类发展初期的环境问题

人在诞生以后的很长一段时间里，只是自然食物的采集者和捕食者，人类的生活完全依赖自然，主要以生活活动及生理代谢过程与环境进行物质和能量交换，人们只是利用自然环境而很少有意识地去改造环境。但是由于过度的采集和狩猎，消灭了居住区周围的许多物种，破坏了人类自身的食物来源，使自身的生存受到威胁，这就产生了人类最早的环境问题——第一类环境问题。这类问题主要是以过度采集和狩猎引起的局部地区物种减少为特征。为了生存，人类只能从一个地方迁徙到另一个地方，以维持自身的生存和发展，这也使被破坏了的自然环境得以恢复。

2. 第一次浪潮时期的环境问题

随着人类的进化，生存能力的增强，人类逐渐学会了驯化动物，养殖植物，开始了农业和畜牧业，这在人类文明史上是一次重大的进步，也是人类的第一次科学技术革命，称为第一次浪潮。随着农业和畜牧业的发展，人类改造自然环境的能力也逐渐增强，与此同时也发生了相应的环境问题。例如，大量砍伐森林、破坏草原、刀耕火种、反复弃耕，导致水土流失、水旱灾害频繁和沙漠化；又如，兴修水利、不合理灌溉，往往引起土壤的盐渍化、沼泽化，使肥沃的土地变成不毛之地。曾经产生古代三大文明(古巴比伦文明、哈巴拉文明、玛雅文明)的地方，原来也是植被丰富、生态系统完善的沃野，只是由于不合理的开发，刀耕火种的掠夺式经营，导致肥沃的绿洲变成贫瘠的荒原。这就是以土地破坏为特征的人类第二类环境问题。

3. 第二次浪潮时期的环境问题

在18世纪60年代，人类文明史上出现了以使用蒸汽机为标志的工业革命，兴起了第二次浪潮。但与此同时也造成了严重的环境污染现象，如大气污染、水体污染、土壤污染、噪声污染、农药污染和核污染等，其规模之大、影响之深是前所未有的，如世界上著名的八大公害事件，主要表现为SO_2污染、光化学烟雾、重金属污染和毒物污染。

世界著名的八大环境污染事件

(1) 马斯河谷烟雾事件：1930年，比利时马斯河谷工业区由于二氧化硫和粉尘污染，一周内有近60人死亡，数千人患呼吸系统疾病。

(2) 洛杉矶光化学烟雾事件：1943年，美国洛杉矶市汽车排放的大量尾气在紫外线照射下产生光化学烟雾，使大量居民出现眼睛红肿、流泪、喉痛等，死亡率大大增加。

(3) 多诺拉烟雾事件：1948年，美国多诺拉镇因炼锌厂、硫酸厂排放的二氧化硫和粉尘造成大气严重污染，使五千九百多位居民患病，事件发生的第三天有17人死亡。

(4) 伦敦烟雾事件：1952年，英国伦敦由于冬季燃煤排放的烟尘和二氧化硫在浓雾中积聚不散，5天内非正常死亡四千多人，以后的两个月内又有八千多人死亡。

(5) 四日市哮喘病事件：1961年，日本四日市由于石油化工排放的废气，引起居民的呼吸道疾病，尤其是哮喘病的发病率提高，50岁以上的老人发病率为8%，多人死亡。

(6) 水俣病事件：1953—1956年，日本水俣市因含汞废水污染，人们食用富集了甲基汞的鱼、虾等造成中枢神经系统中毒，至1972年有180人患病，其中五十余人死亡。

(7) 富山骨痛病（痛痛病）事件：1955—1972年，日本富山县神通川流域，因锌、铅冶炼厂等排放的含镉废水污染了河水和稻米，居民食用后中毒，死亡128人。

(8) 米糠油事件：1968年，日本爱知县一带，因多氯联苯混入米糠油中，被人食用后造成中毒，患病者超过10 000人，16人死亡。

材料来源：刘培桐，薛纪渝，王华东. 环境学概论[M]. 2版. 北京：高等教育出版社，1995.

4. 第三次浪潮时期的环境问题

20 世纪 60 年代开始的以电子工程、遗传工程等新兴工业为基础的第三次浪潮，使工业技术阶段发展到信息社会阶段。一方面新的技术有利于解决第二次浪潮时期的环境问题，提高环境管理水平，提高环境保护工作效率，但另一方面也带来新的环境问题。此时三大类环境问题备受人们关注：一是全球性的大气污染问题，如温室效应、臭氧层破坏和酸雨；二是大面积的生态破坏，如大面积的森林被毁、草场退化、土壤侵蚀和沙漠化；三是突发性的环境污染事件频繁出现，如印度博帕尔农药厂毒物泄漏、苏联切尔诺贝利核电站泄漏、莱茵河污染事故等。同时一些新技术、新材料的应用也会产生相应的环境效应，如光污染等。其中许多因素的环境影响难以预测，如转基因产品等。这些全球性的环境问题严重威胁着人类的生存与发展，不论是普通劳动者还是政府官员，是发达国家还是发展中国家都普遍对此表示不安。1992 年里约热内卢环境与发展大会正是在这样的社会背景下召开的，这次会议是人类认识环境问题的又一里程碑。

切尔诺贝利核泄漏导致的灾难

1986 年 4 月 26 日，当地时间凌晨 1 时 24 分，苏联的乌克兰共和国切尔诺贝利核能发电厂发生严重泄漏及爆炸事故。事故导致 31 人当场死亡，273 人受到放射性伤害，13 万居民被紧急疏散。据乌克兰估计，这场灾难的强度相当于广岛原子弹的 500 倍。事故产生的放射性尘埃随风飘散，使欧洲许多国家受害，估计受害人数不少于 30 万人。至今仍有受放射线影响而导致畸形的胎儿出生。这是有史以来最严重的核事故。此事故引起大众对于苏联的核电厂安全性的关注，事故也间接导致了苏联的解体。苏联解体后，独立的国家包括俄罗斯、白俄罗斯及乌克兰等每年仍然投入大量的经费与人力致力于灾难的善后以及居民的健康保健。因事故而直接或间接死亡的人数难以估算，且事故后的长期影响到目前为止仍是个未知数。

1.2.3　环境问题的实质

人类是环境的产物，也是环境的一员。人类和一切生物一样，不可能脱离环境而存在，每时每刻都生活在环境之中，并且不断受各种环境因素的影响，同时人类的活动也不断地影响着自然环境。从环境问题的产生与发展历程来看，人为的环境问题随着人类的诞生而产生，并随着人类社会的发展而发展。人类为了维持生命，要从周围环境中获取生活资料和生产资料，随之也就开始不断地改造环境。也就是说环境问题实质是人与自然的关系问题，是人们不适当地开发利用环境资源而造成的。一是由于盲目发展、不合理开发利用资源而造成的环境质量恶化和资源浪费，甚至枯竭和破坏；二是由于人口爆炸、城市化和工农业高速发展使排放的废物超过环境容量而引起的环境污染。只有正确地处理发展与环境的关系，才能从根本上解决日益严重的环境问题。

1.2.4 环境问题的特点及其启示

1. 环境问题的特点

纵观全球环境的发展变化，当前环境问题的特点可以归纳为以下几个方面。

1）全球化

以往环境问题的影响及危害主要集中于污染源附近或特定的生态环境里，其特点是局部性或区域性，对全球环境影响不大。但近年来环境问题已超越国界，如最为世人关注的温室效应、臭氧层破坏、酸雨等，其影响范围不但集中于人类居住的地球陆地表面和低层大气空间，而且涉及高空、海洋。一个国家的大气污染，特别是二氧化硫排放量过大，可能导致相邻国家和地区受到酸雨的危害。而全球气候变暖，两极冰川融化，海平面不断升高，几乎对所有国家和地区，尤其是沿海国家和地区将造成毁灭性灾害。

2）综合化

直到20世纪五六十年代，人们最关心的环境问题还是“三废”污染及其对健康的危害。但当代环境问题已远远超出这一范畴而涉及人类生存环境的各个方面，包括森林锐减、草原退化、沙漠扩展、土壤侵蚀、城市拥挤等诸多领域。

3）高技术化

原子弹、导弹试验，核反应堆的使用及其事故，以及电磁辐射等对环境都会产生严重影响。生物工程技术的潜在影响以及大型工程技术的开发利用都可能产生难以预测的生态灾难。

4）政治化和社会化

环境问题已渗透到社会生活的各个领域，成为各种国际活动和各国政治纲领的重要内容。绿色低碳已经成为人类共同追求的目标，也是世界各国探索未来经济和社会发展的主要议题。

2. 环境问题的启示

对环境问题的历史回顾，可使我们得到许多启示，对于解决当今环境问题的途径，恢复和重建生态平衡，协调人与自然的关系等均有益处。

（1）调整人类与自然的关系，走可持续发展之路。人类必须充分认识到，人既是地球生态系统的中心，又是地球生物组成的一员。人类所需要的不是征服自然而是与自然和谐共处。为实现可持续发展，人类必须学会控制自己，控制人口数量，提高人口素质，建立正确的资源、环境价值观念。要改变过去掠夺式的、挥霍式的生产和生活方式，爱惜和保护资源及环境。人类要学会预测自己行为的长远后果，正确处理生产与生态以及眼前利益与长远利益的关系。

(2) 要认识环境对发展的制约作用，协调两者的关系，既要发展经济满足人类日益增长的基本需要，又不能超出环境的容许权限。使经济能够可持续发展，人类的生活质量得以不断提高。

(3) 广泛地、彻底地研究环境质量的变化过程，依靠科技进步解决环境问题。环境调查、监测和评价，这一系列环境质量评价过程是解决环境问题的重要手段。同时更要依靠科学技术，提高资源利用率，从根本上清除污染源或降低污染的危害程度，以及研制和生产高效、低能耗的环保产品，治理污染；或者通过科学规划，以区域为单元，制定区域性污染综合防治措施。

毫无疑问，要想解决环境问题，就应该从环境问题产生的原因着手，进行综合分析、综合防治，全球合作，才能达到预期的效果。

1.3 环境科学

环境科学是在环境问题逐渐凸显并日益严重的过程中产生和发展起来的一门综合性科学，它是一个由多学科到跨学科的庞大科学体系组成的新兴学科，也是一个介于自然科学、社会科学和技术科学之间的边缘学科。环境科学的概念与内涵，在短短的几十年里，随着环境保护实际工作和环境科学理论研究工作的开展，日益丰富和完善。环境科学可以定义为“研究人类社会发展活动与环境规律之间的相互作用关系，寻求人类社会与环境协同演化、持续发展途径与方法的科学”。

1.3.1 环境科学的发生和发展

环境问题由来已久，随着人类经济和社会的发展而发展，且因时因地而异。人们对环境问题认识的逐步深入和环境知识与经验的不断积累，促进了各类学科对环境问题的研究。20世纪50年代以后，出现了第一次环境问题的高潮，环境问题的严重化促进了环境科学的发展，经过60年代的酝酿准备，至60年代末、70年代初形成了环境科学。

1. 早期的环境科学萌芽

公元前5000年，我国就在烧制陶瓷的瓷窑上安装了烟囱，使燃烧产生的烟气能迅速排出，这既提高了燃烧速度又改善了周围的空气环境。公元前3世纪春秋战国时期，我国的思想家就已开始考虑对自然的态度，如老子说："人法地，地法天，天法道，道法自然"，意为人应该遵循自然规律。1661年，英国人丁·伊林写了《驱逐烟气》一书，献给英王查理二世，书中指出了空气污染的危害，提出了一些防治烟尘的措施。18世纪后半叶，蒸汽机的出现，产生了工业革命的浪潮，在工业集中地区，生产活动逐渐成为环境污染的主要原因，工业文明的发展，迄今为止大都是以损害生态环境为代价的。恩格斯早在100多年前就指出："不要过分陶醉于我们对自然界的胜利，而对于每一次这样的胜利，自然界都报复了我们"。在工业发源地英国，工业城市曼彻斯特的树木、树干被煤烟熏黑后，使生活在树干上的尺蠖、瓢虫、蛾类等昆虫与蜘蛛70余种，几乎全部从灰色型转变成黑色型，科学家把这种现象称为"工业黑化"，并写进了教科书。

2. 环境科学的产生

19世纪以来，地学、化学、生物学、物理学、医学及一些工程技术学科开始涉及环境问题。1847年德国植物学家弗腊斯的《各个时代的气候和植物界》一书，论述了人类活动影响到植物界和气候的变化。1859年出版的英国生物学家达尔文的名著《物种起源》，论证了生物的进化与环境的变化有很大的关系。1864年美国学者马什的《人和自然》一书，从全球观点出发，论述了人类活动对地理环境的影响，特别是对森林、水、土壤和野生动植物的影响，呼吁开展保护活动。1869年德国生物学家海克尔提出了生态学的概念，当时只是生物学的一个分支，论述了物种变异是适应和遗传互相作用的结果。19世纪后半叶，环保技术已有所发展，如消烟除尘技术。1982年德国地理学家拉第尔的《人类地理学》一书，探讨了地理环境对种族分布，人口分布、密度和迁移，以及人类部落形成和分布等方面的影响。布吕纳所著的《人地学原理》更明确地指出了地理环境对人类活动的影响。1879年，英国建立了污水处理厂。20世纪初，在环境工程方面，已开始采用布袋除尘器和旋风除尘器，至今仍然在广泛使用。1911年美国学者塞普尔的《地理环境之影响》一书出版。1915年日本学者山极胜三郎用试验证明了煤焦油可引发皮肤癌，自此，环境因素的致癌作用的研究成为热点。1935年英国生态学家坦斯利提出了生态系统的概念，至今已成为环境科学重要的理论基础。

20世纪中期，环境问题成为社会的中心问题。这对当代科学是个挑战，要求自然科学、社会科学和技术科学都来参与环境问题的研究，揭示环境问题的实质，并寻求解决环境问题的科学途径，这些就是环境科学产生的社会背景。

当今公认的第一部有重要影响的环境科学著作是蕾切尔·卡逊1962年在美

国波士顿出版的《寂静的春天》一书，书中用生态学的方法揭示了有机氯农药对自然环境造成的危害，有人认为这本书的出版标志着环境科学的诞生。美国前副总统阿尔·戈尔评价本书："如果没有这本书，环境运动也许会被延误很长时间，或者现在还没有开始"。事实上，1954 年美国研究宇宙飞船内人工环境的科学家们首次提出环境科学的概念，同时美国首先成立环境科学协会，并出版《环境科学》杂志。

《寂静的春天》(*Silent Spring*)

1962 年，美国女海洋生物学家蕾切尔·卡逊在研究了美国滥用杀虫剂所产生的危害之后出版了《寂静的春天》一书。书中通过对农药污染物迁移变化的研究，揭露了其对生态系统的影响，对生物及人类造成的危害。作者在书中写道："这是一个没有声息的春天……一切声音没有了，只有一片寂静覆盖着田野、树林和沼泽地"。她大声疾呼"控制自然"这个词是一个妄自尊大的想象的产物，是生物学和哲学还处于初级幼稚阶段时的产物。作者深厚的科学素养、敏锐的科学洞察力、严谨的科学态度、生动抒情的描写深深打动了读者的心。

此书的出版曾引起极大的轰动，并被译成数种文字在许多国家出版发行，在某些国家几乎成了家喻户晓的科普读物，全世界各界人士一致公认此书在唤起广大群众重视环境问题方面起到了重大作用。科学界认为卡逊对农药污染这个当时还不被人类重视的环境问题做了全面、系统、深刻的分析，从环境污染的角度重新引起科学界对古老的生物学分支——生态学的关注，因而被誉为开创了一个崭新的生态学时代。还有人认为这本书的出版宣告了环境科学的正式诞生。

3. 环境科学的发展

1）环境科学从单学科研究到分支学科体系的形成

现代科学技术在研究环境问题时取得了惊人的成果，促使了环境科学中分支学科的形成。例如，分析化学在仪器分析和微量分析方面的进展，直接应用于分析、检测和监测环境中的污染物质，现代分析手段已可以测定痕量污染物质，进而可以查清污染物的来源以及在环境中的分布、迁移、转化和积累的规律；还可以研究其对生物体和人体的毒害机理，环境化学、环境监测应运而生。应用现代工程技术来解决大气、水体、固体污染问题及噪声等物理污染问题，从而产生了环境工程学这一新兴学科。在社会科学方面较多哲学家从人、社会与自然是统一整体的观点来看待环境问题，产生了生态哲学的世界观和方法论，它既是环境科学的分支学科，又是环境科学的指导思想。环境物理学、环境生物学、环境医学、环境经济学、环境法学等也都相继产生。

2）环境科学从多学科到跨学科的整体化发展

为解决环境问题，尤其是全球性环境问题的需要，20世纪50年代以来，环境科学中的多学科合作进一步发展。主要特点是以环境问题为中心，形成不同的科学共同体，以跨学科研究的形式推动环境科学和环境保护工作向多学科和多行业合作的方式全方位地展开研究。

国际学术界在"人与生物圈计划"研究的基础上，在自然科学领域开展"全球变化研究：国际地圈-生物圈计划"（1990—2000年）；在社会科学领域开展"全球变化的人类因素：一项关于人类和地球相互作用的国际研究计划"（1990—2000年）。1972年英国经济学家沃德和美国微生物学家沃博斯主编的《只有一个地球：对一个小小行星的关怀和维护》出版。这是受联合国委托作为1972年第一次世界人类环境会议的背景材料而编写的，他们从整个地球的前途出发，从社会、经济和政治的角度阐述了环境问题的主要方面、严重性及对人类的影响，号召人类科学地管理地球，并探讨了解决环境问题的途径。

环境科学跨学科研究整体化发展的主要特点是：围绕环境科学的统一模式，就解决某一重大环境问题，联合不同学科的专家，组成科学共同体，开展共同课题的合作研究。参加共同体的学者都具有自己的专长和学科方面的优势，他们以自己专业的理论和方法参与问题的解决，他们在合作研究中的作用是不可替代的；参加共同体的学者也不是各干各的，他们为了解决总的课题，围绕共同的目标，发挥各自专业在理论和方法方面的优势，相互渗透、启发和补充，起到了真正的协同效应；这种合作研究共同体不仅在解决环境问题中推动环境科学的整体化发展，而且又对传统学科提出了新的问题和挑战，成为科学发展中新的生长点，使一些古老的学科焕发出新的活力。环境科学跨学科研究整体化发展的成就对整个世界的科学文化、技术经济的发展起到了推动作用。

1.3.2 环境科学的研究对象与任务

环境科学是以人类与环境这对矛盾为对象，来研究其对立统一关系的发生与发展、调节与控制，以及利用与改造的科学。由人类与环境组成的对立统一体，称为人类-环境系统，它是以人类为中心的生态系统。这是一个既包括自然界又包括人类社会的复杂系统。环境科学研究人类和环境这对矛盾之间的关系，其目的就是通过调整人类的社会行为，以保护、发展和建设环境，从而使环境永远为人类社会的持续、协调、稳定发展提供良好的支持和保证。

环境科学的基本任务，就是揭露人类与环境这对矛盾的实质，研究和掌握它们的发展规律，调控它们之间的物质和能量交换过程，寻求解决矛盾的途径和方法，以改善环境质量，造福人类，促进人类与环境之间的协调与发展。具体内容包括：

(1) 研究人类活动与自然环境之间的相互关系，以便协调社会经济发展与环境保护之间的关系，使人类社会与环境协调、稳定、持续发展。

(2) 探索人类活动影响下的全球环境演化的规律，了解环境的特性、结构和演化机理以及变化过程，以便应用这些知识使环境质量向有利于人类方向发展，避免对人类产生不利的影响或使其影响降至最低。

(3) 探索环境变化对人类生存的影响，充分发挥环境科学的社会功能；探索污染物对人体健康危害的机理及进行环境毒理学研究，为人类健康地生活与生产服务，提高人类生活质量。

(4) 研究区域环境污染综合防治的技术措施和管理措施，提高环境监测与分析技术水平，及时预测、预报环境质量变化，对环境质量进行综合评价；通过科学规划与管理提升环境质量。

1.3.3 环境科学的分支学科

环境科学是自然科学、社会科学和技术科学交叉的综合性学科。环境科学的学科分支很多，形成了一个庞大的多层次相互交错的网络结构系统。由于环境科学是 20 世纪 70 年代才形成的新兴学科，不同的专家学者从不同视角给环境科学做出不同分类。刘培桐将环境科学分为理论环境学(环境科学方法论、环境质量评价的原理与方法、环境规划和环境区划的原理和方法等)、综合环境学(全球环境学、区域环境学、聚落环境学等)、部门环境学(物理环境学、生物环境学、大气环境学、工程环境学、社会环境学等)；杨志峰、刘静玲等编著的《环境科学概论》中，将环境科学分类为基础环境学、应用环境学和社会环境学等。笔者在前人研究的基础上对环境科学的分支做了整合，如图 1-1 所示。

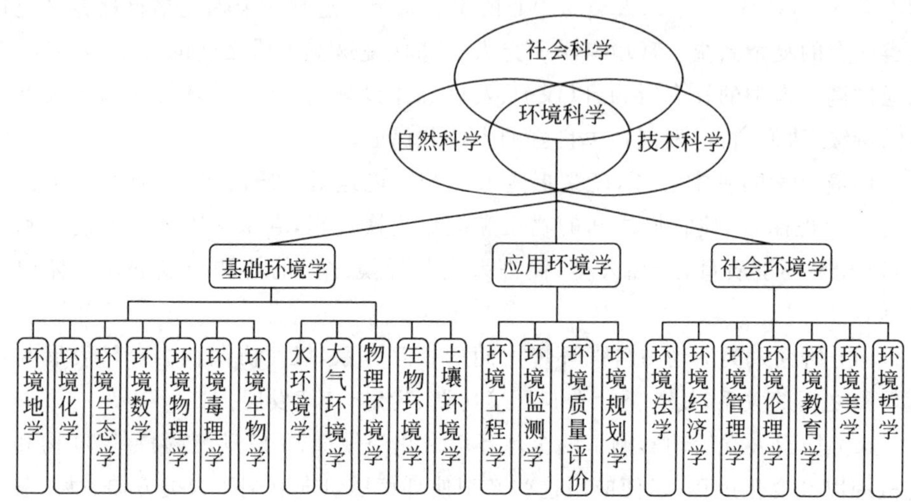

图 1-1 环境科学及其分支学科

问题与思考

1. 什么是环境？当前人类所面临的主要环境问题有哪些？
2. 环境问题是怎样产生的？当代环境问题有哪些特点？
3. 环境问题对你有哪些启示？你将为解决环境问题做出哪些努力？
4. 环境科学的研究对象和任务是什么？

参考文献

[1] 刘培桐，薛纪渝，王华东. 环境学概论[M]. 2 版. 北京：高等教育出版社，1995.
[2] 仝川. 环境科学概论[M]. 2 版. 北京：科学出版社，2017.
[3] 左玉辉. 环境学[M]. 2 版. 北京：高等教育出版社，2010.
[4] 管华. 环境学概论[M]. 北京：科学出版社，2018.
[5] 杨志峰，刘静玲，等. 环境科学概论[M]. 2 版. 北京：高等教育出版社，2010.
[6] 张文艺，赵兴青，毛林强，等. 环境保护概论[M]. 2 版. 北京：清华大学出版社，2021.

课外阅读

[1] 世界环境与发展委员会. 我们共同的未来[M]. 王之佳，柯金良，等译. 长春：吉林人民

出版社,1997.

[2] 卡逊·蕾切尔.寂静的春天[M].吕瑞兰,李长生,译.长春：吉林人民出版社,2004.

[3] 沃德,杜博斯. 只有一个地球:对一个小小行星的关怀和维护[M].《国外公害丛书》编委会,译.长春：吉林人民出版社, 1997.

[4] 林道谦.《联合国人类环境会议宣言》简介[J].云南地理环境研究,1992(1)：14-15.

[5] 夏爱民.斯德哥尔摩——人类环保之船从这里启航[J].世界环境,2005(3)：11-15.

[6] 秦海霞.切尔诺贝利核灾 30 年祭[J].国企管理,2016(10)：10-11.

第2章

大气环境

学习目标

1. 理解和掌握大气的结构与组成。
2. 理解和掌握大气中主要污染物的性质及危害。
3. 理解和掌握煤烟型污染和交通型污染的发生条件、主要的污染物及其危害。
4. 理解和掌握复合型污染的形成机制、主要污染物及其防控策略。
5. 理解和掌握影响大气污染的主要因素以及影响过程。
6. 了解和掌握大气污染的扩散模式。
7. 了解我国大气环境治理的发展历程以及近年来所取得的成就。
8. 了解和掌握我国大气环境污染的现状及综合防控策略。
9. 了解和掌握主要污染物的末端治理技术。

地球上的大气是自然环境的重要组成部分，它是地球的“外衣”，它厚厚地包裹在地球的表面，为地球生物的生长与繁衍提供了多种多样的物质和理想的环境条件，是维持生命所必需的重要物质基础。人类一刻也离不开大气，没有大气就没有地球上的生命，也就没有生机勃勃的大千世界。大气也是人类极其重要的自然资源，通常把人与动植物赖以生存的气体称为空气。为了健康的生活，请关心和保护我们的大气环境！

2.1 大气的结构与组成

2.1.1 大气的结构

地球的外层被一层厚度约为 1×10^4 km 的大气包裹着，由于受地心引力的作用，大气的主要质量集中在下部，其质量的 50%集中在距地表 5 km 以下的范围，75%集中于 10 km 以下的范围，90%集中于 30 km 以下的范围。大气在垂直方向上的物理性质有显著的差异，根据温度、成分、荷电等物理性质的差异，同时考虑大气的垂直运动状况，可将大气分为 5 层：对流层、平流层、中间层、热成层、散逸层。如图 2-1 所示。

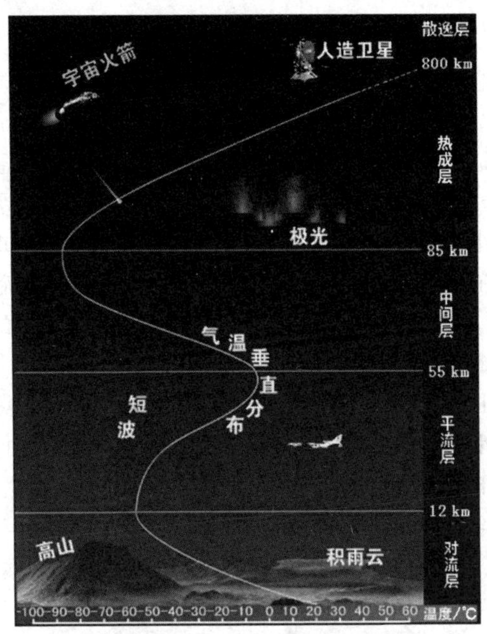

图 2-1　大气层结构示意

1. 对流层

对流层位于大气圈的最底层，其特点如下：

(1) 对流层内的温度随着高度的升高而降低，其递减率为平均每升高 100 m，温度降低约 0.65 ℃。这是由于太阳辐射主要加热地面，地面的热量通过传导、对流、湍流、辐射等方式再传递给大气，因而接近地面的大气温度较高，远离地面的大气温度较低。

(2) 对流层中湍流、对流作用从不停止，其对流强度因纬度位置而异，一般在低纬度较强，在高纬度较弱。因此，对流层的厚度也从赤道向两极减小，在低纬度地区为 17～18 km，中纬度为 10～12 km，高纬度为 8～9 km，一般平均厚度约为 12 km。强烈的对流运动对大气中污染物的扩散和传输起到重要的作用。

(3) 对流层相对于整个大气层来说是很薄的，但是总质量却占了整个大气层的 75%，因此密度最大。

对流层是大气圈中最活跃的一层，存在强烈的垂直对流作用和较强的水平运动。对流层里水汽、尘埃较多，雨、雪、云、雾、雹、霜、雷等主要天气现象与过程都发生在这一层，对人类生产、生活的影响最大。同时人类活动排放的污染物也大多聚集在这一层，尤其是距地面1～2 km的近地层，由于受地形、生物等影响，局部空气更是复杂多变。因此，对流层与人的关系最密切，通常所说的大气污染主要发生在这一层。

2. 平流层

从对流层顶距地表55 km(图2-1)高度的大气层为平流层。平流层内，空气比较干燥，几乎没有水汽。平流层底部(从对流层顶到约35 km处)，气温随高度基本不变，保持在－55 ℃左右，因此有时称为同温层；再向上温度则随高度增高较多，至平流层顶温度已达－3 ℃。温度随高度增加的原因，主要是由于平流层中的臭氧吸收太阳的紫外线后被分解为氧原子和氧分子，当它们重新化合成臭氧时会放出大量的热能。在平流层内空气大多做水平运动，没有对流层中的云、雨等天气现象，尘埃也比较少，大气透明度好，是现代超音速飞机飞行的理想场所。正因为如此，大气污染物进入平流层后，会长期滞留其中。

在平流层底部10～25 km范围内，臭氧浓度最大，称为臭氧层。臭氧层能吸收绝大部分太阳紫外辐射，使平流层加热，并阻挡强紫外辐射到达地面，对地面生物和人类具有保护作用。

臭氧的形成及其作用

人类发现臭氧已经有一百多年的历史。在距离地球表面20～50 km的高空，因受太阳紫外线照射的缘故，形成了包围在地球外围空间的臭氧层，这厚厚的臭氧层正是人类赖以生存的保护伞。臭氧层中的臭氧主要是紫外线制造出来的。大家知道，太阳光线中的紫外线分为长波和短波两种，当大气中的氧气分子受到短波紫外线照射时，氧分子会分解成原子状态，氧原子具有不稳定性，极易与其他物质发生反应，如与氢(H_2)反应生成水(H_2O)，与碳(C)反应生成二氧化碳(CO_2)；同样，与氧分子(O_2)反应时，就形成了臭氧(O_3)。臭氧形成后，由于其密度大于氧气，会逐渐地向臭氧层的底层降落，在降落过程中随着温度的变化(上升)，臭氧不稳定性愈趋明显，再受到长波紫外线的照射，再度还原为氧。臭氧层就是保持了这种氧气与臭氧相互转换的动态平衡。如果将地球上的臭氧压缩至1个大气压，其厚度仅有3 mm左右，就像是一件“厚度为3 mm左右的宇宙服”。大气臭氧层主要有3个作用：其一是保护作用，其二是加热作用，其三是温室气体的作用。

3. 中间层

从平流层顶至距地表 85 km 左右的大气层为中间层。这一层里有强烈的对流运动，气温随高度的增加而迅速递减，中间层顶温度可降至-83～-113 ℃。

4. 热成层

从中间层顶部至距地表 800 km 的大气层为热成层。此层气温随高度上升而增高，到热成层顶可达 500～2 000 K。由于来自太阳和其他星球的各种射线的作用，该层大部分空气分子发生电离，使其具有高密度的带电粒子，故而也称为电离层。电离层能将电磁波反射回地球，对全球的无线电通信具有重大意义。

5. 散逸层

距地表 800 km 以外的大气层称为散逸层。这是一个相当厚的过渡层，其厚度可达 2 000～3 000 km，这里空气十分稀薄，气温也随高度而上升。散逸层的大气粒子很少互相碰撞，中性粒子基本上按抛物线轨迹运动，有些速度较大的中性粒子能克服地球的引力而逸到宇宙空间。

2.1.2 大气的组成

大气（或）空气是多种物质的混合物，其中含量最多的是干燥清洁的（干洁）空气。干洁空气是指大气中除去水汽和杂质的部分，其中氮、氧、氩就占总体积的 99.964%，其他微量气体如氖、氦、氪、氙、氢等仅占 0.036%。干洁空气应该是大气中的恒定组分，这一组分的比例，在地球表面的任何地方几乎都是不变的。

大气中的可变组分是二氧化碳和水蒸气。它们在大气中的含量随着季节、地区、气象条件的变化以及人们的生产和生活活动的影响而发生变化。大气中的水蒸气含量不多，但对天气的变化却起着重要的作用，它能导致各种复杂的天气现象，如云、雾、雨、雪、霜等；还可以吸收长波辐射，对地球起着保温的作用。

大气中的不定组分即指悬浮微粒，它们来源于自然界的火山爆发、森林火灾、海啸、地震等暂时性灾难产生的物质，也来源于人类社会生产等人为因素向大气中释放的物质。这些悬浮微粒的成分有尘埃、硫化氢、硫氧化物、煤烟、氮氧化物、盐类等。

干洁空气中各种成分在大气中的体积分数见表 2-1。

表 2-1 干洁空气的组成

气体组成	体积分数/10^{-6}	气体组成	体积分数/10^{-6}	气体组成	体积分数/%
氖	18	氢	0.5	氮	78.09
氦	5.3	氙	0.08	氧	20.94

续表

气体组成	体积分数/10^{-6}	气体组成	体积分数/10^{-6}	气体组成	体积分数/%
甲烷	1.5	臭氧	0.04	氩	0.934
氪	1	二氧化氮	0.002	二氧化碳	0.03
氧化二氮	0.5	氨	0.0006		

2.2 大气污染及主要污染物

2.2.1 大气污染

1. 大气污染的概念

由于现代工业的迅猛发展，人口的迅速增加，对于资源的需求越来越大，人们为了满足自身的物质文化需要，不惜以牺牲环境为代价，致使环境质量日益恶化，从20世纪30—60年代，震惊世界的公害事件的接连发生，使人们从睡梦中惊醒，从那时起环境保护成为全世界都普遍关注的热点话题。八大公害事件中，其中有5起是由大气污染造成的，所以大气污染已成为大家关注的焦点。

大气污染通常是指由于人类活动和自然过程引起某种物质进入大气中，呈现出足够的浓度，达到了足够的时间并因此而危害了人体的舒适、健康和福利，或危害了环境的现象。人类活动是指人的生活活动和生产活动，如做饭、取暖、交通、工业等；自然过程指火山喷发、森林火灾、海啸、土壤和岩石的风化及大气圈中空气的运动等。这些活动不断地向大气释放各种原来大气中没有或极微量的物质，改变了原来清洁大气的物质组成，而对人体的健康及环境造成危害。我们所说的大气污染主要是人类活动引起的，大气污染的发生是一系列复杂的物理、化学和生物过程。

大气污染按范围可分为4类：①小范围大气污染，如某个烟囱排气所造成的污染；②区域性大气污染，如工矿区或其附近地区的污染；③广域性大气污染，指更广泛地区或更广阔地区的大气污染；④全球性大气污染，指跨国界甚至全世界范围内的大气污染，如温室效应、酸雨、臭氧层破坏等。

2. 大气污染的发生

大气污染物由人为污染源或天然污染源输入大气，就参与了大气的循环过程，经过一定的滞留时间后，又通过大气中的化学反应、生物活动，以及物理稀释、扩散与沉降过程，从大气中输出。如果输出的污染物速率小于输入的污染物速率，就会使污染物在大气中积累，造成大气中某种污染物质的浓度升高。当浓度升高到一定程度，就会直接或间接地对人体、生物或材料等造成急、慢性危害。我们说，此时大气污染就发生了。一般来说，由于自然环境所具有的物理、化学和生物作用过程（自然的净化作用），使天然污染源造成的大气污染，经过一定时间后会得到恢复，所以说，大气污染主要是指人类活动造成的污染，如图 2-2 所示。

图 2-2 工厂排放废气引起的大气污染

2.2.2 大气污染源及其分类

1. 大气污染源及污染物的产生

污染源就是造成环境污染的发生源，一般指向环境排放有害物质或对环境产生有害影响的场所、设备和装置等。大气污染源是指向大气环境中排放污染物质的发生源。一般分为天然污染源和人为污染源。

1）天然污染源

天然污染源是自然界中某些自然现象向环境排放有害物质或造成有害影响的场所，是大气污染的一种很重要的来源。尽管与人为污染源相比，由自然现象所产生的大气污染物种类少、浓度低，但在局部地区也可能造成严重的影响。如：

（1）火山喷发：排放出 SO_2、H_2S、CO_2、CO、HF 及火山灰等颗粒物。

（2）森林火灾：排放出 CO、CO_2、SO_2、NO_2 及碳氢化合物等。

（3）自然尘：风沙、土壤尘等。

（4）森林植物释放：主要为萜烯类碳氢化合物。

（5）海浪飞溅：主要为硫酸盐和亚硫酸盐的颗粒物。

在有些情况下天然污染源比人为污染源更重要，有人曾对全球的硫氧化物和氮氧化物的排放做了估计，认为全球氮排放中的 93%、硫排放中的 60%来自于天然污染源。

2）人为污染源

人为污染指的是由人类活动向大气输送污染物而造成的污染。人为污染源可以根据不同的需要(污染源调查、环境评价、污染治理等)进行不同的分类：

(1) 按污染源的存在形式

固定污染源：排放污染物的装置、场所位置是固定的，如火力发电厂、烟囱、炉灶等。

移动污染源：排放污染物的装置、场所位置是移动的，如汽车、火车、轮船、飞机等。

(2) 按污染物的排放形式

点源：集中在一点或在可当作一点的小范围内排放的污染物，如烟囱。

线源：沿着一条线排放污染物，如汽车、火车、轮船、飞机等。

面源：在一个相对较大的范围排放污染物，如城市、经济开发区等。

(3) 按污染源距地面的距离

高架源：在距地面一定高度上排放污染物，如烟囱。

地面源：在地面上排放污染物，如燃烧秸秆。

(4) 按污染物排放时间

连续源：不间断地向大气环境排放污染物的污染源。一般情况下，这类污染源排出的污染物排出负荷随时间呈周期性变化，具有一定的随时间变化的规律。

间断源：时断时续地向大气环境排放污染物的污染源，如昼夜间不连续生产的工业企业(特别是小型工业)向环境中排放的废气、居民取暖或炊事的烟囱等。

瞬时源：无规律的短时间排放污染物，如事故中毒气的泄漏。

(5) 按污染发生类型

工业污染源：工业用燃料燃烧排放的废气及工业生产过程中的排气等。

农业污染源：农用燃料燃烧产生的废气，某些有毒农药的挥发、施用的氮肥的分解及养殖业排放的臭气等。

生活污染源：民用炉灶及取暖锅炉燃烧排放的污染物、焚烧生活垃圾的废气、城市生活垃圾堆放过程中分解发酵产生的二次污染物。

交通污染源：交通运输工具燃烧燃料排放的污染物，主要是CO、NO_x 和碳氢化合物，还有交通扬尘等。

2. 大气污染物的产生

大气污染物主要产生于以下的生产与生活过程：

(1) 燃料燃烧

火力发电厂、钢铁厂、炼焦厂等工矿企业的燃料燃烧，各种工业窑炉的燃料燃烧，以及各种民用炉灶、取暖锅炉的燃料燃烧均向大气排放出大量污染物。燃烧排气中的污染物组分与能源消费结构有密切关系，发达国家的能源以石油为主，因此大气污染物主要是一氧化碳、二氧化硫、氮氧化物和有机化合物。我国能源主要以煤为主，主要大气污染物是颗粒物和二氧化硫。

（2）工业生产过程

化工厂、石油炼制厂、焦化厂、水泥厂等各种类型的工业企业，在原材料及产品的运输、粉碎以及由各种原料制成成品的过程中，都会有大量的污染物排入大气中，由于工艺、流程、原材料及操作管理条件和水平的不同，所排放的污染物种类、数量、组成及性质等差异很大。这类污染物主要有粉尘、碳氢化合物、含硫化合物、含氮化合物以及卤素化合物等多种化合物。

（3）农业生产过程

农业生产过程对大气的污染主要来自农药、化肥的使用以及家庭畜禽养殖过程。有些有机氯农药如DDT施用后能在水面悬浮，并同水分子一起蒸发而进入大气；氮肥在施用后可直接从土壤表面挥发进入大气；而以有机氮或无机氮的形式进入土壤内的氮肥在土壤微生物的作用下可转化为氮氧化物进入大气，从而增加了大气中氮氧化物的含量。另外农业养殖向大气中排放的臭气也是大气污染的主要来源。

（4）交通运输

各种交通工具如机动车辆、飞机、轮船等都会向环境排放有害气体。由于交通运输以燃油为主，因此排放的污染物主要是碳氢化合物、一氧化碳、氮氧化物、含铅污染物等。排放到大气中的这些污染物在高温、低湿和阳光照射下，会形成光化学烟雾，这是二次污染物的主要来源。

2.2.3 大气污染物及其分类

大气污染物是指由于人类活动或自然过程排入大气，并对人和环境产生有害影响的物质。排入大气中的污染物可依据不同的原则进行分类。依照污染物的形成过程可以分为一次污染物和二次污染物，依据污染物的存在形态可分为颗粒污染物和气态（分子态）污染物。

1. 按形成过程分类的污染物

（1）一次污染物是指直接由污染源排放的污染物，如二氧化硫、一氧化碳、颗粒物等。

（2）二次污染物是指进入大气的一次污染物之间相互作用或一次污染物与正常大气组分发生化学反应，以及在太阳辐射的参与下引起光化学反应而产生的新的污染物，它常比一次污染物对环境和人体的危害更为严重。

大气中主要的一次污染物和二次污染物见表2-2。

表 2-2 大气中主要的一次污染物和二次污染物

污染物	一次污染物	二次污染物
含硫化合物	SO_2、H_2S	SO_3、H_2SO_4、硫酸盐
含氮化合物	NO、NH_3	NO_2、HNO_3、硝酸盐
碳氧化合物	CO、CO_2	无
卤素化合物	HF、HCl	无
碳氢化合物及衍生物	C_1～C_6 化合物	醛、酮、过氧乙酰硝酸酯

2. 按存在状态分类的污染物

1) 气溶胶形式污染物

任何固态或液态物质当以小的颗粒物形式分散在气流中时都叫作气溶胶。各种气溶胶的粒径范围大体为 0.000 2～500 μm，多数为 0.01～100 μm，是一个复杂的非均匀体系。通常根据粒径的大小及颗粒物在重力作用下的沉降特性将其分为降尘、飘尘（即可吸入尘）、PM2.5 及总悬浮颗粒物。

(1) 降尘

降尘（dust fall）是指空气动力学当量直径大于 10 μm 的固体颗粒物。降尘反映颗粒物的自然沉降量，用每月沉降于单位面积上颗粒物的质量表示（单位：$t/(km^2 \cdot 月)$）。降尘在空气中沉降较快，故不易吸入呼吸道。其自然沉降能力主要取决于自重和粒径大小，是反映大气尘粒污染的主要指标之一。

(2) 飘尘

飘尘（airborne particulate matters），又称可吸入颗粒物，指悬浮在空气中的空气动力学当量直径≤10 μm 的颗粒物。飘尘能随呼吸进入人体上、下呼吸道，对健康危害很大。飘尘具有胶体性质，它易随呼吸进入人体肺脏，因此又称为可吸入尘（IP）。它可在肺泡内积累，并可随着血液输往全身，对人体健康危害大。通常所说的烟（smoke）、雾（fog）、尘（dust）也是用来描述飘尘的存在形式的。

烟是某些固体物质在高温下由于蒸发或升华作用变成气体逸散于空气中，遇冷后又凝聚成微小的固体颗粒悬浮于空气中形成的，例如，高温熔融的铅、锌可迅速挥发并氧化成氧化铅和氧化锌的微小固体颗粒。烟的粒径一般在 0.01～1 μm。

雾是由悬浮在空气中微小液滴构成的气溶胶。按其形成方式可分为分散型气溶胶和凝聚型气溶胶。常温状态下的液体，由于飞溅、喷射等原因被雾化而形成微小雾滴分散在空气中，构成分散型气溶胶。液体因加热变成蒸气逸散到空气中，遇冷后又凝集成微小液滴形成凝聚型气溶胶。雾的粒径一般在 10 μm 以下。

通常所说的烟雾是烟和雾同时构成的固、液混合态气溶胶，如硫酸烟雾、光化学烟雾等。硫酸烟雾主要是由燃煤产生的高浓度二氧化硫和煤烟形成的。二氧化硫经氧化剂、紫外光等因素的作用被氧化成三氧化硫,三氧化硫与水蒸气结合形成硫酸烟雾。当空气中的氮氧化物、一氧化碳、碳氢化合物达到一定浓度后,在强烈阳光照射下,发生一系列光化学反应,形成臭氧、PAN(过氧乙酰硝酸酯)和醛类等物质悬浮于空气中而构成光化学烟雾。

尘是分散在空气中的固体微粒,如交通车辆行驶时所带起的扬尘,粉碎固体物料时所产生的粉尘,燃煤烟气中的含碳颗粒物等。

(3) PM2.5

PM2.5 特指大气中空气动力学当量直径小于或等于 2.5 μm 的颗粒物,也称为可入肺颗粒物。它的直径还不到人的头发丝粗细的 1/20。虽然 PM2.5 只是地球大气成分中含量很少的组分,但它对空气质量和能见度等有重要的影响。与较粗的大气颗粒物相比,PM2.5 粒径小,富含大量的有毒、有害物质且在大气中的停留时间长,输送距离远,因而对人体健康和大气环境质量的影响更大。

(4) 总悬浮颗粒物

总悬浮颗粒物(total suspended particulates,TSP)是指悬浮在空气中,空气动力学当量直径小于或等于 100 μm 的颗粒物。总悬浮颗粒物含量通常是用标准大容量颗粒采样器(流量 1.1～1.7 m^3/min)在滤膜上所收集到的颗粒物的总质量来度量。

2012 年之前,总悬浮颗粒物(TSP)和可吸入尘(IP)是空气污染常规测定项目。2012 年 2 月,环境保护部发布新修订的《环境空气质量标准》(GB 3095—2012),增加了 PM2.5 这一监测指标。

雾　霾

“雾霾”对于当今的中国人来说不再是一个陌生的字眼。2013 年初以来,中国发生大范围持续雾霾天气。据统计,受雾霾影响区域包括华北平原、黄淮、江淮、江汉、江南、华南北部等地区,受影响面积约占国土面积的 1/4,受影响人口约 6 亿人。

1. 何为雾霾

雾霾,顾名思义是雾和霾的结合体。雾是由大量悬浮在近地面空气中的微小水滴或冰晶组成的气溶胶系统。霾也称灰霾(烟雾),霾的组成成分包括数百种大气化学颗粒物质。其中对健康有害的主要是直径小于 10 μm 的气溶胶粒子,尤其是PM2.5,如矿物颗粒物、海盐、硫酸盐、硝酸盐、有机气溶胶粒子、燃料和汽车尾气等。一般相对湿度小于80%时的大气混浊、视野模糊导致的能见度恶化是霾造成的；相对湿度大于90%时的大气混浊、视野模糊导致的能见度恶化是雾造成的；相对湿度介于80%～90%的大气混浊、视野模糊导致的能见度恶化是雾和霾的混合物共同造成的，但其主要成分是霾。早晚湿度大时，雾的成分多。白天湿度小时，霾占据主力。其中雾是自然天气现象，空气中水汽氤氲，虽然以灰尘作为凝结核，但总体无毒无害；霾的核心物质是悬浮在空气中的烟、灰尘等物质，对人体危害大。

2. 雾霾天气形成的主要原因

雾霾天气的形成是人为因素与自然因素综合作用的结果。

(1) 自然原因

一是没有明显空气流动，风力较小，尤其是有逆温存在时大气层比较稳定，使空气中的微小颗粒聚集，漂浮在近地面空气中而难以扩散；另外由于城市里大楼越建越高，阻挡和摩擦作用使风流经城区时明显减弱，静风现象增多，不利于大气中悬浮微粒的扩散稀释，容易在城区和近郊区周边积累。

二是天空晴朗少云，有利于夜间的辐射降温，使得近地面原本湿度比较高的空气饱和凝结形成雾。

(2) 人为原因

① 汽车尾气。柴油车是排放细颗粒物的“重犯”。使用汽油的小型车虽然排放的是气态污染物，比如氮氧化物等，但碰上雾天，也很容易转化为二次颗粒污染物，加重雾霾。

② 北方到了冬季烧煤供暖所产生的废气。

③ 工业生产排放的废气。例如，冶金、窑炉与锅炉、机电制造业，还有大量汽修喷漆、建材生产窑炉燃烧排放的废气。

④ 建筑工地和道路交通产生的扬尘。

⑤ 可生长颗粒。细菌和病毒的粒径相当于PM0.1～PM2.5，空气中的湿度和温度适宜时，微生物会附着在颗粒物上，特别是油烟的颗粒物上，微生物吸收油滴后转化成更多的微生物，使得雾霾中的生物有毒物质生长增多。

⑥ 家庭装修中也会产生粉尘“雾霾”。室内粉尘弥漫，不仅伤害工人与用户的健康，增添清洁负担，粉尘严重时，还给装修工程带来诸多隐患。

⑦ 生物质(秸秆、木柴)的燃烧以及垃圾焚烧产生的烟尘。

大范围雾霾天气主要发生于低温、高湿，近地面低空为静风或微风的气象条件下。由于雾霾天气的湿度较高，水汽较大，雾滴为雾霾的形成提供了吸附和反应场所，加速了反应性气态污染物向液态颗粒物成分的转化，同时颗粒物也容易作为凝结核加速雾霾的生成,两者相互作用而迅速形成污染。

3. 雾霾的危害

据专家介绍,在雾霾天气中,PM2.5 是“罪魁祸首”。雾霾里面含有各种对人体有害的细颗粒、有毒物质,包括酸、碱、盐、胺、酚等以及尘埃、花粉、螨虫、流感病毒、结核杆菌、肺炎球菌等,其含量是普通大气水滴中的几十倍。雾霾究竟对人体健康会带来哪些影响?

(1) 对呼吸系统的影响

霾的组成成分非常复杂,包括数百种大气化学颗粒物质。对呼吸系统有害的主要是直径小于 10 μm 的气溶胶粒子尤其是 PM2.5,如矿物颗粒物、海盐、硫酸盐、硝酸盐、有机气溶胶粒子、燃料和汽车尾气等,它能直接进入并黏附在人体呼吸道和肺泡中。其中亚微米粒子会分别沉积于上、下呼吸道和肺泡中,引起急性鼻炎和急性支气管炎等病症。对于支气管哮喘、慢性支气管炎、阻塞性肺气肿和慢性阻塞性肺疾病等慢性呼吸系统疾病患者,雾霾天气可使病情急性发作或急性加重。如果长期处于这种环境还会诱发肺癌。

(2) 对心血管系统的影响

雾霾天气对人体心脑血管疾病的影响也很严重,会阻碍正常的血液循环,导致心血管病、高血压、冠心病、脑出血,可能诱发心绞痛、心肌梗死、心力衰竭等,使慢性支气管炎患者出现肺源性心脏病等。另外,雾霾天气压比较低,人会产生一种烦躁的感觉,血压自然会有所增高。雾霾天往往气温较低,一些高血压、冠心病患者从温暖的室内突然走到寒冷的室外,血管热胀冷缩,也可使血压升高,可能导致中风、心肌梗死的发生。所以心脑血管疾病患者一定要按时服药,小心应对。

(3) 不利于儿童成长

由于雾霾天日照减少,儿童紫外线照射不足,体内维生素 D 生成不足,对钙的吸收大大减少,严重时会引起婴儿佝偻病,导致儿童生长减慢。

(4) 影响心理健康

专家指出,持续雾霾天气对人的心理和身体都有影响。从心理上说,雾霾天气会使人感到沉闷、压抑,会刺激或者加剧心理抑郁的状态。此外,由于雾霾天气光线较弱及导致低气压,会使人精神懒散、情绪低落。

(5) 影响生殖能力

雾霾天气现象会使慢性病加剧,使呼吸系统及心脏系统疾病恶化,改变肺功能及结构,影响生殖能力,改变人体的免疫结构等。

(6) 影响交通安全

出现雾霾天气时，视野能见度低，空气质量差，容易引起交通阻塞，发生交通事故。

(7) 影响植物生长

霾对农作物及植物的危害主要表现在两个方面。一方面植物虽然具有吸附尘埃的作用，但如果霾中尘粒的浓度过大，会使植株不堪重负，从而影响植株的呼吸作用；另一方面，雾霾天气空气流动性差，同时遮盖阳光，进而影响到植物的光合作用，不利于植物的生长。

4. 雾霾的防治

防治雾霾的关键就是发展清洁能源，改变能源结构，加强环境管理，减少PM2.5的排放。同时在雾霾天气时要加强自我防护，如尽量少出行，外出戴口罩，减少户外运动，少开窗，多喝水，多食清肺润肺食品，如胡萝卜、梨、木耳、豆浆、蜂蜜、葡萄、大枣、石榴、柑橘、甘蔗、柿子、百合、萝卜、荸荠、银耳等。

2) 气态污染物

以气体形态进入大气的污染物称为气态污染物。气态污染物种类极多，按其对我国大气环境的危害大小，有6种类型的气态污染物是主要污染物，它们是含硫化合物、含氮化合物、碳氧化合物、碳氢化合物、卤素化合物及臭氧，如表2-3所示。

表2-3 主要的气态污染物

类别	物质名称	来源	备注
含硫化合物	SO_2	煤、石油燃烧，火山喷发	危害最广
	SO_3	煤燃烧或 SO_2 转化而来	强腐蚀性
	H_2S	化工、污水、沼泽、火山喷发	
含氮化合物	NO	高温燃烧、土壤中的细菌作用	
	NO_2	由NO转化而来	光化学烟雾的主要成分
	NH_3	化工、动物粪便	
碳氧化合物	CO	燃料不完全燃烧	
	CO_2	燃料完全燃烧、生物呼吸等	
碳氢化合物	$C_1H_x \sim C_5H_y$	石油燃烧、烃类挥发、化工合成等	参与光化学反应
卤素化合物	HF、HCl	化肥、化工厂	腐蚀性强
臭氧	O_3	光化学反应产生	二次污染物

2.2.4　几种主要大气污染物的性质及危害

大气中的污染物种类不同、性质不同，对人体与环境的危害也不同。一般来说，大气中的污染物可以影响人类和动物的健康、危害植被、腐蚀材料、影响气候、降低能见度，但在目前的研究水平下，大多数影响尚难以量化。大气污染物侵入人体的途径主要有 3 种：一是从呼吸道吸入；二是随食物和饮水侵入；三是由体表接触侵入。由呼吸道吸入的大气污染物，对人体造成的影响和危害最为严重。正常人每天要呼吸 10～15 m^3 洁净空气。吸入的空气经过鼻腔、咽部、喉头、气管、支气管后进入肺泡，在肺泡内以扩散的形式进行气体交换。当血液通过肺泡毛细管时，放出 CO_2，吸收 O_2。含氧的血液经动脉到心脏，再经大动脉把氧气输送到人体的各部位，供人体组织和细胞新陈代谢之用。若吸入含污染物的大气，轻者会因上呼吸道受到刺激而有不适感，重者会发生呼吸系统的病变。若突然受到高浓度污染物的作用，可能会造成急性中毒，甚至死亡。根据现行资料，大气中的细颗粒物、硫的氧化物、一氧化碳、光化学氧化剂和铅等重金属均会对人体健康产生不利影响。污染物对健康的影响随污染物的性质与浓度、感染时间以及人体健康状况而异。

1. 大气颗粒物

大气颗粒物对人体健康的影响取决于以下方面。

（1）沉积于呼吸道中的位置

这取决于颗粒的大小，飘尘中很大一部分比细菌还小，人眼观察不到，它可以几小时、几天或者几年飘浮在大气中。飘浮的范围从几公里到几十公里，甚至上千公里。因此在大气中会不断蓄积使污染程度加重。飘尘能越过呼吸道的屏障，黏附于支气管壁或肺泡壁上。粒径不同的飘尘随空气进入肺部，以碰撞、扩散、沉积等方式，滞留在呼吸道的不同部位。各种粒径不同的微小颗粒在人的呼吸系统中沉积的部位不同，粒径大于 10 μm 的，吸入后在通过鼻腔和上呼吸道时，被鼻腔中的鼻毛和气管壁黏液滞留和黏着。据研究，鼻腔滤尘机能滤掉吸气中颗粒物总量的 30%～50%。由于颗粒对上呼吸道黏膜的刺激，使鼻腔黏膜机能亢进，腔内毛细血管扩张，引起大量分泌液，以直接阻留更多的颗粒物，这是机体的一种保护性反应。若长期吸入含有颗粒状物质的空气，鼻腔黏膜持续亢进，致使黏膜肿胀，发生肥大性鼻炎。此后由于黏膜细胞营养供应不足，使黏膜萎缩，逐渐形成萎缩性鼻炎。在这种情况下鼻腔滤尘机能显著下降，进而引起咽炎、喉炎、气管炎和支气管炎等。粒径小的飘尘可以进入血液输往全身，对人体的危害更大。

（2）颗粒物的化学组成

在颗粒物表面浓缩和富集有多种化学物质，其中多环芳烃类化合物等有可能成为人体肺癌的致病因子；许多重金属如铁、铍、铝、锰、铅、镉等的化合物附着在颗粒表面,也可对人体造成危害。在作业环境中长期吸入含有二氧化硅的粉尘,可以使人得硅肺病。这类疾病往往发生于翻砂、水泥、煤矿开凿等工作中,另外石棉矿开采及其加工中石棉尘被人吸入也可成为致癌因子。

(3) 人体暴露在污染空气中时间的长短

人体长期暴露在飘尘浓度高的环境中,呼吸系统发病率增高。特别是慢性阻塞性呼吸道疾病(如气管炎、支气管炎、支气管哮喘、肺气肿等)发病率显著增高,且还可促使这些患者病情恶化,提前死亡。人体暴露在污染的空气中时间越长,对健康的影响越大。

2. 含硫化合物

SO_2 是一种无色有刺激性气味的气体,其本身毒性不大,主要是对呼吸系统有影响。通常在被污染的大气中 SO_2 与多种污染物共存。吸入含有多种污染物的大气对人体产生的危害是协同效应,这种协同作用比它们各自作用之和要大得多。特别是在 SO_2 与颗粒物气溶胶同时吸入时,对人体产生的危害更为严重。会造成支气管炎、哮喘病,严重的可以引起肺气肿,甚至致人死亡。这是因为吸附在颗粒物上的 SO_2 被氧化成 SO_3,而 SO_3 与水蒸气形成极细(<1 μm)的硫酸雾,它能更深地侵入呼吸道,对肺泡有更强的毒性作用。据动物试验,由硫酸雾造成的生理反应比 SO_2 大4~20倍。当 SO_2 的体积分数为 8×10^{-6} 时,人尚能忍受,而硫酸雾的体积分数为 8×10^{-7} 时,人便无法忍受。

SO_2 是世界范围内大气污染的主要气态污染物,是衡量大气污染程度的重要指标之一,大气中 SO_2 的主要来源是煤的燃烧,其中火电厂是最大的 SO_2 排放源。中国大气环境中的 SO_2 有87%来自煤的燃烧,以及含硫化物的矿石的焙烧和冶炼过程。

通常煤的含硫量为0.5%~6%,石油为0.5%~3%。硫在燃料中多以无机硫化物或有机硫化物的形式存在。无机硫大多以硫化矿物形式存在,在燃烧时生成 SO_2,例如:

$$4FeS_2 + 11O_2 \longrightarrow 2Fe_2O_3 + 8SO_2 \tag{2-1}$$

有机硫包括硫醇、硫醚等,在燃烧过程中先形成 H_2S,如硫醇的燃烧产物:

$$CH_3CH_2CH_2CH_2SH \longrightarrow H_2S + 2H_2 + 2C + C_2H_4 \tag{2-2}$$

生成的 H_2S 再被氧化成 SO_2:

$$2H_2S + 3O_2 \longrightarrow 2H_2O + 2SO_2 \tag{2-3}$$

燃料中的硫酸盐类硫化物不参与燃烧反应,燃烧后多残存于灰中,此种硫化物为不可燃烧性硫化物。

3. 一氧化碳

一氧化碳(CO)是无色无臭的气体,是一种对血液和神经系统毒性很强的污染物。空气中的一氧化碳，通过呼吸系统，进入人体血液内，与血液中的血红蛋白(hemoglobin，Hb)、肌肉中的肌红蛋白、含二价铁的呼吸酶结合，形成可逆性的结合物。在正常情况下，经过呼吸系统进入血液的氧，将与血红蛋白结合，形成氧血红蛋白(O_2Hb)被输送到机体的各个器官和组织，参与正常的新陈代谢活动。如果空气中的一氧化碳浓度过高，大量的一氧化碳将进入机体血液。进入血液的一氧化碳，优先与血红蛋白结合，形成碳氧血红蛋白（COHb)，一氧化碳与血红蛋白的结合力比氧与血红蛋白的结合力大 200～300 倍。碳氧血红蛋白的解离速度只是氧血红蛋白的 1/3 600。一氧化碳与血红蛋白的结合不仅降低了血球蛋白携带氧的能力，而且还抑制、延缓氧血红蛋白的解析和释放，导致机体组织因缺氧而坏死，严重者则可能危及人的生命。

4. 氮氧化物

1) 氮氧化物的种类

氮氧化物(NO_x)的种类很多，它们是 NO、NO_2、N_2O、NO_3、N_2O_4、N_2O_5 等氮氧化物的总称。造成大气污染的主要是 NO 和 NO_2。

2) 氮氧化物的毒理效应

NO 是血液性毒物，具有与血红蛋白的强结合力，将氧血红蛋白转变为氮氧血红蛋白和变性血红蛋白(NOHb 和 metHb)。在无氧条件下，NO 对 Hb 的亲和性相当于氧的 30 万倍，所以吸入 NO 可使机体迅速处于缺氧窒息状态，引起大脑受损，产生中枢神经麻痹和痉挛。但当有氧或与 NO_2 共存时，情况有所不同。

NO_2 的毒性主要表现在对眼睛的刺激和对呼吸机能的影响，刺激和腐蚀灼伤肺组织，使呼吸急促。NO_2 进入下呼吸道，引发支气管扩张，甚至中毒性肺炎和肺水肿，呈现呼吸道阻力增加，损坏心、肝、肾的功能和造血组织，严重的可导致死亡。人体暴露在 NO_2 环境中，体积分数为 25×10^{-6} 就能致病，在 500×10^{-6} 的体积分数下将造成死亡。实际上，NO_2 的毒性比 NO 要强 5 倍，对人体的危害与暴露接触程度有关。

无论 NO、NO_2、N_2O_4、N_2O，在空气中的最高允许浓度均为 5 mg/m^3(以 NO_2 计)。大气中的 NO 能转化为 NO_2，NO_2 溶于水生成硝酸和亚硝酸，遇碱性物质生成硝酸盐和亚硝酸盐，人体一旦摄入此类物质，就有可能引发肝脏和食管癌变。因此，有人将 NO_2 称为致癌物，NO 为助癌物，在某种意义上，是不无道理的。至少应引起人们的警觉并加以深入研究。

3) 氮氧化物的来源及生成过程

大气中氮氧化物的来源主要是燃料的燃烧。其燃烧来源分为流动燃烧源和固定燃烧源。城市大气中的 NO_x 一般 2/3 来自汽车等流动源的排放，1/3 来自固定源的排放。燃烧产生的NO_x主要是NO，只有很少一部分被氧化为NO_2。一般都假定燃烧产生的NO_x中有90%以上的NO。

燃料燃烧生成的NO可以分为两种：

燃料型NO：主要是燃料中的氮在燃烧过程中氧化成NO。

温度型NO：主要是在燃烧过程中产生的高温(>2 100 ℃)，空气中的氮气与氧化合产生的。

$$O_2 \longrightarrow O + O \quad (极快) \tag{2-4}$$

$$O + N_2 \longrightarrow NO + N \quad (极快) \tag{2-5}$$

$$N + O_2 \longrightarrow NO + O \quad (极快) \tag{2-6}$$

$$N + HO\cdot \longrightarrow NO + H \quad (极快) \tag{2-7}$$

$$NO + 1/2O_2 \longrightarrow NO_2 \quad (慢) \tag{2-8}$$

即燃烧过程产生的高温使氧分子热裂解为氧原子，氧原子和空气中氮分子反应生成NO和氮原子，氮原子又和氧分子反应生成NO和氧原子，此外，氮原子与火焰中的氢氧自由基(HO·)反应生成NO和氢原子。因此空气中的NO_x主要是NO，只有很少一部分被氧化为NO_2。

燃烧过程中NO的生成量，主要受两个因素的影响：一是燃烧温度(表2-4)；二是空燃比。

表2-4　燃烧温度与NO生成量之间的关系

温度/℃	NO体积分数/10^{-6}	温度/℃	NO体积分数/10^{-6}
20	<0.001	1 358	3 700.0
427	0.3	2 200	25 000.0
527	2.0		

空燃比是指空气的质量与燃料的质量之比。当燃烧完全时，即无过量的O_2时，空气与燃料的混合物就称为化学计量混合物，此时的空气质量与燃料的质量之比称为化学计量空燃比。汽油的化学计量空燃比约为14.6。假如空气燃料的混合物中空气的量少于化学计量的量，那么此时燃料混合物称为富燃料，此时空燃比低于14.6，由于O_2不足，就会不完全燃烧，燃烧产物(汽车尾气)中的碳氢化合物、CO含量就会高，而NO含量低，这一状况一般发生在汽车刚刚启动时；随着燃烧过程的进行，空燃比逐渐增高，燃烧温度升高，NO含量增加；当空燃比达到化学计量时，燃烧最完全，燃烧温度最高，NO的排放量最大。当空燃比超过化学计量时，由于空气过量，火焰冷却，NO的含量又降低。这一过程如图2-3所示。

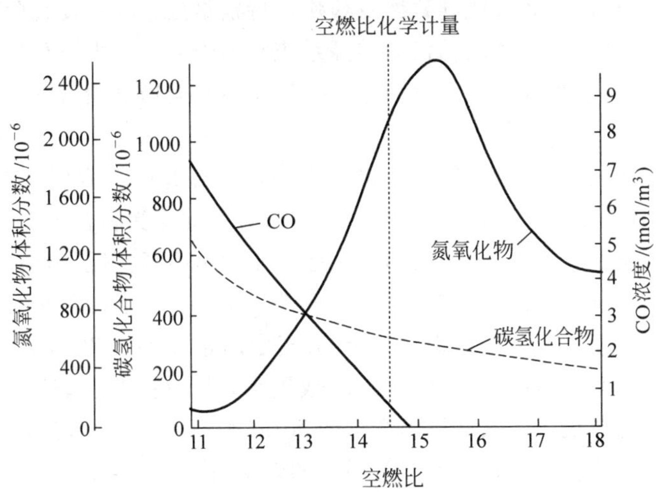

图 2-3　CO 和氮氧化物、碳氢化合物的排放量与空燃比

5. 光化学氧化剂

光化学氧化剂是由排入大气中的汽车尾气及矿物燃烧废气中的 NO_x 和碳氢化合物，在太阳紫外线的作用下，发生一系列反应而生成的各种复杂的化合物。其中主要含有臭氧、过氧乙酰硝酸酯、醛类、酮类等。

光化学氧化剂对人和动物危害较大，主要使人、动物的眼睛和上呼吸道黏膜受到刺激，引起人眼部红肿，喉咙疼痛。臭氧浓度高时，会使人胸部受压迫，刺激黏膜，产生关节痛、咳嗽、疲倦等症状；如接触时间长，还会损害中枢神经，导致思维紊乱或引起肺气肿等。长期吸入氧化剂，会加速人体衰老，对于植物会影响其生长，降低其对病虫害的抵抗能力。臭氧和过氧乙酰硝酸酯（PAN）还会使橡胶制品老化、脱裂，损害染料、油漆涂料等。

6. 有毒重金属微粒

由于现代化学工业的迅猛发展，使得大量的有毒重金属微粒也随着工业废气的排放而进入大气环境，主要的有铅、汞、镉、铬等。

1）铅及铅化物

铅是生物体酶的抑制剂，铅进入人体后，除部分通过粪便、汗液排泄外，其余在数小时后溶入血液中，阻碍血液的合成，导致人体贫血，出现头痛、眩晕、乏力、困倦、便秘和肢体酸痛等；儿童铅中毒则出现发育迟缓、食欲不振、行走不便和便秘、失眠；若是小学生，还伴有多动、听觉障碍、注意力不集中、智力低下等现象。这是因为铅进入人体后通过血液侵入大脑神经组织，使营养物质和氧气供应不足，造成脑组织损伤所致，严重者可能导致终身残疾。特别是处于生长发育阶段的儿童，对铅比成年人更敏感，进入体内的铅对神经系统有很强的亲和力，故对铅的吸收量比成年人高好几倍，受害尤为严重。铅进入孕妇体内则会通过胎盘屏障，影响胎儿发育，造成畸形等。

大气中分布最广的重金属是铅，铅在许多行业都有广泛应用。如陶瓷餐具在使用时会释放铅；印刷厂熔铅炉会产生铅烟尘；各种油漆涂料在生产和使用中产生铅烟、铅尘；蓄电池生产中，消费的铅会引起职业性铅中毒。但是，最严重的铅污染源则是汽车。全世界铅消费中有20%是以烷基铅的形式加入汽油中作为防爆剂，其毒性比无机铅大100倍。据资料介绍，大气中的铅50%～70%是由汽车尾管排出的。加之大部分铅尘粒径只有0.5 μm或更小，易于弥散到远处，更加剧了它的危害性。所以现在很多厂家开始生产无铅汽油，避免铅污染，最近，我国又开始使用乙醇汽油，对防治大气污染，有非常明显的效果。

2）汞及汞化合物

汞是唯一在常温下呈液态的银白色金属，俗称水银，常温下即能蒸发，很容易蒸发到空气中引起危害，温度越高，蒸发越快、越多；且易被墙壁和衣物等吸附，成为不断污染空气的污染源。汞蒸气易经呼吸道进入人体，长期接触过量汞可造成中毒。在灯泡、电池、仪表等生产中常产生汞污染。汞蒸气和汞盐等进入人体后，会进入血液并随之进入各器官和组织，且容易在中枢神经系统、肝肾等器官中蓄积。早期无机汞慢性中毒后，会表现为神经性病症，有时会伴有齿龈炎、口腔炎等。

3）镉及镉化物

镉被人体吸收后，容易造成骨质疏松、变形等一系列症状。痛痛病就是慢性镉中毒最典型的例子。该病以疼痛为特点，始于腰背痛，继而肩、膝、髋关节痛，逐渐扩至全身。近年来，塑料制品中大量使用含镉稳定剂，而一旦与食物接触，镉便会溶出，污染食物，尤其在酸性环境和高温时，溶出镉会更多。镉进入人体，会在某些部位蓄积，一旦超出一定限度会引起中毒。急性的症状有恶心、呕吐、腹泻等。

4）铬及其他金属化合物

在皮革、电镀行业中常造成铬、镍、铜的污染，如皮革厂的含铬废气、电镀厂的铬酸雾气体常使衣物受腐蚀，并引起鼻膜炎等病症。同时六价铬可损害人体皮肤及呼吸道，损害肾功能。国外有报道，铬中毒会引起肺癌和皮肤癌。

7. 氟及氟的化合物

氟是有毒气体，氟及氟化氢对眼睛及呼吸道有强烈的刺激作用，吸入高浓度的氟及氟化氢气体时，可引起肺水肿和支气管炎。

2.3 几种典型的大气污染类型

2.3.1 煤烟型污染

煤是最重要的固体燃料，它是一种复杂的物质聚集体，其可燃成分主要是由碳、氢及少量氧、氮和硫等一起构成的有机聚合物。燃煤排放的污染物主要是二氧化硫、氮氧化物、一氧化碳和颗粒物，它们在低温、高湿的阴天，且风速很小并伴有逆温存在的情况时，向高空的扩散受阻，容易在低空聚积形成煤烟型烟雾。伦敦烟雾事件、马斯河谷事件和多诺拉等烟雾事件，便是这种类型的污染所致。

当一次污染物主要为 SO_2 和煤烟时，在相对湿度比较高、气温比较低、无风或静风的天气条件下，SO_2 在重金属(如铁、锰)氧化物的催化作用下，易发生氧化作用，生成 SO_3，继而与水蒸气结合形成硫酸雾。硫酸雾是强氧化剂，其毒性比 SO_2 更大。它能使植物组织受到损伤，对人的主要影响是刺激其上呼吸道，附在细微颗粒上时也会影响下呼吸道。硫酸雾一般多发生在冬季，尤以清晨最为严重，有时可连续数日。它可使呼吸道疾病发病率增高，慢性病患者的病情迅速恶化，使危害加剧。

中国是煤炭消费大国，也曾经是二氧化硫排放大国和煤烟型污染大国，经过长期不断的治理及强化管理，总量控制和二氧化硫排污交易制度的实施，使二氧化硫的排放量在“十一五”期间已经见顶下降，“十三五”期间，二氧化硫排放量大幅下降。2017 年二氧化硫排放量比 2007 年下降 72%。近两年二氧化硫已经基本在城市首要污染物中淡出。从图 2-4 可以看出，我国煤炭的消耗量在能源消耗总量中

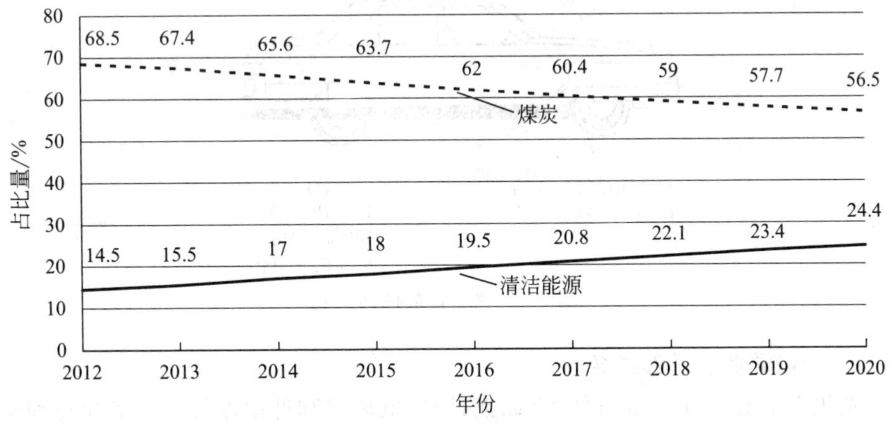

图 2-4　2012—2020 年煤炭、清洁能源消费占比

占比逐年下降,由2012年的68.5%下降到2020年的56.5%;而清洁能源的使用量则逐年提高,由2012年的14.5%上升到2020年的24.4%。"十四五"期间我国将采取更强有力的低碳经济策略,改变能源结构,对常规能源进行清洁利用,加强对非矿物质能源的开发利用。

2.3.2 交通型污染

1. 交通型污染的概念

近年来随着机动车经济的飞速发展,机动车的生产和使用量急剧增长,机动车排气对环境的污染日趋严重,许多大城市的空气污染已由燃煤型污染转向燃煤和机动车混合型污染,机动车排气污染对环境和人们身体健康的危害已引起了社会的广泛关注,解决机动车尾气污染问题已经迫在眉睫。

交通型污染主要是由燃油排放的废气引起的,污染源主要是机动车,包括汽油车和柴油车。污染物主要来自排气管、曲轴箱以及保有量的增加。图2-5描述了机动车排放的主要一次污染物,它们是CO、NO_x和碳氢化合物。机动车排放的碳氢化合物达100多种,其中也包括杂环和多环芳烃,有些属于"三致"物质。柴油车尾气中颗粒物浓度是汽油车的20～100倍,其中60%～80%的颗粒物粒径小于2 μm,90%的颗粒物粒径小于5 μm,这些颗粒物成分复杂,有诱导细胞增殖的作用,使细胞长期处于活化状态,易发生恶性转化,具有较强的潜在致癌性。交通型污染严重的地区有可能会出现一种带刺激性的淡蓝色烟雾——光化学烟雾,其危害往往更大。

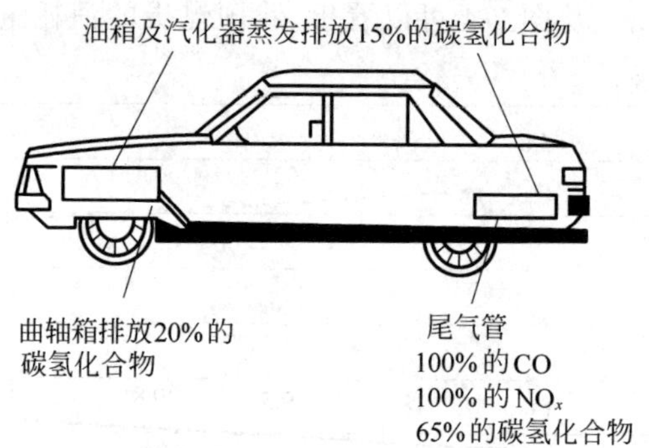

图2-5 汽车排放的污染物

2. 光化学烟雾及形成条件

光化学烟雾是在一定条件下(如强日光、低风速和低湿度等),氮氧化物和碳氢化合物发生化学转化形成的高氧化性混合气团。实质上,光化学烟雾污染就是碳氢化合物在氮氧化物和日光作用下缓慢的氧化过程,并同时形成一定量的臭氧。

光化学烟雾的形成必须具备以下条件。

(1) 污染源条件

光化学烟雾的形成是和大气中的氮氧化物、碳氢化合物的存在分不开的,因此,以石油为燃料的工厂排气和汽车排放的尾气是烟雾形成的主要条件。我国随着汽车保有量的增加,产生光化学烟雾的概率也随之增加。

(2) 地理条件

光化学烟雾的形成与强的紫外光照射有密切关系,因此,高纬度地区太阳辐射强,发生的可能性更大。另外,当天气晴朗、高温低湿、有逆温、无风或风力不大时,污染物在低层大气中容易积聚,易产生光化学烟雾。

3. 光化学烟雾的形成及危害

光化学烟雾的反应过程十分复杂,通过对光化学烟雾形成的模拟试验,目前已明确在碳氢化合物和氮氧化物的相互作用方面有以下过程:

(1) NO 向 NO_2 转化是产生光化学烟雾的关键。低层大气中的一般成分和一次污染物如 NO、N_2、O_2、CO 等都不吸收紫外辐射,在被污染的空气中,只有 NO_2 吸收紫外辐射,NO_2 来源于燃料的燃烧产生的 NO 的缓慢氧化过程。

$$NO + O_2 \longrightarrow NO_2 \tag{2-9}$$

$$NO_2 + h\nu(290 \sim 380\ \text{mm 紫外光}) \longrightarrow NO + O^* \tag{2-10}$$

$$O^* + O_2 + M \longrightarrow O_3 + M \tag{2-11}$$

$$O_3 + NO \longrightarrow NO_2 + M \tag{2-12}$$

O^* 是激发态的氧原子,M 是大气中的 N_2、O_2 等其他分子介质,可以吸收过剩的能量而使生成的 O_3 分子稳定。如果没有其他物质参与反应,大气中的 NO_2、NO 和 O_3 之间的反应形成循环,会形成稳态。

(2) 碳氢化合物和大气中的氢氧自由基(HO·)形成的过氧化基团加速了 NO 向 NO_2 的转化,也就加速了光化学烟雾的形成。

$$RH + HO\cdot \longrightarrow RO_2\cdot(\text{过氧烷基}) + H_2O \tag{2-13}$$

$$RCHO + HO\cdot \longrightarrow RC(O)O_2\cdot(\text{过氧酰基}) + H_2O \tag{2-14}$$

$$RCHO + h\nu \longrightarrow RO_2\cdot + HO_2\cdot + CO \tag{2-15}$$

$$HO_2\cdot + NO \longrightarrow NO_2 + HO\cdot \tag{2-16}$$

$$RO_2\cdot + NO \longrightarrow NO_2 + RCHO + HO_2\cdot \tag{2-17}$$

$$RC(O)O_2\cdot + NO \longrightarrow NO_2 + RO_2\cdot + CO_2 \tag{2-18}$$

$$HO\cdot + NO_2 \longrightarrow HNO_3 \tag{2-19}$$

$$RC(O)O_2 + NO_2 \longrightarrow RC(O)O_2NO_2(\text{过氧乙酰硝酸酯}) \tag{2-20}$$

由以上反应可以看出,光化学烟雾的形成过程是由一系列复杂的链式反应组成的,是以 NO_2 的光解生成激发态的氧为引发,导致臭氧的生成。由于碳氢化合物的存在,促使 NO 向 NO_2 快速转化,在此转化中自由基(特别是 HO·)起了重要作用。致使不需要消耗臭氧而能使大气中的 NO 转化为 NO_2,NO_2 又继续光解产生臭氧。同时转化过程中产生的自由基又继续与碳氢化合物反应生成更多的自由基,使反应不断进行下去,直到 NO 或碳氢化合物消失。所产生的醛类、O_3、过氧乙酰硝酸酯等二次污染物是光化学烟雾的最终产物。

光化学烟雾造成的危害主要是由于其中的 O_3 和其他氧化剂直接与人体和动植物接触,其极高的氧化性能刺激人体的黏膜系统,人体短期暴露其中能引起咳嗽、喉部干燥、胸痛、黏膜分泌增加、疲乏、恶心等症状;长期暴露其中,则会明显损伤肺功能。另外,光化学烟雾中的高浓度 O_3 还会对植物系统造成损害。此外,光化学烟雾对材料(主要是高分子材料,如橡胶、塑料和涂料等)也产生破坏作用,并且严重影响大气能见度,造成城市的大气质量恶化。

光化学烟雾是1940年在美国洛杉矶地区首先发现的,继洛杉矶之后,日本、英国、德国、澳大利亚和中国先后出现过光化学烟雾污染。

2.3.3 复合型污染

大气复合型污染是指大气中由多种来源的多种污染物在一定的大气条件下(如温度、湿度、阳光等)发生多种界面间的相互作用、彼此耦合构成的复杂大气污染体系,表现为大气氧化性污染物种类和细颗粒物浓度增高、大气能见度显著下降和环境恶化趋势向整个区域蔓延。具体表现为:

(1) 来源复合

来源复合指天然污染源与人为污染源排放的大气污染物的复合,点源、线源和面源组成的复杂体系排放的多种化学成分的复合。

(2) 空间复合

环境影响呈现出城市(如空气质量)、区域(如能见度)与全球(如气候变化)等多尺度的空间复合;同时,处于一定尺度区域内的城市间大气污染物呈现较明显的相互影响作用。

(3) 成因复合

成因复合指一次污染物与二次污染物的复合。如前所述,PM2.5 不仅来自于污染源的直接排放,也来自于大气中各种反应生成的硫酸盐、硝酸盐与有机气溶胶等二次颗粒物。

(4) 过程复合

过程复合包括平流输送、湍流扩散、干沉降和湿沉降等物理过程与大气化学转化的复合,化学转化可在颗粒物的长距离输送过程中发生。

(5) 气象复合

影响局地污染物浓度的气象因子主要包括风速、风向、垂直方向的热稳定性、大气湿度、太阳辐射(或云量)和气温等,这些气象因子影响污染物在水平和垂直方向的扩散、水平对流、干沉降的强度、化学反应的强度和类型、生物排放和挥发性污染物的挥发等物理化学过程。天气形势可以直接影响污染物的区域传输、扩散,以及传输过程中的二次转化与新核生成;此外,还可以通过影响局地气象条件来间接影响污染物的扩散。

目前我国一些机动车保有量大的城市,其大气呈现出明显的复合型污染的特征。PM2.5 和臭氧都是复合型大气污染物。PM2.5 由一次颗粒物和二次颗粒物组成。一次颗粒物包含烟尘、粉尘、机动车、尾气尘和扬尘;二次颗粒物来源于污染源排放的二氧化硫、氮氧化物、氨和挥发性有机物在大气中经过复杂的化学转化所形成的颗粒物。臭氧几乎没有人为排放,是污染源排放的氮氧化物和挥发性有机物在阳光和热的作用下产生光化学反应所生成的二次污染物。氮氧化物和挥发性有机物(volatile organic compounds,VOCs)是臭氧产生的重要前体物质,解决以 PM2.5 和臭氧为代表的区域性复合型大气污染,必须强化属地责任、实行联防联控,多种污染物排放精准控制。关于挥发性有机物请阅读下面材料。

挥发性有机物

1. 何为挥发性有机物

挥发性有机物常用 VOCs 表示。根据世界卫生组织(WHO)的定义,VOCs 是指在常温下,沸点为 50～260 ℃的各种有机化合物。在我国 VOCs 是指常温下饱和蒸气压大于 70 Pa、常压下沸点在 260 ℃以下的有机化合物,或在 20 ℃条件下,蒸气压大于或等于 10 Pa 且具有挥发性的全部有机化合物。地表征 VOCs 总排放情况时,根据行业特征和环境管理的要求,也可用 TVOC 来表示。

2. 挥发性有机物的分类及来源

按其化学结构的不同,挥发性有机物可以进一步分为八类:烷类、芳烃类、烯类、卤烃类、酯类、醛类、酮类和其他。按其主要成分一般包括烃类、卤代烃、氧烃和氮烃,如苯系物、有机氯化物、氟利昂系列、有机酮、胺、醇、醚、酯、酸和石油烃化合物等。按其来源和性质可以分为以下几种:

(1) 有机溶液。主要是由有机物为组成介质的溶剂,常见的有家用化妆品、洗涤剂等,日常生活中常用的胶水、油漆、含水涂料等日常用品,衣物或床品上残留的染整剂等。

(2) 建筑材料。主要是指在建筑工程中使用的一些易挥发的有机材料，包括建筑室内外使用的涂料、塑料板材、泡沫隔热材料、人造板材等。

(3) 室内装饰材料。主要是指建筑物室内涂料或者室内装饰的一些其他容易挥发气味的材料，其中包括墙体涂料、壁纸、容易产生挥发性气味的壁画等。

(4) 纤维材料。主要是指天然纤维或合成纤维制作的材料，如地毯、挂毯、化纤窗帘等用品。

(5) 办公用品。有的办公用品自身具有挥发性，如油墨；而有的自身并无挥发性，但是在其工作过程中由于要散发大量的热量，其中的一些耗材中的有机物随着热量就会一起散发出来，如复印机和打印机在工作过程中会向空气中散发大量有害气体。

(6) 室外工业气体。主要是指工业生产或者各种机械散发出来的气体，其范围较为广泛，包括工业生产过程中挥发出来的有机气体、汽车尾气等。

这些挥发性有机物主要来源于煤化工、石油化工、燃料涂料制造、溶剂制造与使用等过程。

3. 挥发性有机物的危害

挥发性有机物可以通过呼吸道、皮肤和消化系统进入人体，刺激眼睛、鼻子和咽喉引起发炎，也可以使皮肤过敏，引起头痛、咽痛与乏力等症状，严重的甚至导致肝肾损伤或癌症。大多数VOCs有毒，部分VOCs有致癌性；如大气中的某些苯、多环芳烃、芳香胺、树脂类化合物、醛和亚硝胺等有害物质对有机体有致癌作用或者产生真性瘤作用；某些芳香胺、醛、卤代烷烃及其衍生物、氯乙烯等具有诱变作用。多数挥发性有机物易燃易爆、不安全。挥发性有机物在阳光照射下，与大气中的氮氧化物、碳氢化合物与氧化剂发生光化学反应，生成光化学烟雾，光化学烟雾的主要成分是臭氧、过氧乙酰硝酸酯、醛类及酮类等具有氧化性的混合物，它们刺激人的眼睛和呼吸系统，危害人体健康和作物的生长。

4. 挥发性有机物污染现状

随着《大气污染防治行动计划》的颁布与实施，我国蓝天保卫战已经收到显著效果，空气质量已明显改善，城市空气质量优良天数明显增多。近几年我国大气环境主要面临细颗粒物(PM2.5)污染形势依然严峻和臭氧(O_3)污染日益凸显的双重压力，特别是在夏季，O_3 已成为导致部分城市空气质量超标的首要因子，京津冀及周边地区、长三角地区、汾渭平原等重点区域、苏皖鲁豫交界地区等区域尤为突出。6—9月O_3超标天数占全国超标天数70%左右。VOCs是形成PM2.5和O_3的重要前体物质,主要存在于企业原辅材料或产品中,大部分易燃易爆,部分属于有毒有害物质,因此加强VOCs治理是现阶段控制O_3污染的有效途径。

5. 挥发性有机物的防控

挥发性有机物的污染已经受到各国普遍重视。我国颁布的《民用建筑室内环境污染控制标准》(GB 50325—2020)中,室内空气中TVOC的含量已经成为评价居室室内空气质量是否合格的一项重要指标。在此标准中规定的TVOC含量为:Ⅰ类民用建筑工程:0.5 mg/m³;Ⅱ类民用建筑工程:0.6 mg/m³。并且对室内装修材料及其施工过程中的TVOC的排放量有具体的规定。2017年6月环境保护部出台了《"十三五"挥发性有机物污染防治工作方案》,2019年5月发布7月正式实施《挥发性有机物无组织排放控制标准》(GB 37822—2019),2019年6月生态环境部又印发了《重点行业挥发性有机物综合治理方案》,2020年6月生态环境部颁发了《2020年挥发性有机物治理攻坚方案》。由一系列标准和防治方案的出台可见我国对挥发性有机物的控制重视程度及管控力度。"十四五"期间,VOCs替代二氧化硫列入大气环境质量的约束性指标,VOCs污染防治将成为大气污染控制的关键与重点。作为形成O_3和PM2.5的重要前体物质,治理VOCs污染,将是今后一个时期大气治理的重要内容。

(1) 对重点区域、重点行业、重点时段进行重点整治

重点区域主要是:京津冀及周边地区、长三角地区、汾渭平原、苏皖鲁豫交界地区等区域;重点行业主要是石化行业、化工行业、工业涂装、包装印刷、油品储运销等行业;重点时段主要是夏季(6—9月)。落实精准治污、科学治污、依法治污,做到问题精准、时间精准、区位精准、对象精准、措施精准,全面加强VOCs的综合治理,推进产业转型升级和经济高质量发展。

(2) VOCs污染防治应遵循源头和过程控制与末端治理相结合的综合防治原则

在工业生产中采用清洁生产技术,严格控制含VOCs的原料与产品在生产和储运销过程中的VOCs排放,鼓励对资源和能源的回收利用;鼓励在生产和生活中使用不含VOCs的替代产品或低VOCs含量的产品。

(3) 大力推进源头替代,有效减少VOCs产生

严格落实国家和地方产品VOCs含量限值标准。2020年7月1日起,船舶涂料和地坪涂料生产、销售和使用应满足新颁布实施的国家产品有害物质限

量标准要求。京津冀地区建筑类涂料和胶粘剂产品须满足《建筑类涂料与胶粘剂挥发性有机化合物含量限值标准》(DB 13/3005—2017)要求。督促生产企业提前做好油墨、胶粘剂、清洗剂及木器、车辆、建筑用外墙、工业防护涂料等有害物质限量标准实施准备工作，在标准正式生效前有序完成切换，有条件的地区根据环境空气质量改善需要提前实施。大力推进低(无)VOCs含量原辅材料替代。将全面使用符合国家要求的低VOCs含量原辅材料的企业纳入正面清单和政府绿色采购清单。将低VOCs含量产品纳入政府采购名录，并在政府投资项目中优先使用。

(4) 全面落实标准要求，强化无组织排放控制

2020年7月1日起，全面执行《挥发性有机物无组织排放控制标准》，加强宣传力度，督促指导企业对照标准要求开展含VOCs物料(包括含VOCs原辅材料、含VOCs产品、含VOCs废料以及有机聚合物材料等)储存、转移和输送、设备与管线组件泄漏、敞开液面逸散以及工艺过程等无组织排放环节排查整治，对达不到要求的加快整改，在保证安全的前提下，加强含VOCs物料全方位、全链条、全环节密闭管理。健全企业内部考核制度，严格按照操作规程生产，落实到具体责任人。

(5) 聚焦治污设施“三率”，提升综合治理效率

组织企业开展对现有VOCs废气收集率、治理设施同步运行率和去除率自查。按照“应收尽收”的原则提升废气收集率。按照与生产设备“同启同停”的原则提升治理设施运行率。按照“适宜高效”的原则提高治理设施去除率，不得稀释排放。

(6) 完善监测监控体系，提高精准治理水平

加快完善环境空气VOCs监测网。加强大气VOCs组分观测，完善光化学监测网建设，提高数据质量，建立数据共享机制。已开展VOCs监测的城市，要进一步规范采样和监测方法，加强设备运维和数据质量控制，确保数据真实、准确、可靠。

(7) 加强宣传教育引导，营造全民共治良好氛围

完善信息公开制度，向社会公开VOCs重点排污单位名单。督促企业主动公开污染物排放、治污设施建设及运行情况等环境信息。企业是污染治理的责任主体，要切实履行社会责任，政府加强宣传教育引导，完善公众监督、举报反馈机制，充分发挥“12369”环保举报热线作用，落实有奖举报制度，对举报VOCs偷排漏排、治理设施不运行、超标排放等违法行为属实的给予奖励，共同营造良好的治理氛围。

(8) 切实加强组织领导，严格实施考核督察

各级政府要加强对VOCs综合整治工作的领导，根据区域经济的发展现状和行业特点，有针对性地确定防控目标，综合规划，重在治本治源，严格实施日常监督与阶段性考核并举，深入推进重点行业VOCs综合治理。各级生态环境部门要加强与相关部门、行业协会等协调，形成工作合力；确立本地VOCs治理重点行业，建立重点污染源管理台账；组织监测、执法、科研等力量，加强监督和帮扶，开展专项治理行动。对推进不力、工作滞后、治理不到位的，要强化监督问责。

2.4 污染物在大气中的迁移与扩散

进入大气中的污染物对该区域环境的影响程度除了与污染物的化学组成、性质及浓度有关之外，还受污染物的源参数、气象条件和下垫面的状况等因素的影响，因为这些因素直接或间接地影响污染物在大气中的迁移与扩散，掌握污染物在大气中的迁移与扩散规律将为我们科学地规划与管理、监测与评价以及环境治理奠定坚实的基础。

2.4.1 大气污染物的扩散与气象因子的关系

大气污染物自污染源排出进入环境，在进入受体之前必定经过大气的稀释扩散与输送，同时发生一系列复杂的物理和化学作用，在这一过程中，区域的气象因素将发挥重要的作用。如在污染源参数相同的条件下，由于气象条件的不同，污染造成的危害可能相差极大。在有利于污染物扩散的气象条件下可能不会造成什么危害，而在不利于污染物扩散的气象条件下可能会造成很大的危害。世界上著名的污染事件都是在特定的气象条件下发生的，也就是当地的气象条件不利于污染物的扩散与稀释。因此掌握在气象因子作用下大气中污染物的输送和扩散稀释规律，就能主动避开不利于污染物扩散稀释的气象条件，充分利用有利的气象条件降低污染物的浓度，减轻污染。影响大气中污染物扩散的主要气象因素有风、大气湍流和温度层结。

1. 风和大气湍流对污染物扩散的影响

大气运动包括有规则的水平运动和不规则的、紊乱的湍流运动，实际的大气运动就是这两种运动的叠加。

（1）风

空气的水平运动称为风。描述风的两个要素为风向和风速，在不同时刻风都有着相应的风向和风速。

风对污染物的扩散有两个作用。一是输送作用，风向决定着污染物的输送方向，风速决定着污染物的输送距离。因此在污染源的下风向污染总是比上风向更严重一些，因此城市规划布局要把污染源布设到城市的下风方向，以减轻污染。二是混合稀释作用，风速越大，稀释作用越强。因此大气中污染物的浓度与污染源的排放强度成正比，与风速成反比。

一般情况下，采用风向频率和污染系数来表示风向与风速对空气污染物扩散的影响。风向频率指某方向的风占全年各风向总和的百分率。污染系数表示风向、风速联合作用对空气污染物的扩散影响。其值可由下式计算：

$$F_i = \frac{f_i}{u_i} \tag{2-21}$$

式中：F_i——污染系数，表示来自 i 方向的污染程度；

f_i——i 方向的风向频率，%；

u_i——i 方向的平均风速，m/s。

F_i 与风向频率 f_i 成正比，与风速 u_i 成反比。因为上式分子 f_i 是无因次量，而分母是有因次的，两者不便于比较，故进而提出各方向的污染风频 R_i。某方向的污染风频为该方向的污染系数与该地总平均风速的乘积，其计算公式为

$$R_i = f_i \frac{\bar{u}}{u_i} = F_i \bar{u} \tag{2-22}$$

式中：$\bar{u}$——该地的平均风速，m/s。

式(2-22)中分子、分母都是无因次量，数值在 0～1 之间。污染风频越大，其下风方向受污染越重，求出各风向的污染风频，绘制污染风频玫瑰图，据此可直观判断出污染严重的方位。因此，作为污染源的工厂应该布设在污染风频最低的方位，则市区受污染的程度就轻；反之，如果把污染源的工厂置于污染风频高的方位，则其下风方向的市区将受到较严重的污染。

低层大气平均风速一般随高度的增加而增大，在 150 m 以下的中性大气，可用对数律公式拟合平均风速廓线，但对比较高的大气层需要考虑温度层结，则一般用指数律公式拟合效果较好，即

$$\frac{u_1}{u_2} = \left(\frac{z_2}{z_1}\right)^p \tag{2-23}$$

$$\bar{u} = u_{10}\left(\frac{z}{10}\right)^p \tag{2-24}$$

式中：u_1——距地面 z_1(m)高度处的平均风速，m/s；

u_2——距地面 z_2(m)高度处的平均风速，m/s；

u_{10}——距地面 10 m 高度处的平均风速，m/s；

$\bar{u}$——距地面 z(m)高度处的平均风速，m/s；

p——风速高度指数，是一个与大气稳定度、地形条件有关的参数，按表 2-5 取值。

表 2-5　各稳定度下的 p 值

地　区	稳定度等级				
	A	B	C	D	E、F
城市	0.10	0.15	0.20	0.25	0.30
乡村	0.07	0.07	0.10	0.15	0.25

(2) 大气湍流

大气的不规则运动称为大气湍流。表现为气流的速度和方向随着时间和空间位置的不同呈现随机的变化，并由此引起空气温度、湿度的随机涨落。根据湍流形成的原因可分为机械湍流和热力湍流。机械湍流是由垂直方向风速分布不均匀及地面粗糙度引起的，其强度主要取决于风速梯度和地面粗糙度；热力湍流是由垂直方向上温度分布不均匀引起的，其强度主要取决于大气稳定度，大气越不稳定，湍流越强。

湍流有极强的扩散作用，当污染物从污染源排入大气中时，高浓度的污染物由于湍流不断与周围空气混合，同时又无规则地分散到其他方向，使污染物不断被稀释和冲淡。

风和湍流是决定污染物在大气中扩散状况的最直接因子，也是最本质的因子，其他一切气象因素都是通过风和湍流的作用来影响扩散稀释的。风速越大，湍流越强，污染物的扩散速度越快，污染物的浓度越低。一般来说，在风场运动的主风方向上，由于平均风速比脉动风速大得多，所以在主导风向上，污染物以平流输送为主，因此污染源的下风方向污染物的浓度远远高于上风方向污染物浓度。

2. 大气的温度层结对污染物扩散的影响

大气的温度层结是指近地上方的大气温度在垂直方向上的分布状况。大气的温度层结影响着大气的稳定程度，也决定着湍流的强弱，因此也就影响着大气中污染物的扩散。

1) 气温垂直递减率

大气中的某些组分可以吸收太阳的辐射能，使大气增温。地表也可以吸收太阳的辐射能，使地表增温，增温后又会向近地层大气释放出辐射能。由于近地层大气吸收地表辐射的能力比直接吸收太阳辐射的能力强，因此，地面成了近地层大气的主要热源，这样，在正常的气象条件下（即标准大气状态下）近地层的气体温度总要比其上层气体温度高。因此，对流层内气温垂直变化的总趋势是随着高度的增加而逐渐降低。气温垂直变化的这种情况用气温垂直递减率 γ 来表示。

气温垂直递减率的含义是：在垂直于地球表面方向上，高度每增加 100 m 的气温变化值。在正常的气象条件下，对流层内不同高度上的 γ 值不同，其平均值约为 0.65 ℃/100 m。

由于近地层实际大气的情况非常复杂，各种气象条件都可能影响到气温的垂直分布，因此实际大气的气温垂直分布因时因地而异。归纳起来有下述 3 种情况（图 2-6）：

（1）气温随高度的增加而降低，其温度垂直分布与标准大气相同，此时 $\gamma>0$。

（2）高度增加，气温保持不变，符合这样特点的大气层为等温层，此时 $\gamma=0$。

（3）气温随高度的增加而上升，其温度垂直分布与标准大气相反，这种现象称为逆温，出现逆温的气层叫逆温层，此时 $\gamma<0$。逆温层的出现将阻止气团的上升运动，使逆温层以下的污染物难以穿透逆温层而向高空扩散，只能在其下方扩散，因此将对近地的空气造成严重污染。多数的空气污染事件都是发生在有逆温的静风条件下，因此了解逆温现象对区域的大气污染预防将起到一定的作用。

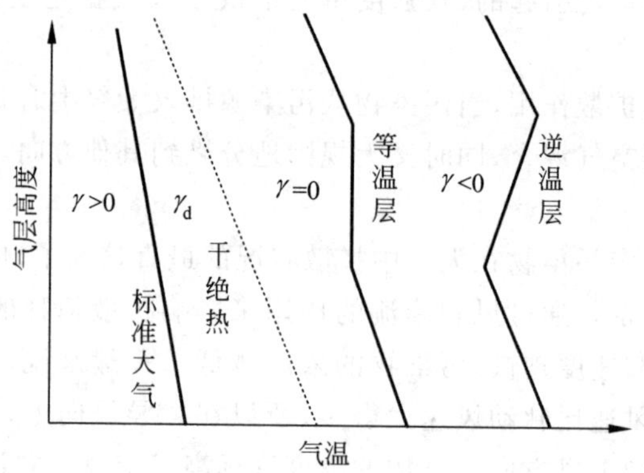

图 2-6　大气的温度层结

2）气温的干绝热递减率

干空气块或未饱和的湿空气块在绝热条件下每升高单位高度（100 m）所造成的温度下降数值称为干绝热递减率，以 γ_d 表示，其表达式为

$$\gamma_d=-\frac{dT_i}{dz} \tag{2-25}$$

式中：T_i——干空气块的温度，它不同于周围空气的温度，K。

下面介绍干绝热递减率 γ_d 值的计算。

大气中进行的热力过程，如果所研究的系统与周围空气没有热量交换，则称为大气的绝热过程。由热力学第一定律，可导出大气绝热过程方程：

$$\frac{dT}{T}=\frac{R}{C_p}\frac{dP}{P} \tag{2-26}$$

或

$$\frac{T_2}{T_1}=\left(\frac{P_2}{P_1}\right)^{\frac{K-1}{K}} \tag{2-27}$$

式中：T_1、T_2——状态 1、2 的空气温度，K；

P_1、P_2——状态 1、2 的空气压力，Pa；

C_p——干空气的定压比热容，J/(kg·K)，C_p=0.996 J/(kg·K)；

R——空气的气体常数，J/(kg·K)；

K——绝热指数。

利用式(2-27)和气压与高度的关系可得

$$\gamma_d=\frac{g}{C_p} \tag{2-28}$$

式中：g——重力加速度，g=9.81 m/s^2。

根据计算可得 γ_d=0.98 ℃/100 m，表明干空气在大气中绝热上升（或下降）100 m 要降低（或升高）0.98 ℃。做绝热运动的湿空气块，如果在运动过程中未发生相变，其温度垂直递减率与干绝热递减率相同。

3）逆温

由于气象条件不同，当气温垂直递减率小于零时，大气层的温度分布与标准情况下气温分布相反，则称为逆温。

根据逆温层出现的高度不同，可分为接地逆温和上层逆温。若从地面开始就出现逆温，称为接地逆温，这时把从地面到某一高度的气层称为接地逆温层。逆温层的下限距地面的高度称为逆温高度，逆温层上、下限的高度差称为逆温厚度，上、下限之间的温差称为逆温强度。逆温层的类型如图 2-7 所示。

根据逆温层形成的原因，又可以将逆温层分为以下几种类型。

（1）辐射逆温

在晴空无云（或少云）的夜间，当风速较小（<3 m/s）时，地面因强烈的有效辐射而很快冷却，近地面气层冷却最为强烈，较高的气层冷却较慢，因而形成了自地面开始逐渐向上发展的逆温层，称为辐射逆温。图 2-8 表示了辐射逆温在一昼夜

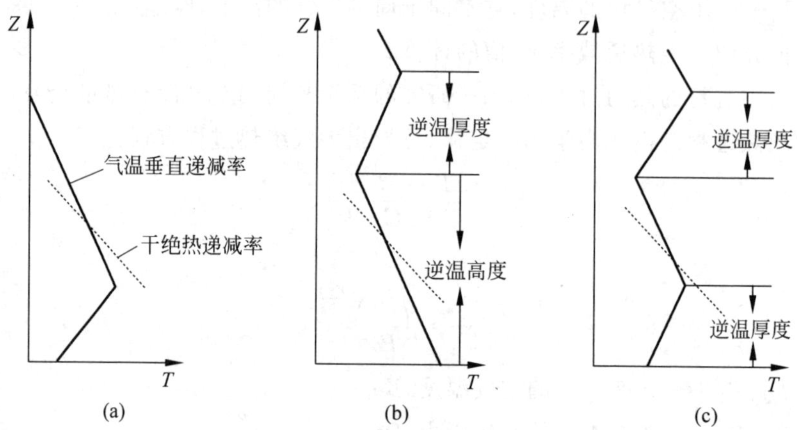

图 2-7 逆温层的类型

(a) 接地逆温；(b) 高处逆温；(c) 带有高处逆温的接地逆温

间从生成到消失的过程(简称生消过程)。图 2-8(a)是下午时递减温度层结；图 2-8(b)是日落前1 h逆温开始生成的情况；随着地面辐射的增强，地面迅速冷却，逆温逐渐向上发展，黎明时达到最强，见图 2-8(c)；日出后太阳辐射逐渐增强，地面也逐渐增温，空气也随之自上而下地增温，逆温便自下而上地逐渐消失，见图 2-8(d)；在上午10 时左右逆温层完全消失，见图 2-8(e)。

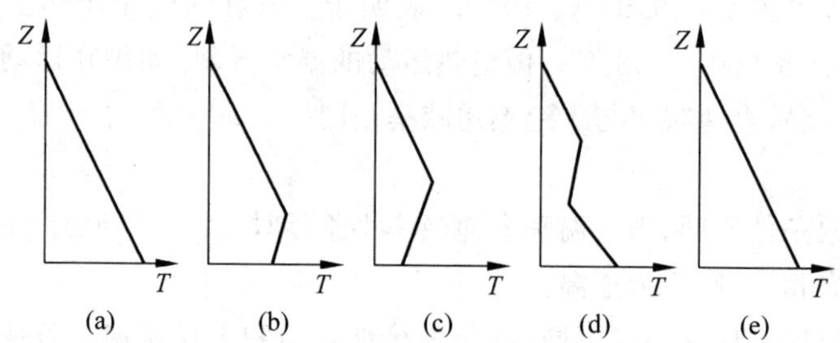

图 2-8 辐射逆温的生消过程

(a) 下午时；(b) 日落前；(c) 黎明时；(d) 日出后；(e) 上午 10 时左右

辐射逆温在陆地上常年可见，但以冬季最强。在中纬度地区的冬季，辐射逆温厚度可达 200～300 m，有时可达 400 m 左右。冬季晴朗无云和微风的白天，由于地面辐射超过太阳辐射，也会形成逆温层。

(2) 下沉逆温

下沉逆温又称压缩逆温。当高压区内某一层空气发生强度较大的气团下沉运动时，常可使原来具有稳定层结的空气层压缩成逆温层结。下沉逆温一般在高压控制区内，范围广、厚度大，可达数百米。下沉气流一般达到某一高度就停止了，所以下沉逆温多发生在高层大气中。

(3) 平流逆温

由暖空气平流到冷地表面上而形成的逆温称为平流逆温。平流逆温的强弱主要取决于暖空气与冷地面的温差，温差越大，逆温越强。冬天当海洋上的较暖空气流到大陆上，就会出现强的平流逆温，它的厚度不大，但水平范围广。

(4) 地形逆温

这种逆温是由局部地区的地形造成的。这种逆温常出现在盆地和谷地中，日落后由于山坡散热，近坡面上的大气温度变得比盆地、谷地同高度的气温低。坡面上的冷气沿坡滑向谷底，而谷底处的暖气被抬升，从而形成逆温。

(5) 锋面逆温

在对流层中，由于大气中冷暖空气团相遇，暖空气密度小，会爬升到冷空气的上面去，形成一个倾斜的过渡层称为锋面，锋面处冷暖空气温差较大，暖空气总是位于较冷空气之上而形成逆温，称为锋面逆温。

逆温层的作用就是阻碍空气上升运动的发展，使低层大气中的杂质和尘埃聚集在逆温层的底部，而难以向外扩散，因此导致低层大气能见度变差，污染物积聚，空气质量下降。在城市和工业区的上空，逆温层的形成会大大加剧大气的污染，逆温层越厚，逆温越强，维持时间越长，污染物越不容易扩散和稀释，造成的危害也就越大。世界上严重的大气污染事件，往往都与逆温有关。

4) 大气稳定度

大气稳定度是指在垂直方向上大气的稳定程度。当气层中的气团受到某种外力作用后，会产生向上或向下的运动。但当外力消失时，气团的运动趋势可能有三种情况：第一种是气团的运动速度减慢，并有返回原来高度的趋势。这种情况表明此时的气层对该气团是稳定的。第二种是气团加速上升或下降，表明此时气层是不稳定的。第三种是气团被推到某一高度就停留在那里保持不动，表明此气层是中性的。

(1) 大气稳定度的判定

区别大气是否稳定，可用气块法来说明。假设一气块的状态参数为 T_i、P_i 和 ρ_i，周围大气状态参数为 T、P 和 ρ，则单位体积气块所受四周大气的浮力为 ρg，本身重力为 $-\rho_i g$，在此二力作用下，产生的向上加速度为

$$a=\frac{g(P-P_i)}{P_i} \tag{2-29}$$

利用准静止力条件 $P_i=P$ 和理想气体状态方程，则有

$$a=\frac{g(T-T_i)}{T_i} \tag{2-30}$$

若气块在运动过程中满足绝热条件，则气块上升 Δz 高度时，其温度 $T_i=T_{i0}-\gamma_d\Delta z$；而同样高度周围空气温度 $T=T_0-\gamma\Delta z$。假设起始温度相同，即 $T=T_{i0}$，则有

$$a=g\,\frac{\gamma-\gamma_d}{\gamma}\Delta z \tag{2-31}$$

从式(2-31)可见，当$\gamma-\gamma_d<0$时，$a<0$，气块减速运动，大气稳定(图2-9(a))；当$\gamma-\gamma_d>0$时，$a>0$，气块加速运动，大气不稳定(图2-9(b))；当$\gamma=\gamma_d$时，$a=0$，大气是中性的(图2-9(c))。因此，大气稳定度可以用气温垂直递减率与干绝热递减率之差来判别。γ越大，大气越不稳定。当大气处于不稳定状态时，空气对流没有阻碍，湍流对大气中的污染物就会产生强烈的扩散与稀释作用，因此近地面就不易污染。γ越小，大气越稳定。如果γ很小甚至接近于零(等温)或小于零(逆温)时，那将阻碍对流的发生，因而大气对污染物的扩散能力很弱。如逆温条件下的大气层均处于稳定状态或强稳定状态，污染物极不容易扩散，因此近地面大气层会产生高浓度的污染。

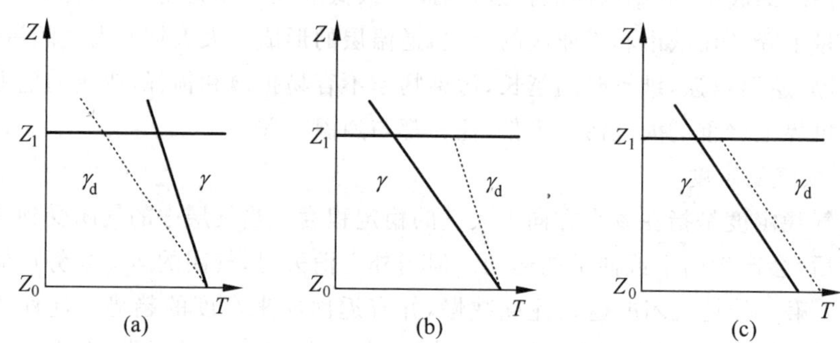

图2-9 三种不同大气稳定度的情况

(a) 稳定($\gamma<\gamma_d$)；(b) 不稳定($\gamma>\gamma_d$)；(c) 中性($\gamma=\gamma_d$)

(2) 大气稳定度影响下的烟形

通过上面的分析可知，温度层结不同，大气的稳定度就不同。而不同的大气稳定度对污染物的扩散影响极大，这种影响可以通过观察高架点源的烟形(图2-10)得以判别。

① 波浪形(翻卷形)。烟流的排放轨迹是弯弯曲曲的，并在上下左右各方向上波动翻滚，在波动翻腾中烟流很快扩散。此时大气状况为$\gamma>\gamma_d$，大气处于不稳定状态。由于对流强烈，污染物扩散快，地面最大浓度落地点距离烟囱较近且浓度较

大。这种情况多发生于晴朗的白天。

② 锥形。烟气沿主导风向呈锥形流动,横向和竖直方向的扩散速度差不多,因而烟形越扩大越形成锥形。这种烟形比波浪形扩散速度低,大气状况为 $\gamma=\gamma_d$,处于中性或弱稳定状态,污染物落地浓度低于波浪形,但污染距离长。这种状况多发生在多云的白天和冬季的夜晚。

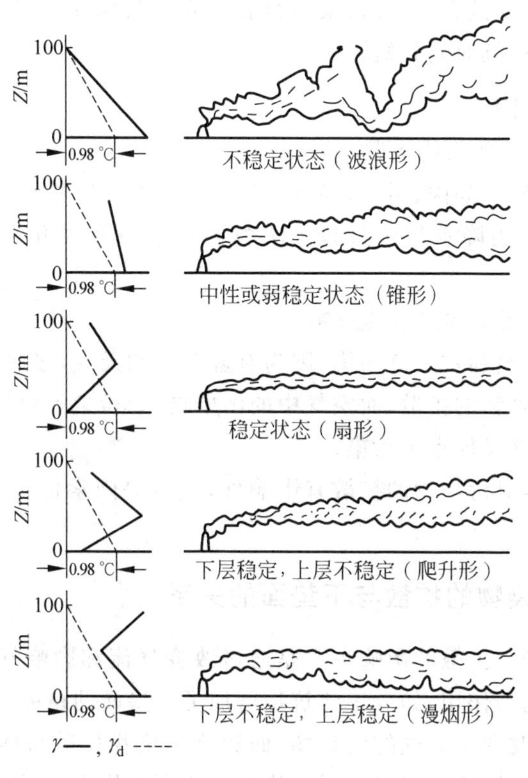

图 2-10 大气稳定度与烟形

③ 扇形(平展形)。这种烟形在垂直方向上烟流扩散很小,沿水平方向缓慢扩散,烟流从烟源处呈现扇形展开。此时的大气状况为 $\gamma<\gamma_d$,即在烟气出口处大气处于逆温,因此污染情况因污染源有效源高而不同。这种烟形对地面污染较轻,且可传送到较远的地方。但是如果遇到山峰或高层建筑物的阻挡,则可出现下沉现象,造成严重污染。这种烟形一般出现在日落前后,持续时间较短。

④ 爬升形(屋脊形)。这种烟形排出的烟流呈屋脊形扩散。在排烟口上方 $\gamma>\gamma_d$,大气处于不稳定状态;排烟口下方 $\gamma<\gamma_d$,大气处于稳定状态,气层为逆温层,因此,排出的烟流只能向上扩散,而不能向下扩散。这种烟形对地面不会造成

很大的污染，一般出现在日落前后，持续时间较短。

⑤ 漫烟形（熏蒸形）。在存在辐射逆温的情况下，日出后由于地面增温，低层空气被加热，使逆温从地面上逐渐消失，此时排出口上方仍存在逆温，$\gamma<\gamma_d$，大气稳定，犹如下面盖上一层顶盖，阻止了烟气的向上扩散；而排出口下方，逆温已消失，大气不稳定，$\gamma>\gamma_d$，造成烟气下沉，发生熏烟状态，对排出口下风向的附近地面会造成强烈的污染危害，很多污染事件就是在这种情况下发生的。这种情况多发生在日出以后，持续时间较短。

3. 其他气象因素

(1) 降水对大气污染物扩散的影响

各种形式的降水，如雨、雪等，通常能使大气中的污染物得到清除而返回地面，这个过程一般被称为降水洗脱过程。洗脱的效率与降水方式、降水速率等因素有关。

(2) 雾对大气污染物扩散的影响

雾的存在往往会加重大气污染，因为有雾存在的天气，多数是高湿无风或微风的天气，不利于污染物的扩散，而空气中的污染物（如粉尘等）往往为雾的形成提供充分的条件，反过来又加重了污染。

除了降水和雾对污染物的扩散有影响外，气压等因素也会对污染物扩散产生一定的影响。

2.4.2 大气污染物的扩散与下垫面的关系

下垫面对污染物扩散的影响主要是通过改变气流和影响气象条件来实现的。其影响机制一是动力作用，如人工建筑物增加了下垫面的粗糙度，从而增加了机械湍流的强度，从而改变了大气的流动场，而影响污染物扩散与稀释的条件；二是热力作用，由于下垫面性质不同或地形起伏导致地面受热不均，从而影响地面温度场和风场变化，进而影响污染物的扩散。

1. 山谷风

山谷风发生于山区，是以24小时为周期的局地环流。它主要是由山坡和谷地受热不均而产生的。在白天，太阳先照射到山坡上，使山坡上大气比谷地上同高度的大气温度高，形成了由谷地吹向山坡的风，称为谷风。在高空形成了由山坡吹向山谷的反谷风。它们同山坡上升气流和谷地下降气流一起形成了山谷风局地环流。在夜里，山坡和山顶比谷地冷却得快，使山坡和山顶的冷空气顺山坡下滑到谷底，形成山风。在高空则形成了自山谷向山顶吹的反山风。它们同山坡下降气流和谷地上升气流一起构成了山谷风局地环流。

山风和谷风的方向是相反的，但比较稳定。在山风与谷风的转换期，风的方向是不稳定的，山风和谷风均有机会出现，时而山风，时而谷风。这时若有大量污染物排入山谷中，由于风向的摆动，污染物不易扩散，在山谷中停留时间很长，就可能造成严重的大气污染。

2. 海陆风

在海滨地区，由于海陆的热力学性质的差异，在海陆交界地带常常出现以24小时为周期的一种局地大气环流，被称为海陆风。白天，地面风从水面吹向陆地，称海风；晚间，风从陆地吹向海洋，称陆风。海风一般比陆风要强，可深入内地几公里，高度也可以达几百米。如在海陆风影响的地区建厂，由于海陆交替的影响容易造成近海地区的污染。另外，在海陆交界处，粗糙的陆地面和平滑的海面交界附近，形成的海陆边界层，对于大气污染扩散也有很大的影响。吹向平滑海面的风，湍流小；而吹向粗糙度大的陆地上的风，随着近陆面湍流逐渐变大并波及上层，在海陆边界层外面烟的扩散参数小，而在海陆边界层内侧扩散参数急剧增大，会造成污染物不能充分扩散稀释而造成严重的地面污染。

在大湖泊、江河的水陆交界处都会产生类似海陆风的局地大气环流，但其活动范围和强度比海陆风要小。

3. 城市热岛环流

由于城市热岛效应的影响，导致城市的温度高于郊区的现象，尤其是在晴天微风的条件下，城区大气层结不稳定，暖而轻的空气上升，地面形成低压，产生指向城区的气压梯度力。四周郊区较冷的空气向城区辐射，上升到高空辐散，向郊外流出并下沉，引起局地环流，称为城市热岛环流(图 2-11)。由于热岛环流的作用，可能会把市区的污染物通过上升的气流带到郊区集聚，然后又通过从郊区吹向市区的风把污染物和郊区工厂排放的污染物一起带回市区，使城市空气质量恶化。

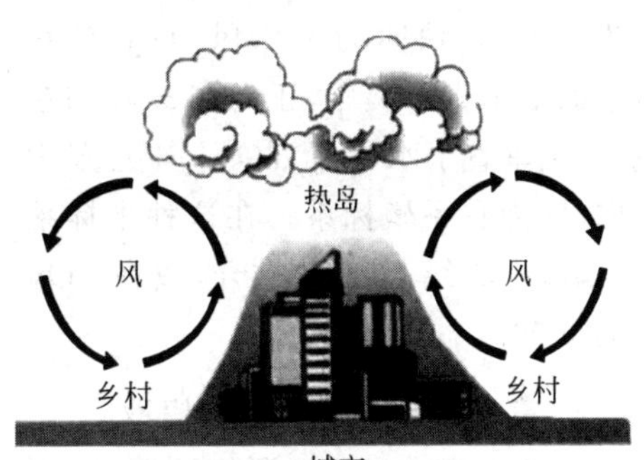

图 2-11　城市热岛环流示意

2.4.3　影响大气污染的其他因素

1. 不同几何形状的污染源的排放方式

按几何形状分类，污染源可分为点源、线源、面源；按排放污染物的持续时间分类，可分为瞬时源和连续源；按排放源的高度分类，可分为地面源和高架源等。不同类别的污染源其污染物进入大气环境的初始状态不一样，在大气中的稀释扩散规律也不同，因此在大气环境监测采样中的布点方法和采样频率不同，计算空间各点的污染物浓度的方法也不同。

2. 污染物的性质和成分

排入大气的污染物通常由各种气体和颗粒物组成，它们的性质是由它们的化学成分决定的。不同的化学成分以及大小不等的颗粒在环境中的物理化学反应不同，清除过程差别极大，因而在分析环境中污染物的浓度与危害时，应根据污染物的性质和成分而定。

2.4.4 大气污染物的扩散模式

大气中的污染物排放源多位于近地面的大气边界层内，因此大气中的污染物的扩散与迁移必然要考虑地面的影响，这种大气扩散称为有界大气扩散。本节以高架连续点源为例研究有界条件下的大气扩散模式——高斯扩散模式。

1. 建立坐标系

高斯扩散模式的坐标系如图2-12所示。其原点为高架源排放点在地面的投影点；x 轴向为平均风向；y 轴在水平面上垂直于 x 轴，正向在 x 轴的左侧；z 轴垂直于水平面 xOy，向上方为正向，即为右手坐标系。在这种坐标系中，烟流中心线与 x 轴重合，或在 xOy 面的投影为 x 轴。

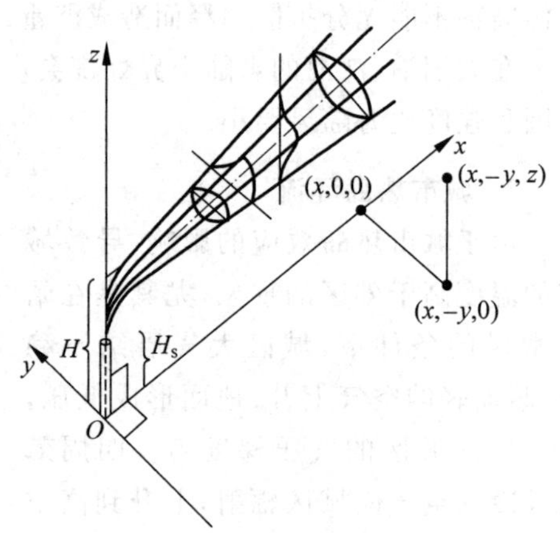

图2-12 高斯扩散模式坐标系

2. 高斯扩散模式的四点假设

大量的试验和理论研究证明，特别是对于连续源的平均烟流，其浓度分布符合正态分布，因此可以做如下假设：①污染物浓度在 y、z 轴上符合高斯分布（正态分布）；②在全部空间中风速是均匀的；③源强是连续均匀的；④在扩散过程中污染物的质量是守恒的。

3. 高架连续点源扩散的高斯扩散模式

高架连续点源扩散的高斯扩散模式为

$$c(x,y,z;H)=\frac{Q}{2\pi\bar{u}\sigma_y\sigma_z}\exp\left(-\frac{y^2}{2\sigma_y^2}\right)\left\{\exp\left[-\frac{(z-H_e)^2}{2\sigma_z^2}\right]+\right.$$

$$\exp\left[-\frac{(z-H_e)^2}{2\sigma_z^2}\right]\bigg\}\qquad(2\text{-}32)$$

式中：$c(x,y,z;H)$——源强为 Q(mg/s)、有效源高为 H_e(m)的排放源在下风向空间任意一点(x,y,z)处的某种污染物的浓度，mg/m^3；

$\bar{u}$——烟囱口高度上大气的平均风速，m/s；

σ_y、σ_z——横向和铅直方向上的扩散参数，m。

式(2-32)即高架连续点源在正态分布假设条件下的扩散模式，由此模式可求出下风向任一点污染物的浓度。

4. 几种常用的高架连续点源的大气扩散模式

(1) 地面上任一点的浓度

即当式(2-32)中 $z=0$ 时，得

$$c(x,y,0;H)=\frac{Q}{\pi\bar{u}\sigma_y\sigma_z}\exp\left[-\left(-\frac{y^2}{2\sigma_y^2}+\frac{H_e^2}{2\sigma_z^2}\right)\right]\qquad(2\text{-}33)$$

(2) 地面轴线上任一点的浓度

即当式(2-33)中 $y=0$ 时，得

$$c(x,0,0;H)=\frac{Q}{\pi\bar{u}\sigma_y\sigma_z}\exp\left(-\frac{H_e^2}{2\sigma_z^2}\right)\qquad(2\text{-}34)$$

(3) 地面轴线上的最大浓度

地面轴线上的最大浓度为

$$c(x,0,0;H)_{\max}=\frac{0.234Q}{\bar{u}H_e^2}\frac{\sigma_z}{\sigma_y}\qquad(2\text{-}35)$$

5. 有效源高的确定

根据高斯模式估算大气中污染物的浓度，一个重要的参数就是有效源高，即烟流的有效高度 H_e。

有效源高是指从烟囱排放的烟云距地面的实际高度，它等于烟囱本身的高度 H_s 和烟气的抬升高度 ΔH 之和。

对于已确定的烟囱，H_s 是一定的，因此求取烟云有效高度，实质上是计算烟气的抬升高度。

1) 影响烟气抬升高度的因素

影响烟气抬升高度的主要因素有烟气本身的热力性质、动力性质以及气象条件和近地层下垫面的状况等。

烟气抬升的高度首先取决于烟气所具有的初始动量和浮力。初始动量决定于烟气出口速度 U_s 和烟囱口的直径 d_s；浮力则决定于烟气和周围空气的密度差，若烟气与空气因组成成分不同而引起的密度差异很小时，烟气抬升的浮力主要取决于烟气温度 T_s 与空气温度 T_a 之差，即 $\Delta T = T_s - T_a$。

烟气与周围大气的混合速率对烟气抬升影响很大，也就是与周围空气的性质有关。烟气与周围大气混合得越快，烟气的初始动量和热量损失也越快，上升的高度就越小。决定混合速率的主要因素是平均风速和湍流强度。平均风速和湍流强度越大，混合越快，上升高度就越低。

稳定的温度层结对烟气的抬升有抑制作用，不稳定的温度层结能使烟气的抬升作用增强。

烟气的抬升还受地形和下垫面粗糙度的影响。近地面的湍流强，不利于烟气的抬升；离地面越高，地面粗糙度引起的湍流越弱，对抬升越有利。

2）烟气抬升高度计算

影响烟气抬升的因素多且复杂，多年来，有不少人提出了烟气抬升高度的计算公式，但至今仍没有一个计算式能够准确表达出烟气抬升的规律。较多的计算式都是在一定的试验条件下，经数据处理而建立的经验公式。使用这些公式时，要注意其使用条件。下面介绍几种常用的公式。

（1）霍兰德(Holland)公式

霍兰德将大量烟气抬升实测数据整理提出如下抬升高度经验公式：

$$\Delta H = \frac{U_s d_s}{\bar{u}}\left(1.5 + 2.7\,\frac{T_s - T_a}{T_s} d_s\right) = \frac{1}{\bar{u}}(1.5 U_s d + 9.56 \times 10^{-3} Q_H) \tag{2-36}$$

式中：ΔH——烟气抬升高度，m；

U_s——烟囱口处的排烟速度，m/s；

d_s——烟囱排出口的内径，m；

T_s——烟气出口温度，K；

T_a——大气温度，K；

$\bar{u}$——烟囱口高度上的平均风速，m/s；

Q_H——烟气热释放率，kJ/s，可按下式计算：

$$Q_H = Q_m c_p (T_s - T_a) \tag{2-37}$$

因为热烟气排放质量速率 $Q_m = \frac{\pi}{4} d_s^2 U_s \rho_s$，将此公式代入式(2-37)中，则得

$$Q_H = \frac{\pi}{4} d_s^2 U_s \rho_s c_p (T_s - T_a) \tag{2-38}$$

式中：ρ_s——烟囱排出口处，T_s 温度下烟气的密度，kg/m^3；

c_p——烟气的定压比热容，$kJ/(kg \cdot K)$。

式(2-38)适用于中性条件。此式用于计算不稳定的烟气抬升高度时，烟气实际抬升高度应比计算值增加 10%～20%。用于计算稳定条件下的烟气抬升高度时，烟气实际抬升高度应比计算值减少 10%～20%。此式不适于计算温度较高、热烟气或高于 100 m 烟囱的抬升高度。

(2)《制定地方大气污染物排放标准的技术方法》(GB/T 3840—1991)中推荐的计算式

① 当 $Q_H \geqslant 2\,100$ kJ/s，且 $T_s - T_a \geqslant 35$ K 时，烟气抬升高度计算式为

$$\Delta H = n_0 Q_H^{n_1} H_s^{n_2} / \bar{u} \tag{2-39}$$

式中：Q_H——烟气热释放率，kJ/s，建议用下式计算：

$$Q_H = 0.35 p_a Q_v (T_s - T_a)/T_s \tag{2-40}$$

Q_v——实际状态下的烟气排放量，m^3/s；

p_a——大气压力，hPa(1 hPa=100 Pa，如无实测值，可取邻近气象台的季或年平均值)；

H_s——烟囱的几何高度，即实际建筑高度，m；

n_0、n_1、n_2——系数及指数(表 2-6)。

表 2-6　n_0、n_1、n_2 的取值

Q_H/(kJ/s)	地表状况	n_0	n_1	n_2
$Q_H \geqslant 21\,000$	农村或城市远郊区	1.43	1/3	2/3
	城区	1.30	1/3	2/3
$21\,000 > Q_H \geqslant 2\,100$ 且 $\Delta T \geqslant 35$K	农村或城市远郊区	0.33	3/5	2/5
	城区	0.29	3/5	2/5

② 当 $Q_H \leqslant 2\,093.5$ kJ/s，且 $T_s - T_a < 35$ K 时，烟气抬升高度计算式为

$$\Delta H = 2(1.5 U_s d_s + 9.8 \times 10^{-9}) Q_H / \bar{u} \tag{2-41}$$

烟气抬升的计算公式还有很多，不同的公式其计算结果可能差别很大，原因是每一个特定的公式都有其特定的条件，因此选用公式时应考虑其条件的限制。

通过前面的叙述可知，烟囱越高，烟气上升力越强，燃料燃烧也越好，污染物可以在离地面较高的大气中扩散，再加上高空风速大，稀释能力强，可使大气污染程

度减轻。当然，烟囱的高度并非越高越好，当烟囱高度超过一定高度后如果再增加其高度，对地面浓度的降低收效就很小，而烟囱造价却随高度增加而急剧增大。因此在烟囱高度一定的条件下，要增加烟囱的有效源高就要通过提高烟气的抬升高度来实现，以减轻地面的烟气浓度。

通过前述可知，要提高烟气的抬升高度，可以从以下几方面着手：

一是提高排烟温度，以减少烟道和烟囱的热损失，提高排烟温度，就会增加烟气的浮力。

二是增加烟气的出口速度，可以增加烟气上升的惯性力作用，但出口速度过大，会促进烟气与空气的混合，反而会减小浮力的作用。

三是增加排出的烟气量，即使喷出速度和排烟温度不变，如果增加烟气的排出量，对惯性力和浮升力作用均有帮助。因此，实际应用中可将分散的烟囱集合起来排放，以增加排出的烟气量。

6. 扩散参数的确定

1）帕斯奎尔扩散曲线法

有效源高确定后，应用大气扩散模式估算大气污染浓度，还必须解决扩散参数 σ_y 和 σ_z 的求取问题。扩散参数 σ_y 和 σ_z 的确定十分复杂，往往需要进行特殊的气象观测和大量的计算工作。在实际工作中，总是希望根据常规的气象观测资料就能估算出扩散参数。帕斯奎尔于 1961 年推荐了一种方法，仅需常规气象观测资料就可估算出 σ_y 和 σ_z。后来吉福德进一步将它做成应用更方便的图表，所以这种方法又简称 P-G 曲线法，也是目前应用最多的方法。

2）帕斯奎尔扩散曲线法的思路

帕斯奎尔首先提出应用观测到的风速、云量、云状和日照等天气资料，将大气的扩散稀释能力划分为 A、B、C、D、E、F 共 6 个稳定度级别，然后根据大量扩散试验的数据和理论上的考虑，用曲线来表示每一个稳定度级别的 σ_y 和 σ_z 随距离的变化。这样就可用前面导出的扩散模式进行浓度估算。

3）帕斯奎尔扩散曲线法的应用

（1）根据常规气象资料确定稳定度级别

帕斯奎尔划分稳定度级别的标准如表 2-7 所示。对该标准的几点说明如下：

稳定度的级别中，A 为极不稳定，B 为不稳定，C 为弱不稳定，D 为中性，E 为弱稳定，F 为稳定。稳定度级别 A—B 表示 A、B 级的数据内插。夜晚定义为日落前 1 小时至日出后 1 小时。不论何种天气状况，夜晚前后各 1 小时作为中性，即 D 级稳定度。

强太阳辐射对应于碧空下的太阳高度角大于 60°的条件；弱太阳辐射相当于碧空下的太阳高度角为 15°～35°。在中纬度地区，仲夏晴天的中午为强太阳辐射，

表 2-7 稳定度级别划分

距地面 10 m 处风速/(m/s)	白天太阳辐射			阴天的白天或夜晚	有云的夜晚	
	强	中	弱		薄云遮天或低云≥5/10	云量≤4/5
<2	A	A—B	B	D		
2～3	A—B	B	C	D	E	F
3～5	B	B—C	C	D	D	E
5～6	C	C—D	D	D	D	D
>6	C	D	D	D	D	D

寒冬晴天中午为弱太阳辐射。云量将减少太阳辐射，云量应与太阳高度同时考虑。例如，在碧空下应是强太阳辐射，在有碎中云（云量 6/10～9/10）时，要减到中等太阳辐射，在碎低云时减到弱辐射。

由于城市有较大的地面粗糙度及热岛效应，这种方法对城市是不大可靠的。尤其是静风晴夜时，乡村地区大气状况是稳定的，而城市地区在高度相当于建筑物的平均高度几倍之内是稍不稳定或近中性的，而它的上部则有一个稳定层。

(2) 利用扩散曲线确定 σ_y 和 σ_z

图 2-13 和图 2-14 是帕斯奎尔和吉福德给出的不同稳定度时 σ_y 和 σ_z 随下风距离 x 变化的经验曲线，简称 P-G 曲线。在按表 2-8 确定了某地某时属于何种稳定度级别后，便可用两级图查出相应的 σ_y 和 σ_z 值，也可以根据表 2-8 直接查出。

4) 我国国家标准规定的扩散参数取用原则

我国《制定地方大气污染物排放标准的技术方法》(GB/T 3840—1991)国家标准规定，取样时间在 30 min 时，扩散参数可按下列原则取用。

(1) 平原农村地区及城市远郊区的扩散参数的选取方法

若环境的大气稳定度为 A、B、C 级稳定度时，扩散参数可按表 2-9 扩散曲线幂函数式数据直接查取；大气稳定度为 D、E、F 级时，则需向不稳定方向提高半级，然后按表 2-9 查取。

(2) 工业区或非工业区的城区甲类排放标准排放源的扩散参数的选取方法

工业区：大气稳定度为 A 或 B 级时，不提级直接按表 2-9 计算；如为 C 级，则先提到 B 级后按 B 级稳定度选取扩散参数；如为 D、E、F 级时，则需向不稳定方向提高一级半稳定度，然后按表 2-9 查取计算。

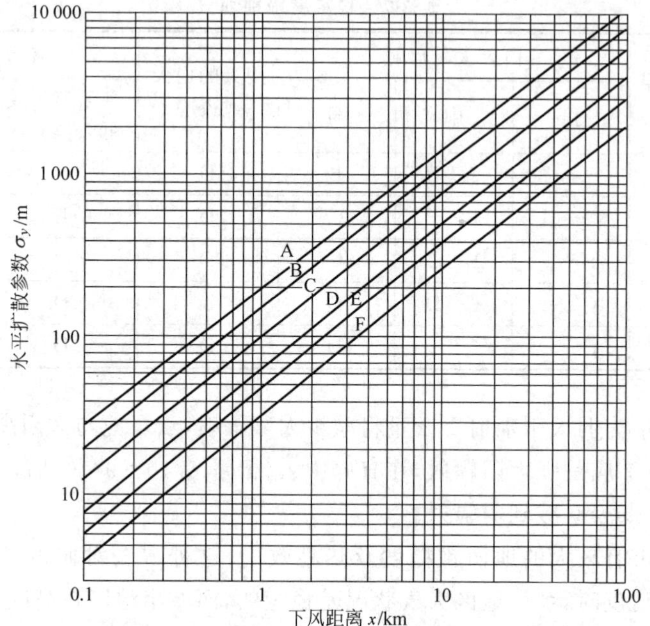

图 2-13　下风距离和水平扩散参数之间的关系

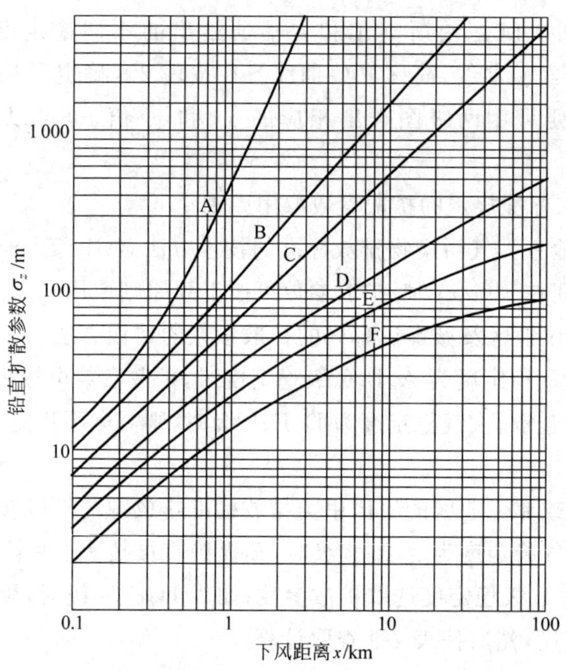

图 2-14　下风距离和铅直扩散参数之间的关系

表 2-8　帕斯奎尔扩散参数 σ_y 和 σ_z

稳定度等级	标准差	距离/km																				
		0.1	0.2	0.3	0.4	0.5	0.6	0.8	1.0	1.2	1.4	1.6	1.8	2.0	3.0	4.0	6.0	8.0	10	12	16	20
A	σ_y	27.0	49.8	71.6	92.1	112	132	170	207	243	278	313										
	σ_z	14.0	29.3	47.4	72.1	105	153	279	456	674	930	1230										
B	σ_y	19.1	35.8	51.6	67.0	81.4	95.8	123	151	178	203	228	253	278	395	508	723					
	σ_z	10.7	20.5	30.2	40.5	51.2	62.8	84.6	109	133	157	181	207	233	363	493	777					
C	σ_y	12.6	23.3	33.5	43.3	53.5	62.8	80.9	99.1	116	133	149	166	182	269	335	474	603	735			
	σ_z	7.44	14.0	20.5	26.5	32.6	38.6	50.7	61.4	73.0	83.7	95.3	107	116	167	219	316	409	498			
D	σ_y	8.37	15.3	21.9	28.8	35.3	40.9	53.5	65.6	76.7	87.9	98.6	109	121	173	221	315	405	488	569	729	884
	σ_z	4.65	8.37	12.1	15.3	18.1	20.9	27.0	32.1	37.2	41.9	47.0	52.1	56.7	79.1	100	140	177	212	244	307	372
E	σ_y	6.05	11.6	16.7	21.4	26.5	31.2	40.0	48.8	57.7	65.6	73.5	82.3	85.6	12.9	166	237	306	366	427	544	659
	σ_z	3.72	6.05	8.84	10.7	13.0	14.9	18.6	21.4	24.7	27.0	29.3	31.6	33.5	41.9	48.8	60.9	70.7	79.1	87.4	100	111
F	σ_y	4.19	7.91	10.7	14.4	17.7	20.5	26.5	32.6	38.1	43.3	48.8	54.5	60.5	86.6	102	156	207	242	285	365	437
	σ_z	2.33	4.19	5.58	6.98	8.37	9.77	12.1	14.0	15.8	17.2	19.1	20.5	21.9	27.0	31.2	37.7	42.8	46.5	50.2	55.8	60.5

表 2-9 P-G 扩散曲线近似幂函数数据(取样时间为 0.5 h)

$\sigma_y=\gamma_1 x^{\alpha_1}$				$\sigma_z=\gamma_2 x^{\alpha_2}$			
稳定度	α_1	γ_1	下风距离/m	稳定度	α_2	γ_2	下风距离/m
A	0.901 074 0.850 934	0.425 809 0.602 052	0～1 000 >1 000	A	1.121 54 1.513 60 2.108 81	0.070 000 0 0.008 547 71 0.000 211 545	0～300 300～500 >500
B	0.914 370 0.895 014	0.281 846 0.396 353	0～1 000 >1 000	B	0.964 435 1.093 56	0.127 190 0.057 025	0～500 >500
B—C	0.919 325 0.875 086	0.229 500 0.314 236	0～1 000 >1 000	B—C	0.941 015 1.007 70	0.114 682 0.075 718 2	0～500 >500
C	0.924 279 0.885 157	0.177 154 0.232 123	1～1 000 >1 000	C	0.917 595	0.106 803	>0
C—D	0.926 849 0.886 940	0.143 940 0.189 396	1～1 000 >1 000	C—D	0.838 628 0.756 410 0.815 575	0.126 152 0.235 667 0.136 659	0～2 000 2 000～10 000 >10 000
D	0.929 418 0.883 723	0.110 726 0.146 669	1～1 000 >1 000	D	0.826 212 0.632 023 0.555 36	0.104 634 0.400 167 0.810 763	1～1 000 1 000～10 000 >10 000
D—E	0.925 118 0.892 794	0.093 563 1 0.124 308	1～1 000 >1 000	D—E	0.776 364 0.572 347 0.499 140	0.111 771 0.528 992 1.038 10	0～2 000 2 000～10 000 >10 000
E	0.920 318 0.896 846	0.086 400 1 0.101 947	1～1 000 >1 000	E	0.788 370 0.565 188 0.414 743	0.092 752 9 0.433 384 1.732 41	0～1 000 1 000～10 000 >10 000
F	0.929 418 0.888 723	0.055 363 4 0.733 348	0～1 000 >1 000	F	0.784 400 0.525 969 0.322 659	0.062 076 5 0.370 015 2.406 91	1～1 000 1 000～10 000 >10 000

非工业区的城区：大气稳定度为 A 或 B 级时，不提级直接按表 2-9 计算；如为 C 级，则先提到 B—C 级选取扩散系数；当为 D、E、F 级时，向不稳定方向提高一级稳定度，然后按表 2-9 查取计算。

(3) 丘陵山区的农村和城市大气扩散参数的选取方法

丘陵山区的农村和城市大气扩散参数选取的方法与城市工业区相同。

标准中还规定，当取样时间大于 30 min 时，垂直方向扩散参数 σ_z 与 30 min 取样时间的查算方法相同；而横向扩散参数 σ_y 确定方法较复杂，需参照 GB/T 3840—1991 国家有关规定选取。

以上仅介绍了部分常用的有界条件下的大气污染扩散模式，其余特殊条件下的大气扩散模式，随地形、气象条件等不同而有所差异，需要根据具体条件进行修正处理。尤其是现代计算机的广泛应用和数值模拟技术的发展，研究复杂条件下的大气污染扩散模式已取得了很多成果，在此不详细介绍。

7. 例题

例 2-1　某城市有一高架源，烟囱几何高度 100 m，实际排烟率为 20 m^3/s，烟气出口温度为 200 ℃。求在有风不稳定条件下，环境温度 10 ℃，大气压力 1 000 hPa，10 m 高度处风速 2.0 m/s 的情况下，烟囱的有效源高是多少？（计算结果保留两位小数）

解题思路　①明确地表状况（城市）和污染源的稳定度（有风不稳定条件下）；②确定相关参数；③明确烟气抬升公式；④根据公式计算出未知数据 Q_H 和 $\bar{u}$；⑤注意单位（℃换算成 K）。

解　求烟气热释放率：

$$Q_H = 0.35 p_a Q_v (T_s - T_a)/T_s = [0.35 \times 1\,000 \times 20 \times 190/(200+273)]\ \text{kJ/s}$$
$$= 2\,812\ \text{kJ/s} \geqslant 2\,100\ \text{kJ/s}$$

计算城市不稳定条件下烟囱几何高度 100 m 处的风速：

$$\bar{u} = u_{10}\left(\frac{z}{10}\right)^p = 2 \times \left(\frac{100}{10}\right)^{0.15}\ \text{m/s} = 2 \times 1.41\ \text{m/s} = 2.82\ \text{m/s}$$

选择烟气抬升公式：当 $Q_H \geqslant 2\,093.5$ kJ/s，且 $T_s - T_a \geqslant 35$ K 时烟气抬升高度计算式：

$$\Delta H = n_0 Q_H^{n_1} H_s^{n_2}/\bar{u}$$
$$= (0.332 \times 2\,812^{3/5} \times 100^{2/5}/2.82)\text{m}$$
$$= (0.332 \times 117.33 \times 6.31/2.82)\text{m} = 87.16\ \text{m}$$

烟囱有效源高的计算：$H_e = H + \Delta H = (100+87.16)\text{m} = 187.16\ \text{m}$

答：烟囱的有效源高为 188.3 m。

例 2-2　城市工业区一点源，排放的主要污染物为 SO_2，其排放量为 200 g/s，烟囱几何高度 100 m。求在不稳定类，10 m 高度处风速 2.0 m/s，烟囱有效源高为 200 m 情况下，下风距离 800 m 处的地面轴线浓度是多少（扩散参数可不考虑取样时间的变化）？（计算结果保留两位小数）

解题思路　①明确地表状况（城市工业区）；②明确大气稳定度（不稳定类）；③选择地面轴线公式；④计算未知数据 σ_y、σ_z 和 $\bar{u}$。

解　计算不稳定类 800 m 处的扩散参数：

$$\sigma_y = \gamma_1 x^{\alpha_1} = 0.282 \times 800^{0.914}\ \text{m} = 126.96\ \text{m}$$

$$\sigma_z = \gamma_2 x^{\alpha_2} = 0.057 \times 800^{1.094}\ \text{m} = 85.48\ \text{m}$$

计算城市不稳定类烟囱几何高度 100 m 处的风速：

$$\bar{u}=u_{10}\left(\frac{z}{10}\right)^{p}=2\times\left(\frac{100}{10}\right)^{0.15}\ \text{m/s}=2\times1.41\ \text{m/s}=2.82\ \text{m/s}$$

用地面轴线浓度公式计算(注意排放量单位,g 换算成 mg)：

$$c(x,0,0;H)=\frac{Q}{\pi\bar{u}\sigma_y\sigma_z}\exp\left(-\frac{H_e^2}{2\sigma_z^2}\right)$$

$$=\{200\times1\,000/(3.14\times2.82\times126.96\times85.48)\exp[-200^2/(2\times85.48^2)]\}\text{mg/m}^3$$

$$=0.13\ \text{mg/m}^3$$

答　下风距离 800 m 处的地面轴线浓度为 0.13 mg/m^3。

2.5　大气污染的综合防治

2.5.1　我国大气污染治理历程回顾

中国的大气污染治理始于 1972 年,至今已有半个世纪的历史,经过不断的探索和借鉴发达国家的经验,取得了显著的效果。回顾我国大气污染治理的发展历程,主要分为四个阶段。详情见以下阅读材料：

我国大气污染治理历程

第 1 阶段：消除烟尘,构建大气环境容量理论

1. 1973 年：第一次全国环境会议;《关于保护和改善环境的若干规定》通过;国务院环境保护领导小组成立;《工业"三废"排放试行标准》发布。
2. 1978 年、1979 年："保护环境和自然资源,防止污染和其他公害"写入《宪法》;环境保护基本法《中华人民共和国环境保护法(试行)》颁布。
3. 1982 年：首个《大气环境质量标准》发布。
4. 1988 年：大气污染防治第一部法律《中华人民共和国大气污染防治法》开始施行。
5. 该阶段以烟粉尘污染为防控重点,开展了大气环境容量研究、光化学污染研究、工业烟气污染研究以及酸雨研究等奠基性、开创性工作。

第 2 阶段：分区管控,防止酸雨和二氧化硫污染

1. 1990 年、1992 年：《关于控制酸雨发展的意见》通过,工业燃煤二氧化硫排污费和酸雨综合防治试点工作开展。

2. 1995—1998 年：《中华人民共和国大气污染防治法》第一次修订，要求划定“两控区”，重点控制酸雨污染；二氧化硫与酸雨污染联合控制取得成效。
3. 1995—2000 年：提出实施污染物排放总量控制，建立排放总量指标体系和定期发布制度，开展排污许可证制度试点；“一控双达标”计划的制定与实施；限制含铅汽油，机动车船污染排放控制；总悬浮颗粒物和可吸入颗粒物指标共存；《中华人民共和国大气污染防治法》2000 年第二次修订。
4. “九五”期间污染物排放总量显著下降，但仍居高位，且酸雨污染依然严峻。

第 3 阶段：总量控制，二氧化硫排放量见顶下降

1. 2001—2005 年：《国家环境保护“十五”计划》细化总量控制目标；《两控区酸雨和二氧化硫污染防治“十五”计划》落实“两控区”二氧化硫削减任务；《火电厂大气污染物排放标准》修订明确 2005 年和 2010 年火电厂二氧化硫、烟尘、氮氧化物排放限值。
2. “十五”期间，我国进入污染事故多发期和矛盾凸显期。
3. 2006 年：《国民经济和社会发展第十一个五年规划纲要》提出以科学发展观统领经济社会发展全局；《“十一五”期间全国主要污染物排放总量控制计划》将污染物排放总量分解落实到基层与重点排污单位。
4. 2007 年：《国家环境保护“十一五”规划》部署火电建设脱硫设施，加强可吸入颗粒物污染防治，开展城市群区域性大气污染防治研究、监测和预警；《节能减排综合性工作方案》印发，强力推进节能减排，调整经济结构，转变增长方式；《主要污染物总量减排统计（监测、考核）办法》出台，细化减排监督体系。
5. 2008 年：北京奥运会成功探索联防联控解决区域性大气环境问题。
6. 2010 年：《关于推进大气污染联防联控工作改善区域空气质量的指导意见》推动建立联防联控机制，形成区域大气环境管理体系。
7. “十一五”期间，污染物排放总量减排全面发挥效益，城市空气质量得到显著改善，二氧化硫排放呈现下降态势。

第 4 阶段：攻坚克难，打赢蓝天保卫战

1. 2012 年：新修订的《环境空气质量标准》实施，增加 PM2.5 和臭氧 8 h 指标。
2. 2013 年：74 个城市按新标准率先开展空气质量监测；《大气污染防治行动计划》出台，经过五年努力，全国空气质量总体改善，重污染天气大幅减少，重点区域空气质量明显好转，大气污染防治新机制基本形成，创造了大气污染防治的中国模式。

3. 2015年：《中华人民共和国大气污染防治法》修订，为大气污染防治提供了更为坚实的法律基础。

4. 2016年：《国民经济和社会发展第十三个五年规划纲要》对大气污染防治提出4项约束性指标。

5. 2018年：《关于全面加强生态环境保护坚决打好污染防治攻坚战的意见》发布，并印发《打赢蓝天保卫战三年行动计划》。

6. 2017—2020年：雾霾、秋冬季重污染专项研究攻关；大气污染防治攻关联合中心建立，连续发布重点区域秋冬季大气污染综合治理攻坚方案。

文献来源：柴发合.我国大气污染治理历程回顾与展望[J].环境与可持续发展，2020(3):5-16.

2.5.2 环境空气质量标准与空气质量预报

1. 环境空气质量标准

为贯彻《中华人民共和国环境保护法》和《中华人民共和国大气污染防治法》，保护和改善生活环境、生态环境，保障人体健康，特制定我国《环境空气质量标准》(GB 3095—2012)。本标准规定了环境空气功能区分类、标准分级、污染物项目、平均时间及浓度限值、监测方法、数据统计的有效性规定及实施与监督等内容。各省、自治区、直辖市人民政府对本标准中未做规定的污染物项目，可以制定地方环境空气质量标准。本标准中的污染物浓度均为质量浓度。本标准首次发布于1982年。1996年第一次修订，2000年第二次修订，2012年第三次修订，2016年1月1日正式实施。本次修订的主要内容包括：调整了环境空气功能区分类，将三类区并入二类区；增设了颗粒物(粒径小于或等于2.5 μm)浓度限值和臭氧8小时平均浓度限值；调整了颗粒物(粒径小于或等于10 μm)、二氧化氮、铅和苯并[a]芘等的浓度限值；调整了数据统计的有效性规定。

环境空气功能区分为两类：一类区为自然保护区、风景名胜区和其他需要特殊保护的区域；二类区为居住区、商业交通居民混合区、文化区、工业区和农村地区。环境空气功能区质量要求：一类区适用一级浓度限值；二类区适用二级浓度限值。一、二类环境空气功能区质量要求见表2-10。

表 2-10　环境空气污染物的浓度限值

序号	污染物项目	平均时间	浓度限值		单位
			一级	二级	
1	二氧化硫(SO_2)	年平均	20	60	μg/m³(标准状态)
		24 h 平均	50	150	
		1 h 平均	150	500	
2	二氧化氮(NO_2)	年平均	40	40	
		24 h 平均	80	80	
		1 h 平均	200	200	
3	一氧化碳(CO)	24 h 平均	4	4	mg/m³(标准状态)
		1 h 平均	10	10	
4	臭氧(O_3)	日最大 8 h 平均	100	160	μg/m³(标准状态)
		1 h 平均	160	200	
5	颗粒物(粒径小于或等于 10 μm)	年平均	40	70	
		24 h 平均	50	150	
6	颗粒物(粒径小于或等于 2.5 μm)	年平均	15	35	
		24 h 平均	35	75	
7	总悬浮颗粒物(TSP)	年平均	80	200	
		24 h 平均	120	300	
8	氮氧化物(NO_x)	年平均	50	50	
		24 h 平均	100	100	
		1 h 平均	250	250	
9	铅(Pb)	年平均	0.5	0.5	
		季平均	1	1	
10	苯并[a]芘(BaP)	年平均	0.001	0.001	
		24 h 平均	0.002 5	0.002 5	

2. 空气质量预报

空气质量的好坏可以通过空气质量指数 AQI 来表示。AQI 的取值范围为 0～500，其中 0～50、51～100、101～200、201～300 和>300，分别对应国家空气质量标准中日均值的Ⅰ级、Ⅱ级、Ⅲ级、Ⅳ级和Ⅴ级标准的污染物浓度限定数值。AQI指数只表征污染程度，并非具体污染物的浓度值。由于AQI评价的6种污染物浓度限值各有不同，在评价时各污染物都会根据不同的目标浓度限值折算成空气质量分指数IAQI。当AQI>50时，IAQI最大的污染物为首要污染物，若IAQI最大的污染物为两项或两项以上时，并列为首要污染物。表2-11为空气质量指数AQI、空气质量类别、空气质量描述、对健康的影响及相应措施。

表2-11　空气质量指数AQI、空气质量类别、空气质量描述、对健康的影响及相应措施

空气质量指数AQI	空气质量指数级别	空气质量指数及表示颜色		对健康的影响	相应措施
0～50	Ⅰ	优	绿色	空气质量令人满意，基本无空气污染	各类人群可正常活动
51～100	Ⅱ	良	黄色	空气质量可接受，某些污染物对极少数敏感人群健康有较弱影响	极少数敏感人群应减少户外活动
101～150	Ⅲ	轻度污染	橙色	易感人群有症状有轻度加剧，健康人群出现刺激症状	老人、儿童、呼吸系统等疾病患者减少长时间、高强度的户外活动
151～200	Ⅳ	中度污染	红色	进一步加剧易感人群症状，对健康人群的呼吸系统有影响	儿童、老人、呼吸系统等疾病患者及一般人群减少户外活动
201～300	Ⅴ	重度污染	紫红色	心脏病和肺病患者症状加剧，运动耐受力降低，健康人群出现症状	儿童、老人、呼吸系统等疾病患者及一般人群停止或减少户外运动
>300	Ⅵ	严重污染	褐红色	健康人群运动耐受力降低，有明显强烈症状，可能导致疾病	儿童、老人、呼吸系统等疾病患者及一般人群停止户外活动

目前我国空气质量已经实现了实时预报。在中国环境监测总站的网站上有《全国空气质量预报信息发布系统》，对全国重点区域、省域和城市空气质量形势进行预报。图2-15和图2-16为城市空气质量预报图和全国重点区域空气质量预报图。

2.5.3　我国大气环境的现状及污染特点

根据2015年《中国生态环境状况公报》，全国338个地级以上城市全部开展空气质量新标准监测。监测结果显示，有73个城市环境空气质量达标，占21.6%；

图 2-15　城市空气质量预报图

图 2-16　全国重点区域空气质量预报图

265 个城市环境空气质量超标，占 78.4%。达标天数比例分析表明，338 个城市达标天数比例平均为 76.7%；平均超标天数比例为 23.3%，其中轻度污染天数比例为 15.9%，中度污染天数为 4.2%，重度污染天数为 2.5%，严重污染天数为 0.7%。超标天数中以 PM2.5、O_3、PM10、NO_2、SO_2 和 CO 为首要污染物的超标天数分别占总超标天数的 66.8%、16.9%、15.0%、0.5%、0.5%和 0.3%。

根据 2020 年《中国生态环境状况公报》，全国 337 个地级及以上城市（以下简称 337 个城市）中，202 个城市环境空气质量达标，占全部城市数的 59.9%，337 个城市平均优良天数比例为87.0%，平均超标天数比例为13.0%，优37.6%，良49.4%，轻度污染9.8%，中度污染2.0%，重度污染0.9%，严重污染0.3%。以PM2.5、O_3、PM10、NO_2和SO_2为首要污染物的超标天数分别占总超标天数的51.0%、37.1%、11.7%、0.5%和不足0.1%，未出现以CO为首要污染物的超标天。

通过对2015年和2020年的《中国生态环境状况公报》的数据比较可以看出，从2013—2017年的“大气十条”，也就是《大气污染防治行动计划》到2018－2020年的《打赢蓝天保卫战三年行动计划》的强有力实施，使我国大气环境得到明显改善。但是老的问题如SO_2污染基本得到控制，新的问题又凸显出来：一是重点区域的颗粒物污染仍处于高位，部分城市甚至不降反升；二是臭氧污染增长的趋势非常明显，有的城市臭氧甚至取代PM2.5成为首要污染物；三是氨、SO_3气溶胶等其他二次颗粒物快速增长，成为当前雾霾发生的重要因素。

2.5.4 我国大气环境污染的综合防控策略

通过对我国目前大气环境污染的特点的分析可知，目前我国环境的首要问题就是PM2.5和臭氧的复合型污染。PM2.5由一次颗粒物和二次颗粒物组成。一次颗粒物包含烟尘、粉尘、机动车尾气尘和扬尘；二次颗粒物来源于排放的SO_2、NO_x、氨和挥发性有机物在大气中经过复杂的化学反应所形成的颗粒物。O_3几乎没有人为排放，是污染源排放的NO_x和挥发性有机物在阳光和热的作用下产生光化学反应所生成的二次污染物。近些年我国强化的污染防治已经将能做和相对好做的措施都几乎用到了极致，未来污染减排和空气质量改善的难度增大，边际成本也会越来越高，要解决以PM2.5和O_3为代表的区域性复合型大气污染防治将面临更严峻的挑战，它不仅是一场攻坚战，更是一场持久战，需要全社会持续发力，需要各方面献计献策，需要全民积极参与。

从前面的大气污染过程分析可知，大气污染的根源是排放源，因此，要解决大气污染问题，必须从源头抓起，采取综合防治措施，控制大气污染。大气污染的综合防治就是对多种大气污染控制技术方案的技术可行性、经济合理性、实施可能性和区域适应性等做最优化选择和评价，从而得出最优的控制技术方案和工程措施，以达到整个区域的大气质量控制目标。实施大气污染综合防治，一是运用管理的手段限制和控制污染物的排放数量和影响范围；二是运用技术手段减少、防止和末端治理污染物，使其对大气环境的污染降到最低，危害降到最小。

1. 综合利用区域环境的自净能力，减少大气污染的控制成本

如前所述大气环境容量即自净能力是一种重要的自然资源，合理利用这一资源是大气污染防治的一项重要内容。

（1）调整优化产业结构，科学规划布局污染源

调整优化产业结构，推进产业绿色发展。优化产业布局，严控“两高”行业产能，强化“散乱污”企业综合整治，深化工业污染治理，大力培育绿色环保产业。通过科学合理的区域环境规划，解决区域经济发展与环境保护之间的矛盾，对已造成的环境污染和环境问题提出改善和控制污染的最优方案。污染源过分集中，势必会造成污染物的排放量过大，给区域的大气环境造成负担，质量下降。因此污染源合理分散布设，易于稀释扩散，就不易产生危害或危害变小。污染源的科学选址更重要，要考虑地形、地物及主导风向，尽可能利用有利条件加速污染物的稀释与扩散，以减轻污染危害和治理负担。

（2）选择有利于污染物扩散的排放方式

排放方式不同，污染物的扩散效果不同。一般地说，地面污染物浓度与烟囱高度的平方成反比。提高烟囱的高度有利于烟气的稀释扩散，从而减轻对地面的污染。目前国外普遍采用高烟囱和集合式烟囱排放。集合式排放就是把几个（一般是 2～4 个）排烟设备集中到一个烟囱中把烟排放出去。这种排放方式可以大大提高排烟口的温度从而提高烟囱出口处的排烟速度，增加湍流强度和扩散效果，可以使矮烟囱达到高烟囱的效果。但从总量控制角度来看，这种方式只是减缓局部环境污染的有效措施，全球性的大气污染问题仍得不到根本解决。

（3）利用绿色植物的净化效应，改善环境质量

绿色植物具有降温增湿、滞尘降噪、吸收有害气体及美化环境的多种功能，区域绿地系统的质量直接影响大气环境的质量。合理选择绿色植物种类，扩大绿化面积，构建乔灌草相结合的立体绿地系统，是区域大气污染综合防治的长效措施。

2. 从源头控制，消减大气污染物的排放

从前面的大气污染过程分析可知，大气污染的根源是排放源，因此，要解决大气污染问题，必须从源头抓起，采取综合防治措施，控制大气污染物的排放。以环境质量改善目标为引领，基于污染时空分布规律，综合考虑本地区环境质量现状、经济发展水平、污染治理现状、污染密集行业比重、因地制宜提出差异化的减排目标、减排路径和有针对性的、具体的、可操作的实施保障措施。扩大污染物监控范围，严格污染物监控标准，大力提升大气污染减排工作的科学性、系统性和有效性。

3. 加快调整能源结构，构建清洁低碳高效能源体系

有效推进北方地区清洁取暖，重点区域继续实施煤炭消费总量控制，开展燃煤锅炉综合整治，提高能源利用效率，加快发展清洁能源和新能源。用清洁的气体或

液体燃料来代替燃煤可以使大气中的二氧化硫及颗粒物含量大大降低，同时开发太阳能、风能、地热能、生物质能等，以减少矿物质燃料的使用，这是解决大气污染的根本措施。

4. 改革生产工艺，加强过程管控，综合利用废气

改革工艺设备，加强清洁工艺设计，改善燃烧过程，在提高燃料热效率的同时，减少废气的排放，力争把某一生产过程中产生的废气转变为另一生产过程中的原料，实行生产、加工、消费全过程管控，提高废气回收效率。

5. 采用集中供热供暖，集中废气的末端治理；建设集中的区域喷涂中心，加强对无组织排放的管理

集中供热比分散供热可节约燃煤30%以上，且便于采取集中除尘和脱硫措施，提高设备的利用率，节约运行成本。对于汽车维修、家具制造等零散无序的挥发性有机物的排放源，建设集中的喷涂中心，这样喷涂设施建设成本低，利用率高，又方便废气的集中收集和处理，实现经济、社会和环境三效益的和谐统一。

6. 积极调整运输结构，发展绿色交通体系

大幅提升铁路、水路货运比例，加快车船能源结构升级，加快油品质量升级，强化移动源污染防治。提倡绿色交通，低碳出行。当市区中汽车越来越多，汽车尾气和汽车扬尘已经成为大气环境中PM2.5和O_3的主要贡献者时，我们有必要选择绿色交通，提倡低碳出行方式。我国最近几年在绿色出行中已经取得明显成果，如大力发展电动汽车、氢能源车等；大力发展城市公共交通，如近些年出现的顺风车、共享单车等，既方便了市民，又保护了环境。

7. 开展重大专项整治行动，加大力度控制污染物排放

开展重点区域秋冬季攻坚行动，控制以PM2.5为首要污染物的污染；开展重点区域夏季攻坚行动，控制以O_3为首要污染物的污染；打好柴油货车污染治理攻坚战，开展工业炉窑治理专项行动，实施挥发性有机物专项整治等。

8. 强化区域联防联控和污染物的协同管控，有效遏制大气重污染的发生

建立完善的区域大气污染防治协作机制，加强重污染天气应急联动，夯实应急减排措施。加强污染物在大气中的传输规律研究，有效控制污染物的跨区域输送；加强区域联防联控，加强PM2.5和O_3的协同管控，加强NO_x和VOCs的协同管控，将大气污染与“双碳”协同管控，有效遏制大气重污染的发生。对污染物排放及气象条件变化实行多方面、全方位预测、预防、预警，将蓝天保卫战进行到底。

喷雾降尘车成为城市环卫的新宠

现在的城市街道上，人们经常可以见到各种洒水车，其主要功能就是清洁降尘。其中喷雾降尘车也被称为多功能雾炮车，更是城市常见的一道美丽风景(图 2-17)。

图 2-17　喷雾降尘车

喷雾降尘车虽个头近似普通卡车，但抑尘效果却很好，工作效率约为普通洒水车的 30 倍。据专业技术人员介绍，一台喷雾降尘车的最远喷水距离可达 60～100 m，最大蓄水量近 10 t。水箱中的水经过雾化后，由高压风机喷出。相比普通洒水车，喷雾降尘车喷出的水流水雾颗粒极为细小，达到微米级，其吸附力增加 3 倍，耗水量却降低 70%。在遭遇雾霾天气、空气中 PM2.5、PM10 超标时，可选定一个区域进行液雾降尘将飘浮在空气中的颗粒物迅速降到地面；尤其是在高温低湿的夏季，喷雾可以降温增湿，减少挥发性有机物的挥发，雾气可以降低光照强度，因此大大地降低光化学反应的速度，对缓解臭氧及光化学污染起到一定作用，从而达到清洁净化空气的目的。

喷雾降尘车在工地拆迁时降尘作用更加明显，一边喷水一边作业，防止灰尘四处飞扬。清运建筑垃圾时，也需要先将垃圾浇湿，再装上渣土车，以免灰尘四起。喷雾降尘的同时，还可浇灌绿地，有利于城市绿地系统建设。

2.5.5　大气污染治理技术

大气污染治理是在生产过程中施以某种技术措施，使污染源尽可能少地排放污染物，或使污染物转化为有用的物质形态得以回收利用，或将其转化为无害状态的过程。具体过程可以分为产前、产中和产后3个阶段。产前是指在生产之前选用清洁的原料，如清洁煤的选用会很大程度上减少二氧化硫的排放；产中是在生产过程中选用清洁的生产过程，改变生产工艺条件，以减少废气的排放；产后就是污染物一旦产生，在排入大气之前采取一系列的技术对其治理的过程。本节重点介绍大气污染治理——末端治理技术。

1. 颗粒污染物治理技术

从废气中除去或收集固态或液态粒子的设备称为除尘（集尘）装置，或除尘（集尘）器。

1）除尘装置的分类

除尘器的分类方法有多种。按其除尘机理可分为机械除尘器、过滤式除尘器、湿式除尘器、静电除尘器等4类；按除尘过程中是否使用水或其他液体可分为湿式除尘器和干式除尘器；按除尘过程中的粒子分离原理可分为重力除尘装置、惯性力除尘装置、离心力除尘装置、洗涤式除尘装置、过滤式除尘装置、电除尘装置等。

2）除尘装置的技术指标

（1）烟尘的质量浓度

每单位标准体积含尘气体中悬浮的烟尘质量数称为烟尘质量浓度，单位为 g/m^3。

（2）除尘装置的效率（去除率）

除尘装置的效率是表示装置捕集粉尘效果的重要指标，也是选择、评价装置的最主要参数。它是指同一时间内，由除尘装置除下的粉尘量占进入除尘装置的粉尘量的百分比。总效率所反映的实际是装置净化程度的平均值，它是评定装置性能的重要技术指标。除尘装置的分级效率则是指装置对某一粒径烟尘的去除率，其数值用单位时间内除尘装置除下的该粒径范围内的烟尘量占进入装置的该粒径范围内的烟尘量的百分比表示。如果把两种或多种不同规格且不同形式的除尘器串联使用以达到更好的除尘效果，这种多级净化系统的除尘效率则称为多级除尘效率。

（3）除尘装置的通过率

除尘装置的通过率是指没有被除尘装置除去的烟尘量占除尘装置入口处烟尘量的百分比。可见通过率越高，则去除效果越差。

（4）除尘装置的压力损失

压力损失是表示除尘装置消耗能量大小的指标，有时也称压力降。其大小用除尘装置进、出口处气流的压力差来表示。

3）几种常见的除尘装置

（1）重力除尘装置

重力除尘装置也称沉降室除尘，是通过重力作用使尘粒从气流中沉降分离的除尘装置,它的结构如图 2-18 所示。

当含尘气体由管道进入宽大的沉降室时,速度和压力降低,这时较大颗粒(直径大于 40 μm)因重力而沉降下来。沉降室主要用于加工工业,尤其食品加工业和冶金工业,安装在其他设备之前作为预处理装置。

(2) 旋风除尘器

旋风除尘器是利用旋转气流产生的离心力使尘粒从气流中分离的装置。其结构见图 2-19。含尘气体进入除尘器后,沿外壁由上向下做旋转运动,当旋转气流的大部分到达锥体底部后,转而向上沿轴心旋转,最后经排出管排出。这种方法对粒径为 5 μm 以下尘粒的去除效率可达 50%～80%。

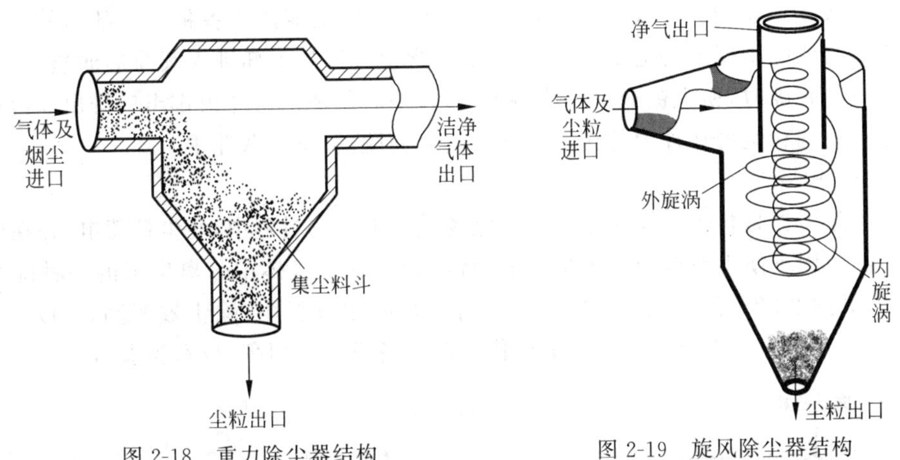

图 2-18 重力除尘器结构

图 2-19 旋风除尘器结构

(3) 湿式除尘器

湿式除尘器是一种采用喷水法将尘粒从气体中洗涤出去的除尘器,有喷雾塔式、填料塔式、离心洗涤器、文丘里洗涤器等多种,这里简单介绍高效湿式除尘器,即文丘里洗涤器。

文丘里洗涤器一般常应用在高温烟气降温和除尘上,其结构见图 2-20。

含尘气体由进气管进入收缩管后,流速逐渐增大,气流的压力能转变为动能,在喉管入口处,气流速度达到最大,一般洗涤液(一般为水)通过沿喉管周边均匀分布的喷嘴进入,液滴被高速气流雾化和加速。在液滴加速进程中,由于液滴与粒子之间惯性碰撞,实现微细尘粒的捕集。文丘里洗涤器常用于燃煤电站、冶金和造纸等行业的烟气除尘。

(4) 过滤式除尘器

过滤式除尘器又称空气过滤器,是使含尘气流通过过滤材料将粉尘分离捕集的装置,主要为袋式除尘器。

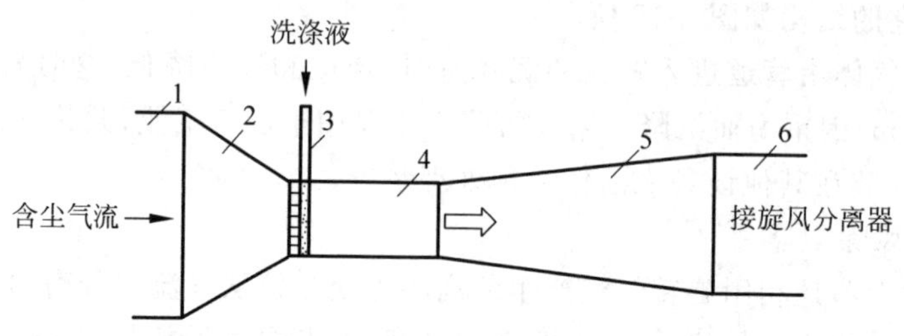

1—进气管；2—收缩管；3—喷嘴；4—喉管；5—扩散管；6—连接管

图 2-20 文丘里洗涤器结构

袋式除尘器的除尘效率一般高达99%以上，广泛应用于各种工业部门的尾气除尘。袋式除尘器的构造如图2-21所示。含尘气流从下部进入圆筒形滤袋，在通过滤料的孔隙时，粉尘被捕集于滤料上，透过滤料的清洁气体由排出口排出。沉积在滤料上的粉尘可在外力的作用下从滤料表面脱落，落入灰斗中。

(5) 电除尘器

电除尘器是含尘气体在通过高压电场进行电离的过程中，使尘粒荷电，并在电场力的作用下使尘粒沉积在集尘极上，将尘粒从含尘气体中分离出来的一种除尘设备，见图2-22。静电除尘器能够比较有效地除去细粉尘，除尘效率高达99%以上，并可在高温或强腐蚀性气体下操作。但设备投资费用高，技术要求高。

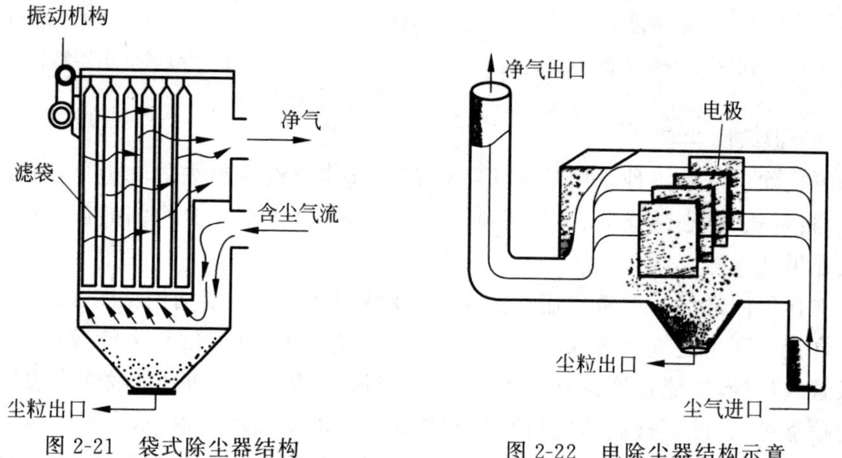

图 2-21 袋式除尘器结构

图 2-22 电除尘器结构示意

上述除尘设备原理不同、性能各异，使用时应根据实际需要加以选择或配合使用。

2. 气态污染物的治理

气态污染物种类繁多，化学性质各异，对其控制要视具体情况采用不同的方法。目前用于气态污染控制的主要方法有吸收法、吸附法、催化法、燃烧法、冷凝法等。

1）从烟气中去除二氧化硫的技术

常用的二氧化硫去除方法有回收法和抛弃法。抛弃法是将脱硫的生成物作为废物抛掉，方法简单、费用低廉，并且同时用于除尘。回收法是将二氧化硫转变成有用的物质回收，成本高，所得副产品存在应用和销路问题，且通常需在脱硫系统前配套高效除尘系统。在我国，从长远的观点考虑，应以回收法为主。

烟气脱硫方法按脱硫剂是液态还是固态分为湿法和干法两种。湿法脱硫是用液体吸收剂洗涤 SO_2，其工艺包括氨法、石灰石-石膏法、钠碱法等。湿法工艺所用设备简单，操作容易，脱硫效益高；但脱硫后烟气温度较低，不利于烟气的排放与扩散。干法脱硫采用固体吸收剂、吸附剂或催化剂除去废气中的 SO_2，干法脱硫包括活性炭法、氧化法等。其优点是脱硫过程无废水、废酸排出，不会造成二次污染，并且节水；缺点是效率低，设备庞大。下面主要介绍几种有代表性的脱硫工艺。

（1）氨法

氨法是以氨水（$NH_3 \cdot H_2O$）为吸收剂吸收废气（或烟气）中的 SO_2，是较为成熟的方法，已较早地应用于化学工业。氨法脱硫虽然有很多方法，但其吸收过程所涉及的化学原理基本上是相同的。所不同的是由于对吸收液采取再生方法及工艺技术路线的不同，将会得到不同的副产物。

用氨水作吸收剂吸收 SO_2，由于氨容易挥发，实际上此法是用氨水与 SO_2 反应后生成的亚硫酸铵水溶液作为吸收 SO_2 的吸收剂，主要反应如下：

$$(NH_4)_2SO_3 + SO_2 + H_2O \longrightarrow 2NH_4HSO_3 \tag{2-42}$$

通入氨后的再生反应：

$$NH_4HSO_3 + NH_3 \longrightarrow (NH_4)_2SO_3 \tag{2-43}$$

对吸收后的混合液用不同方法处理可得到不同的副产物。若用浓硫酸或浓硝酸等对吸收液进行酸解，所得到的副产物为高浓度 SO_2、$(NH_4)_2SO_4$ 或 NH_4NO_3，该法称为氨-酸法。

若用 NH_3、NH_4HCO_3 等将吸收液中的 NH_4HSO_3 中和为 $(NH_4)_2SO_3$ 后，经分离可得到结晶的 $(NH_4)_2SO_3$，此法不消耗酸，称为氨-亚氨法。

若将吸收液用 NH_3 中和，使吸收液中的 NH_4HSO_3 全部变为 $(NH_4)_2SO_3$，再用空气对 $(NH_4)_2SO_3$ 进行氧化，则可得副产品 $(NH_4)_2SO_4$，此法称为氨-硫铵法。

氨法工艺成熟，流程、工艺简单，操作方便，可将烟气中的有害成分 SO_2 转化成化肥硫酸铵，既可消除 SO_2 对环境的污染，又缓解了生产化肥过程中对 SO_2 的消耗，可谓变废为宝，在我国具有很好的应用前景。

（2）钠碱法

钠碱法是用氢氧化钠或碳酸钠的水溶液作为开始吸收剂，与 SO_2 反应生成的 Na_2SO_3 继续吸收 SO_2，主要吸收反应为

$$NaOH + SO_2 \longrightarrow NaHSO_3 \tag{2-44}$$

$$2NaOH + SO_2 \longrightarrow Na_2SO_3 + H_2O \tag{2-45}$$

$$Na_2SO_3 + SO_2 + H_2O \longrightarrow 2NaHSO_3 \tag{2-46}$$

生成的吸收液为 Na_2SO_3 和 $NaHSO_3$ 的混合液。用不同的方法处理吸收液可得不同的副产物。

将吸收液中的 $NaHSO_3$ 用 NaOH 中和，得到 Na_2SO_3。由于 Na_2SO_3 溶解度较 $NaHSO_3$ 低，它则从溶液中结晶出来，经分离可得副产物 Na_2SO_3。析出结晶后的母液作为吸收剂循环使用。该法称为亚硫酸钠法。

若将吸收液中的 $NaHSO_3$ 加热再生，可得到高浓度的 SO_2 作为副产物。而得到的 Na_2SO_3 结晶经分离溶解后返回吸收系统循环使用，此法称为亚硫酸钠循环法或威尔曼洛德钠法。

钠碱吸收剂吸收能力大，不易挥发，使吸收系统不存在结垢、堵塞等问题。亚硫酸钠法工艺成熟、简单，吸收效率高，所得副产品纯度高；但耗碱量大，成本高，因此只适用于中小气量烟气的治理。而亚硫酸钠循环法可处理大气量烟气，吸收效率可达90%。

（3）石灰石-石膏法

石灰石-石膏法是最早使用的烟气脱硫剂之一，因石灰石价廉易得，目前用作石灰石-石膏法烟气脱硫系统（简称 FGD）的脱硫剂仍然以石灰石为主，占脱硫市场的80%左右的份额。钙法脱硫主要有干法、湿法和半干法3种脱硫方式。使用最多的是湿式石灰石-石膏法烟气脱硫技术。

湿式石灰石-石膏法烟气脱硫是用含石灰石的浆液洗涤烟气，以中和（脱除）烟气中的 SO_2，形成的产物为石膏，可以作为建筑材料。因此成为当前吸收脱硫应用最多的方法，美国、日本90%的燃煤电厂采用这种技术，其特点是脱除率高，效率可达90%以上，能适应大气量、高浓度烟气的脱硫。该法存在的主要问题是吸收系统容易结垢、堵塞，另外设备体积大，操作费用高，水的消耗量大，投资费用占燃煤电厂总费用的14%～15%。

（4）活性炭法

在有氧及水蒸气存在的条件下，用活性炭吸附 SO_2，不仅存在物理吸附且存在

化学吸附。由于活性炭表面具有催化作用，使吸附的 SO_2 被烟气中的氧气氧化为 SO_3，SO_3 再和水蒸气反应生成硫酸。生成的硫酸可用水洗涤下来，或用加热的方法使之分解生成高浓度的 SO_2。

活性炭吸附法，虽然不消耗酸、碱等原料，过程简单，又无污水排出，但由于活性炭吸附容量有限，因此对吸附剂要不断再生，操作麻烦。另外为保证吸附率，烟气通达吸附装置的速度不宜过大(一般为 0.3～1.2 m/s)。当处理气量大时，吸附装置体积必须大才能满足要求，因而不适于大气量烟气的处理，而所得副产品硫酸浓度较低，需进行浓缩才能应用，因此限制了该法的普遍推广应用。

2) 烟气中 NO_x 的去除

从烟气中去除 NO_x 的过程简称为"烟气脱硝"或"烟气脱氮"。目前 NO_x 的去除主要有选择性催化还原技术(SCR)、选择性非催化还原技术(SNCR)、电子束脱硝法、酸吸收法、碱吸收法、活性炭吸附法等。此处只简单介绍选择性催化还原技术和选择性非催化还原技术。

(1) 选择性催化还原技术

选择性催化还原技术是目前最成熟的烟气脱硝技术，它是一种燃烧后脱硝方法，最早由日本于20世纪六七十年代完成商业运行，是利用还原剂(NH_3、尿素)在金属催化剂作用下，选择性地与 NO_x 反应生成 N_2 和 H_2O，而不是被 O_2 氧化，故称为"选择性"。世界上流行的 SCR 工艺主要分为氨法 SCR 和尿素法 SCR 两种。此两种方法都是利用氨对 NO_x 的还原功能，在催化剂的作用下将 NO_x(主要是 NO)还原为无毒无害的 N_2 和水，还原剂为 NH_3。

在 SCR 中使用的催化剂大多以 TiO_2 为载体，以 V_2O_5 或 V_2O_5-WO_3 或 V_2O_5-MoO_3 为活性成分，制成蜂窝式、板式或波纹式三种类型。应用于烟气脱硝中的 SCR 催化剂可分为高温催化剂(345～590 ℃)、中温催化剂(260～380 ℃)和低温催化剂(80～300 ℃)，不同的催化剂适宜的反应温度不同。如果反应温度偏低，催化剂的活性会降低，导致脱硝效率下降，且如果催化剂持续在低温下运行会使催化剂发生永久性损坏；如果反应温度过高，NH_3 容易被氧化，NO_x 生成量增加，还会引起催化剂材料的相变，使催化剂的活性退化。国内外 SCR 系统大多采用高温，反应温度区间为 315～400 ℃。

优点：该法脱硝技术成熟，脱硝的效率特别高(其脱硝的效率可高达 90%以上)，运行稳定，投资成本较低，在全球范围内得到很高的认可。广泛应用在国内外工程中，成为电站烟气脱硝的主流技术。

缺点：燃料中含有硫分，燃烧过程中可生成一定量的 SO_3。添加催化剂后，在有氧条件下，SO_3 的生成量大幅增加，并与过量的 NH_3 生成 NH_4HSO_4。NH_4HSO_4 具有腐蚀性和黏性，可导致尾部烟道设备损坏。虽然 SO_3 的生成量有限，但其造成的影响不可低估。

目前，对选择性催化还原技术的研究着重体现在如何对其工艺流程进行优化，如何降低催化剂成本，提高催化剂的催化活性和寿命，其中如何提高整体的效率和降低整个工程成本是研究的热点。

(2) 选择性非催化还原技术

选择性非催化还原技术是一种不使用催化剂，在850～1 100 ℃温度范围内还原NO_x的方法。最常使用的药品为氨和尿素。一般来说，SNCR脱硝效率对大型燃煤机组可达25%～40%，对小型机组可达80%。由于在一定温度范围，有氧的情况下，氮剂对NO_x的还原，在所有其他的化学反应中占主导，表现出选择性，因此称之为选择性非催化还原技术。该技术受锅炉结构尺寸影响很大，多用作低氮燃烧技术的补充处理手段。其工程造价低、布置简易、占地面积小，适合老厂改造，新厂可以根据锅炉设计配合使用。

3) VOCs常用的处理方法

VOCs是导致城市灰霾和光化学烟雾的重要前体物质，主要来源于煤化工、石油化工、涂料制造与施工、溶剂制造及使用等过程。其常用的处理方法有回收类和消除类方法。

(1) VOCs回收类方法主要有吸收法、吸附法、冷凝法和膜分离法等。

(2) VOCs消除类方法主要有燃烧法、生物法、低温等离子体法和催化氧化法等。

4) 汽车尾气治理

汽车发动机排放的废气中含有CO、碳氢化合物、NO_x等多种有害物质。控制汽车尾气中有害物质的方法有两种：一种方法是改进发动机的燃烧方式，使污染物的产生量减少，称为机内净化；另一种方法是利用装在发动机外部的净化设备，对排出的废气进行净化治理，这种方法称为机外净化。从发展方向上说，机内净化是从根本上解决汽车尾气污染的最好方法，但就目前来说还难以实现，是今后研究的重点。机外净化主要是采用三元催化器来降低汽车尾气中有害物质的浓度。

三元催化器是安装在汽车排气系统中最重要的机外净化装置，它可将汽车尾气排出的CO、碳氢化合物(C_xH_y)和NO_x等有害气体通过氧化和还原作用转变为无害的CO_2、H_2O和N_2。由于这种催化器可同时将废气中的3种主要有害物质转化为无害物质，故又称之为三元(效)催化转化器。三元催化器的工作原理是：当高温的汽车尾气通过净化装置时，三元催化器中的净化剂将增强CO、C_xH_y和NO_x三种气体的活性，促使其进行一定的氧化-还原反应，其中CO在高温下氧化成为无色、无毒的CO_2气体，C_xH_y在高温下氧化成水(H_2O)和CO_2，NO_x还原成

N_2 和 O_2。3 种有害气体变成无害气体，使汽车尾气得以净化。三元催化剂的主要活性组分是铂(Pt)和铑(Rh)，铂铑质量比为 5∶1，铂主要发生催化氧化反应，铑主要发生催化还原反应。

$$2CO + O_2 \longrightarrow 2CO_2 \tag{2-47}$$

$$CO + H_2O \longrightarrow CO_2 + H_2 \tag{2-48}$$

$$2C_xH_y + (2x + 1/2y)O_2 \longrightarrow yH_2O + 2xCO_2 \tag{2-49}$$

$$2NO + 2CO \longrightarrow 2CO_2 + N_2 \tag{2-50}$$

$$2NO + 2H_2 \longrightarrow 2H_2O + N_2 \tag{2-51}$$

CO、H_2 和 C_xH_y 是 NO_x 的还原剂，如尾气中氧气过量，这些还原剂首先和氧反应，则 NO_x 的还原反应就不能顺利进行；然而如果氧浓度不足，CO 和 C_xH_y 就不能完全氧化。因此必须严格控制汽油的喷射量，确保尾气中氧浓度为一定值，从而使尾气中的 CO、C_xH_y 和 NO_x 的浓度成一定比例，使这 3 种有害组分都能得到高效率净化。

问题与思考

1. 什么是气溶胶？气溶胶粒子有哪些分类？

2. 根据污染物的形成过程，污染物可以分为几类？比较而言其危害程度如何？试举例说明。

3. 什么是光化学烟雾？其形成条件是什么？对人体有哪些危害？

4. 阐述复合型污染的形成机制、主要污染物及其防控策略。

5. 举例说明如何对挥发性污染物进行精准防控。

6. 综合论述污染物在大气中迁移与扩散的影响因素。

7. 叙述重力除尘、湿式除尘、旋风除尘装置的工作原理。

8. 叙述选择性催化还原技术烟气脱硝的原理及优缺点。

9. 查阅资料谈一谈我国大气环境污染的现状及综合防控策略。

10. 查阅资料谈一谈我国大气环境治理的发展历程以及近年来所取得的成就。

11. 某城市远郊区有一高架源，烟囱几何高度 120 m，实际排烟率为 25 m^3/s，烟气出口温度 230 ℃。求在有风不稳定条件下，环境温度 20 ℃，大气压力 1 000 hPa，10 m 高度处风速 2.0 m/s 的情况下，烟囱的有效源高是多少？

参考文献

[1] 刘培桐，薛纪渝，王华东. 环境学概论[M]. 2版. 北京：高等教育出版社，1995.

[2] 郝吉明，马广大，王书肖. 大气污染控制工程[M]. 4版. 北京：高等教育出版社，2021.

[3] 仝川. 环境科学概论[M]. 2版. 北京：科学出版社，2017.

[4] 龙湘犁，何美琴. 环境科学与工程概论[M]. 北京：化学工业出版社，2019.

[5] 王跃思. 我国大气灰霾污染现状、治理对策建议与未来展望——王跃思研究员访谈[J]. 中国科学院院刊，2017，32(3)：219-221.

[6] 全国空气质量预报信息发布系统[R/OL]. (2022-03-04)[2022-03-04]. https://air.cnemc.cn：18014/.

[7] 中华人民共和国环境保护部. 环境空气质量标准：GB 3095—2012[S]. 北京：中国环境科学出版社，2016.

[8] 柴发合. 我国大气污染治理历程回顾与展望[J]. 环境与可持续发展，2020(3)：5-16.

[9] 叶代启，刘锐源，田俊泰. 我国挥发性有机物排放量变化趋势及政策研究[J]. 环境保护，2020，48(15)：23-26.

[10] 张黎，张文英. 江苏省挥发性有机物治理现状及政策[J]. 科技与创新，2020(1)：104-105.

[11] 王重阳，魏玉剑. 我国及上海关于VOCs治理政策及现状分析[J]. 上海节能，2020(6)：522-524.

[12] 中华人民共和国生态环境部. 关于印发《2020年挥发性有机物治理攻坚方案》的通知[R/OL]. (2020-06-24)[2022-06-04]. https://www.mee.gov.cn/xxgk2018/xxgk/xxgk03/202006/t20200624_785827.html.

[13] 中华人民共和国生态环境部. 2020中国生态环境状况公报[R/OL]. (2021-05-04)[2022-07-06]. https://www.mee.gov.cn/hjzl/sthjzk/zghjzkgb/202105/P020210526572756184785.pdf.

[14] 中华人民共和国环境保护部. 2015中国生态环境状况公报[R/OL]. (2016-05-20)[2022-07-06]. https://www.mee.gov.cn/hjzl/sthjzk/sthjtjnb/201702/P020170223595802837498.pdf.

课外阅读

[1] 柴发合. 我国大气污染治理历程回顾与展望[J]. 环境与可持续发展，2020(3)：5-16.

[2] 栾志强，王喜芹，刘媛.《重点行业挥发性有机物综合治理方案》解读——末端治理技术[J]. 中国环保产业，2019(11)：7-9.

［3］ 郝吉明.《中国经济大讲堂》20191024 如何破解 PM2.5 之困，打赢蓝天保卫战？［R/OL］.（2019-10-25 ）［2022-07-06］. CCTV-2 财经频道：https://tv.cctv.com/2019/10/25/VIDE6YJws4Wo2rL0nIBwL5ez191025.shtml.
［4］ 生态环境部.《美丽中国》第二集蓝天白云［Z/OL］.（2019-11-13）［2022-07-06］. https://tv.cctv.com/2019/11/12/VIDEVUrmovq0d8SsSLnnQNau191112.shtml?spm=C55924871139.PT8hUEEDkoTi.0.0.

第 3 章

水体环境

学习目标

1. 掌握水体污染物质的来源和水体污染的主要污染物。

2. 理解生化需氧量、化学需氧量、总有机碳、总需氧量的概念。

3. 理解污染物在水体中的运动特征及河流水体中污染物扩散的稳态解。

4. 掌握水体中耗氧有机物进行降解时的基本概况和水体富营养化过程及危害。

5. 掌握重金属在水体中的迁移转化规律。

6. 掌握水环境质量标准、水环境污染防治对策和常规的污水处理方法。

3.1 水体环境概述

水是自然界最基本的环境要素，是人类生活和生产活动中不可缺少的物质资源，是生命有机体生存、繁衍的基本物质条件基础。

地球上的水虽然数量巨大，但能直接被人们生产和生活利用的，却少得可怜。海水又咸又苦，不能饮用，也难以用于工农业生产。地球的淡水资源仅占其总水量的 2.5%，而在这极少的淡水资源中，又有 70%以上被冻结在南极和北极的冰盖中，加上难以利用的高山冰川和永冻积雪，有 87%的淡水资源难以利用。人类真正能够利用的淡水资源是江河湖泊和地下水中的一部分，约占地球总水量的 0.26%。全球淡水资源不仅短缺而且地区分布极不平衡。21 世纪，水资源正在变成一种宝贵的稀缺资源，成为关系到国家经济、社会可持续发展和长治久安的重大战略问题。

3.1.1 天然水在环境中的循环

地球上各种形态的水，在太阳辐射、重力等作用下，通过蒸发、水汽输送、凝结降水、下渗以及径流等环节，不断地发生相态转换和周而复始运动的过程，称为水循环。水循环按不同途径与规模,分为大循环和小循环。

(1) 大循环

大循环又称外循环或海陆间循环,指发生在全球海洋与陆地间的水交换过程。海洋表面蒸发的水汽,随着气流运动被输送到陆地上空。在一定条件下形成降水降落到地面。落到地面的大气降水,一部分被植物截流,大部分沿地表流动,形成地表径流,还有一部分下渗形成地下径流。在这一过程中,除一部分通过蒸发返回大气,绝大部分最终都流回海洋,从而实现海陆间循环,维持着海陆间水量的相对平衡(图 3-1)。

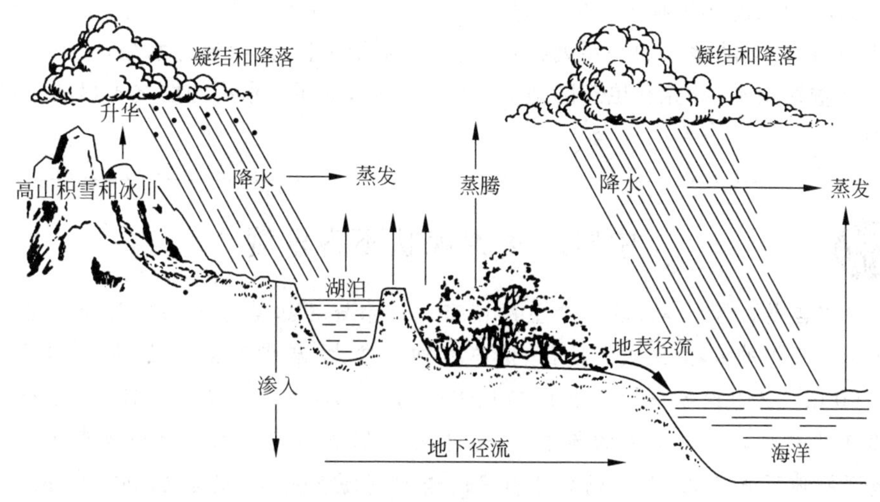

图 3-1 水循环示意

(2) 小循环

小循环又称内部循环,是指发生于海洋与大气之间,或陆地与大气之间的水交换过程。前者称海洋小循环,后者称陆地小循环。海洋小循环是指从海洋表面蒸发的水汽,在海洋上空凝结致雨,直接降落到海面上的过程;陆地小循环指陆地表面和植物蒸腾蒸发的水汽,在陆地上空成云致雨,降落至地表的循环过程。这种循环由于缺少直接流入海洋的河流,因此与海洋水交换较少,具有一定的独立性(图 3-1)。

水循环具有特别重要的意义:

第一,水循环是"纽带"。水循环不仅将地球上的各种水体组合成连续、统一的水圈,而且在循环过程中将地球上的水圈、岩石圈、大气圈和生物圈紧密联系在一起,形成相互联系、相互制约的统一整体,同时水循环也是海陆间相互联系的重要纽带。

第二，水循环是“调节器”。地球上的水循环是能量传输过程。通过水循环使地表太阳辐射进行重新分配，使不同纬度热量收支不平衡的矛盾得到缓解，从而调节全球的热量平衡。

第三，水循环是“雕塑家”。水循环过程中的流水以其持续不断的冲刷、侵蚀、搬运和堆积作用，以及水的溶蚀作用，在地质构造的基底上连续不断地塑造着千姿百态的地貌。

第四，水循环是“传输带”。水循环作为地表物质迁移的强大动力和主要载体，源源不断地向海洋输送大量的泥沙、有机质和各种营养盐类，从而影响海水的性质、海洋沉积、海洋生物等。同时海洋通过蒸发，源源不断地向大陆输送水汽，形成降水，进而影响陆地上的一系列物理、化学和生物过程；同时通过水循环，海洋不断向陆地输送淡水，补充和更新陆地上的淡水资源，从而使水成为取之不尽的可再生资源。

中国水资源现状不容乐观

中国是一个干旱、缺水严重的国家。淡水资源总量为28 000亿m^3，占全球淡水资源的6%，仅次于巴西、俄罗斯和加拿大，居世界第4位，但人均只有2 200 m^3，仅为世界平均水平的1/4、美国的1/5，在世界上名列121位，是全球13个人均水资源最贫乏的国家之一。扣除难以利用的洪水径流和散布在偏远地区的地下水资源，中国现实可利用的淡水资源量更少，仅为11 000亿m^3左右，人均可利用水资源量约为900 m^3。中国水资源地区分布也很不平衡，长江流域及其以南地区，国土面积只占全国的36.5%，其水资源量占全国的81%；长江流域以北地区，国土面积占全国的63.5%，而水资源量仅占全国的19%。按照国际公认的标准，人均水资源低于3 000 m^3为轻度缺水；人均水资源低于2 000 m^3为中度缺水；人均水资源低于1 000 m^3为严重缺水；人均水资源低于500 m^3为极度缺水。中国目前有16个省（区、市）人均水资源量（不包括过境水）低于严重缺水线，有6个省、区（宁夏、河北、山东、河南、山西、江苏）人均水资源量低于500 m^3。

目前我国城市供水以地表水或地下水为主，或者两种水源混合使用，有些城市因地下水过度开采，造成地下水位下降，有的城市形成了几百平方千米的大漏斗，有的沿海城市海水倒灌数十千米。由于工业废水的肆意排放，导致地表水、地下水被污染。目前，全国600多座城市中，已有400多座城市存在供水不足问题，其中比较严重的缺水城市达110个，全国城市缺水总量为60亿m^3。据监测，目前全国多数城市地下水和地表水受到一定程度的点状和面状污染，不仅降低了水体的使用功能，进一步加剧了水资源短缺的矛盾，对中国正在实施的可持续发展战略带来了严重影响，而且还严重威胁到城市居民的饮水安全和人民群众的健康。中国水环境的主要问题：一是水资源短缺；二是水污染；三是用水的极大浪费；四是地下水过量开采。如何合理开发、节约利用、有效保护水资源，将是我国经济能否持续高速发展的重要课题。

3.1.2 天然水的组成

在自然界，完全纯净的水是不存在的。天然水与周围的物质接触而发生相互作用，许多物质可以通过溶解等途径进入水体。在复杂循环过程中，进入水体的各种物质也会部分地离开水体。所以天然水实际上是一种溶液，而且是成分极其复杂的溶液。

除水本身外，天然水中的物质组成包括溶解的各种气体、主要离子、微量元素、生源物质、胶体以及悬浮颗粒等。

(1) 主要气体

水中溶解的主要气体是氮气(N_2)、氧气(O_2)、二氧化碳(CO_2)等，还有甲烷(CH_4)、氢气(H_2)、硫化氢(H_2S)等微量气体。

O_2 和 CO_2 的意义最大。它们影响水生生物的生存、繁殖，水中物质的溶解、反应等化学行为，以及微生物的生化行为。水生动物吸收 O_2，放出 CO_2。水生植物吸收 CO_2，进行光合作用放出 O_2。水中动植物残骸的腐烂也消耗 O_2。天然水中 O_2 含量变动范围一般是 0～14 mg/L，河水和湖水中 CO_2 含量一般在 20～30 mg/L。

天然水中还含少量的 H_2S，其来源于含硫蛋白质的分解及硫酸盐类的还原作用，还有火山喷发等。但一般地表水中 H_2S 含量极低，深层地下水、矿泉水中含量较高。

(2) 主要离子

水中溶解的主要离子有9种：钾离子(K^+)、钠离子(Na^+)、钙离子(Ca^{2+})、镁离子(Mg^{2+})、铁离子(Fe^{3+})、氯离子(Cl^-)、硫酸根离子(SO_4^{2-})、碳酸氢根离子(HCO_3^-)、碳酸根离子(CO_3^{2-})。这9种离子可占水中溶解固体总量的95%～99%。

天然水中氢离子(H^+)在水中含量较低，大多数天然水的pH为6.8～8.5。

(3) 微量元素

天然水中的微量元素有Br、I、F和含量极微的Cu、Co、Ni、Cr、As、Hg、V、Mn、Zn、Mo、Ag、Cd、B、Sr、Ba、Al、Au、Be、Se等元素，以及放射性元素，如Ra、Rn等。天然水中，Hg的含量为0.001～0.1 mg/L，Cr含量小于0.01 mg/L。在河流和淡水湖中，Cu的含量平均为0.02 mg/L，Co为0.004 3 mg/L，Ni为0.001 mg/L。

(4) 生源物质

天然水中有磷酸根(PO_4^{3-})、硝酸盐(NO_3^-)、亚硝酸盐(NO_2^-)、铵盐(NH_4^+)等水生植物必需的养分，其中含氮离子在一定条件下可以相互转化。

(5) 胶体

天然水中还存在主要由动植物残骸分解产生的有机物质和土壤中富敏酸、胡里素等进入水体，它们多数以胶体状态存在，少数溶解在水中，其成分非常复杂。

(6) 悬浮颗粒

水中的悬浮颗粒主要是沙粒、黏土等，也包括浮游动物、浮游植物和各种细菌类等。

受人类活动影响的水体所含的物质种类、数量、结构均与天然水质有所不同。以天然水中所含的物质作为背景值，可以判断人类活动对水体的影响程度，以便及时采取措施，提高水体水质，使之朝着有益于人类生存的方向发展。

3.1.3 天然水的类型及其特点

1. 大气降水

大气降水由海洋和陆地蒸发的水蒸气凝结而成，以雨、雪等形式降落地面。它的组成很大程度上取决于地区条件，如靠近海岸处的降水可能混入风卷入的海水飞沫，其中Na^+、Cl^-含量较高；内陆降水可混入大气中的灰尘、细菌以及各种污染物质。一般初降雨水或干旱地区雨水中杂质较多，而长期降雨后或湿润地区雨水中杂质较少。但总的来说，大气降水是杂质很少而矿化度很低的软水。水的矿化度又叫作水的含盐量，表示水中所含盐类的数量。水的矿化度通常以1 L水中含有各种盐分的总克数来表示(g/L)。

雨水的pH一般为5.6～7.0，pH＝5.6是饱和CO_2的酸度，pH低于此值的雨水称为酸雨。酸雨主要是排放到大气中的硫氧化物、氮氧化物生成的硫酸、硝酸等造成的。我国酸雨分布已从20世纪80年代初期的西南局部地区扩展到长江以南大部分城市和乡村，并向北方发展。

酸雨腐蚀材料，损害森林，破坏水生和陆生生态环境，并造成农作物减产。酸雨会使湖泊变酸，水生生物死亡。酸雨对生态系统的危害还表现在浸渍土壤，使土壤变得贫瘠，降低生态系统的初级生产力。酸雨腐蚀岩石矿物，使水体中的重金属和铝的含量增加，最终影响人的健康。

2. 河水

河水的化学成分受多种因素的影响，如河流集水面积内被侵蚀的岩石性质、流动过程中补给水源的成分、流域面积内的气候条件以及水生生物活动等。河水的含盐量多在100～200 mg/L，一般不超过500 mg/L。河水中各种主要离子的含量占比满足$Ca^{2+}>Na^{+}$，$HCO_3^{-}>SO_4^{2-}>Cl^{-}$，但也有例外。河水中的溶解氧通常呈饱和状态，但当河水受到有机物和无机还原性物质的污染时会出现缺氧，这些污染物被氧化分解后又可恢复正常。

3. 湖泊水

湖泊是由河流和地下水补给而形成的，水的组成成分与湖泊所处的水文、气候、地质、生物等条件密切相关。湖泊有着与河流不同的水文条件，湖水流动缓慢而蒸发面积大，通常水体相对稳定，在蒸发量大的地区可形成咸水湖。湖水中主要离子的含量占比一般为$Ca^{2+}>Na^{+}$，$HCO_3^{-}>SO_4^{2-}>Cl^{-}$，少量$Na^{+}>Ca^{2+}$，个别的有$SO_4^{2-}>HCO_3^{-}$，而$Cl^{-}>HCO_3^{-}$是咸水湖的特点。

湖水中的生物营养元素N、P非常重要，过多地排入N、P会造成湖泊的富营养化，使藻类大量繁殖，藻类死亡分解要消耗大量溶解氧，使湖泊水质恶化。

水库是人工形成的湖泊，其水质规律基本与湖泊相似，但在水交换快时，水质规律类似于河流。

4. 地下水

地下水是以滴状液体充填于构成地壳的岩石及沉积物空隙中的水，是降水经过土壤和地层的渗流而成的。部分河水和湖水也会通过河床和湖床的渗流而成为地下水的一个来源。

由于地下水经过土壤和地层的渗透、过滤，几乎全部去除了从空气和地面带来的颗粒杂质，因此，地下水是比较透明、无色的，有极少悬浮物质、极少细菌，温度较低且变化幅度小。但水可溶解与其接触的土壤和地层，溶入较多的矿物质。而且在渗透过程中，一些有机物会被细菌分解成无机盐类，这也增加了地下水的含盐量。分解产生的CO_2、H_2S等还会使水具有还原性，可溶解Fe、Mn等金属，使它们以低价离子进入水中，因此，有的地下水含Fe、Mn较多。此外，水中原有的溶解氧常在地层下被有机物氧化所耗尽，故地下水往往缺少溶解氧。

3.1.4 天然水的性质

1. 碳酸平衡

CO_2在水中形成酸，可与岩石中的碱性物质发生反应，并可通过沉淀反应变为沉积物而从水中除去。在水和生物体之间的生物化学交换中，CO_2 占有独特的地位，溶解的碳酸盐化合态与岩石圈、大气圈进行均相、多相的酸碱反应和交换反应，对于调节天然水的 pH 和组成起到重要作用。

在水体中存在 CO_2、H_2CO_3、HCO_3^- 和 CO_3^{2-} 等 4 种化合态，常把 CO_2 和 H_2CO_3 合并为 $H_2CO_3^*$。因此，水中 $H_2CO_3^*$-HCO_3^--CO_3^{2-} 体系可用下面的反应表示：

$$CO_2 + H_2O \rightleftharpoons H_2CO_3^*$$

$$H_2CO_3^* \rightleftharpoons HCO_3^- + H^+$$

$$HCO_3^- \rightleftharpoons CO_3^{2-} + H^+$$

2. 天然水中的碱度和酸度

碱度是指水中能与强酸发生中和作用的全部物质，亦即能接受质子 H^+ 的物质总量。组成水中碱度的物质可以归纳为 3 类：①强碱，如 NaOH、$Ca(OH)_2$ 等，在溶液中全部电离生成 OH^- 离子；②弱碱，如 NH_3、$C_6H_5NH_2$ 等，在水中部分发生反应生成 OH^- 离子；③强碱弱酸盐，如各种碳酸盐、重碳酸盐、硅酸盐、磷酸盐、硫化物和腐殖酸盐等，它们水解时生成 OH^- 或者直接接受质子 H^+。弱碱及强碱弱酸盐在中和过程中不断继续产生 OH^- 离子，直到全部中和完毕。

和碱相反，酸度是指水中能与强碱发生中和作用的全部物质，亦即放出 H^+ 或经过水解能产生 H^+ 的物质的总量。组成水中酸度的物质也可归纳为 3 类：①强酸，如 HCl、H_2SO_4、HNO_3 等；②弱酸，如 CO_2、H_2CO_3、H_2S、蛋白质以及各种有机酸类；③强酸弱碱盐，如 $FeCl_3$、$Al_2(SO_4)_3$ 等。

3. 天然水体的缓冲能力

天然水体的 pH 一般为 6～9，而且对某一水体，其 pH 几乎保持不变，这表明天然水体具有一定的缓冲能力，是一个缓冲体系。一般认为，各种碳酸化合物是控制水体 pH 的主要因素，并使水体具有缓冲作用。但最近研究表明，水体与周围环境之间发生的多种物理、化学和生物化学反应，对水体的 pH 也有着重要作用。但无论如何，碳酸化合物仍是水体缓冲作用的重要因素。因而，人们时常根据它的存在情况来估算水体的缓冲能力。

3.2 水体环境污染及污染物

3.2.1 水体概念及水体污染

1. 水体概念

水体是指河流、湖泊、池塘、水库、沼泽、海洋以及地下水等水的积聚体。在环境学中,水体不仅包括水本身,还包括水中的悬浮物、溶解物质、胶体物质、底质(泥)和水生生物等。应把它看作完整的水生生态系统或完整的自然综合体。水体可按类型和区域划分成不同的水体。

(1) 按类型可分为:①海洋水体,包括海和洋;②陆地水体,包括地表水体(河流、湖泊等)和地下水体。

(2) 按区域是指按某一具体的被水覆盖的地段而言的,如太湖、洞庭湖、鄱阳湖,按类型划分,它们同属于陆地水体中的地表水体内的湖泊;按区域划分,它们是三个区域的三个不同的水体。又如,长江、黄河、珠江,按类型划分,它们同属于陆地水体中的地表水体内的河流;但按区域概念,它们是分属三个流域的三条水系。

在水环境污染的研究中,区分"水质"与"水体"的概念十分重要。水质主要是指水相的质量。水体则包含水相以外的固相物质,内容广泛得多。例如,重金属污染物可从水相转移到固相的底泥中,若着眼于水,似乎未受污染,但从水体看,可能受到较严重的污染。

2. 水体污染

水体污染是指排入水体的污染物在数量上超过了该物质在水体中的本底含量和水体的环境容量,从而导致水体的物理特征、化学特征和生物特征发生不良变化,破坏了水生生态系统的结构和功能,从而降低了水体的使用价值,这种现象被称为水体污染。

水体污染根据来源的不同,可以分为自然污染和人为污染两大类。

自然污染是指自然界向水体释放有害物质或造成有害影响的现象。例如,岩石和矿物风化和水解、大气降水以及地面径流所夹带的各种物质、天然植物在地球化学循环中释放出的物质进入水体,都会对水体水质产生影响。通常把由于自然原因造成的水中某物质的含量称为天然水体的背景值或本底浓度。

人为污染是指人类生产生活活动中产生的废物对水体的污染,从而对水体造成较大危害的现象,包括工业废水、生活污水、农田水的排放等。此外,固体废物在地面上堆积或倾倒在水中、岸边,废气排放到大气中,经降水的淋洗以及地面径流夹带污染物进入水体,都会造成水体污染。

由于工业化的兴起和发展,人类活动日益加剧,水体污染的现象日趋严重。由此产生了许多公害事件,如日本的水俣事件和富山事件都是因水体污染造成的危害。水体污染的严重后果不仅在于危及人类身体健康,同时也对工农业生产造成危害。

3.2.2 水体污染源与污染物

1. 水体污染源

水体污染源是向水体排放或释放污染物的场所、设备和装置等的总称。水体污染源分为自然污染源和人为污染源。自然污染源是指自然界自发向环境排放有害物质或造成有害影响的场所。如岩石和矿物的风化和水解、火山喷发、水流冲蚀地面等。人为污染源是指人类活动形成的污染源。按污染物进入水体的途径，又可以将人为污染源分为点源和非点源（或面源）。

1）点源

点源污染物由排水沟、渠、管道进入水体，主要指工业废水和生活污水，其变化规律服从工业生产废水和城镇生活污水的排放规律，即季节性和随机性。

（1）工业废水

工业废水是水体最重要的污染源。它量大、面广，含污染物多，成分复杂，在水中不易净化，处理也比较困难。不经处理的水具有下列特性：

① 悬浮物质含量高，最高可达 3 000 mg/L。

② 需氧量高，有机物一般难以降解，对微生物起毒害作用。化学需氧量（COD）为 400～10 000 mg/L，生化需氧量（BOD）为 200～5 000 mg/L。

③ pH 变化幅度大，pH 为 2～13。

④ 温度较高，排入水体可引起热污染。

⑤ 易燃，常含有低燃点的挥发性液体，如汽油、苯、甲醇、酒精、石油等。

⑥ 含有多种多样的有害成分，如硫化物、氟化物、Hg、Cd、Cr、As 等。

（2）生活污水

生活污水是指居民在日常生活活动中所产生的废水，它包括由厨房、浴室、厕所等场所排出的污水和污物。其中，99%以上是水，固体物质不到 1%，多为无毒的无机盐类（如氯化物、硫酸盐、磷酸和 Na、K、Ca、Mg 等的重碳酸盐）、需氧有机物（如纤维素、淀粉、糖类、脂肪、蛋白质和尿素等）、各种微量金属（如 Zn、Cu、Cr、Mn、Ni、Pb 等）、病原微生物及各种洗涤剂。城市和人口密集的居住区是生活污水的主要来源。

生活污水的水质成分呈较规律的日变化，其水量则呈较规律的季节变化。不经处理的生活污水一般具有以下性质：

① 悬浮物质较低，一般为 200～500 mg/L。资料表明，每人每日所排悬浮固体平均为 30～50 g。

② 属于低浓度有机废水，一般其 BOD 为 210～600 mg/L。资料表明，平均每人每日所排 BOD 为 20～35 g。

③ 呈弱碱性，一般 pH 为 7.2～7.6。

④ 含 N、P 等营养物质较多。

⑤ 含有多种微生物、大量细菌，包括病原菌。

2）非点源

非点源即面源，污染物无固定出口，是以较大范围形式通过降水、地面径流的途径进入水体。主要来源为农村面源和城市径流。

（1）农村面源

由于过量施加化肥和农药，农田地表径流中含有大量的氮、磷营养物质和有毒的农药，具有污染面广、来源分散、难于收集、难以治理的特点。同时粗放的乡镇企业由于缺少治污设施，也成为农业面源的主要来源。还有农村生活污水、农业养殖废水等，多数都没有通过治理而随意排放。

（2）城市径流

在城市地区，大部分土地为屋顶、道路、广场所覆盖，地面渗透性很差。雨水冲刷并流过建筑物及铺砌的地面，常夹带大量城市污染物，如汽车废气中的重金属、轮胎的磨损物、建筑材料的腐蚀物、路面的沙砾、建筑工地的淤泥和沉淀物、城市绿地喷洒的农药等。城市地面的雨水多数直接排入受纳水体，其中的污染物将对水体造成一定的影响。

面源污染由于来源广泛，成分复杂，难以收集与治理，目前已经成为世界环境管理的一大难题。

2. 水体污染物

水体污染物一般分为三大类，即物理性污染物、化学性污染物、生物性污染物。

1）物理性污染物及其危害

（1）热污染　热污染是指高温废水排入水体后，使水温升高，物理性质发生变化，危害水生动、植物的繁殖与生长的现象。其危害主要有：①水温升高，导致水中的溶解氧浓度降低，造成水生生物窒息而死；②导致水中化学反应速度加快，引发水体物理化学性质的急剧变化，臭味加剧；③加速水中细菌和藻类的繁殖。

（2）色度　城市污水，特别是有色工业废水（印染、造纸、农药、焦化和有机化工等排放的废水）排入水体后，使水体形成色度，引起人们感官的不悦。水体色度加深，使透光性降低，影响水生生物的光合作用，抑制其生长，妨碍水体的自净作用。

（3）浊度　主要由胶体物质或细小的悬浮物所引起。浊度主要影响水体的透明度和透光性。

（4）悬浮物　悬浮物是水体主要污染物之一，各类废水中均有悬浮杂质，排入水体后影响水体外观和透明度。其主要危害：①漂浮在水面上的悬浮物不仅破坏了水的外观，而且会对水体复氧产生很大影响；②降低了光的穿透能力，影响水生生物的光合作用；③水中悬浮物可能堵塞鱼鳃，导致鱼的死亡；④沉于河底的悬浮固体形成污泥层，会危害底栖生物的繁殖，影响渔业生产，污泥层主要由有机物组成，易出现厌氧状态，恶化环境；⑤水中的悬浮物可能成为各种污染物的载体，吸附水中的重金属等有毒物质并随水漂流迁移，扩大了污染区域。

(5) 放射性物质　水中杂质所含有的放射性元素构成一种特殊的污染性，它们总称为放射性污染物。如^{238}U、^{226}Ra通过自身的衰变而放射具有一定能量的射线，如α、β和γ射线，能使生物和人体组织受电离而损伤，某些放射元素还可被水生生物浓缩，通过食物链进入人体，使人体受到内照射损伤。但天然的水体中一般含量很少，放射性很弱，对生物没有危害。人工放射性污染主要来源于天然铀矿开采和选矿、精炼厂的废水，以及原子能工业和反应堆设施的废水、核武器制造和核试验的污染。

2) 化学性污染物及其危害

(1) 酸碱污染

污染水体中的酸主要来源于矿山排水及工业废水，如化肥、农药、粘胶纤维、酸法造纸等工业废水。碱性废水主要来自碱法造纸、化学纤维制造、制碱、制革等工业生产。酸碱污染会改变水体的pH，抑制细菌和其他微生物的生长，影响水体的生物自净作用，还会腐蚀船舶和水下建筑物，影响渔业，破坏生态平衡，并使水体不适于做饮用水源或其他工农业用水。

(2) 氮磷污染

氮磷是植物生长发育所需的养料，但是这类营养物质过量排入湖泊、水库、港湾、内海等水流缓慢的水体，会造成藻类大量繁殖，这种现象被称为“富营养化”。富营养化对湖泊、水库、港湾等水域影响较大，造成水质恶化，对鱼类和人体健康的危害也相当严重。水体中N、P营养物质的最主要来源有：①雨水。众多统计资料表明，雨水中的硝酸盐氮含量为0.16～1.06 mg/L，氨氮含量为0.04～1.70 mg/L；P含量在0.10 mg/L以上。由此可见，大面积湖体或水库中，从雨水受纳氮的营养物质的数量还是相当大的。②农业排水。首先是由于天然固氮作用和农用N、P肥的作用，使得土壤中累积了相当数量营养物质，它们可随农田排水流入邻近的水体。此外，饲养家畜过程所产生的废物中也含有相当数量的营养物质，如果不经处理或处理不到位都有可能通过排水进入邻近水体。③生活污水。生活污水含有丰富的N、P等营养物质，经济发达国家的调查表明，每人每天排入生活污水的P、N量分别为1.3～5.0 g和12～14 g。④工业废水。某些工业废水，如化肥、制革、造纸等工业废水中常含有一定数量的N、P等营养物质。

(3) 需氧有机污染物(耗氧有机物)

耗氧有机物主要包括碳水化合物、蛋白质、脂肪等，它们的特征是极不稳定，易于被生物降解，向稳定的无机物转化。在有氧条件下，在好氧微生物作用下转化的主要产物为 CO_2、H_2O 等稳定物质；在无氧条件下，则在厌氧微生物作用下转化，其主要产物为 CH_4、H_2S、NH_3 等。好氧降解过程中要消耗水体或环境中的溶解氧，当水体中有机物浓度较高时，微生物耗氧降解会使水中溶解氧的含量下降，从而导致鱼类和水生物死亡。如果完全缺氧，则有机物将转入厌氧分解，生成大量 H_2S、NH_3、硫醇等带恶臭的气体，使水质变黑发臭，造成水环境严重恶化。需氧有机物污染是水体污染中最常见的一种。

(4) 有机有毒污染物

这类污染物大多是人工合成物质，常见的有农药、酚类、芳香族化合物等。它们具有三个主要特征：①多数不易被微生物降解，在自然环境中可存留十几年甚至上百年，如有机氯农药类；②危害人体健康，有的甚至是致癌物质，如联苯、3,4-苯并芘等具有强烈的致癌性；③这类物质在某些条件下，能缓慢降解，也会消耗水中的溶解氧。

(5) 油类污染物

含油废水的排放和石油产品的泄漏是这类污染的主要来源。水体受到油脂类物质污染后，会呈现出五颜六色，感官性状差，油膜和油块能粘住大量鱼卵和幼鱼，导致鱼等水生动物的死亡。同时石油污染还能使鱼虾类水产品具有石油特有的臭味，降低水产品的食用价值。

(6) 有毒重金属污染物

重金属是构成地壳的物质，在自然界分布非常广泛，它是指相对密度大于或等于 5.0 的金属。重金属在自然环境的各部分均存在本底含量，在正常的天然水中含量均很低。在环境污染方面所说的重金属主要指 Hg、Cd、Pb、Cr 等生物毒性显著的元素，还包括具有重金属特性的 Zn、Cu、Co、Ni、Sn 等。重金属对人体健康及生态环境的危害极大，其最主要的特性是：不能被生物降解，有时还可能被生物转化为毒性更大的物质(如无机汞被转化成甲基汞)；能通过食物链成千上万倍地富集于生物体内，而达到对人体相当高的危害程度。

① 汞(Hg)　Hg 具有很强的毒性，有机汞比无机汞的毒性更大，更容易被吸收和积累，长期的毒性后果严重。人的致死剂量为 1～2 g。Hg 浓度 0.006～0.01 mg/L 可使鱼类或其他水生动物死亡，浓度 0.01 mg/L 可抑制水体的自净作用。甲基汞能大量积累于脑中，引起乏力、动作失调、精神错乱甚至死亡。最著名的例子就是日本水俣病事件。水体 Hg 的污染主要来自生产 Hg 的厂矿、有色金属冶炼以及使用 Hg 的生产部门排出的工业废水，尤以化工生产中 Hg 的排放为

主要污染来源。

② 镉(Cd) Cd是一种积累富集型毒物，进入人体后，主要累积于肝、肾内和骨骼中。能引起骨节变形、自然骨折、腰关节受损，有时还引起心血管病。这种病潜伏期10多年，发病后难以治疗。Cd浓度0.2～1.1 mg/L可使鱼类死亡，浓度0.1 mg/L时对水体的自净作用有害，如日本富山事件。工业含Cd废水的排放、大气Cd尘的沉降和雨水对地面的冲刷，都可使Cd进入水体。Cd是水迁移性元素，除了CdS外，其他Cd的化合物均能溶于水。进入水体的Cd还可与无机和有机配位体生成多种可溶性配合物。

③ 铅(Pb) Pb也是一种积累富集型毒物，如摄取Pb量每日超过0.3～1.0 mg，就可在人体内积累，引起贫血、肾炎、神经炎等症状。Pb对鱼类的致死浓度为0.1～0.3 mg/L，Pb浓度0.1 mg/L时，可破坏水体自净作用。

由于人类活动及工业的发展，几乎在地球上每个角落都能检测出Pb。矿山开采、金属冶炼、汽车废气、燃煤、油漆、涂料等都是环境中Pb的主要来源。岩石风化及人类的生产活动，使Pb不断由岩石向大气、水、土壤、生物转移，从而对人体的健康构成潜在威胁。

④ 铬(Cr) Cr是维持人体生命活动的必需元素，能提升胰岛素促进葡萄糖进入细胞内的效率，是重要的血糖调节剂并具有促进生长发育的功能，正常人体内只含有6～7 mg，对人体很重要。但是，Cr的过量摄入会造成中毒。Cr的中毒主要是吸入过量的铬酸或铬酸盐后，引起肾脏、肝脏、神经系统和血液的广泛病变，导致死亡。

(7) 非金属有毒污染物

这类物质包括毒性很强且危害甚大的氰化物、砷等。

① 氰化物 氰化物是剧毒物质，一般人只要误服0.1 g左右的KCN或NaCN便立即死亡。含氰废水对鱼类有很大毒性，当水中CN^-含量达0.3～0.5 mg/L时，鱼可死亡。世界卫生组织定出了鱼的中毒限量为游离氰0.03 mg/L；生活饮水中氰化物不许超过0.05 mg/L；地表水中最高容许浓度0.1 mg/L。水体中的氰化物主要来源于工业企业排放的含氰废水，如电镀废水、焦炉和高炉的煤气洗涤冷却水、化工厂的含氰废水，以及选矿废水等。在常见的电镀液配方中，镀锌液含NaCN 80～120 g/L，镀铜液含NaCN 12～18 g/L，镀银液含NaCN 40～60 g/L。当电镀完毕进行漂洗时，粘在镀件上的含氰液便随漂洗水排出。

② 砷(As) As是传统的剧毒物，As_2O_3即砒霜，对人体有很大毒性。长期饮用含As的水会慢性中毒，主要表现是神经衰弱、腹痛、呕吐、肝痛、肝大及消化系统障碍，并常伴有皮肤癌、肝癌、肾癌、肺癌等发病率增高现象。

3）生物性污染物及其危害

生物性污染主要指致病细菌及病毒和寄生虫等引起的污染。生活污水、医院污水、畜牧和屠宰场的废水及垃圾和地面径流都可能带有大量病原体，最常见的致病细菌就是肠道传染病菌，如伤寒、霍乱和细菌性痢疾的致病菌等，它们可以通过水流而传播。一些病毒（常见的有肠道病毒和肝炎病毒等）及某些寄生虫（如血吸虫、蛔虫等）也可随水流迅速蔓延，给人类健康带来极大威胁。例如，印度新德里市1955—1956年发生了一次传染性肝炎，全市102万人口，将近10万人患肝炎，其中黄疸型肝炎29 300人。我国历史上流行的瘟疫，有的就是水媒型传染病，如伤寒、霍乱、血吸虫病等。

3.2.3 常用的水质评价指标

水质评价指标是指水与其所含杂质共同表现出来的物理学、化学和生物学的综合特性的定性和定量描述。水体污染有时可以直接地察觉到，例如，水改变了颜色，变得混浊，散发出难闻的气味，某些生物的减少或死亡，某种生物的出现或骤增等。但有时水体污染是直观察觉不出的，需要借助于仪器观察分析或调查研究，通常采用水质评价指标来衡量水质的好坏和水体被污染的程度。水质指标分为三大类：

第一类，物理性水质指标，包括：①感官物理性状指标，如温度、色度、嗅和味、浑浊度、透明度等；②其他物理性状指标，如总固体、悬浮固体、可溶固体、电导率等。

第二类，化学性水质指标，包括：①一般的化学性水质指标，如pH、碱度、硬度、各种阳离子、各种阴离子、总含盐量、一般有机物质等；②有毒的化学性水质指标，如重金属、氰化物、多环芳烃、各种农药等；③有关氧平衡的水质指标，如溶解氧（DO）、化学需氧量（COD）、生化需氧量（BOD）、总需氧量（TOD）等。

第三类，生物学水质指标，包括细菌总数、总大肠菌群数等。

这里分别介绍常用的一些水质指标。

1. pH

pH是反映水的酸碱性质的重要指标。天然水的pH一般在6～9之间，取决于所在水体的物理、化学和生物特性。饮用水适宜的pH应在6.5～8.5之间。生活污水一般呈弱碱性，而某些工业废水的pH偏离中性范围较大，它们的排放会对水体的酸碱特性产生较大的影响。此外大气污染物如SO_2和NO_x也会影响水体的pH。天然水体具有一定的缓冲能力，少量的外来酸碱物对水体pH影响不大，但如果外来酸碱性物质的量超过了水体的缓冲限量与阈值，则水体pH就会发生变化，使水体生态环境受到破坏。

2. 悬浮物(suspended solid,SS)

悬浮物是指漂浮在水中的物质,环境监测时用1 L水中不能通过特定滤膜的、非溶解性固体物质的质量来表示,单位为mg/L。悬浮物的多少与水体的浑浊度有关,直接影响水的用途。例如,人们十分关注饮用水的浊度,因此在自来水厂取水口对此指标十分关注。造纸废水、皮革废水、选矿废水等工业废水的悬浮物指标均较高,大量排放会造成水体污染。

3. 溶解氧(dissolved oxygen,DO)

水中的溶解氧是水生生物生存的基本条件,一般含量低于4 mg/L(与水温有关)时鱼类就会窒息死亡。溶解氧含量高,适于微生物生长,水体自净能力强。水中缺乏溶解氧时,厌氧细菌繁殖,水体发臭。溶解氧是判断水体是否污染和污染程度的重要指标。影响溶解氧的因素很多,如水温、气压、水气接触面积等,但对于某一特定的水体在一定时间内,上述影响因素是相对稳定的。植物和光合细菌的光合作用、曝气作用等都会增加水中的溶解氧;而生物的呼吸作用、有机物分解耗氧等又可减少溶解氧,两方面相互作用的动态平衡影响着水中溶解氧的多少。

4. 有机物含量指标

水体中有机物种类繁多,组成复杂,难以分别对其进行定量、定性分析。在实际工作中,常用下列指标来表示水中有机物和部分无机物的含量,即COD、BOD、TOC和TOD。

(1) 化学需氧量(chemical oxygen demand,COD)

广义的化学需氧量是指在一定条件下,用氧化剂处理水样,单位体积的污水所消耗的氧量(单位:mg/L)。在我国现行的水环境标准、水环境监测中,化学需氧量规定为以强氧化剂重铬酸钾为氧化剂时的需氧量,即COD_{Cr},它是我国实施总量控制的主要指标;而高锰酸盐指数(COD_{Mn})是特指以高锰酸钾为氧化剂时的化学需氧量指标,它们都是反映水体有机污染的综合指标。COD值越高,表示水中有机污染物污染越重。高锰酸钾法适用于测定一般地表水。重铬酸钾法氧化能力较强,对有机物反应较完全,适用于分析污染较严重的水样。化学需氧量不仅氧化了有机物,而且对各种还原态的无机物(如硫化物、亚硝酸盐、氨、低价铁盐等)亦具氧化作用。

(2) 生物化学需氧量(biochemical oxygen demand,BOD)

生物化学需氧量简称生化需氧量,表示水中有机物经微生物分解时所需的氧量,用单位体积的污水所消耗的氧量(单位:mg/L)表示。BOD越高,表示水中需氧有机物质越多。有机物经微生物氧化分解的过程一般可分为两个阶段:第一阶段为碳化阶段,主要是有机物被转化成CO_2、H_2O和氨等;第二阶段为硝化阶段,主要是氨被转化为亚硝酸盐和硝酸盐。因为微生物的活动与温度有关，一般以20 ℃作为测定的标准温度。当温度为20 ℃时，一般生活污水中的有机物需要20天左右才能完成第一阶段的氧化分解过程，实际测量比较困难。为了使测定结果有可比性，通常采用在20 ℃的条件下培养5天，作为测定生化需氧量的标准时间，测定结果简称5日生化需氧量，用 BOD_5 表示。目前已颁布了《水质　生化需氧量(BOD)的测定　微生物传感器快速测定法》(HJ/T 86—2002)，此时以BOD表示，而不使用 BOD_5。

(3) 总有机碳(total organic carbon，TOC)和总需氧量(total oxygen demand，TOD)

TOC是以碳含量表示水体中有机物总量的综合指标，它比BOD或COD更能直接反映有机物的总量。TOD是指水中还原物质主要是有机物中碳、氢、氮、硫等元素，在高温催化生成稳定的氧化物时所需的氧量。TOC和TOD这两个指标均可用仪器快速测定，几分钟即可完成。由于用BOD和COD两个指标不能全部反映难以分解的有机物的含量，加上测定BOD和COD都比较费时间，不能快速测定水体被需氧有机物污染的程度，国内外正在提倡用TOC和TOD作为衡量水质有机物污染的指标。在水质状况基本相同的情况下，特定水质BOD与TOC或TOD之间存在一定的相关关系。特别是TOC和TOD与BOD之间，通过实验建立相关系数，则可快速测出TOC，从而推算出BOD或COD指标。

5. 有毒有害物质指标

有毒有害物质指标是用于防止长期积累导致慢性病或癌症的物质的指标。我国已制定了地表水中有害物质的最高允许浓度的标准，列出Hg、Cd、Pb、Cr、Cu、Zn、Ni、As、氰化物、硫化物、氟化物、挥发性酚、石油类、六六六、DDT等40种有毒物质。在《地表水环境质量标准》(GB 3838—2002)中，又增加了80种有毒物质的水环境质量标准。

6. 细菌污染指标

对污水进行细菌分析是一项很复杂的工作，在水处理工程中，通常用两种指标表示水体被细菌污染的程度：细菌总数(单位：个/mL)和总大肠菌数(单位：个/mL)。

3.3　污染物在水体中的迁移与转化

3.3.1　水体自净作用与水环境容量

1. 水体自净作用

废水排入天然水体会使水中的物质组成发生变化，甚至改变天然水体的水质平衡而造成水质恶化，从而导致水体污染。同时污染物质也参与水体中的物质转化和循环过程。经过一系列的物理、化学和生物学的变化，污染物质被转化和降解，水体基本上或完全恢复到原来的状态，这个自然净化的过程就叫水体自净。

水体自净的过程十分复杂，受很多因素的影响。从机理上看，水体自净主要由下列几种过程组成：

(1) 物理过程，包括稀释、扩散、挥发、沉淀等过程。

(2) 化学和物理化学过程，包括氧化、还原、吸附、凝聚、中和等反应。

(3) 生物学和生物化学过程，进入水体中的污染物质，特别是有机物质，由于水中微生物的代谢活动而被分解氧化并转化为无机物。

在水体中水体自净的几种过程往往是同时交织在一起进行的，后面我们将从不同的角度分别讨论。

2. 水环境容量

水体的自净作用说明了自然环境对污染物质存在一定的容纳能力，从工业、农业及生活中排放出来的废水不一定要处理到完全达到相应的水环境质量标准和程度才能排入水体，充分利用这种自净作用和容纳能力，科学合理地确定废水的处理程度，才能确保环境效益与经济效益的统一。这对环境管理及环境工程无疑都是十分重要的。

一定的水体在规定的环境目标下所能容纳污染物质的最大负荷量称为水环境容量。其容量的大小与下列因素有关：

(1) 水体特征

水体特征包括水体的各种水文参数(河宽、河深、流量、流速等)、背景参数(水的pH、碱度、酸度、污染物质的背景值等)、自净参数(物理的、物理化学的、生物化学的)和工程因素(水上的工程设施，如闸、堤、坝以及污水向水体的排放位置、排放方式等)。

(2) 污染物特征

污染物的扩散性、溶解性、生物降解性等都影响环境容量。一般来说，污染物的物理化学性质越稳定，环境容量越小，耗氧有机物的水环境容量最大，难降解的有机物的水环境容量很小，而重金属的水环境容量则甚微。

3. 水质目标

水体对污染物的容纳能力是相对于水体满足一定的用途和功能而言的。水的用途和功能要求不同，允许存在于水体中的污染物的量也不同。水体根据我国地表水环境质量标准可分为五类，每类水体允许的标准决定水环境容量的大小。另外，由于各地自然条件和经济技术条件的差异较大，水质目标的确定还具有一定的社会性，因此，水环境容量还是社会效益参数的函数，确定起来比较复杂。

假如某种污染物排入地表水体，此水体的水环境容量可用下式表示：

$$W = V(S - B) + C$$

式中：W——某地表水体的水环境容量，t/年；

V——该地表水体的体积，m^3；

S——地表水中某污染物的环境标准(水质目标)，mg/L；

B——地表水中某污染物的环境背景值，mg/L；

C——地表水的自净能力，t/年。

可见，水环境容量既反映了满足特定功能条件下水体对污染物的承受能力，也反映了污染物在水环境中的迁移、转化、降解、消亡的规律，当水质目标确定之后，水环境容量的大小就取决于水体对污染物的自净能力。

3.3.2　污染物在水中的运动特征

污染物进入水体之后，随着水的迁移运动、污染物的分散运动以及污染物质的衰减转化运动，使污染物在水体中得到稀释和扩散，从而降低了污染物在水体中的浓度，它起到一种重要的自净作用。根据自然界水体运动的不同特点，可形成不同形式的扩散类型，如河流、河口、湖泊以及海湾中的污染物扩散类型。这里重点介绍河流中污染物的扩散。

1. 推流迁移

推流迁移是指污染物在水流作用下产生的迁移作用。推流作用只改变水流中污染物的位置，并不能降低污染物的浓度。

在推流的作用下污染物的迁移通量可按下式计算：

$$f_x = u_x c, \quad f_y = u_y c, \quad f_z = u_z c$$

式中：f_x、f_y、f_z——x、y、z 方向上的污染物推流迁移通量，mg/(m^2·s)；

u_x、u_y、u_z——在 x、y、z 方向上的水流速度分量，m/s；

c——河流水体中污染物的浓度，mg/m^3。

2. 分散作用

污染物在河流水体中的分散作用包含 3 个方面内容：分子扩散、湍流扩散和弥散。

在确定污染物的分散作用时，假定污染物质点的动力学特性与水的质点一致。这一假设对于多数溶解污染物或呈胶体状污染物是可以满足的。

分子扩散是由分子的随机运动引起的质点分散现象。分子扩散过程服从菲克(Fick)第一定律，即分子扩散的质量通量与扩散物质的浓度梯度成正比，即

$$Q_x = -D_m \frac{\partial c}{\partial x_x}$$

式中：Q_x——x 方向单位时间通过单位面积的扩散物质的质量，简称通量；

c——扩散物质的浓度（单位体积流体中的扩散物质的质量）；

$\frac{\partial c}{\partial x_x}$——扩散物质在 x 方向的浓度梯度；

D_m——分子扩散系数，与扩散物的种类和流体温度有关。

式中的负号表示扩散物质的扩散方向为从高浓度向低浓度，与浓度梯度相反。

湍流扩散是在河流水体的湍流场中质点的各种状态（流速、压力、浓度等）的瞬时值相对于其平均值的随机脉动而导致的分散现象。

由于湍流的特点，湍流扩散系数是各向异性的。湍流扩散作用是由于计算中采用时间平均值描述湍流的各种状态导致的，如果直接用瞬时值计算，就不会出现湍流扩散项。

弥散作用是由于横断面上实际的流速分布不均匀引起的，在用断面平均流速描述实际运动时，必须考虑一个附加的、由流速不均匀引起的作用——弥散。弥散作用可以定义为：由空间各点湍流流速（或其他状态）的时平均值与流速时平均值的空间平均值的系统差别所产生的分散现象。

由于在实际计算中一般都采用湍流时平均值，因此必然要引入湍流扩散系数。分子扩散系数的数值在河流中为 $10^{-5}\sim10^{-4}$ m^2/s；而湍流扩散系数要大得多，在河流中的量级为 $10^{-2}\sim10$ m^2/s。弥散作用只有在取湍流时平均值的空间平均值时才发生，因此弥散作用大多发生在河流中。一般河流中弥散作用的量值为 $10\sim10^4$ m^2/s。

3. 污染物的衰减和转化

进入水环境中的污染物可以分为两大类：保守物质和非保守物质。

保守物质进入水环境以后，随着水流的运动而不断变换所处的空间位置，还由于分散作用不断向周围扩散而降低其初始浓度，但它不会因此而改变总量。重金属、很多高分子有机化合物都属保守物质。对于那些对生态系统有害，或暂时无害但能在水环境中积累，从长远来看是有害的保守物质，要严格控制排放，因为水环境对它们没有净化能力。

非保守物质进入水环境以后，除了随着水流流动而改变位置，并不断扩散而降低浓度外，还因污染物自身的衰减而加速浓度的下降。因此这类物质可以向环境中排放，但排放量必须小于环境容量。非保守物质的衰减有两种方式：一是由其自身的运动变化规律决定的；另一种是在水环境因素的作用下，由于化学的或生物的反应而不断衰减，如可以生化降解的有机物在水体中的微生物作用下的氧化分解过程。

河流水的推流迁移作用、污染物的分散作用和衰减过程可用图 3-2 来说明。

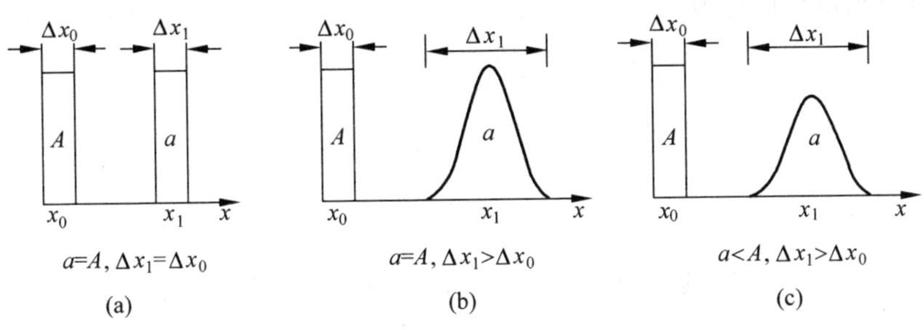

图 3-2　推流迁移、分散和衰减作用

(a) 推流迁移；(b) 推流迁移＋分散；(c) 推流迁移＋分散＋衰减

假定在 $x=x_0$ 处，河流中的污染物质总量为 A，其分布为直方状，全部物质通过 x_0 的时间为 Δt(图 3-2(a))；经过一段时间，污染物的重心移至 x_1，污染物质的总量为 a。如果只存在推流作用，则 $a=A$，且在 x_1 处的污染物分布形状与 x_0 相同。如果存在推流迁移和分散的双重作用(图 3-2(b))，则仍有 $a=A$，但在 x_1 处的污染物分布形状与初始时不一样，延长了污染物的通过时间。如果同时存在推流迁移、分散和衰减的三重作用，则不仅污染物的分布形状发生变化，且 $a<A$。

实际污染物质在进入河流水体后做复杂运动，用以描述这种运动规律的是一组复杂的模型。

3.3.3　河流水体中污染物扩散的稳态解

在河流水体处于稳定流动状态、污染源连续稳定排放的条件下，水中的污染物分布状况也是稳定的。这时，污染物在某一空间位置的浓度不随时间变化，这种不随时间变化的状态称为稳态。

假设在某种条件下，河流水运动的时间尺度很大，在这样一个时间尺度下的污染物浓度的平均值保持在一种稳定的状态。这时，可以通过取时间平均值，将问题按稳态来处理，这将可以简化模型的复杂程度。这种平均的水流状态可以用稳定模型来描述。因为排入河流水体中的污染物能够与水介质互相融合，具有相同的流体力学性质。所以可将污染物质点与水流一起进行分析。

1. 一维模型

假定只在 x 方向存在污染物的浓度梯度，则稳态一维模型为

$$D_x\frac{\partial^2 c}{\partial x^2}-u_x\frac{\partial c}{\partial x}-Kc=0 \tag{3-1}$$

这是二阶线性偏微分方程，其特征方程为

$$D_x\lambda^2-u_x\lambda-K=0 \tag{3-2}$$

由此可以求出特征根为

$$\lambda_{1,2}=\frac{u_x}{2D_x}(1\pm m) \tag{3-3}$$

式中

$$m=\sqrt{1+\frac{4KD_x}{u_x^2}} \tag{3-4}$$

对于保守或衰减的污染物，λ 不应取正值，若给定初始条件为：$x=0$ 时，$c=c_0$。式(3-1)的解为

$$c=c_0\exp\left[\frac{u_x x}{2D_x}\left(1-\sqrt{1+\frac{4KD_x}{u_x^2}}\right)\right] \tag{3-5}$$

对于一般条件下的河流，推流形成的污染物迁移作用要比弥散作用大得多，在稳态条件下，弥散作用可以忽略，则有

$$c=c_0\exp\left(-\frac{K_x x}{u_x}\right) \tag{3-6}$$

式中：u_x——断面平均流速；

x——距离；

K_x——污染物的衰减速度常数。

$$c_0=\frac{Qc_1+qc_2}{Q+q} \tag{3-7}$$

式中：Q——河流的流量；

c_1——河流中污染物的本底浓度；

q——排入河流的污水浓度；

c_2——污水中某污染物浓度；

c——污染物的浓度，它是时间 t 和空间位置 x 的函数。

例 3-1 向一条河流稳定排放污水，污水量 $q=0.15\ \mathrm{m^3/s}$，BOD_5 浓度为 30 mg/ L，河流流量 $Q=5.5\ \mathrm{m^3/s}$，流速 $u_x=0.3\ \mathrm{m/s}$，BOD_5 本底浓度为 0.5 mg/L，BOD_5 的衰减速度常数 $K=0.2\ \mathrm{d^{-1}}$，纵向弥散系数 $D_x=10\ \mathrm{m^2/s}$。试求排放点下游 10 km 处的 BOD_5 浓度。(计算结果保留两位小数)

解 计算起始点处完全混合后的初始浓度：

$$c_0=\frac{5.5\times0.5+0.15\times30}{5.5+0.15}\ \mathrm{mg/L}=1.28\ \mathrm{mg/L}$$

计算考虑纵向弥散条件下 10 km 处的浓度：

$$c=\left\{1.28\exp\left[\frac{0.3\times10\,000}{2\times10}\left(1-\sqrt{1+\frac{4\times(0.2/86\,400)\times10}{0.3^2}}\right)\right]\right\}\ \mathrm{mg/L}$$

$$=1.18\ \mathrm{mg/L}$$

计算忽略纵向弥散时的下游 10 km 处浓度：

$$c=\left[1.28\exp\left(-\frac{0.2\times 10\,000}{0.3\times 86\,400}\right)\right]\ \text{mg/L}=1.18\ \text{mg/L}$$

由本例可以看出，在稳态条件下，忽略纵向弥散系数的结果与考虑纵向弥散系数时十分接近。

2. 二维模型

如果一个坐标方向上的浓度梯度可以忽略，假定$\frac{\partial c}{\partial z}=0$，则有

$$D_x\frac{\partial^2 c}{\partial x^2}+D_y\frac{\partial^2 c}{\partial y^2}-u_x\frac{\partial c}{\partial x}-u_y\frac{\partial c}{\partial y}-Kc=0 \tag{3-8}$$

在均匀流场中可以得到解析解：

$$c_{(x,y)}=\frac{P}{4\pi h(x/u_x)^2\sqrt{D_xD_y}}\exp\left[-\frac{(y-u_yx/u_x)^2}{4D_yx/u_x}\right]\exp\left(-\frac{K_x}{u_x}\right) \tag{3-9}$$

式中：P——单位时间内排放的污染物量，即源强；

其余符号同前。

如果忽略 D_x 和 u_x，则式(3-8)的解为

$$c_{(x,y)}=\frac{P}{u_xh\sqrt{4\pi D_yx/u_x}}\exp\left(-\frac{u_xy^2}{4D_yx}\right)\exp\left(-\frac{K_x}{u_x}\right) \tag{3-10}$$

在河流右边界的情况下，河水中污染物的扩散会受到岸边的反射，这时的反射就会成为连锁式的。如果污染源处在岸边，河宽为 B 时，同样可以通过假设对应的虚源来模拟边界的反射作用，则

$$c_{(x,y)}=\frac{2P}{u_xh\sqrt{4\pi D_xx/u_x}}\left[\exp\left(-\frac{u_xy^2}{4D_yx}\right)+\sum_{n=1}^{\infty}\exp\left(-\frac{u_x(2nB-y)^2}{4D_yx}\right)+\sum_{n=1}^{\infty}\exp\left(-\frac{u_x(2nB+y)^2}{4D_yx}\right)\right]\exp\left(-\frac{K_x}{u_x}\right) \tag{3-11}$$

3.3.4 河流水质模型

水质模型是一个用于描述污染物质在水环境中的混合、迁移过程的数学方程或方程组。求解方法很多，对于简单可解情况，可以求出其解析解；对于复杂情况，则可能采取数值解法。因此水质模型解的精度及可靠性不会超过其方程本身。

进行水质模型研究的主要目的，在现阶段主要是用于点源排放的纳污问题。随着社会的发展和水处理技术的进步，点源污染的影响相对变得越来越小，而非点源污染，如农业和城市污染变得越来越重要，水质模型也向预测非点源污染问题发展。

水体水质的基本模型是表述，在物理净化、化学净化与生物化学净化的作用下，水体中的污染物迁移与转化的过程。这种迁移与转化受水体本身的复杂运动（如水体变迁、形状、流速与流量、河岸性质、自然条件等）的影响，故常用的水体水质基本模型主要考虑污染物在水体中的物理净化过程，而对化学净化和生物化学净化过程，则采用综合分析的方法处理，然后再与物理净化过程相叠加，以便使模型简化。

根据具体用途和性质，水质模型的分类标准如下：

(1) 以管理和规划为目的，水质模型可分为4类，即河流水质模型、河口水质模型（加入潮汐作用）、湖泊（水库）水质模型以及地下水水质模型。其中河流水质模型研究比较成熟，有较多成果，且能更加真实地反映实际水质行为，因此应用比较普遍。

(2) 根据水质组分，水质模型可以分为单一组分、耦合的和多重组分3类。其中BOD-DO耦合模型能够较成功地描述受有机污染的水质的变化情况。多组分水质模型比较复杂，它考虑的水质因素更多，如水生生态模型等。

(3) 根据水体的水力学和排放条件是否随时间变化，可以把水质模型分为稳态模型和非稳态模型。对于这两类模型，其研究的主要任务是模型的边界条件，即在何种条件下水质能够尽可能处于较好状态。稳态水质模型可以用于模拟水质的物理、化学和水力学过程，而非稳态模型则用于计算径流、暴雨过程中水质的瞬时变化。

(4) 根据研究水质的维度，可把水质模型分为零维、一维、二维、三维水质模型。其中零维水质模型较为粗略，仅为对于流量的加权平均，因此常常用作其他维度模型的初始值和估算值。而三维水质模型虽然能够精确反映水质变化，但是受到紊流理论研究的局限，还在继续理论研究中。一维和二维模型则可根据研究区域的情况适当选择，并可以满足一般应用要求的精度。

零维模型用于最简单的、理想状态下的水质预测：一维模型用于断面平均流量参数，并考虑参数在纵向方向上的变化；二维模型不仅具有一维模型的特点，同时还考虑参数在横向方向的变化；三维模型用“点”流量参数，它不仅考虑纵、横两个方向上的参数变化，而且还考虑参数在垂直方向上的变化。很显然，三维模型比其他维数的模型要复杂得多。

1. 污染物与河水的混合

当污染物排入河流后，会因推流和扩散作用而逐渐与河水混合，污染物的浓度逐渐降低，此过程是逐渐的。其影响因素主要有：废水排放口的分布与形状，如果废水在岸边集中排放，则完成混合所需的时间和距离都较长，如果是分散地排放于河流中央，则完全混合所需距离与时间就较短；另外河流的水文条件，如河深、流速、河道弯曲状况、是否有急流、跌水等都会影响混合程度。一般来说,从污水排放口到污染物在河流横断面上达到均匀分布,通常要经过竖向混合和横向混合两个阶段。

由于河流的深度通常要比其宽度小很多,污染物排入河流后,在比较短的距离内就达到了竖向的均匀分布,亦即完成竖向混合过程。完成竖向混合所需的距离大约是水深的数倍至数十倍。在竖向混合阶段,河流中发生的物理作用十分复杂,涉及污水与河流之间的质量交换、热量交换与动量交换等问题。在竖向混合阶段同时也进行着横向混合作用。

污染物在整个断面上达到均匀分布的过程称为横向混合。在直线均匀河道中,横向混合的主要动力是横向弥散作用。在河曲中,由于水流形成横向环流,大大加速了横向混合的进程,完成横向混合所需的时间要比竖向混合大得多。

在横向混合完成之后,污染物在整个断面上达到均匀分布。如果没有新的污染物输入,保守物质将一直保持恒定的断面浓度;非保守物质则由于生物化学等作用产生浓度变化,但在整个断面上的分布始终是均匀的。

2. 生物化学分解

河流中的有机物由于生物降解所产生的浓度变化可以用一级反应式表达:

$$L = L_0 e^{-Kt} \tag{3-12}$$

式中:L——河流任意点的 BOD 值;

L_0——河流起始点的 BOD 值;

K——有机物降解速度常数。

K 的数值是温度的函数,它和温度之间的关系可以表示为

$$\frac{K_T}{K_{T_1}} = \theta^{T-T_1} \tag{3-13}$$

若取 $T_1 = 20$ ℃,以 K_{20} 为基准,则任意温度 T 的 K 值为

$$K_T = K_{20}\theta^{T-20} \tag{3-14}$$

式中:θ——K 的温度系数,θ 的数值在 1.047 左右($T = 10 \sim 35$ ℃)。

在实验室中通过测定生化需氧量和时间的关系,可以估算 K 值。

河流中的生化需氧量(BOD)衰减速度常数 K_r 的值可由下式确定:

$$K_r = \frac{1}{t}\ln\left(\frac{L_A}{L_B}\right) \tag{3-15}$$

式中:L_A、L_B——河流上游断面 A 和下游断面 B 的 BOD 浓度;

t——A、B 断面间的流行时间。

如果有机物在河流中的变化符合一级反应规律,在河流流态稳定时,河流中的 BOD 的变化规律可以表示为

$$L = L_0 \left[\exp\left(K_r \frac{x}{u_x} \right) \right] \tag{3-16}$$

式中：x ——自起始断面(排放点)的下游距离。

3. 大气复氧

水中溶解氧的主要来源是大气。氧由大气进入水中的质量传递速度可以表示为

$$\frac{\mathrm{d}c}{\mathrm{d}t} = \frac{K_L A}{V}(c_s - c) \tag{3-17}$$

式中：c ——河流水中溶解氧的浓度，mg/L；

c_s——河流水中饱和溶解氧的浓度，mg/L；

K_L——质量传递系数；

A——气体扩散的表面积，m^2；

V——水的体积，m^3。

对于河流，$A/V=1/H$，H 是平均水深，$c_s - c$ 表示河水中的溶解氧不足量，称为氧亏，用 D 表示，则式(3-17)可写作

$$\frac{\mathrm{d}D}{\mathrm{d}t} = -\frac{K_L}{H} D = -K_a D \tag{3-18}$$

式中：K_a——大气复氧速度常数。

K_a 是河流流态及温度等的函数。如果以 20 ℃作为基准，则任意温度时的大气复氧速度的常数可以写为

$$K_{a \cdot r} = K_{a \cdot 20} \theta_r^{T-20} \tag{3-19}$$

式中：$K_{a \cdot 20}$——20 ℃条件下的大气复氧速度常数；

θ_r——大气复氧速度常数的温度系数，通常 $\theta_r \approx 1.024$。

饱和溶解氧浓度 c_s 是温度、盐度和大气压力的函数，在 101.32 kPa 压力下，淡水中的饱和溶解氧浓度可以用下式计算：

$$c_s = \frac{468}{31.6 + T} \tag{3-20}$$

式中：c_s——饱和溶解氧浓度，mg/L；

T ——温度，℃。

4. 简单河段水质模型

简单河段指的是只有一个排放口时的单一河段。在研究单一河段时，一般把排放口置于河段的起点，即定义排放口处的纵向坐标 $x=0$。上游河段的水质视为河流水质的本底值。单一河段的模型一般都比较简单，是研究各种复杂模型的基础。

描述河流水质的第一个模型是由斯特里斯(H. Streeter)和菲尔普斯(E. Pbelps)在 1925 年建立的,简称 S-P 模型。S-P 模型描述一维稳态河流中 BOD-DO 的变化规律。在建立 S-P 模型时,提出如下基本假设:河流中的 BOD 的衰减和溶解氧的复氧都是一级反应,反应速度是定常的;河流中的耗氧是由 BOD 衰减引起的,而河流中的溶解氧来源则是大气复氧。

S-P 模型是关于 BOD 和 DO 的耦合模型,可以写作

$$\frac{\mathrm{d}L}{\mathrm{d}t} = -K_d L \tag{3-21}$$

$$\frac{\mathrm{d}D}{\mathrm{d}t} = K_d L - K_a D \tag{3-22}$$

式中:L——河流任意点的 BOD 值;

D——河水中的氧亏值;

K_d——河水中 BOD 衰减(耗氧)速度常数;

t——河段内河水的流行时间。

上式的解析式为

$$L = L_0 e^{-K_a t} \tag{3-23}$$

$$D = \frac{K_d L_0}{K_a - K_d}(e^{-K_d t} - e^{-K_a t}) + D_0 e^{-K_a t} \tag{3-24}$$

式中:L_0——河流起始点的 BOD 值;

D_0——河水中起始点的氧亏值。

式(3-24)表示河流水中的氧亏变化规律。如果以河流的溶解氧来表示,则为

$$O = O_s - D = O_s - \frac{K_d L_0}{K_a - K_d}(e^{-K_d t} - e^{-K_a t}) - D_0 e^{-K_a t} \tag{3-25}$$

式中:O ——河水中的溶解氧值;

O_s——饱和溶解氧值。

式(3-25)称为 S-P 氧垂公式,根据此公式绘制的溶解氧沿程变化曲线称为氧垂曲线(图 3-3)。

在很多情况下,人们希望能找到溶解氧浓度最低的点——临界点。在临界点河水的氧亏值很大,且变化速度为零,则由此得

$$D_c = \frac{K_d}{K_a} L_0 e^{-K_d t_c} \tag{3-26}$$

式中:D_c——临界点的氧亏值;

t_c——由起始点到达临界点的流行时间。

临界氧亏发生的时间 t_c 可以由下式计算:

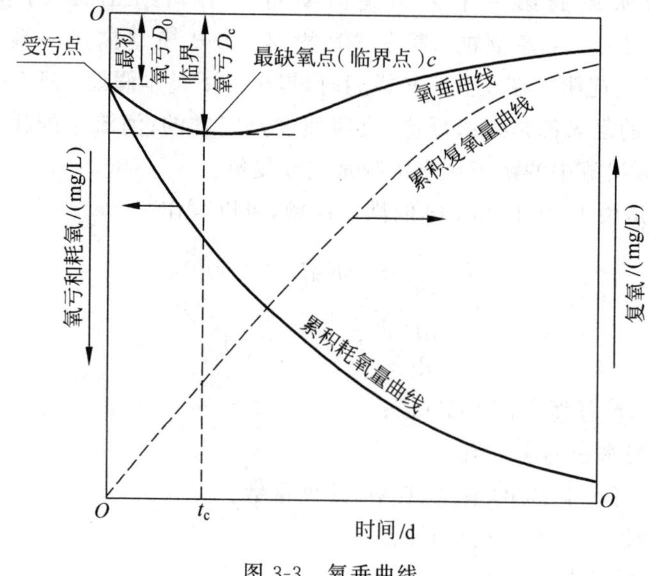

图 3-3 氧垂曲线

$$t_c = -\frac{1}{K_a - K_d}\ln\frac{K_a}{K_d}\left[1 - \frac{D_0(K_a - K_d)}{L_0 K_d}\right] \tag{3-27}$$

S-P 模型广泛应用于河流水质的模拟预测中,也用于计算允许的最大排污量。

3.4 主要污染物在水体中的化学转化

3.4.1 耗氧有机物

1. 耗氧有机物的降解

水体中耗氧有机物进入水体会被微生物降解,在降解过程中要消耗水中的溶解氧,使水质恶化。其过程为:首先在细胞体外,经胞外水解酶的作用,复杂的大分子化合物被分解成较简单的小分子化合物,然后小分子简单化合物再进入细胞内进一步分解,分解产物有两方面的作用,一是被合成为细胞材料,二是转换成能量供微生物维持生命活动。

(1) 碳水化合物的生物降解

碳水化合物是由 C、H、O 组成的不含氮有机物,一般以通式 $C_n(H_2O)_m$ 表示。根据分子构造的特点碳水化合物通常分为三类:单糖、二糖、多糖。细菌或其他微生物首先在细胞膜外通过水解使碳水化合物从多糖至少转化为二糖后,才能透入细胞膜内。例如,淀粉可由淀粉糖化酶参与水解成为乳糖,纤维素可由纤维素水解酶参与转化为纤维二糖等。在细胞外部或内部，二糖可以再水解成为单糖。单糖经过糖酵解过程转变为丙酮酸，在有氧条件下，丙酮酸完全氧化为水和二氧化碳。在无氧条件下，丙酮酸不完全氧化，最终产物是小分子的有机酸、醇、酮、甲烷等，这部分产物对水环境的影响较大。碳水化合物的生物降解步骤和最终产物，如图 3-4 所示。

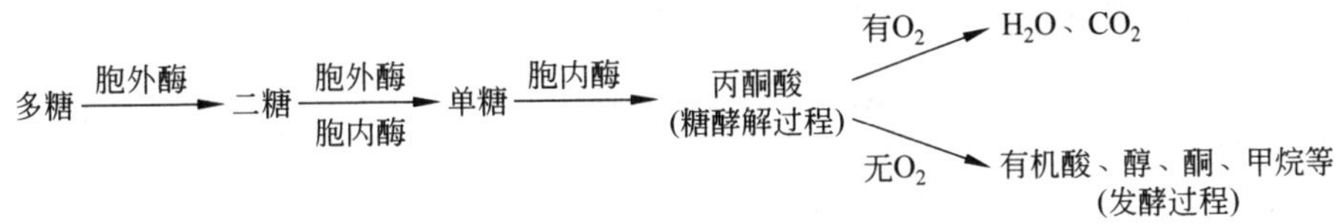

图 3-4　碳水化合物生物降解示意

(2) 脂肪和油类的生物降解

脂肪和油类是不含氮的有机物，是由脂肪酸和甘油生成的酯类物质，常温下为固体的是脂肪，多来自动物；液体状态的是油，多来自植物。这类物质难以被生物降解，可能是由于不溶于水的原因而聚集成团，因缺少其他元素，细菌不易生长和繁殖，如果有乳化剂将它们分散开，将有利于发生降解。脂肪的降解也首先在细胞外发生水解，生成甘油和相应的各种脂肪酸。甘油进一步降解转化为丙酮酸，并在有氧条件下完全氧化为水和二氧化碳。在无氧条件下，会进行发酵过程，生成各种有机酸、醇、酮、甲烷等，与碳水化合物的降解过程类似。脂肪和油类的生物降解步骤和最终产物，如图 3-5 所示。

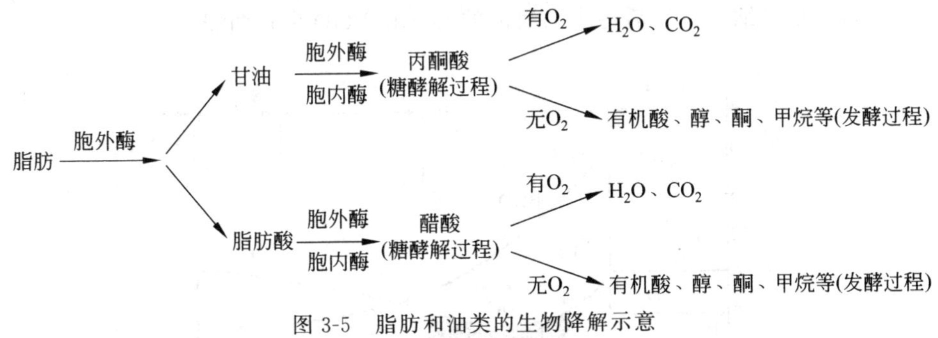

图 3-5　脂肪和油类的生物降解示意

(3) 蛋白质的生物降解

蛋白质的组成与碳水化合物和脂肪不同，除含有 C、H、O 外，还含有 N，蛋白质是由各种氨基酸分子组成的复杂有机物，含有氨基和羧基，并由肽键连接。蛋白质的生物降解首先是在消解作用下脱掉氨基和羧基，形成氨基酸。氨基酸进一步脱除氨基，生成氨，通过硝化作用形成亚硝酸，最后进一步氧化为硝酸。如果在缺氧的水体中硝化作用不能进行，就会在反硝化细菌的作用下发生反硝化作用。因此可以根据水体中亚硝酸根的含量来判断水体中的溶解氧含量，进而判断水质状况。

一般情况下，含氮有机物的降解比不含氮的有机物难，而且降解产物的污染性强，同时与不含氮的有机物的降解产物发生作用，从而影响整个降解过程。蛋白质的生物降解步骤和最终产物，如图 3-6 所示。

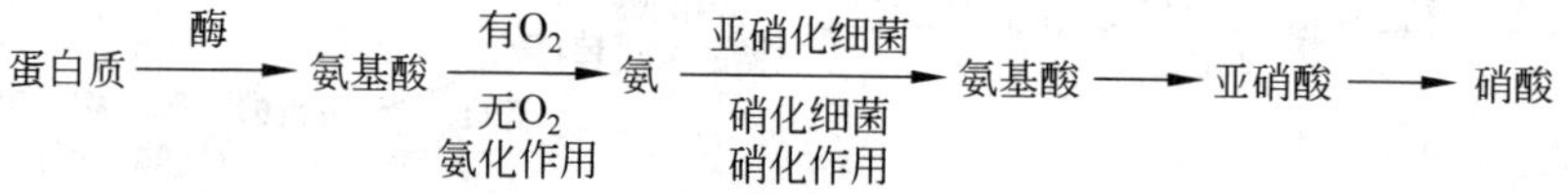

蛋白质 —酶→ 氨基酸 —有O_2 / 无O_2（氨化作用）→ 氨 —亚硝化细菌 / 硝化细菌（硝化作用）→ 氨基酸 → 亚硝酸 → 硝酸

图 3-6　蛋白质的生物降解示意

2. 耗氧有机物的降解与溶解氧平衡

有机物排入河流后，在被微生物氧化分解的过程中要消耗水中的溶解氧（DO），所以受有机污染物污染的河流，水中溶解氧的含量受有机污染物的降解过程的影响。水中溶解氧含量是评价水体质量的重要指标，也是使水生态系统保持平衡的主要因素之一。溶解氧的急剧降低消失，会影响水体的生态系统平衡和渔业资源。当水中溶解氧降至 4 mg/L 以下时，鱼类和水生生物的生存将受到影响。当 DO<1 mg/L 时，大多数鱼类便窒息而亡。当水中的溶解氧耗净后，有机物由于厌氧微生物的作用而发酵，生成大量 H_2S、NH_3、硫醇等带恶臭的气体，使水质变黑发臭，造成水环境严重恶化。

图 3-7 是接纳大量生活污水的河流的 DO 和 BOD 变化曲线。

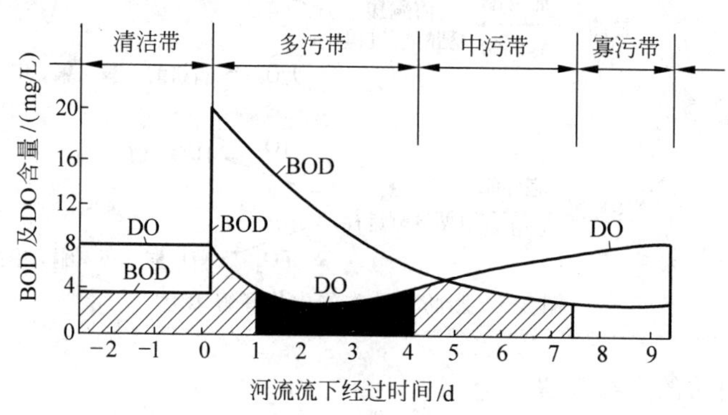

图 3-7　DO 与 BOD 的变化曲线

污水集中于 0 点排放，假定排放后立即与河水完全混合。在排放前，河水中的溶解氧接近饱和（8 mg/L），BOD 值处于正常状态，即低于 4 mg/L，水温为 25 ℃。

(1) BOD 变化曲线

污水排放,在 0 点处 BOD 值急剧上升,高达 20 mg/L,随着河水流动,有机污染物被分解,BOD 值逐渐降低,经过 7.5 d 后,又恢复到原来状态。

(2) 溶解氧(DO)变化曲线

污水排放后,河水中的 DO 耗于有机物的降解,开始下降,并从流入的第一天开始,含量即低于地表水最低允许含量(4 mg/L),在流下的 2.5 d 处,降至最低点,以后虽逐渐回升,但在流下 4 d 前,溶解氧含量都低于地面水的最低允许含量(涂黑部分),此后逐渐回升,在流下的 7.5 d 后,才恢复到原来状态。

人们将接纳大量有机性污水的河流,从污水排放后,按 BOD 及 DO 曲线,划分为 3 个相接连的河段(带):严重污染的多污带、污染较轻的中污带(中污带又可分为强、弱两带)和污染不重的寡污带。每一带除有各自的物理化学特点外,还有各自的生物学特点。各污染带特征见表 3-1。

表 3-1 各污染带特征

项 目	多污带	强中污带	弱中污带	寡污带
有机物	水中含有大量有机污染物,多是未分解的蛋白质和碳水化合物	由于蛋白质等有机物的分解,形成氨基酸和氨	由于氨的进一步分解,出现亚硝酸和硝酸,有机物含量很少	沉淀的污泥也进行分解,形成硝酸盐,水中残余有机物极少
DO	极少或全无,处于厌氧状态	少量(兼性)	多(好氧)	很多(好氧)
BOD_5	很高	高	低	很低
生物种属	很少	少	多	很多
细菌数/(个/mL)	数十万～数百万	数十万	数万	数十～数百
主要生物群	细菌、纤毛虫	细菌、真菌、绿藻、蓝藻、纤毛虫、轮虫	蓝藻、硅藻、绿藻、软体动物、甲壳动物、鱼类	硅藻、绿藻、软体动物、甲壳动物、鱼类、水昆虫

从表 3-1 所列数据可以看到,多污带耗氧有机物污染严重,完全没有 DO,生物种类单调,主要是细菌,个体数极多,有时每毫升中细菌数可达几亿之多。

强中污带开始有一些 DO,但生物种类仍然不多,主要是细菌,每毫升水中可达数十万个,但已出现吞食细菌的纤毛虫和轮虫类。

弱中污带由于产生了硝酸盐,使藻类大量出现,溶解氧逐步回升,生物种类开始丰富起来,主要是各种藻类(绿藻、硅藻、蓝藻)以及轮虫、甲壳动物,细菌数量显著减少,每毫升水中只有数万个,开始出现鱼类。

寡污带，耗氧有机物已完全分解，溶解氧已恢复为正常值，藻类的种类和数量增加，出现大量的昆虫，细菌数目已极少，鱼类逐渐增多，并出现多种维管束植物。

3.4.2 植物营养物

植物营养物中两种最重要的元素就是氮和磷，它们进入水体的途径主要有：雨雪对大气的淋洗，径流对地表物质的淋溶与冲刷，农田施肥，农业生产的废弃物，城市生活污水和某些工业废水的带入。

1. 含氮化合物的转化

含氮化合物在水体中的转化分为两步：第一步是含氮化合物如蛋白质、多肽、氨基酸和尿素等有机氮转化为无机氮；第二步是氨氮的亚硝化和硝化。这两步转化反应都是在微生物作用下进行的。下面以蛋白质为例说明这一转化过程。

蛋白质是由多种氨基酸分子组成的复杂有机物，含有羧基和氨基，由肽键连接。蛋白质的降解首先是在细菌分泌的水解酶的催化作用下，消解断开肽键，脱除羧基和氨基而形成 NH_3，此过程称为氨化。NH_3 进一步在细菌（亚硝化细菌）的作用下，被氧化为亚硝酸，然后亚硝酸在硝化细菌的作用下，进一步氧化为硝酸。

在缺氧的水体中，硝化反应不能进行，却可能在反硝化细菌的作用下，产生反硝化作用，而形成 N_2，返回大气中。

从含氮污染物在水体中的转化过程来看，有机氮$\longrightarrow NH_3 \longrightarrow NO_2 \longrightarrow NO_3$ 可作为耗氧有机污染物自净过程的判断标志，但从另一方面考虑，这一过程又是耗氧有机物向植物营养污染的转化过程，在水中它们提供了藻类繁殖所需的氮元素，也就是从一种污染方式向另一种污染方式的转变，这一点值得注意。

2. 含磷化合物在水体中的转化

废水中的磷根据废水的类型而以不同的形式存在，最常见的有磷酸盐、聚磷酸盐和有机磷。生活污水中的磷70%是可溶性的。磷在水体中的转化只能进行固、液之间的循环。水体中的可溶性磷很容易与 Ca^{2+}、Fe^{3+}、Al^{3+} 等离子生成难溶性沉淀物而沉积于水体底泥中。沉积物中的磷，通过湍流扩散再度释放到上层水体中。或者当沉积物中的可溶性磷大大超过水中磷的浓度时，则可能再次释放到水层中。这些磷又会被各种水生生物加以利用。

由于磷在水体中的转化可以看作一个动态的稳定过程，而磷又是水体藻类生长的最小限制因子，因此，控制水体富营养化，最重要的是控制磷污染物进入水体。国内外的大多数研究结果表明，在湖泊水体中磷的含量超出 0.05 mg/L 时，就会出现藻类迅速增殖现象。若要防止湖泊水体发生富营养化，水中磷的含量应控制在 0.02 mg/L 以下，无机氮含量应控制在 0.3 mg/L 以下。

3. 氮磷污染与水体富营养化

水体富营养化是当今人类面临的诸多环境问题之一。富营养化是在人类活动的影响下，生物所需的氮、磷等营养物质大量进入湖泊、河口、海湾等缓流水体，引起藻类及其他浮游生物迅速繁殖，水体溶解氧量下降，水质恶化，鱼类及其他生物大量死亡的现象。富营养化可分为天然富营养化和人为富营养化。在自然条件下，湖泊也会从贫营养状态过渡到富营养状态，沉积物不断增多，不过这种自然过程非常缓慢，常需几千年甚至上万年，而人为排放含营养物质的工业废水和生活污水所引起的水体富营养化现象，可以在短时期出现。

天然水体中藻类合成的基本反应式可写为：

$$106CO_2+16NO_3^-+HPO_4^{2-}+122H_2O+18H^++\text{微量元素}$$

$$\xrightarrow{\text{光}} C_{106}H_{263}O_{110}N_{16}P+138O_2$$

根据 Justus Liebig(1894)提出的植物生长最小限制因子定律，植物生长繁殖的速度取决于其所需养料中数量最少的那一种。可以看出，在藻类分子式中各种成分所占的质量百分比中 P 最小，N 次之，表明 P 是限制水体藻类生长繁殖的最主要因素，N 次之。当水体中 P、N 等限制因子在各方面条件充分满足的情况下，水体的藻类种群就会发生变化，数量大幅上升，引起水体富营养化。

目前公认的富营养化形成的原因，主要是适宜的温度，缓慢的水流流态，总磷、总氮等营养盐相对充足，能给水生生物(主要是藻类)大量繁殖提供丰富的物质基础，导致浮游藻类(或大型水生植物)爆发性增殖。尽管对于不同的水域，由于区域地理特性、自然气候条件、水生生态系统和污染特性等诸多差异，会出现不同的富营养化表现症状，但是，影响水体富营养化发生的主要因素基本是一致的，即温度、水流流态和营养盐。

水体富营养化对水环境的影响和危害相当大。当一些流动缓慢的水体，如湖泊、河流、水库以及近海水域，其中氮、磷等营养盐类和有机物含量增高时，在适宜条件(主要是光照和温度)下，水生生物(主要是浮游植物藻类)就会大量繁殖，在水面成层或水中成团分布。由于占优势的浮游植物所含的色素不同，水体产生不同的颜色，如蓝绿色、黄色、乳白色、红色等，这种现象被人们称为“水华”或“赤潮”。发生水华或赤潮的水体与大气的气体交换受阻，加之水中生物呼吸作用对溶解氧的消耗，使水体溶解氧严重缺乏(特别是日落后至日出前)，造成鱼类、贝类等水生动物窒息死亡；同时因大量有机物质进行厌氧分解，产生各种还原性化合物(如甲烷、硫化氢等)，危害水生生物，使水体变黑发臭，甚至失去使用功能。此外，许多水华或赤潮生物能释放有毒物质，毒害水中其他生物，对于长期饮用此水的动物(包括人类)也会造成毒害。富营养化状态一旦形成，水体中营养素被水生生物吸收，成为其机体的组成部分。在水生生物死亡后的腐烂过程中，营养素又释放入水中，再次被生物利用，形成植物营养物质的循环。因此，富营养化的水体，即使切断外界营养物质的来源，也很难自净和恢复。

评价水体富营养化国际上普遍采用总磷、总氮、叶绿素 a 和透明度营养物基准指标。不同水体水文、水生态环境等特征差异导致其营养物生态效应存在显著差异，需要按照水体类型分别制定营养物基准。国际上按照水体类型将营养物基准分为湖泊、河流、湿地、河口与近岸海域营养物基准。这里以湖泊为例来探讨湖泊营养物基准。湖泊营养物基准指对湖泊产生的生态效应（藻类生长）不危及其水体功能或用途的最大营养物浓度，是对湖泊富营养化进行评估、预防和治理的科学基础。由于湖泊营养物自然本底和生态效应区域差异大，鉴于地理、气候等因素对营养物效应的影响，需要分区制定营养物基准。国际上的常用做法是根据不同区域和不同湖泊生态类型的特点，制定区域湖泊营养物基准，以更好地反映湖泊环境的差异，满足湖泊的管理需求，并提高制定相应水质标准的科学性。欧美等国家普遍采取分区制定湖泊营养物基准的做法，美国将境内湖泊划分为 14 个一级生态区，欧洲划分为 5 个一级生态区。从目前掌握的数据及研究结果看，我国湖泊营养物基准可以按中东部湖区、云贵湖区、东北湖区、内蒙古湖区、新疆湖区、青藏湖区和东南湖区 7 个分区制定。营养物基准的区域差异说明全国湖泊采用统一的总磷、总氮标准值进行富营养化控制和管理，易导致湖泊的“过保护”或“欠保护”。因此，需要根据不同湖泊特征制定营养物基准，分区控制、分类管理，构建符合我国国情和区域特征的湖泊营养物标准体系，为全国湖泊水生态环境保护工作提供重要的科学依据。例如，《我国湖泊营养物基准——中东部湖区（总磷、总氮、叶绿素 a）》（2020 年版）规定：总磷基准为 0.029 mg/L、总氮基准为 0.58 mg/L、叶绿素 a 基准为 3.4 μg/L。由于中东部湖区湖泊的无机悬浮物浓度较高，透明度不适合作为营养物基准指标因而采用总磷、总氮和叶绿素 a 这 3 个指标。后续湖区营养物基准是否纳入透明度这个指标，将根据湖泊水体色度或无机悬浮物浓度确定。制定适合我国湖泊生态环境特征的分区营养物基准，实现湖泊科学化、差异化管理的科学依据，以便精准治污、科学治污，为改善湖泊生态环境质量提供理想目标，是国家湖泊生态环境保护工作努力的方向。

3.4.3 重金属

重金属在水体中不能为微生物所降解，只能产生各种形态之间的相互转化以及分散和富集，这种过程称为重金属的迁移。重金属在水环境中的迁移，按照物质运动的形式，可分为机械迁移、物理化学迁移和生物迁移 3 种基本类型。

机械迁移是指重金属离子以溶解态或颗粒态的形式被水流机械搬运，迁移过程服从水力学。

物理化学迁移是指重金属以简单离子、配离子或可溶性分子形态,在环境中通过一系列物理化学作用(水解、氧化、还原、沉淀、溶解、吸附作用等)所实现的迁移与转化过程。这是重金属在水环境中最重要的迁移转化形式。这种迁移转化的结果决定了重金属在水环境中的存在形式、富集状况和潜在生态危害程度。

重金属在水环境中的物理化学迁移主要包括下述几种作用。

(1) 沉淀作用

重金属在水中可经过水解反应生成氢氧化物,也可以与相应的阴离子生成硫化物或碳酸盐。这些化合物的溶度积都很小,容易生成沉淀物。沉淀作用的结果使重金属污染物在水体中的扩散速度和范围受到限制,从水质自净方面看这是有利的,但大量重金属沉积于排污口附近的底泥中。

(2) 吸附作用

重金属离子由于带正电,在水中易于被带负电的胶体颗粒所吸附。吸附重金属离子的胶体,可以随水流向下游迁移,但大多会很快沉降下来。因此,这也使重金属容易富集在排水口下游一定范围内的底泥中。

沉淀作用和吸附作用都会造成大量重金属沉积于排污口附近的底泥中,沉积在底泥中的重金属是一个长期的次生污染源,很难治理,当环境条件发生变化时有可能重新释放出来,成为二次污染源。

(3) 氧化还原作用

氧化还原作用在天然水体中有较重要的地位。由于氧化还原作用的结果,使得重金属在不同条件下的水体中以不同的价态存在,而价态不同其活性与毒性也不同。无机汞在水体底泥中或在鱼体中,在微生物的作用下,能够转化为毒性更大的有机汞(甲基汞);Cr^{6+} 可以还原为 Cr^{3+},Cr^{3+} 也可能转化为 Cr^{6+},从毒性上看,Cr^{6+} 的毒性远大于 Cr^{3+}。

生物迁移是指重金属通过生物体的新陈代谢、生长、死亡等过程所进行的迁移。这种迁移过程比较复杂,它既是物理化学问题,也服从生物学规律。所有重金属都能通过生物体迁移,并由此使重金属在某些有机体中富集起来,经食物链的放大作用,构成对人体的危害。

3.5 水环境质量标准及污染防治对策

3.5.1 水环境质量标准

水的用途很广,在生活、工业、农业、渔业和环境(如景观用水)等各方面都要使用大量的水。世界各国针对不同的用途,对用水的水质制定了相应的物理、化学和生物学的质量标准。保护地面水体免受污染是环境保护的重要任务之一，它直接影响水资源的合理开发和有效利用。这就要求一方面要制定水体的环境质量标准，以便保护水体并合理安全开发水资源；另一方面要制定污水的排放标准，控制污水排放，保护水体。

1. 地面水环境质量标准

我国已有的水环境质量标准有：《地表水环境质量标准》（GB 3838—2002）、《地下水质量标准》（GB/T 14848—2017）、《海水水质标准》（GB 3097—1997）、《城市污水再生利用　景观环境用水水质》（GB 18921—2019）、《农田灌溉水质标准》GB 5084—2021）等。这些标准详细说明了各类水体中污染物的允许最高含量。

《地表水环境质量标准》按照地表水环境功能分类和保护目标规定了水环境质量应控制的项目及限值，以及水质评价、水质项目的分析方法和标准的实施与监督。该标准适用于我国领域内江河、湖泊、运河、渠道、水库等具有使用功能的地表水水域。根据地面水域使用的目的和保护目标，我国将地表水划分为5类：

Ⅰ类　主要适用于源头水、国家自然保护区；

Ⅱ类　主要适用于集中式生活饮用水地表水源地一级保护区、珍稀水生生物栖息地、虾类产卵场、仔稚幼鱼的索饵场等；

Ⅲ类　主要适用于集中式生活饮用水地表水源地二级保护区、鱼虾类越冬场、洄游通道、水产养殖区等渔业水域及游泳区；

Ⅳ类　主要适用于一般工业用水区及人体非直接接触的娱乐用水区；

Ⅴ类　主要适用于农业用水区及一般景观要求水域。

对应地表水上述5类水域功能，将地表水环境质量标准基本项目标准值分为5类，不同功能类别分别执行相应类别的标准值。水域功能类别高的标准值严于水域功能类别低的标准值。同一水域兼有多类使用功能的，执行最高功能类别对应的标准值。表3-2列出了《地表水环境质量标准》基本项目的标准限值。

表3-2　《地表水环境质量标准》基本项目标准

序号	项　目		标准值/（mg/L）				
			Ⅰ类	Ⅱ类	Ⅲ类	Ⅳ类	Ⅴ类
1	水温		人为造成的环境水温变化应限制在：周平均最大温升≤1 ℃，周平均最大温降≤2 ℃				
2	pH		6～9				
3	溶解氧(DO)	≥	饱和率90%（或7.5）	6	5	3	2

续表

序号	项目	标准值/(mg/L)				
		Ⅰ类	Ⅱ类	Ⅲ类	Ⅳ类	Ⅴ类
4	高锰酸盐指数 ≤	2	4	6	10	15
5	化学需氧量(COD) ≤	15	15	20	30	40
6	五日生化需氧量(BOD_5) ≤	3	3	34	6	10
7	氨氮(NH_3-N) ≤	0.15	0.5	1.0	1.5	2.0
8	总磷(以P计) ≤	0.02	0.1	0.2	0.3	0.4
9	总氮(湖、库,以N计) ≤	0.2	0.5	1.0	1.5	2.0
10	铜 ≤	0.1	1.0	1.0	1.0	1.0
11	锌 ≤	0.05	1.0	1.0	2.0	2.0
12	氟化物(以F^-计) ≤	1.0	1.0	1.0	1.5	1.5
13	硒 ≤	0.01	0.01	0.01	0.02	0.02
14	砷 ≤	0.05	0.05	0.05	0.1	0.1
15	汞 ≤	0.000 05	0.000 05	0.000 1	0.001	0.001
16	镉 ≤	0.001	0.005	0.005	0.005	0.01
17	铬(六价) ≤	0.01	0.05	0.05	0.05	0.1
18	铅 ≤	0.01	0.01	0.05	0.05	0.1
19	氰化物 ≤	0.005	0.05	0.2	0.2	0.2
20	挥发酚 ≤	0.002	0.002	0.005	0.01	0.1
21	石油类 ≤	0.05	0.05	0.05	0.5	1.0
22	阴离子表面活性剂 ≤	0.2	0.2	0.2	0.3	0.3
23	硫化物 ≤	0.05	0.1	0.2	0.5	1.0
24	粪大肠菌群/(个/L) ≤	200	2 000	10 000	20 000	40 000

我国地表水环境污染明显改善

根据《中国环境状况公报》,2015年972个地表水国控断面(点位)覆盖了七大流域、浙闽片河流、西北诸河、西南诸河及太湖、滇池和巢湖的环湖河流共

423条河流，以及太湖、滇池和巢湖等62个重点湖泊(水库)，其中有5个断面无数据，不参与统计。监测表明，Ⅰ类水质断面(点位)占2.8%；Ⅱ类占31.4%；Ⅲ类占30.3%；Ⅳ类占21.1%；Ⅴ类占5.6%；劣Ⅴ类占8.8%。主要污染指标为COD、BOD_5和总磷。各类水质所占百分比如图3-8所示。

根据《中国生态环境状况公报》2020年全国地表水监测的1937个水质断面(点位)中，Ⅰ类水质断面(点位)占7.3%；比2015年增加4.5%；Ⅱ类占47%，比2015年增加15.6%；Ⅲ类占29.1%，比2015年减少1.2%；Ⅳ类占13.6%，比2015年减少7.5%；Ⅴ类占2.4%，比2015年减少3.2%；劣Ⅴ类占0.6%，比2015年减少8.2%。由此可见，Ⅰ～Ⅲ类水质由64.5%升至83.4%；劣Ⅴ类水质由原来的8.8%降至0.6%。各类水质所占百分比如图3-9所示。地表水主要污染指标为化学需氧量、总磷和高锰酸盐指数。

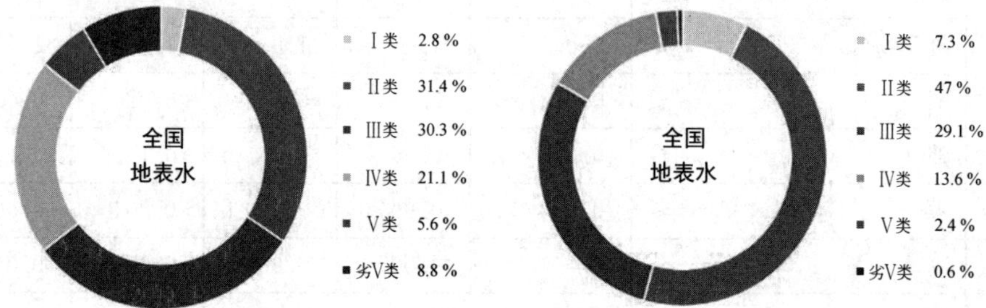

图3-8 2015年全国地表水总体水质状况　　图3-9 2020年全国地表水总体水质状况

通过对2015年和2020年的《中国生态环境状况公报》的数据比较可以看出，从2015—2020年我国的地表水水质有明显改善。2015年4月，国务院印发《水污染防治行动计划》，各部门相继出台一系列配套政策措施。环境保护部印发了《水污染防治工作方案编制技术指南》，制定落实目标责任书，将任务分解落实到各省(区、市)1 940个考核断面。建立全国及重点区域水污染防治协作机制。各省(区、市)均已编制水污染防治工作方案，国务院有关部门分别出台实施方案，积极推进流域水生态环境功能分区管理，明确控制单元水质目标。开通城市黑臭水体整治监管平台，各地排查确认近2 000条城市黑臭水体。实施国家地下水监测工程。农业部出台《农业部关于打好农业面源污染防治攻坚战的实施意见》，通过提升监测预警能力、实施化肥农药零增长行动等，深入推进农业面源污染防治工作。国家发展和改革委员会积极推进居民阶梯水价制度，牵头出台提高污水处理收费标准的相关政策。科技部组织推广节水、治污、水生态修复等先进适用技术，提升水安全保障的科技支撑能力。水利部扎实开展最严格水资源管理制度考核，专题部署用水定额管理工作。工业和信息化部组织编制高耗水工艺、技术和装备淘汰目录，督促落实年度淘汰落后产能和过剩产能目标任务。交通运输部全面推进船舶与港口污染防治工作，印发专项实施方案。各地因地制宜，认真编制水污染防治工作方案，逐年确定分流域、分区域、分行业的重点任务和年度目标，为深入做好水污染防治工作奠定了扎实基础。2018年，国务院印发《关于全面加强生态环境保护 坚决打好污染防治攻坚战的意见》，提出坚决打赢蓝天保卫战，着力打好碧水保卫战，扎实推进净土保卫战，并确定了到2020年三大保卫战具体指标。深入开展集中式饮用水水源地规范化建设，全国地级及以上城市建成区黑臭水体消除比例达98.2%。长江流域、渤海入海河流国控断面全部消除劣Ⅴ类，长江干流历史性实现全优水体。长江经济带11省(市)279家“三磷”企业(矿、库)均完成问题整治。完成黄河流域试点地区排污口排查，共发现各类入河排污口12 656个。开展“碧海2020”专项执法行动。在渤海综合治理攻坚行动计划中实施滨海湿地生态修复8 891 hm^2、岸线整治修复132 km 29个省(除新疆、西藏)完成县域农村生活污水处理规划编制。“十三五”期间共计完成15万个建制村环境整治。加强地下水生态环境保护，完成加油站地下油罐防渗改造。全国地表水优良水质断面比例提高到83.4%，劣Ⅴ类水质断面比例下降到0.6%(目标5%)。

2. 污水排放标准

我国现行的排放标准有：《污水综合排放标准》(GB 8978—1996)版本，为最新版本，主要针对工业企业。《城镇污水处理厂污染物排放标准》(GB 18918—2002)，主要针对城镇污水处理厂。另外还有行业排放标准，如《肉类加工工业水污染物排放标准》(GB 13457—1992)、《医疗机构水污染物排放标准》(GB 18466—2005)、《电镀污染物排放标准》(GB 21900—2008)等。

《污水综合排放标准》适用于排放污水和废水的一切企事业单位，并将排放的污染物按其性质分为两类。

第一类污染物是指能在环境或动植物体内积累，对人体健康产生长远不良影响者。含有此类有害污染物的污水，一律在车间或车间处理设施排出口取样，其最高允许排放浓度必须符合排放标准，且不得用稀释的方法代替必要的处理。该类污染物最高允许排放浓度见表3-3。

表 3-3 第一类污染物最高允许排放浓度

序号	污染物	最高允许排放浓度	序号	污染物	最高允许排放浓度
1	总汞	0.05 mg/L	8	总镍	1.0 mg/L
2	烷基汞	不得检出	9	苯并[a]芘	0.000 03 mg/L
3	总镉	0.1 mg/L	10	总铍	0.005 mg/L
4	总铬	1.5 mg/L	11	总银	0.5 mg/L
5	六价铬	0.5 mg/L	12	总 α 放射线	1 Bq/L
6	总砷	0.5 mg/L	13	总 β 放射线	10 Bq/L
7	总铅	1.0 mg/L			

第二类污染物是指长远影响小于第一类的污染物，这些物质包括石油类、挥发酚、氰化物、硫化物、甲醛、苯胺类、硝基苯类等，同时还有 BOD、COD 等综合性指标。在排污单位排出口取样，其最高允许排入浓度必须符合排放标准的规定。对此类污染物要求较松，可用稀释法。

当废水用于灌溉农田时，应持积极慎重的态度，废水水质应符合《农田灌溉水质标准》；废水排向渔业水体或海洋时，水质应符合《渔业水质标准》及《海水水质标准》。需要指出，我国除实行上述对污水排放的浓度控制外，还要实施污染物排放总量的控制。

3.5.2 水环境污染防治对策

1. 加强水资源的规划与管理

水资源规划是区域规划、城市规划、工业和农业发展规划的主要组成部分，应与其他规划同时进行。规划前必须切实查清水资源总量及水质状况，如果需用水量超过水源总量时，应采取相应的给水和污水处理措施，并采取蓄水、保水、再生、回用等措施，以弥补供水不足。区域应根据水的供需状况，实行计划供水、定额用水，并将地表水、地下水和污水资源统一开发利用，防止地表水源枯竭、地下水位下降，切实做到合理开发、综合利用、积极保护。在水资源管理上，完善管理体制和管理机构，加强水资源统一管理，树立水资源有偿使用的市场观念，实行水污染物总量控制，推行排污许可证制度，实现水量与水质并重管理。

2. 调整工业布局

水体的自然净化能力是有限的，合理的工业布局可以充分利用自然环境的自净能力，变恶性循环为良性循环，起到发展经济、控制污染的作用。在缺水较严重的地区，不再兴建耗水量大的工业企业。对于用水量大、污染严重，又无有效治理措施的，应采取关、停、并、转的措施，尤其是对那些城镇生活居住区、水源保护区、名胜古迹、风景游览区、疗养区、自然保护区等，不允许建设污染环境的企(事)业单位。

3. 减少水的消耗量

当前我国的水资源利用，一方面使人感到水资源紧张，另一方面浪费又很严重。在城市用水总量中，工业用水占80%左右，同工业发达国家相比，我国许多单位产品耗水量要高得多。耗水量大，不仅造成水资源的浪费，而且是造成水环境污染的重要原因。城市地区70%的污染源来自工业，由于工业废水量大、面广、含污染物多、成分复杂，许多有毒有害的污染物在水体中难以降解，从而加重了对水环境的污染。因此，必须把减少耗水量作为水污染防治的一项重要政策执行。

应通过企业的技术改造，采用先进的工艺；制定各行业的用水定额，压缩单位产品用水量；提高水的重复利用率，积极研究实现废水资源化。实行雨污分流、一水多用、串级使用、闭路循环、污水回用等多种措施，以提高水的重复利用率，特别是应重点抓好工业用水中的冷却水的循环使用。在城市中建立中水回用系统，开辟第三水源。处理后的废水根据水质情况回用于农业、工业和城市公共用水。

4. 加强污水治理，建立自然净化系统

为了控制水污染的发展，工业企业还必须积极治理水污染，尤其是有毒有害污染物的排放必须单独治理或处理。随着工业布局、城镇布局的调整和城镇下水管网的建设与完善，逐步实现城镇生活污水的集中治理，使城镇生活污水处理与工业废水治理结合起来。

可依据自然环境条件，建立污水处理塘、土地处理系统等，大力开展试验研究，争取采取多种处理方式，依靠天然净化能力处理污水，力争做到技术可行和经济合理。

总而言之，水环境保护必须遵循合理开发、节约使用和防治污染三者并行的方针，使我国水资源在经济建设中发挥更大作用。

3.6 水污染控制技术

水污染控制技术是采用多种方法将污水中所含有的污染物质分离出来，或转化为稳定和无害的物质，使污水得到净化，满足我国污水排放标准，从而保护和改善水环境质量。

3.6.1 污水的处理方法分类与污水处理系统

1. 污水的处理方法分类

1）按处理原理分类

现代污水处理技术按原理可分为物理处理法、化学处理法、生物处理法和物理化学处理法4类。

（1）物理处理法

通过物理作用，将废水中的悬浮物、油类、可溶性盐类以及其他不溶于水的固体物质分离出来，在处理过程中不改变其化学性质。物理法操作简单、经济，常采用的有：重力分离法、截流法、离心分离法等。

（2）化学处理法

向污水中投加化学试剂，利用化学反应来分离、回收污水中的污染物质，或将污染物质转化为无害物质。常用的化学方法有混凝沉淀法、化学沉淀法、中和法和氧化还原法等。

（3）生物处理法

生物处理法是利用微生物的代谢作用，使污水中呈溶解状态和胶体状态的有机污染物转化为稳定的无害物质。

生物处理的主要作用者是微生物，特别是其中的细菌。根据生化反应中 O_2 的需求与否，可把细菌分为好氧菌、兼性厌氧菌和厌氧菌。主要依赖好氧菌和兼性厌氧菌的生化作用来完成处理过程的工艺，称为好氧生物处理法；主要依赖厌氧菌和兼性厌氧菌的生化作用来完成处理过程的工艺，称为厌氧生物处理法。

常用的生物处理法有活性污泥法、生物膜法、自然生物处理法等。

（4）物理化学处理法

利用物理化学作用去除污染物质的方法。常用的方法有吸附法、膜分离法、离子交换法、汽提法、萃取法等。

2）按处理程度分类

现代污水处理技术按处理程度划分为一级、二级和三级处理。

一级处理是去除废水中的漂浮物、悬浮物和其他固体物，调节废水的pH，减轻废水的腐化和后续处理工艺的负荷。一般经过一级处理后，悬浮物固体的去除率为70%～80%，而 BOD_5 的去除率为25%～40%。废水的净化程度不高，一般达不到排放标准。对于二级处理来说，一级处理就是预处理。

二级处理可以大幅去除废水中的悬浮物、有机污染物和部分金属污染物。长期以来，将生物处理作为污水二级处理的主体工艺。一般通过二级处理后，废水的 BOD_5 和悬浮物的去除率分别为90%和88%以上，处理后BOD含量可以降到

20～30 mg/L。废水基本具备排放标准的要求，但还有部分微生物不能降解的有机物、N、P、病原体及一些无机盐等尚不能除去。

三级处理又称深度处理，三级处理的主要对象是营养物质(N、P)及其他溶解性物质，以防止受纳水体发生富营养化和受到难降解有毒化合物的污染。它是将二级处理未能去除的部分污染物进一步净化处理，常用超滤、活性炭吸附、离子交换、电渗析等方法。根据三级处理出水的具体去向和用途，其处理流程和组成单元有所不同。由于三级处理的基建费用和运行费用较为昂贵，因此其发展和推广应用受到一定的限制，目前仅适用于严重缺水地区。

2. 污水处理系统

污水的性质十分复杂，往往需要将几种单元处理操作联合成一个有机的整体，并合理配置其主次关系和前后次序，才能最经济有效地完成处理任务。这种由单元处理设备合理配置的整体叫作污水处理系统，有时也叫作污水处理流程。

污水处理流程的组合一般应遵循先易后难、先简后繁的规律，即首先去除大块垃圾和漂浮物质，然后再依次去除悬浮固体、胶体物质及溶解性物质。亦即首先使用物理法，然后再使用化学法和生物处理法。

对于某种污水，采用哪几种处理方法组成系统要根据污水的水质、水量，回收其中有用物质的可能性、经济性，受纳水体的具体条件，并结合调查研究与经济技术比较后决定，必要时还需进行试验。城市污水处理的典型流程见图3-10。

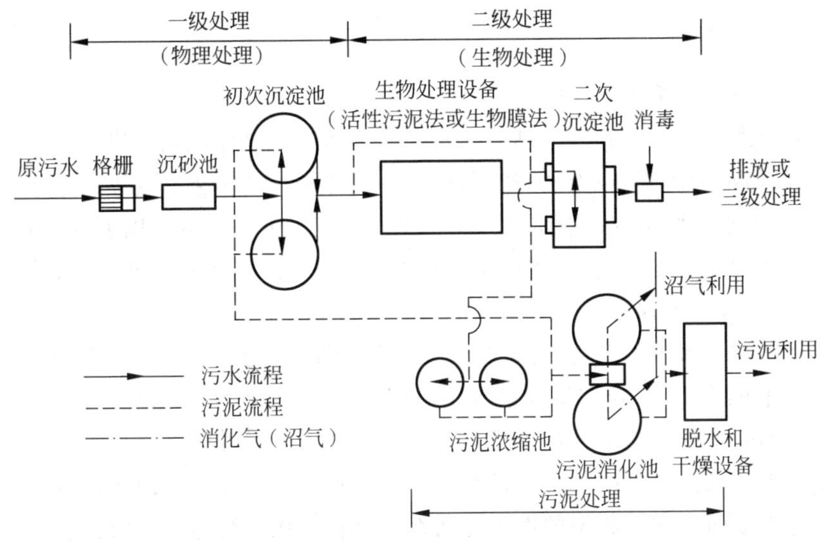

图3-10　污水处理的典型流程

3.6.2 常用的物理处理方法简介

1. 截流法

截流法就是利用过滤介质截流污水中的悬浮物。过滤介质有钢条、筛网、砂布、塑料、微孔管等，常使用格栅、栅网、微滤机、砂滤机、真空滤机、压滤机等（后两种滤机多用于污泥脱水）。

格栅是常用的处理设施之一，是由一组平行的钢条组成，倾斜放置在污水进水渠道上，见图3-11。其作用是拦截污水中粗大悬浮物和漂浮物，防止后续污水处理设施被堵塞并减少其处理负荷。

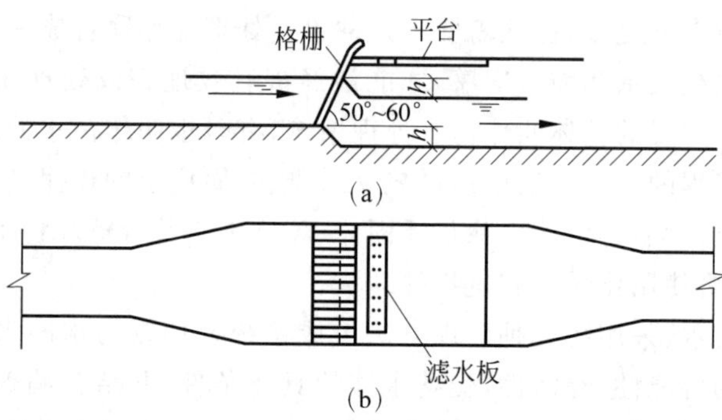

图3-11 人工清渣的格栅

(a) 纵断面；(b) 平面

2. 重力分离（即沉淀）法

重力分离法是一种物理处理方法。利用污水中呈悬浮状的污染物和水比重不同的原理，借重力沉降（或上浮）作用，使水中悬浮物分离出来。密度大于水的颗粒将下沉，小于水的则上浮。沉淀法一般只适于去除20～100 μm以上的颗粒（与颗粒的性质和相对密度有关）。胶体不能用沉淀法去除，需经混凝处理后，使颗粒尺寸变大，才具有下沉速度。

悬浮颗粒在水中的沉淀，可根据其浓度及特性，分为以下4种基本类型：

(1) 自由沉淀：颗粒在沉淀过程中呈离散状态，其形状、尺寸、质量均不改变，下沉速度不受干扰。典型的例子是砂粒在沉砂池中的沉淀。

(2) 絮凝沉淀：颗粒在沉淀过程中，其尺寸、质量均会随深度的增加而增大，沉速亦随深度而增加。典型的例子是活性污泥在二次沉淀池中的沉淀。

(3) 拥挤沉淀：又称分层沉淀，颗粒在水中的浓度较大时，下沉过程中将彼此干扰，在清水与浑水之间形成明显的交界面，并逐渐向下移动。典型的例子是活性污泥在二次沉淀池下部的沉淀过程。

(4) 压缩沉淀：颗粒在水中的浓度增高到颗粒相互接触并部分地受到压缩物支撑，发生在沉淀池底部。典型的例子是活性污泥在浓缩池中的浓缩过程。

1) 原理

在进入沉淀池入口至沉淀池出口这段时间内，颗粒能沉降到池底，必须要保证悬浮颗粒在沉淀中有一定的停留时间，即

$$T_s = \frac{H}{u_s} \tag{3-28}$$

式中：T_s——颗粒的沉降时间，s；

H——沉淀池深度，m；

u_s——颗粒的最小沉降速度，m/s。

这表明，在 u_s 一定时，随着沉淀池深度 H 的减少，沉淀时间 T_s 可以缩短。但是必须保持沉淀池有一定的深度 H，才能防止已沉淀的颗粒再被水的流动所扰动，而不重新被水带出沉淀池。所以，只有在保证池底沉淀物不受水流冲击和扰动的情况下，适当减小沉淀池深度，才能提高沉淀效果。

假定废水的流量为 $Q(m^3/s)$，废水在沉淀池中的流速是 $u(m/s)$，那么

$$Q = uBH \tag{3-29}$$

$$T = \frac{L}{u} \tag{3-30}$$

式中：B——沉淀池的宽度，m；

L——沉淀池的长度，m；

T——污水停留时间，s。

对于某一沉淀池，其尺寸 H、B、L 固定，污水的流速越大，则 T 越短；反之，流速越小，停留时间 T 越长。为了保证污水中悬浮颗粒的沉降时间 T_s，污水停留时间 T 至少大于颗粒的沉降时间 T_s，即 $T \geqslant T_s$。

由式(3-28)～式(3-30)，解得

$$Q = Au_s \tag{3-31}$$

式中：A——沉淀池的平面面积，m^2。

通常将废水流量 Q 与沉淀池平面面积 A 之比称为表面负荷，亦称为过流率，用符号 q_0 表示，单位为 $m^3/(m^2 \cdot s)$，即

$$q_0 = \frac{Q}{A} \quad 或 \quad Q = Aq_0 \tag{3-32}$$

与式(3-31)比较可知，在同一沉淀池内，过流率的大小与颗粒的最小沉降速度相等。过流率越小，即最小沉降速度越小，沉淀效果越好，污染颗粒的去除率越高；

反之，则沉淀效果差。对一定流量的废水，沉淀面积越大，则过流率越小，沉淀效果也越好，污染颗粒的去除率越高。

实际上，由于污水在通过沉淀池的各过水断面上的流速分布是不均匀的，颗粒在沉淀池中的实际停留时间要比上面提到的停留时间 T_s 短；又由于受到水流本身的湍动影响，颗粒的实际沉降速度要比上面提到的 u_s 小，所以沉降实际效果要比理论效果差一些。

总之，影响废水中悬浮颗粒沉降效率的主要因素有3个：①污水的流速；②悬浮颗粒的沉降速度；③沉淀池的尺寸。

在一定的污水流速下，对一定大小的沉淀池，其沉降效率主要取决于颗粒的沉降速度。

2）沉降设施

沉淀处理的设备主要有沉砂池和沉淀池。沉砂池的作用是去除污水中比重较大的无机颗粒，如泥砂、煤渣等。按水流流态不同，沉砂池分为平流沉砂池、竖流沉砂池、曝气沉砂池等。沉淀池的作用是将悬浮性固体借重力沉降下来。按工艺布置不同，沉淀池分为初沉淀池和二沉淀池，前者设在生物处理前，后者设在生物处理后。根据池内水流方向不同，沉淀池也可以分为平流式沉淀池、竖池式沉淀池、辐流式沉淀池及斜板（管）沉淀池等。

平流式沉淀池是采用最多的一种。平流式沉淀池（图3-12）为长方形，污水的流动方向是水平流动。它由入流装置、流出装置、沉淀区、缓冲层、污泥区及排泥装置等构成。污水由入流口流入池中，进口之后设有一挡流板，用以降低水的流速，并使池中的水流均匀流动。排出口为锯齿形溢流堰，既可保证水流均匀，又可控制池中水位。溢流堰前设一浮渣挡板，用以阻拦水面浮渣，使其不流出沉淀池。

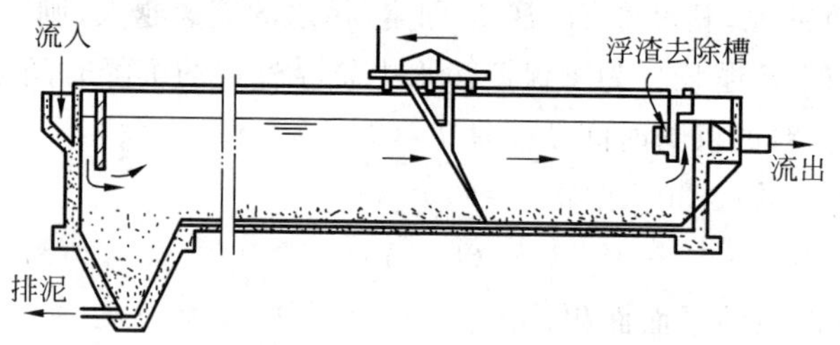

图3-12　沉淀处理示意

在污水处理与利用方法中，沉淀法与上浮法常常作为其他处理方法前的预处理。如用生物处理法处理污水时，一般需事先经过初沉池去除大部分悬浮物质，减少生化处理构筑物的处理负荷，而经生物处理后的出水仍要经过二次沉淀池的处理，进行泥水分离，以保证出水水质。

3.6.3 常用的化学处理方法简介

1. 混凝沉淀法

混凝沉淀是污水深度处理常用的一种技术。混凝沉淀工艺去除的对象是污水中呈胶体和微小悬浮状态的有机污染物和无机污染物。从表观而言，就是去除污水的色度和浊度。混凝沉淀还可以去除污水中的某些溶解性物质，如 As、Hg 等。也能够有效地去除能够导致缓流水体富营养化的 N、P 等。与其他处理方法相比，混凝沉淀法设备简单，处理效果较好，但运行费用高，沉渣量大。

混凝沉淀具体技术与作用机理就是将适当数量的混凝剂投入污水中，经过充分混合、反应，使污水中微小悬浮颗粒和胶体颗粒互相产生凝聚作用，成为颗粒较大而且易于沉淀的絮凝体（颗粒粒径 $>20\ \mu m$），再经过沉淀加以去除。

1）胶体的稳定性

胶体微粒都带有电荷。其结构示意见图 3-13。它的中心称为胶核，其表面选择性地吸附了一层带有同号电荷的离子。这层离子称为胶体微粒的电位离子，它决定了胶粒电荷的大小和符号。由于电位离子的静电引力，在其周围又吸附了大量的异号离子，形成了所谓双电层。这些异号离子，其中紧靠电位离子的部分被牢固地吸引着，当胶核运动时，它也随着一起运动，形成固定的离子层（称为胶粒）。而其他的异号离子，离电位离子较远，受到的引力较弱，不随胶核一起运动，并有向水中扩散的趋势，形成了扩散层。胶粒与扩散层之间，有一个电位差，此电位称为胶体的电动电位，常称作 ζ 电位。图 3-13 中Ⅰ、Ⅱ分别为 ζ 和 φ 的电位变化曲线。

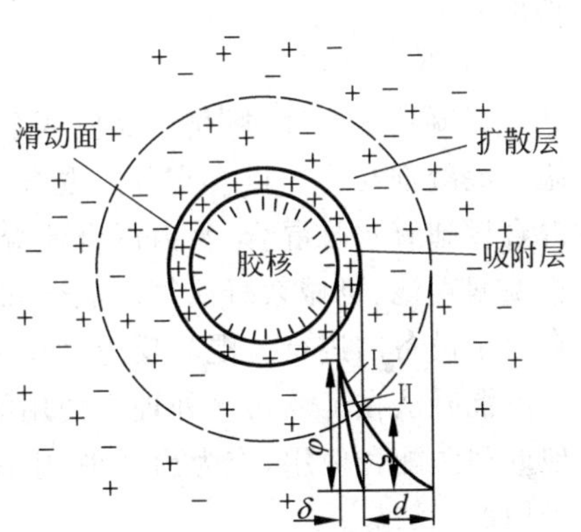

图 3-13 胶体结构和双电层示意

由于上述的胶粒带电现象，带相同电荷的胶粒产生静电斥力，而且 ζ 电位越高，胶粒间的静电斥力越大。胶粒间的静电斥力是胶体在水中保持稳定的主要原因。

2）混凝机理

（1）双电层压缩机理

胶团双电层的构造决定了在胶粒表面处反离子的浓度最大，随着胶粒表面向外的距离越大则反离子浓度越低，最终与溶液中离子浓度相等。当向溶液中投加电解质，使溶液中离子浓度增高，则扩散层的厚度将减小。例如，污水中黏土胶粒带负电，投入铁盐混凝剂后，大量的正离子会涌入胶体的扩散层甚至吸附层，扩散层的厚度将减小。由于扩散层厚度减小，ζ 电位降低，因此它们互相排斥的力就减小了，当 ζ 电位降低到某一程度，胶体便失去稳定性，在分子引力作用下，凝聚成大颗粒而下沉。

(2) 吸附架桥作用机理

吸附架桥作用主要是指高分子物质与胶粒的吸附与桥连。还可理解成两个大的同号胶粒中间由于有一个异号胶粒而连接在一起。

胶粒表面的吸附来源于各种物理化学作用，如范德华力、静电引力、氢键、配位键等。这个机理可解释高分子絮凝剂具有较好絮凝效果的现象。

3) 混凝剂

混凝剂的正确选用是采用混凝沉淀技术的关键环节，目前常采用的混凝剂有硫酸铝、碱式氯化铝、铁盐(主要指硫酸亚铁、三氯化铁及硫酸铁)等。当单独使用混凝剂不能达到应有净水效果时，为加强混凝过程、节约混凝剂用量，常可同时投加助凝剂。

4) 混凝设施

混凝技术要经过混合、反应两个步骤来完成，混凝设施包括混合设施和絮凝设施。混凝剂与污水进行充分的混合是保证混凝反应正常作用的必要条件。常用的混合设施有水泵混合、水力混合池混合、机械混合等。絮凝设施包括隔板絮凝池、折板絮凝池、机械絮凝池等。混合和反应可以分别在两个设备内进行，也可以统一在一个设备内进行。混凝反应过程形成的絮凝体的分离可通过沉淀池去除。

混凝法在工业污水处理中使用的非常广泛，既可作为独立处理工艺，又可与其他处理法配合使用，作为预处理、中间处理或最终处理。在三级处理中，近年来常采用混凝法。

2. 化学沉淀法

向污水中投加某种化学物质，使它与污水中的溶解性物质发生互换反应，生成难溶于水的沉淀物，以减少污水中溶解物质的方法。

这种处理常用于含重金属、氰化物等工业生产污水的处理。进行化学沉淀的必要条件是能生成难溶盐。加入污水中促使产生沉淀的化学物质称为沉淀剂。按使用沉淀剂的不同，化学沉淀法可分为石灰法(又称氢氧化物沉淀法)、碳化物法和钡盐法。如处理含锌污水时，一般投加石灰沉淀剂，pH 控制在 9～11 范围内，使其生成氢氧化锌沉淀；处理含 Hg 污水，可采用硫化钠沉淀剂进行共沉处理；对于含铬污水，可采用碳酸钡、氯化钡、硝酸钡、氢氧化钡等为沉淀剂，生成难溶的铬酸钡沉淀，而使污水去除掉铬离子的污染。

3. 中和法

中和法是利用化学酸碱中和的原理消除污水中过量的酸或碱，使其 pH 达到中性的过程。很多工业废水往往含酸或碱，根据我国工业废水和城市污水的排放标准，排放废水的 pH 应在 6.5～8.5。凡是废水含有酸碱而使 pH 超出规定范围的都应加以处理。

酸性废水是指含有某酸类、pH＜6 的废水。根据含酸种类和浓度的不同，酸性废水可分为无机酸废水和有机酸废水；强酸性废水和弱酸性废水；单元酸废水和多元酸废水；低浓度酸性废水和高浓度酸性废水。通常的酸性废水，除含有某种酸外，往往还含有重金属离子及其盐类等有害物质。酸性废水的来源很广、主要有矿山排水、湿法冶金、轧钢、钢材与有色金属的表面酸处理、化工、制酸、制药、染料、电解、电镀、人造纤维等工业部门生产过程中排放的酸性废水。最常见的酸性废水是硫酸废水，其次是盐酸和硝酸废水。

碱性废水是指含有某种碱类、pH＞9 的废水。碱性废水也分为强碱性废水和弱碱性废水；低浓度碱性废水和高浓度碱性废水。碱性废水中，除含有某种不同浓度的碱外，通常总含有大量的有机物、无机盐等有害物质。碱性废水的来源也很广泛，主要有制碱工业的废水、碱法造纸黑液、印染工业煮纱、丝光洗水、制革工业的火碱脱毛废水以及石油、化工部分生产过程的碱性废水等。酸、碱废水具有较强的腐蚀性，需经适当废水处理方可外排。

1）酸性废水中和处理

（1）酸性废水和碱性废水混合

若有酸性与碱性两种废水同时均匀地排出，并且两者各自所含的酸、碱量又能够互相平衡。那么，两者可以直接在管道内混合，不需设中和池，但当排水情况经常波动变化时，必须设置中和池，在中和池内进行中和反应。

（2）投药中和

投药中和可处理任何性质、任何浓度的酸性废水。由于氢氧化钙对废水杂质具有凝聚作用，通常采用石灰乳法，因此它也适用于含杂质多的酸性废水。

（3）过滤中和

采用中和剂为颗粒时，采用过滤的形式使酸性废水和中和剂充分接触，得到中和。过滤中和一般适用于处理少量含酸浓度低的酸性废水。但对含有大量悬浮物、油、重金属盐类和其他有毒物质的酸性废水，不宜采用。

2）碱性废水中和处理

对于碱性废水，一般采用以下中和处理方法：

（1）向碱性废水中鼓入酸性废气，如烟道气；

（2）向碱性废水中鼓入压缩 CO_2 气体；

（3）向碱性废水中投入酸性或碱性废水。

4. 氧化还原法

氧化还原法是利用氧化还原反应，将水中的污染物转变为无毒或微毒物质，从而达到处理废水的目的。水处理中常用的氧化剂有 O_2、Cl_2、O_3、$KMnO_4$ 和 ClO_2 等。常用的还原剂有亚铁盐、Fe(铁粉、铁屑)、Zn、SO_2 和亚硫酸盐等。

氧化还原法又可分为氧化法(如空气氧化法、氯氧化法、臭氧氧化法、光氧化法)和还原法。

氯作为氧化剂可氧化废水中的氰、硫、酚、氨、氮，及去除某些染料而脱色等。

臭氧在水处理中有3个方面的应用：

(1) 消毒、污染水源水的净化和工业废水的氧化处理。消毒作用主要是臭氧有很强的杀菌力，它不仅对于一般的细菌，而且对病毒和芽孢等也有很强的杀伤作用。

(2) 在工业废水处理方面，臭氧已用于炼油废水酚类化合物的去除以及电镀含氰废水的氧化。

(3) 含染料废水的脱色、洗涤剂的氧化、照片洗印漂洗氰化铁废液的回收与利用等。

臭氧氧化法对于降低污水的BOD与COD等均有显著效果。

还原法目前主要用于含铬污水的处理。

光氧化法的实质是利用光照强化氧化剂的氧化作用。光氧化法中常用的氧化剂有氯、次氯酸盐、过氧化氢、空气和臭氧等。光源多用紫外光，针对不同的污染物可选用不同波长的紫外线灯管，以便充分地发挥光氧化的作用。

采用光氧化法进行废水三级处理时，COD、BOD可处理到接近于零；对含表面活性剂的废水也有很好的处理效果；对去除色度、微量油、消毒和除臭等均有效。

3.6.4 常用的生物处理方法简介

1. 好氧生物处理

好氧生物处理中，污水中一部分有机物被微生物吸收，氧化分解成简单无机物(如有机物中的C被氧化成 CO_2，H与O化合成 H_2O，N被氧化成氨、亚硝酸盐和硝酸盐，P被氧化成磷酸盐，S被氧化成硫酸盐等)，同时释放出能量，作为微生物自身生命活动的能源；另一部分有机物则作为微生物生长繁殖所需要的构造物质，合成新的细胞物质。

在废水好氧生物处理过程中，氧是有机物氧化时的最后氢受体，正是由于这种氢的转移，才使能量释放出来，成为微生物生命活动和合成新细胞物质的能量，所以，必须不断地供给足够的DO。

好氧生物处理法由于其处理效率高、效果好，广泛用于处理城市污水及有机性生产污水。

根据好氧微生物在处理系统中所呈现的状态不同,好氧生物处理又分为活性污泥法和生物膜法两大类。

1) 活性污泥法

向有机污水注入空气进行曝气,持续一段时间后,污水中即生成一种絮凝体,这种絮凝体(称为活性污泥)主要是由大量繁殖的微生物群体构成。活性污泥法是使活性污泥在反应器(曝气池)中呈悬浮状态,充分与污水接触,污水中的有机污染物为活性污泥上的微生物所摄取并氧化分解,从而使污水得到净化的方法。活性污泥法处理系统,实质上是自然界水体自净的人工模拟。这种模拟不是简单的模拟,而是经过人工强化的模拟。

活性污泥法于 1914 年在英国曼彻斯特建成试验厂以来,已有 100 多年的历史。活性污泥法既适用于大流量的污水处理,也适用于小流量的污水处理。运行方式灵活,日常运行费用较低,但管理要求较高。当前,活性污泥法已成为污水,特别是有机性污水的生物处理技术的主体技术,是应用最为广泛的技术之一。历经几十年的发展与革新,活性污泥处理法现已有多种运行方式,包括:传统活性污泥法、吸附-再生法、延时曝气系统和氧化沟等。

(1) 传统活性污泥法

传统的活性污泥处理系统主要由初次沉淀池、曝气池、二次沉淀池、污泥回流系统等组成,如图 3-14 所示。

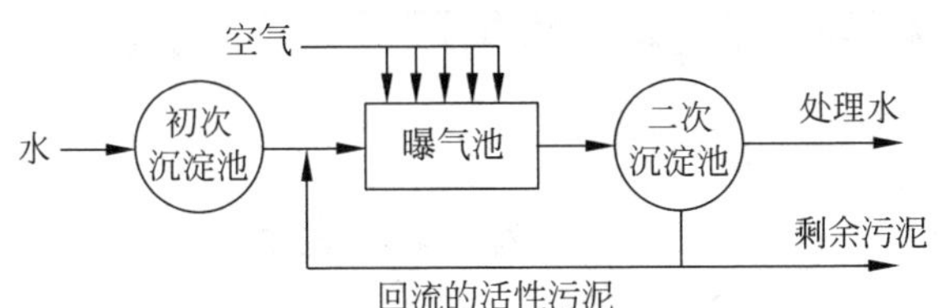

图 3-14 传统活性污泥处理系统的基本流程

污水从曝气池的一端进入,同时,从二次沉淀池连续回流的活性污泥,作为接种污泥,也与此同步进入曝气池。此外,从空压机站送来的压缩空气,通过铺设在曝气池底部的空气扩散装置,以细小气泡的形式进入污水中,其作用除向污水充氧外,还使曝气池内的污水、活性污泥处于剧烈搅动的状态,形成混合液。活性污泥与污水互相混合、充分接触,使活性污泥反应得以正常进行。活性污泥反应进行的结果是使污水中有机污染物转化为稳定的无机物质,同时活性污泥本身得以繁衍增长,污水则得以净化处理。

经过活性污泥净化作用后的混合液由曝气池的另一端流出并进入二次沉淀

池,在这里进行固液分离,活性污泥通过沉淀与污水分离,澄清后的污水作为处理水排出系统。

(2) 吸附-再生法

20世纪50年代,美国得克萨斯州奥斯丁城的污水处理厂首先采用此工艺。废水先进入吸附池,活性污泥将有机物吸附,再进入二次沉淀池;分离出来的部分污泥进入再生池继续曝气,使其恢复活性,然后再回流到吸附池。

由于再生池仅对回流污泥曝气,故节约了空气,也节省了池体积,或者说,同样的池子增加了处理能力。

(3) 延时曝气系统和氧化沟

延时曝气法属于长时间曝气法,其特点是负荷低、停留时间长、处理效果稳定、出水水质好、剩余污泥量少。

20世纪50年代创造的氧化沟,是延时曝气法的一种特殊形式,见图3-15。它的平面像跑道,沟槽中设置两个曝气刷。曝气刷转动时,推动溶液迅速流动,起到曝气和搅拌两个作用。氧化沟一般不设初沉池,或同时不设二次沉淀池,因而简化了流程,同时耐冲击负荷的能力和降解能力都有所提高。

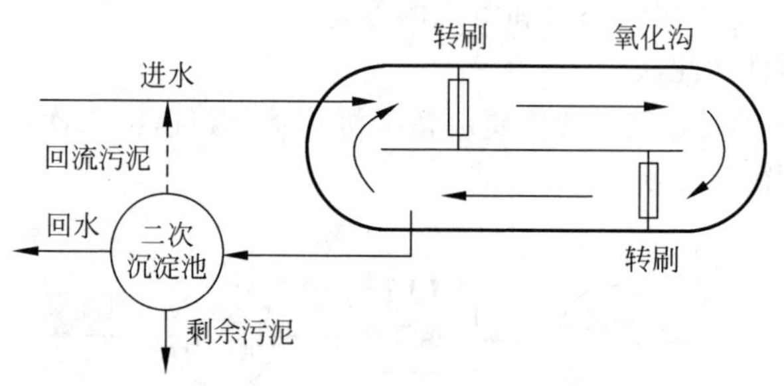

图3-15 氧化沟典型流程

此外,还有一些工艺具有脱氮除磷的功能,如A/O工艺、A^2/O工艺、SBR(MSBR)工艺、VIP工艺和鲁塞尔氧化沟工艺等。图3-16是典型的污水处理A/O工艺流程示意,它是一种有回流的前置反硝化生物脱氮系统,其反硝化在缺氧池中进行,硝化在好氧池中进行。图3-17是A^2/O工艺流程示意,该工艺具有同步脱氮/磷的功能。

2) 生物膜法

污水的生物膜法是使细菌和菌类一类的微生物和原生动物、后生动物一类的微型动物附着在滤料或某些载体上生长繁育,并在其上形成膜状生物污泥——生物膜。污水与生物膜接触,污水中的有机污染物作为营养物质,为生物膜上的微生物所摄取,污水得到净化,微生物自身也得到繁衍增殖。

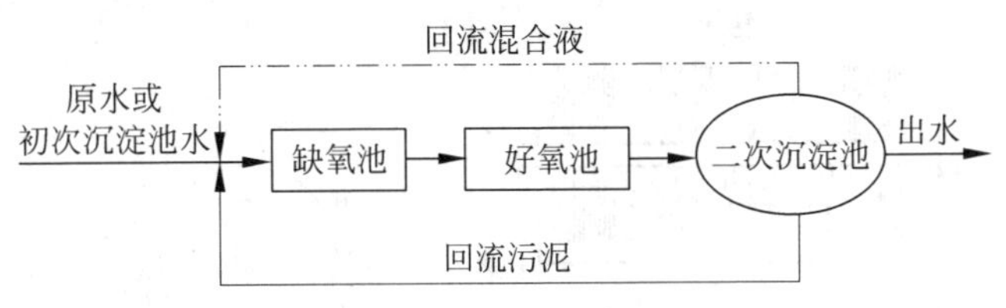

图 3-16　A/O 工艺流程示意

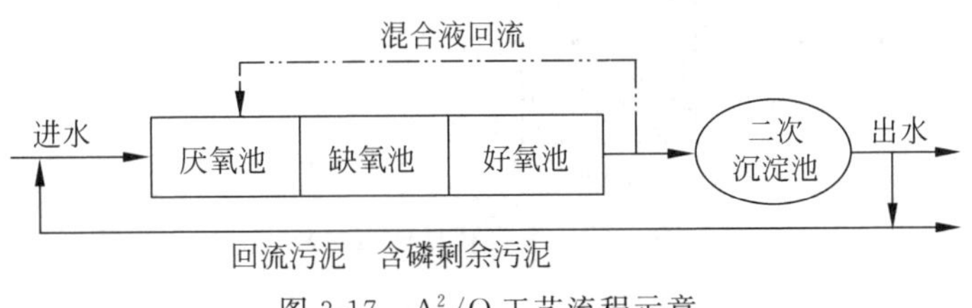

图 3-17　A^2/O 工艺流程示意

污水的生物膜处理法既是古老的又是发展中的污水生物处理技术。迄今为止，属于生物膜处理法的工艺有生物滤池(普通生物滤池、高负荷生物滤池、塔式生物滤池)、生物转盘、生物接触氧化设备和生物流化床等。生物滤池是早期出现、至今仍在发展中的污水生物处理技术，而后三者则是近二三十年来开发的新工艺。

(1) 普通生物滤池

普通生物滤池一般呈圆形、方形或矩形。由滤料、池壁、布水系统和排水系统组成，见图 3-18。污水通过布水器均匀分布在滤料表面，沿覆盖在滤料表面的生长膜流下，依靠生物膜吸附氧化污水中的有机物。氧气由通过滤料间隙的气流供给。

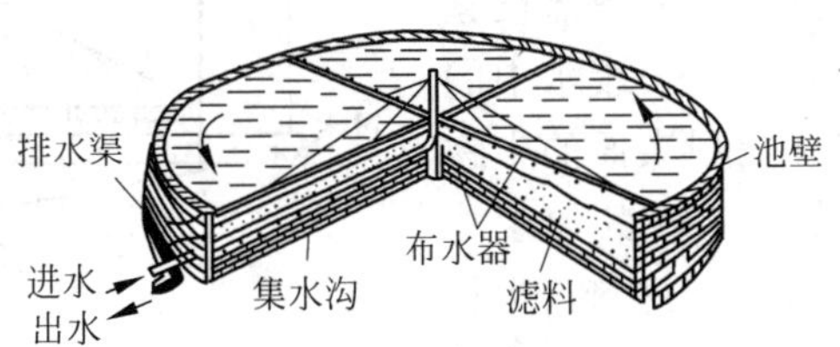

图 3-18　普通生物滤池构造

(2) 生物转盘

由固定于水平转轴上的若干圆形盘片及废水槽组成，见图 3-19。转盘下半部浸没于废水槽内，上半部敞露于空气中，以 2～5 r/min 的速度转动。转盘浸入废水时，盘面的生物膜吸附废水中的有机物，盘面露出废水后吸收空气中的氧。不断循环交替，使废水中有机物得到净化。

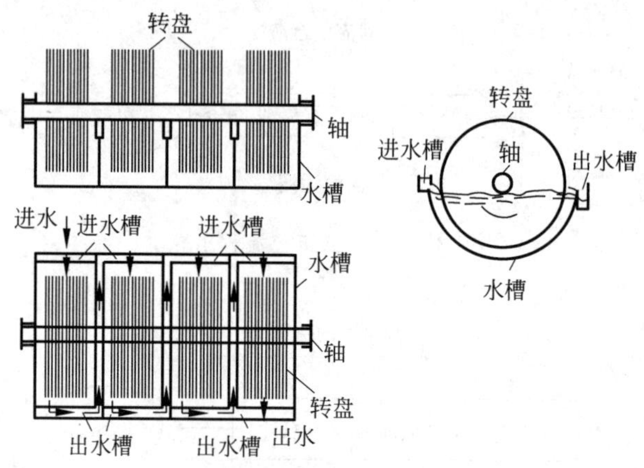

图 3-19　生物转盘构造示意

生物转盘的特点为：运行中动力消耗及费用较低，为普通活性污泥的几分之一。这主要是由于生物转盘不需人工曝气及回流污泥的缘故；运行管理简单，没有污泥膨胀现象，运转设备简单；工作稳定，耐冲击负荷能力强；产生的污泥量少，且易于沉淀、脱水；没有池蝇滋生、恶臭、泡沫、噪声和滤床堵塞等问题；占地面积大，转盘上的生物膜易被冲刷，需要加以保护。

(3) 生物接触氧化法

生物接触氧化法是一种介于活性污泥与生物滤池之间的生物膜法。在池中装满各种挂膜介质，全部滤料浸没在废水中，见图 3-20。在滤料支承下部设置曝气管，用压缩空气鼓气充氧，废水中的有机物被吸附(接触)于滤料表面的生物膜上，被微生物分解氧化。和其他生物膜一样，该法的生物膜也经历挂膜、生长增厚、脱落等更替过程。一部分生物膜脱落后变成活性污泥，在循环流动过程中，吸附和氧化分解废水中的有机物，多余的脱落生物膜在二次沉淀池中除去。空气通过设在池底的穿孔布气管进入水流，当气泡上升时向废水供应 O_2，有时并借以回流池水。

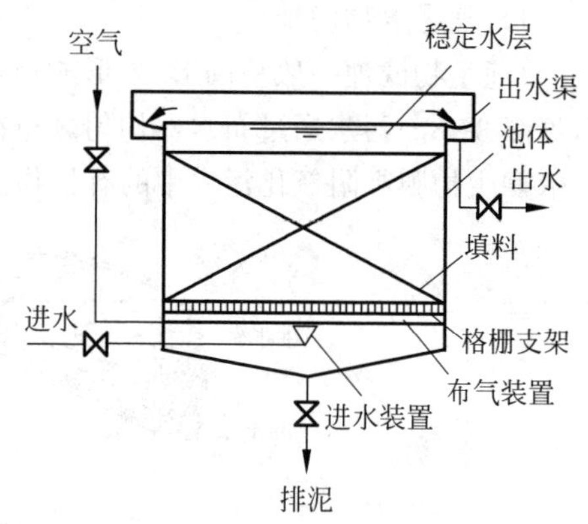

图 3-20　生物接触氧化法

生物接触氧化法的特点为：有较高的微生物浓度和丰富的微生物相，除了固定滤料表面的固定化微生物外，在滤料之间的孔隙中有悬浮生长的微生物；有较高的氧利用率，较强的耐冲击负荷能力；剩余污泥量少，没有污泥膨胀现象，比较容易去除难分解和分解速度慢的物质；但滤料间水流缓慢，接触时间长，水力冲刷力小，生物膜只能自行脱落；剩余污泥往往恶化处理水质；动力费用高。

2. 厌氧生物处理

在厌氧条件下，依赖兼性厌氧菌和专性厌氧菌等多种微生物共同作用，对有机物进行生化降解生成 CH_4 和 CO_2 的过程，称为厌氧生物处理法。

厌氧生物处理法的处理对象是：高浓度有机工业废水、城镇污水的污泥、动植物残体及粪便等。早期的处理构筑物有双层沉淀池、普通消化池和高速消化池。近年来又发展了一些新型的工艺，如厌氧生物滤池、厌氧接触法等。

(1) 厌氧生物滤池

厌氧生物滤池的构造类似于一个生物滤池，池内放置填料，但池顶密封。废水从池底进入，从池顶排出。填料浸没在水中，微生物附着生长在填料上，滤池中的微生物量较高，平均停留时间可长达 100 d 左右，因此可达到较好的处理效果。

厌氧生物滤池的特点是：处理能力较高；滤池内可保持较高的微生物浓度而不需要搅拌设备；不需要另外的泥水分离器，出水悬浮颗粒物较低；设备简单，操作方便；但滤料易堵塞。

(2) 厌氧接触法

对于含悬浮物较多的高浓度有机废水，可以采用厌氧接触法，见图 3-21。废水先进入混合接触池(消化池)与回流的厌氧污泥混合，然后经真空脱气器而流入沉淀池。经过澄清后的处理水从沉淀池排出，而沉下的污泥大部分回流到混合接触池。

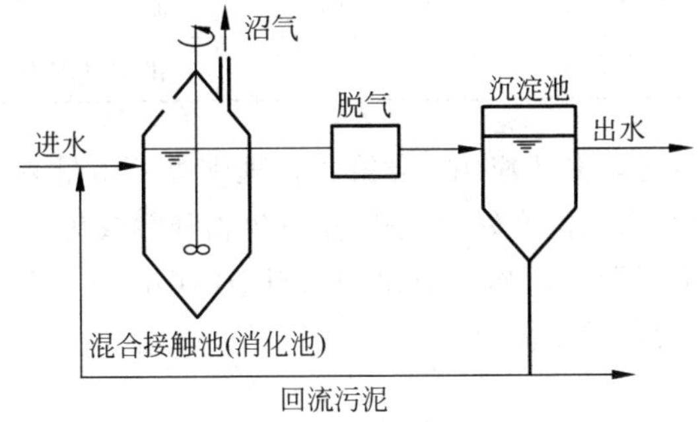

图 3-21 厌氧接触法的流程

厌氧接触法对于含较多悬浮物的有机废水(如肉类加工废水等)效果很好，微生物可附着在悬浮颗粒上，使微生物与废水的接触表面积很大，并能在沉淀池中很好沉淀。在混合接触池中，要进行适当搅拌以使污泥保持悬浮状态。搅拌可以用机械方法，也可以用泵打循环等。

3.6.5 常用的物理化学处理方法简介

1. 吸附法

吸附法是指利用多孔性固体吸附废水中的某种或几种污染物，从而使废水得到净化的方法。吸附是一种界面现象，其作用发生在两个相界面上。例如，活性炭与废水接触时废水中的污染物会从水中转移到活性炭的表面上，这就是吸附。具有吸附能力的多孔性固体物质称为吸附剂，水中被吸附的物质被称为吸附质。在水处理中，常用的吸附剂有活性炭、磺化煤、焦炭、木炭、泥煤、高岭土、硅藻土、硅胶、煤渣、木屑、金属（铁粉、锌粉、活性铝）以及其他合成吸附剂等。其中活性炭应用最为广泛。根据固体表面吸附力不同，吸附可分为物理吸附和化学吸附（表 3-4）。大多数吸附过程往往是几种吸附作用的综合结果。

表 3-4 物理吸附和化学吸附特征比较

吸附性能	物理吸附	化学吸附
作用力	分子引力（范德华力）	剩余化学价键力
选择性	一般没有选择性	有选择性
形成吸附层	单分子或多分子吸附层均可	只能形成单分子吸附层
吸附热	较小，一般在 41.9 kJ/mol 以下	较大
吸附速率	快，几乎不需要活化能	较慢，需要一定的活化能
温度	放热过程，低温有利于吸附	温度升高，吸附速率增加
可逆性	较易解吸	化学价键力大时，吸附不可逆

活性炭吸附法目前较多地应用于：给水处理中去除微量有害物质、色度及臭味，城市污水及工业废水的深度处理，去除难以生物降解或化学氧化的少量有害物质，去除色素、杀虫剂以及重金属离子如 Hg、Sb、Bi、Cd、Ag、Pb、Ni 等。吸附饱和后的吸附剂，经再生后可重复使用。

2. 电渗析

电渗析是一种在电场作用下使溶液中离子通过膜进行传递的过程。根据所用膜的不同，电渗析可分为非选择性膜电渗析和选择性膜电渗析两类。离子交换膜是电渗析器的关键部件，它是一种具有选择透过性、带有活性离子基团的高分子薄膜。

其基本原理如图 3-22 所示。在容器两端水中插入电极，把阴、阳两种离子交换膜一片隔一片交替地装在两极之间，使阳极与阴极之间分隔成许多小室，互不相通。这种设备称为电渗析器。将被处理的水通入电渗析器内，在直流电压作用下，阴离子向阳极方向迁移，阴离子能通过阴离子交换膜，而通过阳离子交换膜时被阻挡；阳离子向阴极方向迁移，阳离子能通过阳离子交换膜，而通过阴离子交换膜时被阻挡；水分子则不能通过离子交换膜。这样，在一部分小室（浓室）里，水中离子的浓度比被处理水浓，但体积大约是被处理水的10%以上；而在另一部分小室（淡室）里，水中离子的浓度比被处理水稀，这就达到了净化的目的。

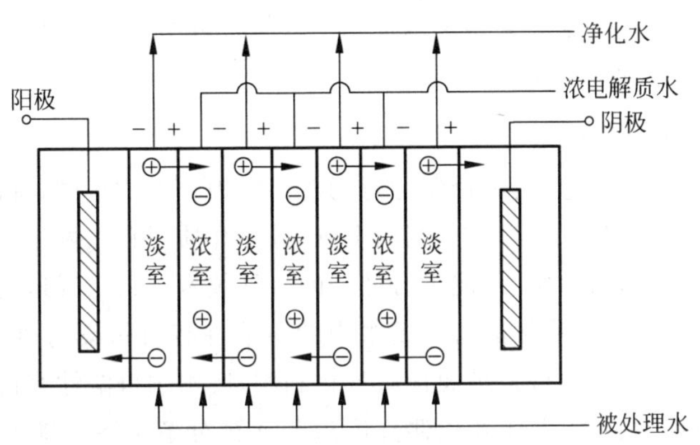

图3-22 电渗析法基本原理

电渗析法的特点：电渗析只能将电解质从溶液中分离出去（脱盐），水中不解离及解离度小的物质难以用此方法分离除去；电渗析也不能去除有机物、胶体物质、微生物、细菌等；电渗析使用直流电，设备操作简单，不需酸、碱再生，有利于环保；电渗析由于靠水中的离子传递电流，因而无法全部去除水中离子，无法制取高纯水。

目前在废水处理中电渗析法用于以下几方面：①生活污水和某些工业废水经三级处理后，再用电渗析除盐来制取再生水；②从碱法造纸废水中可回收烧碱和木质素，回收率可达70%左右；③从芒硝废水中回收硫酸和氢氧化钠；④对电镀等工业废水用电渗析法，可达到闭路循环的目的。

3.6.6 常用的水体生态修复技术

在外源污染得到控制的情况下，水体生态修复对改善河流水质，提高河道的生态系统功能具有重要作用。环境水生态修复技术，就是按照自然界的自身规律使水体恢复自我修复功能，强化水体的自净能力，修复被破坏的生态环境的技术。特点是：①综合治理，标本兼治，节能环保；②设施简单，建设周期短，见效快；③因地制宜，解决现有水体的水质问题；④投资少，运行维护费用低，管理技术要求低；

⑤生物群落本土化，无生态风险；⑥生物多样性强，生态系统稳定；⑦对污染负荷波动的适应能力强。常用的技术有以下几种：

1. 生态塘处理技术

生态塘是以太阳能为初始能源，通过在塘中种植水生作物，进行水产和水禽养殖，形成人工生态系统。在太阳能（日光辐射提供能量）的推动下，通过生态塘中多条食物链的物质迁移、转化和能量的逐级传递、转化，将进入塘内污水中的有机污染物进行降解和转化，最后不仅去除了污染物，而且以水生作物、水产的形式作为资源回收，净化的污水也作为再生水资源予以回收再用，使污水处理与利用结合起来，实现了污水处理资源化。

2. 人工湿地处理技术

人工湿地是由人工建造和控制运行的与沼泽地类似的地面，将污水、污泥有控制地投配到经人工建造的湿地上，利用土壤、人工介质、植物、微生物的物理、化学、生物三重协同作用，对污水、污泥进行处理的一种技术。人工湿地的显著特点就是对有机污染物有较强的降解能力。废水中的不溶性有机污染物通过湿地的沉淀、过滤作用，可以很快地被截留进而被微生物利用；废水中可溶性有机污染物则可通过植物根系的吸附、吸收及生物代谢降解过程而被分解去除。随着处理过程的不断进行，湿地床中的微生物也繁殖生长，通过对湿地床填料的定期更换及对湿地植物的收割而将新生的有机体从系统中去除。湿地对氮、磷的去除是将废水中的无机氮和磷作为植物生长过程中不可缺少的营养元素，使之直接被湿地中的植物吸收，用于植物蛋白质等有机体的合成，同样通过对植物的收割而将它们从废水和湿地中去除。

人工湿地是近年来迅速发展的水体生物－生态修复技术，可处理多种工业废水，包括化工、石油化工、纸浆、纺织印染、重金属冶炼等各类废水，后又推广应用为城市雨水处理。这种处理系统可结合景观设计，种植观赏植物改善风景区的水质状况，其造价及运行费用远低于常规处理技术。英国、美国、日本等国家都已建成一批规模不等的人工湿地。我国近些年来也建成了一大批人工湿地，许多湿地已成为人们旅游观光的场所。

3. 土地处理技术

土地处理技术是一种古老但行之有效的水处理技术。它是以土地为处理设施，利用土壤植物系统的吸附、过滤及净化作用和自我调控功能，达到某种程度对水净化的目的。土地处理系统可分为快速渗滤、慢速渗滤、地表漫流、湿地处理和地下渗滤生态处理等几种形式。国内外的实践经验表明，土地处理系统对于有机化合物尤其是有机氯和氨、氮等有较好的去除效果。德国、法国、荷兰等国家均有成功经验。

4. 水环境生态修复技术

水环境生态修复技术一般包括截污控源、清淤及河道疏浚、岸线整治与护坡、内源治理、生态修复(水生植物修复、生物多样性调控)和人工增氧、栽植绿化带等一系列系统工程。主要用于治理黑臭水体,如河道、湖泊等。

1) 人工增氧技术

通过一定的增氧设备来增加水体溶解氧,加速河道水体和底泥微生物对污染物的分解。一般采用固定式充氧设备(如水车增氧机、提升增氧机、微孔曝气等)和移动式充氧设备(如增氧曝气船),可以充空气,也可以进行纯氧曝气。此方法为好氧微生物及以藻类为食的一些原生动物提供了良好的生长条件,有助于好氧生物区系的出现并不断发展,增加了河道生物多样性。但需要提供动力,对相对封闭的水体难以充分发挥作用。

2) 水生植物修复技术

水生植物修复技术就是通过种植水生植物,利用其对污染物的吸收、降解作用,达到水质净化的效果。水生植物生长过程中,需要吸收大量的氮、磷等营养元素,以及水中的营养物质,通过富集作用去除水中的营养盐。这种方法建造和运行费用低,可结合景观设计打造优美的植物景观。但周期较长、需要配合其他工程技术使用。

3) 生物多样性调控技术

生物多样性调控技术主要是通过人工调控受损水体中生物群落的结构和数量,来摄取游离细菌、浮游藻类、有机碎屑等,控制藻类的过量生长,提高水体透明度,完善和恢复生态平衡。这种方法对提高河道自净能力、恢复河道生态多样性具有很好的效果,但周期长,通常作为后期深度处理工艺。生物多样性调节可以通过添加微生物菌剂的方法进行,即向污染水体中投加微生物制剂,调控水体中微生物群体组成和数量,优化群落结构,提高水中生物对污染物的去除效率。

生态修复和重建应注意以下几点:①种植水生植物要选择适合的种类和品种并合理搭配;②生态修复要选择适当的时机;③生态修复要创造适宜的生物生长环境;④合理养殖水生动物;⑤提倡乡土品种,防止外来有害物种对本地生态系统的侵害;⑥优化群落结构。

河流水生态修复技术

河道水生态修复是一个综合的系统工程，从河道水生态修复技术的不同应用环节大体可分为河道污染基底修复技术、岸坡生境修复技术、河道缓冲带构建技术、河道水质净化技术等。

1. 河道污染基底修复技术

河道底泥中通常会含有大量的污染及有机物，该类物质可释放到水体中，对河道水环境造成影响，是河道的内源污染物。污染基底修复是水生态修复的重要基础，而河流污染基底修复主要有原位处理技术和异地处理技术两类，其中原位处理技术主要包括调水冲污、底泥覆盖、底泥化学固化等，现阶段原位处理技术仅有少量的试验探索或工程实践，在工程成本和效果等各方面因素的约束下难以大规模的工程应用；而异地处理技术即清淤疏浚技术可以快速、有效地去除水体内源污染，被广泛应用于河流水污染治理的工程实践。太湖湖体自2008—2015年累计实施生态清淤122 km^2、3 669万m^3，直接减少内源污染物有机质11.9万t，总氮2.9万t、总磷2.4万t，生态环境效益显著。但环保疏浚工程在施工时会造成底泥扰动，导致局部区域底泥中污染物的释放和扩散，其中底泥中氮、磷、重金属等污染物的释放速率较静止状态提高数倍，加速污染物向水体中释放，造成水体的二次污染以及生态风险。因此环保疏浚工程应根据工期、质量和环境要求，考虑底泥的污染情况、污染物的释放情况、生态系统、水下地形、水 流、水位等因素，充分论证，缜密设计，并与其他污染防治和生态修复技术紧密配合，才能发挥出最佳环境效益。

2. 岸坡生境修复技术

岸坡生境修复技术目前最常用的为河道生态护坡修复。主要采用自然属性较强的材料作为主体结构，结合适宜生态护岸结构采用的块石、生态混凝土、植草砌块、石笼、土工合成材料等，构筑可以抵抗水流淘刷侵蚀的结构，同时适合植物的生长和自然演替。常用的生态护坡形式有植物型护坡、土工材料复合植物护坡、生态石笼护坡、植物型生态混凝土护坡、生态袋护坡、多孔结构护坡等，其通过植物根系等的作用，进行固土、防止水土流失，吸附水体中的污染物，同时亦可达到一定的景观效果。

3. 河道缓冲带构建技术

河道缓冲带主要通过一定宽度的各类植被带发挥作用，其具有截留雨水、减少地表径流、防止地表水流侵蚀、增加水分渗透，净化水质，削减非点源污染，改善生物栖息地功能，提高景观多样性等多种功能。河道缓冲带构建技术的关键因素是缓冲带的宽度和植被群落构建的合理性。河道缓冲带宽度确定应综合考虑净污效果、受纳水体水质保护的整体要求，以及经济、社会等其他方面的因素进行综合研究，确定沿河不同分段的设置宽度；缓冲带植物配置应具有控制径流和污染的功能，并宜根据所在地的实际情况进行乔、灌、草的合理搭配；宜兼顾旅游和观光价值，合理搭配景观树种。

4. 河道水质净化技术

河道水质净化技术可根据不同河道的情况分为原位水质净化技术和异位水质净化技术。

1）原位水质净化技术

河道原位水质净化技术可分为生物膜技术、生态浮床、沉水植物修复、投加微生物菌剂等。

生物膜技术为结合河道污染特点及土著微生物类型和生长特点，培养适宜的条件使微生物固定生长或附着生长在固体填料载体表面，形成胶质相连的生物膜，以达到净化水质的目的。目前应用比较多的生物膜净化技术为碳素纤维生态草，其通过巨大的比表面积来捕捉污染物，附着的有益微生物群能够快速形成生物膜将污染物进行吸收、降解和转化。生态浮床是绿化技术与漂浮技术的结合体，一般由四个部分组成，即浮床框架、植物浮床、水下固定装置以及水生植被。该技术具有工程量小，便于维护，处理效果好，且不会造成二次污染，使资源得到可持续利用。通过对不同生态浮床对景观水质的净化效果的研究发现，美人蕉、鸢尾、花叶芦竹均能适应较高有机物及氮、磷浓度的水体，具有良好的适应性，对水体化学需氧量（COD）、总磷（TP）、总氮（TN）及氨态氮（NH_4^+—N）也表现出良好的去除能力，但以美人蕉的净化效果最佳。沉水植物作为初级生产者，在河流水生态系统中起到重要作用，重建沉水植物群落结构被认为是修复富营养化水体的有效手段，沉水植物群落结构的成功修复也被认为是河流及湖泊生态系统修复成功的重要标志。微生物修复技术是在微生物的代谢活动作用下转化、降解去除环境中的污染物，其主要包括两种方式：添加生物促生剂激发微生物活性和直接投加高效微生物制剂。研究发现底栖生物细菌密度增长可促进消耗大量的底泥有机污染物。

2）异位水质净化技术

河道异位水质净化技术主要通过修建在河道周边，利用地势高低或机械动力将河水部分引入净化系统中，污水经净化后，再次回到原水体的一种处理方法。常用的净化系统主要为人工湿地系统、生态砾石床系统及其组合工艺等。

采用旁路湿地系统对河流实施异位水质净化过程中，应综合性、系统性地考虑问题，结合河流水文条件、河流所在区域的地貌地形、周围用地性质条件、水质条件、动植物条件等综合性因素，以及娱乐功能、经济功能和社会功能等综合考虑。人工湿地在设计过程中需重点考虑的内容包括植物配置、水利停留时间、水利负荷及污染物负荷等。不同的植物、不同的工艺其处理效果具有明显差异。同时污水在湿地净化系统中通常停留时间越长，对污染物的净化效果就会越好。

生态砾石床技术是国内外常用的河流水体水质净化技术，因其具有较大比表面积，生物容易在其表面聚集生长而形成生物膜，可以吸附降解水体污染物质，截留水体中悬浮性污染物等，净化河流水质而被应用于河流进行水质净化。数据显示，采用卵、砾石生态河床河段对污染物质的截留效果明显好于自然河床河段。

河道水环境治理是一个长期性、整体性、系统性、复杂性的工程，河流生态修复是一项新兴技术，世界上很多国家对此都有相应的研究。本文结合国内外已有的研究进展，从基底、岸坡、缓冲带、原位和异位水质净化等角度对河道水生态修复技术进行汇总分析，供相关从业人员参考。

资料来源：战玉柱，陈春霄. 河流水生态修复技术研究综述[J]. 污染防治技术，2018，31(6)：53-57.

问题与思考

1. 简述水体污染和水体自净。
2. 常用的有机物污染指标有哪几类？
3. 水体中非保守物质如何衰减？
4. 向一条河流稳定排放污水，污水量 $q=0.15\ m^3/s$，BOD_5 浓度为 30 mg/L，河流流量 $Q=5.5\ m^3/s$，流速 $u_x=0.3\ m/s$，BOD_5 本底浓度为 0.5 mg/L，BOD_5 衰减速度常数 $K=0.2\ d^{-1}$，纵向弥散系数 $D_x=10\ m^2/s$。试求排放点下游 10 km 处的 BOD_5 浓度。
5. 写出氧垂公式，并说明每个参数的含义。
6. 什么是水体富营养化？会对环境造成什么危害？
7. 简述重金属在水体中的污染特征。
8. 论述一般废水的处理方法。

9. 举例说明水环境生态修复技术在治理黑臭河道中的应用。

参考文献

[1] 刘培桐,薛纪渝,王华东. 环境学概论[M]. 2 版. 北京：高等教育出版社,1995.

[2] 全川. 环境科学概论[M]. 2 版. 北京：科学出版社,2017.

[3] 龙湘犁,何美琴. 环境科学与工程概论[M]. 北京：化学工业出版社,2019.

[4] 张艳军,李怀恩. 水环境保护[M]. 2 版. 北京：中国水利水电出版社,2018.

[5] 潘涛,李安峰,杜兵. 废水污染控制技术手册[M]. 北京：化学工业出版社,2013.

[6] 成官文. 水污染控制工程[M]. 北京：化学工业出版社,2010.

[7] 高廷耀,顾国维,周琪. 水污染控制工程[M]. 4 版. 北京：高等教育出版社,2014.

[8] 张文艺,毛林强,胡林潮,等. 环境保护概论[M]. 北京：清华大学出版社,2021.

[9] 战玉柱,陈春霄. 河流水生态修复技术研究综述[J]. 污染防治技术,2018,31(6)：53-57.

[10] 中华人民共和国生态环境部. 2020 中国生态环境状况公报[R/OL]. (2021-05-04)[2022-07-06]. https://www.mee.gov.cn/hjzl/sthjzk/zghjzkgb/202105/P020210526572756184785.pdf.

[11] 中华人民共和国环境保护部. 2015 中国生态环境状况公报[R/OL]. (2016-05-20)[2022-07-06]. https://www.mee.gov.cn/hjzl/sthjzk/sthjtjnb/201702/P020170223595802837498.pdf.

课外阅读

[1] 曲久辉. 碧水保卫战：水环境治理如何攻坚“质”胜？[R/OL]. (2020-07-27)[2022-07-06]. https://tv.cctv.com/2020/07/27/VIDEyfwzdbBt3JNvTUARBUEu200727.shtml.

[2] 生态环境部.《美丽中国》第一集 清水绿岸[Z/OL]. (2019-11-13)[2022-07-06]. https://tv.cctv.com/2019/11/12/VIDEJQ8wpULYaJb5iP75LqLi191112.shtml.

第4章

土壤环境

学习目标

1. 理解土壤质量的内涵,掌握土壤环境背景值和土壤环境容量的概念。

2. 理解和掌握土壤污染的概念和基本特点。

3. 理解和掌握土壤自净作用的概念和主要自净过程。

4. 掌握土壤污染物的主要分类,了解土壤污染物的来源和危害。

5. 了解土壤重金属和农药污染的危害,掌握重金属和农药在土壤中的迁移转化过程。

6. 了解我国土壤环境污染的现状。

7. 掌握土壤环境污染的控制与管理措施。

8. 掌握土壤环境污染的控制技术。

9. 掌握土壤污染修复技术。

土壤是岩石圈表面的疏松表层,是陆生植物和陆生动物生活的基础,土壤不仅为植物提供必需的营养和水分,而且也是动物和人类赖以生存的栖息场所。土壤是所有陆地生态系统的基础,土壤中的生物活动不仅影响着土壤本身,也影响着其他的生物群落。生态系统中的很多重要过程都是在土壤中进行的,其中特别是分解和固氮过程。生物遗体只有通过分解过程才能矿化为可被植物再利用的营养物质和转化为腐殖质,而固氮过程则是土壤氮肥的主要来源。这两个过程都是整个生物圈物质循环所不可缺少的过程。

土壤环境是由固相、液相和气相三相物质组成的多相分散体系。固相物质包括土壤矿物质和有机体(动植物残体及其转化物、土壤动物及微生物)等物质。土壤中存在形状、大小不同的孔隙,在孔隙中存在液相物质(水溶液)和气相物质(空气)。通常,固相物质约占土壤总容积的50%,液相和气相之和约占50%。其中,土壤微生物是土壤污染的“清洁工”。土壤微生物参与污染物的转化,在土壤自净过程及减轻污染物危害方面起到重要作用。虽然微生物可使土壤中的某些污染物得到不同程度的净化。但同时，还应注意微生物也会使某些无毒的有机物分子变为有毒的物质。

土壤质量是土壤在一定的生态系统内提供生命所必需的养分和生产生物物质的能力，容纳、降解、净化污染物质和维护生态平衡的能力，影响和促进植物、动物和人类生命安全和健康的能力之综合量度。简言之，土壤质量包括土壤肥力质量、土壤环境质量、土壤健康质量三个既相对独立又有机联系的组成部分。土壤质量是土壤支持生物生产能力、净化污染能力、促进动植物和人类健康能力的集中体现，是现代土壤学研究的核心。

4.1　土壤污染与土壤自净

土壤是受自然过程和人为活动共同影响的成分含量复杂的物质。它含有几乎所有的天然元素，并在水、气、热、生物和微生物多因子共同作用下，不断发生着各种化学反应，因此土壤中可检出多种化学物质。

土壤环境内的某些因素或施加物等会构成对其自身环境的污染，如农用塑料薄膜、农药、化肥等带来的污染。土壤污染必然引起和促进其他环境要素污染。如当进入土壤的污染物质数量超过其容量和自净能力时会引起水体、生物和大气的污染，也可导致农作物的产量、质量下降，引起农作物的污染，进而可通过食物链危害人体健康。

1. 土壤环境背景值

土壤环境背景值是指未受或少受人类活动(特别是人为污染)影响的土壤环境本身的化学元素组成及其含量。研究土壤环境背景值具有以下重要的实践意义。

(1) 土壤环境背景值是土壤环境质量评价，特别是土壤污染综合评价的基本依据，如评价土壤环境质量、划分质量等级、评价土壤是否已发生污染、划分污染等级等，均必须以区域土壤环境背景值作为对比的基础和评价的标准，并用以判断土壤环境质量和污染程度，以制定土壤污染的防治措施。

(2) 土壤环境背景值是研究和确定土壤环境容量，制定土壤环境标准的基本数据。

(3) 土壤环境背景值是研究污染元素和化合物在土壤环境中的化学行为的依据。因为污染物进入土壤环境之后的组成、数量、形态和分布变化，都需要与环境背景值比较才能加以分析和判断。

(4) 在土壤利用及其规划，研究土壤生态、施肥、污水灌溉、种植业规划，保障农业产品质量及安全时，土壤环境背景值也是重要的参比数据。

2. 土壤环境容量

土壤环境容量是指土壤环境单元所容许承纳的污染物质的最大数量或负荷量。研究土壤环境容量具有以下重要的实践意义。

(1) 土壤环境容量是制定土壤环境标准的基本依据。

(2) 土壤环境容量是制定农田灌溉用水水质和水量标准的依据。

(3) 土壤环境容量是制定污泥施用量标准的依据。

(4) 土壤环境容量模型可用于区域土壤污染预测与土壤环境质量评价。

(5) 土壤环境容量是实现污染物总量控制的重要基础。

4.1.1 土壤污染及其特点

1. 土壤污染

土壤污染指由于天然原因或人类活动产生的污染物质，通过各种途径进入土壤，积累到一定程度，超过土壤本身的自净能力，导致土壤性状改变，土壤质量下降，对农作物的正常生长发育和质量产生影响，进而对人畜健康造成危害的现象。

从上述定义可以看出，土壤污染不仅指污染物含量的增加，还要造成一定不良后果，才能称为污染。因此度量土壤污染时，不仅要考虑土壤的环境背景值，更要考虑植物中有害物质的含量、生物反应和对人畜健康的影响。有时污染物超过背景值，但并未影响植物正常生长，也未在植物体内积累；有时土壤污染物含量虽然较低，但由于某种植物对某些污染物的富集能力特别强，反而使植物体中的污染物达到了污染程度。

土壤污染是看不见摸不着的，这跟水污染有些不同。水污染多少可以通过气味和颜色来凭感官分辨，如爆发水华或赤潮，而土壤污染却是无声无息地，对人体危害极大且隐蔽性极强，尤其令人担心的是，人们深受其害却浑然不觉。而这种日益严重的污染危害状况，还不为人所广泛知晓。

2. 土壤污染的基本特点

(1) 隐蔽性和滞后性

土壤污染往往要通过对土壤样品和对农作物进行分析化验，以及对摄食的人或动物进行健康检查才能揭示出来，土壤从产生污染到其危害被发现具有一定的隐蔽性和滞后性。

(2) 累积性和地域性

污染物在土壤环境中并不像在水体和大气中那样容易扩散和稀释，因此容易不断积累而达到很高的浓度，并且使土壤污染具有很强的地域性特点。

(3) 不可逆转性

不可逆转性主要表现为：第一，难降解污染物进入土壤环境后，很难通过自然过程从土壤环境中稀释或消除；第二，对生物体的危害和对土壤生态系统结构与功能的影响不容易恢复。

(4) 治理难而周期长

土壤一旦被污染，即使切断污染源也很难自我修复，必须采取各种有效的治理技术才能消除污染。从目前现有的治理方法来看，依然存在治理成本较高或周期较长的问题。

中国土壤污染形势相当严峻

2014 年全国土壤污染状况调查公报显示：全国土壤环境状况总体不容乐观，全国土壤总的超标率为 16.1%，污染类型以无机型为主，占比达 82.8%。耕地土壤点位超标率为 19.4%，其中轻微、轻度、中度和重度污染点位比例分别为 13.7%、2.8%、1.8%和 1.1%，主要污染物为镉、镍、铜、砷、汞、铅、DDT 和多环芳烃。据统计，我国约有 1/6 的耕地受到不同程度的重金属污染，每年粮食因重金属污染减产 1 000 多万 t，被重金属污染的粮食每年达 1 200 万 t，合计经济损失至少 200 亿元。

材料来源：丁焕新，陈吉，孙永泉，等. 苏州市农田重金属污染防治现状与对策[J]. 安徽农业科学，2020，48(6)：71-73.

4.1.2　土壤自净

1. 土壤自净作用

土壤自净作用是土壤本身通过吸附、分解、迁移、转化而使土壤污染物浓度降低、毒性减轻或者消失的性能。只要污染物浓度不超过土壤的自净容量，就不会造成污染。一般地，增加土壤有机质含量，增加或改善土壤胶体的种类和数量，改善土壤结构，可以提高土壤自净能力；此外，发现、分离和培育新的微生物品种引入土体，以增强生物降解作用，也是提高土壤自净能力的一种重要方法。

2. 土壤自净作用机理

土壤的自净过程很复杂，主要包括以下几个方面。

(1) 物理作用

物理作用主要是日光、土壤温度、风力等因素的作用。日光可使土壤表层温度升高，再加上风的作用，可使某些污染物挥发，能减少污染物在土壤中的含量。例如，六六六在旱田施用后，主要靠挥发散失；氯苯灵等除草剂在高温条件下极易挥发，可迅速失去活性。

(2) 土壤的过滤作用和吸附作用

污染物通过土壤时，比孔隙大的固体颗粒被阻留。土壤颗粒表面还具有很强的吸附作用，能吸附溶于水中的固体、胶体微粒及其他物质。

(3) 化学作用

进入土壤中的污染物质可以在土壤中发生中和、氧化、还原、水解等反应，改变污染物的化学性质而降低其毒性。例如，酸、碱可被中和，铜在碱性土壤中可生成难溶性的氢氧化铜，使铜的生物活性下降。

(4) 生物作用

有机污染物在各种土壤微生物(包括细菌、真菌、放线菌)的作用下，将复杂的有机物逐步分解为无机物或腐殖质。

(5) 病原体在土壤中的死灭

有机物的无机化过程和腐殖质化过程是促使病原微生物和蠕虫卵死亡的重要条件。还由于日光的照射、病原土壤中温度的改变、病原微生物生长繁殖条件的不适宜、土壤微生物的拮抗作用和噬菌作用、一些植物根系所分泌的植物杀菌素对某些真菌类的杀灭作用等，都影响病原微生物和蠕虫卵的生存。例如，日光中的紫外线能杀灭土壤中的蛔虫卵，未成熟的蛔虫卵对之更为敏感。对于干燥的土壤日光作用更强。通常情况下，土壤中的蛔虫卵要1年左右才死亡，但在50 ℃以上数天后即可被杀灭。土壤中的蚯蚓、昆虫及其幼虫也能吞食蠕虫卵，故对土壤中蠕虫卵的杀灭也有一定的意义。

由于上述自净作用的结果，使进入土壤中的各种污染物包括一些有机物、化学毒物的有害作用降低或消失。但土壤的自净作用有一定限度，超过了限度就会造成危害。某些重金属和农药等污染物质，在土壤中尽管也可以发生一定的迁移、转化，但最终并不能完全降解、消失，而仍蓄积在土壤中。对这些污染物更应加强预防措施，以减少污染。

土壤自净能力是有限的，如果利用不当，如生产生活产生的有害物质过多地进入土壤后，就会导致土壤自净能力的衰竭甚至丧失，形成日益严重的土壤污染。

4.2 土壤污染物及其危害

土壤污染物一般可分为有机污染物、无机污染物、生物污染物和放射性污染物等。

1. 有机污染物

有机污染物包括天然有机污染物和人工合成有机污染物，这里主要是指后者，如有机废弃物（工农业生产及生活废弃物中生物易降解和生物难降解有机毒物）、农药（包括杀虫剂、杀菌剂和除莠剂）等。有机污染物进入土壤后，可危及农作物的生长和土壤生物的生存，如稻田因施用含二苯醚的污泥曾造成稻苗大面积死亡，泥鳅、鳝鱼绝迹。人体接触污染土壤后，手脚出现红色皮疹，并有恶心、头晕现象。农药在农业生产上的应用尽管收到了良好的效果，但其残留物却污染了土壤和食物链。近年来，塑料地膜地面覆盖栽培技术发展迅速，但由于管理不善，部分薄膜弃于田间，已成为一种新的有机污染物。

2. 无机污染物

无机污染物有的是随着地壳变迁、火山爆发、岩石风化等天然过程进入土壤，有的是随着人类的生产和消费活动而进入的。采矿、冶炼、机械制造、建筑材料、化工等生产部门，每天都排放大量的无机污染物，包括有害的元素氧化物、酸、碱和盐类等。废弃物中的煤渣，也是土壤无机污染物的重要组成部分。生活垃圾中也含有大量的无机污染物，一些城市郊区在土壤中长期、直接施用生活垃圾的结果造成了土壤环境质量下降。

3. 生物污染物

生物污染物是指有害的生物种群，从外界环境侵入土壤，大量繁衍，破坏原来的动态平衡，从而对土壤生态系统和人类健康造成不良影响。造成土壤生物污染的主要物质来源是未经处理的粪便、垃圾、城市生活污水、饲养场和屠宰场的污物等，其中危害最大的是传染病医院未经消毒处理的污水和污物。土壤生物污染不仅可能危害人体健康，而且有些长期在土壤中存活的植物病原体还能严重地危害植物，造成农业减产。

4. 放射性污染物

放射性核素可通过多种途径污染土壤。放射性废水排放到地面上，放射性固体废物埋藏处置在地下，核企业发生放射性排放事故等，都会造成局部地区土壤的严重污染。大气中的放射性沉降，施用含有铀、镭等放射性核素的磷肥和利用放射性污染的河水灌溉农田也会造成土壤放射性污染，这种污染虽然一般程度较轻，但污染的范围较大。

土壤被放射性物质污染后，通过放射性衰变能产生放射性射线。这些射线能穿透人体组织，损害细胞或造成外照射损伤，或通过呼吸系统、食物链进入人体，造成内照射损伤。

综上所述，引起土壤污染的物质以及途径都是极为复杂的，它们往往是互相联系在一起的。为了预测和防治土壤污染的发生，必须认识土壤污染物质，特别是对环境污染直接或潜在威胁最大的污染物质，如化学合成农药和重金属等，研究其在土壤系统中的迁移转化过程及其危害机制。

4.2.1 土壤污染物的来源

大量的有毒有害物质通过大气沉降、废水和污水排放、工业固废和城市垃圾倾倒、化学农药施用等途径进入土壤对环境和人体健康造成危害。土壤污染来源广泛，可分为以下几种。

(1) 农业污染源

农业污染源主要是指出于农业生产自身需要而施入土壤的化肥、化学农药以及其他农用化学品和残留于土壤中的农用薄膜等。

(2) 工业污染源

工矿企业、化工企业、钢铁冶炼企业等排放的废水、废气和废渣等是土壤环境中污染物最重要的来源之一。

(3) 生活污染源

大量的生活污水通过城市排水系统进入土壤环境，大量的生活垃圾被运到城市周围堆放，导致城镇及其周边地区局部的土壤污染。

(4) 交通污染源

交通污染源主要表现为汽车尾气中的各种有毒有害物质通过大气沉降造成对土壤的污染，以及事故排放所造成的污染。

(5) 战争污染源

随着各种现代化武器的大规模使用，战争对战区土壤污染的程度也越来越严重，主要表现为：武器包装物和残留物直接进入土壤，产生的大气污染物沉降等造成的土壤污染；遭受轰炸的化工厂、炼油厂等泄漏物对土壤的污染；贫铀弹的使用对土壤造成的污染等。

4.2.2 土壤污染的危害

土壤污染会产生严重的后果，对环境和对人体健康都是如此。受到污染的土壤，本身的物理、化学性质发生改变，如土壤板结、肥力降低、土壤被毒化等，还可以通过雨水淋溶，污染物从土壤传入地下水或地表水，造成水质的污染和恶化。受污染土壤上生长的生物，吸收、积累和富集土壤污染物后，通过食物链进入人畜体内，对人畜健康造成影响和危害。

1. 对农作物的危害

土壤污染对农作物的危害分为两种状况：一是首先反映在农作物减产或品质

下降，即当有毒物质在可食部分的积累量尚在食品卫生标准允许限量以下时，农作物的主要表现是明显减产或品质明显降低；二是反映在可食部分有毒物质积累量已超过允许限量，但农作物的产量却没有明显下降或不受影响。因此，当污染物进入土壤后其浓度超过了作物需要和可忍受程度，而表现出受害症状或作物生长并未受害，但产品中某种污染物含量超过标准，都可认为土壤被污染。

2. 通过食物链危害人畜健康

土壤生物直接从污染的土壤中吸收有害物质，这些有害物质通过土壤参与食物链传递，所以土壤是污染物进入人畜食物链的主要环节。作为人类主要食物来源的粮食、蔬菜和畜牧产品都直接或间接来自土壤，污染物在土壤中的富集必然引起食物污染，最终危害人畜健康。重金属在人体积累到一定程度会引发各种病症。例如，甲基汞慢性中毒引起水俣病；"镉米"的食用会引起骨痛病；有毒有机物可以致癌、致畸和致基因突变，其中主要包括苯并芘、菲及其异构体蒽、二噁英、各种兽药、抗生素和溴化阻燃剂等。

3. 放射性危害

有些污染的土地直接具有放射性危害，对人类健康以及其他生物的生存造成影响。例如，在切尔诺贝利事件中受到污染的大面积土地被迫闲置，其原因之一就在于此。

4. 产生其他次生环境问题

在生态环境效应方面，土地污染将直接导致土壤性质恶化，从而使植被减少，生物多样性降低。除此之外，土地污染还可能引起大气、地表水、地下水污染和生态系统退化等次生环境问题，威胁生态安全和生命健康。

4.3 土壤中的主要污染物及其迁移转化

目前土壤中的污染物质种类繁多，污染情况复杂，但其中危害最为严重也最引人关注的当数重金属和农药对土壤环境的污染。随着我国经济总量的快速增长，大量废水、废气和固体废物排向环境，大量农药的不合理施用，造成了严重的环境污染。据估计，我国受农药、重金属等污染的土地面积达上千万公顷。

4.3.1 重金属对土壤的污染

矿物加工、冶炼、电镀、塑料、电池、化工等行业是排放重金属的主要工业源，这些排放物以"三废"形式使得某些工厂周围的土壤锌、铅含量甚至高达 3 000 mg/kg。而城市交通运输中汽车尾气排放、轮胎添加剂中的重金属元素也影响到土壤中重金属含量，成为城市重金属土壤污染的另一个主要来源。另外，电子垃圾的污染危害越来越明显，电子垃圾(如计算机)的成分主要有铅、汞、铬、镍等几十种金属。目前电子垃圾的回收处理主要是一些小规模、家庭作坊式的私营企业，采用简单的手工拆卸、露天焚烧或直接酸洗等落后的处理技术，这就造成残余物被直接丢弃到田地、河流或水渠中，从而导致重金属污染环境。

随着全球经济的快速发展，含重金属的污染物通过各种途径进入土壤，造成土壤中相应重金属元素的富集。土壤污染不但影响农产品的产量与品质，而且涉及大气和水环境质量，并可通过食物链危害动物和人类的生命和健康，也就是说，土壤污染影响到整个人类生存环境的质量。在这样的形势下，土壤重金属污染问题成为环境和土壤学工作者的研究热点。

土壤重金属污染是指由于人类活动将重金属加入土壤中，致使土壤中重金属含量明显高于原有含量，并造成生态环境质量恶化的现象。重金属是指密度大于或等于 5.0 g/cm^3 的金属，如 Fe、Mn、Cu、Zn、Ni、Co、Hg、Cd、Pb、Cr 等。As 是一种准金属，但由于其化学性质和环境行为与重金属多有相似之处，故在讨论重金属时往往包括 As，有的则直接将其包括在重金属范围内。

土壤一旦遭受重金属污染就很难恢复，在环境污染研究中特别关注的重金属主要是生物毒性显著的 Hg、Cd、Pb、Cr 以及准金属 As，还包括植物正常发育所需且对人体有一定生理功能的元素，如 Cu、Zn 等，这些元素在过量情况下有较大的生物毒性，妨碍植物生长发育，并可通过食物链给人畜健康带来威胁。

1. 重金属元素在土壤环境中主要的迁移、转化方式

(1) 物理迁移

土壤溶液中的重金属离子或络合物可以随径流作用迁移，导致重金属元素的水平和垂直分布特征。此外，水土流失和风蚀作用也可以使重金属随土壤颗粒发生位移和搬运。

(2) 物理化学迁移和化学迁移

重金属污染物通过吸附、络合、螯合等形式与土壤胶体相结合或者发生溶解或者沉淀。

(3) 生物迁移

生物迁移是指植物通过根系从土壤中吸收有效态重金属，并在植物体内累积起来的过程。植物通过主动吸收、被动吸收等方式吸收重金属。一般来说，土壤中重金属含量越高，植物体内的重金属含量也越高。不同植物的累积有明显的种间差异，通常豆类＞小麦＞水稻＞玉米，重金属在植物体内的分布规律总体为根＞茎叶＞果壳＞籽实。

2. 土壤主要重金属污染物的危害及其迁移转化

土壤重金属污染物主要有汞、镉、铅、铬、砷等。同种金属，由于它们在土壤中存在的形态不同，其迁移转化特点和污染性质也不同，因此在研究土壤中重金属的危害时，不仅要注意它们的总含量，还必须重视各种形态的含量。

(1) 汞

土壤的汞污染主要来自污染灌溉、燃煤、汞冶炼厂和汞制剂厂(仪表、电气、氯碱工业)的排放。含汞颜料的应用、用汞作为原料的工厂、含汞农药的施用等也是重要的汞污染源。汞进入土壤后 95%以上能迅速被土壤吸附，这主要是土壤的黏土矿物和有机质有强烈的吸附作用，汞容易在表层积累，并沿土壤的纵深垂直分布递减。土壤中汞的存在形态有金属汞、无机态与有机态，并在一定条件下相互转化。在正常 E_h 和 pH 范围内，汞能以零价状态存在是土壤中汞的重要特点。植物能直接通过根系吸收汞，在很多情况下，汞化合物可能是在土壤中先转化为金属汞或甲基汞后才能被植物吸收。无机汞有 $HgSO_4$、$Hg(OH)_2$、$HgCl_2$、HgO，它们因溶解度低，在土壤中迁移转化能力很弱，但在土壤微生物作用下，能转化为具有剧烈毒性的甲基汞，也称汞的甲基化。微生物合成甲基汞在好氧或厌氧条件下都可以进行。在好氧条件下主要形成脂溶性的甲基汞，可被微生物吸收、累积而转入食物链，造成对人畜健康的危害；在厌氧条件下，在某些酶的催化作用下，主要形成二甲基汞，它不溶于水，在微酸性环境中，二甲基汞也可转化为甲基汞。汞对植物的危害因作物的种类不同而异，汞在一定浓度下使作物减产，较高浓度下甚至可使作物死亡。土壤中汞含量过高，汞不但能在植物体内累积，还会对植物产生毒害，引起植物汞中毒，严重情况下引起叶子和幼蕾掉落。汞化合物进入人体，被血液吸收后可迅速弥散到全身各器官，当重复接触汞后，就会引起肾脏损害。

(2) 镉

镉主要来源于镉矿、冶炼厂。因镉与锌同族，常与锌共生，所以冶炼锌的排放物中必有 ZnO、CdO，它们挥发性强，以污染源为中心可波及数千米远。镉工业废水灌溉农田也是镉污染的重要来源。镉被土壤吸附，一般在 0～15 cm 的土壤层累积，15 cm 以下含量显著减少。土壤中的镉以 $CdCO_3$、$Cd_3(PO_4)_2$ 及 $Cd(OH)_2$ 的形态存在，其中以 $CdCO_3$ 为主，尤其是在 pH>7 的碱性土壤中。不溶态镉在土壤中累积，不易被植物吸收，但随环境条件的改变二者可互相转化。例如，土壤偏酸时，镉的溶解度增高，而且在土壤中易于迁移；土壤处于氧化条件下(稻田排水期及旱田)，镉容易变成可溶性，易被植物吸收。土壤对镉有很强的吸着力，因而镉易在土壤中蓄积。镉是植物体不需要的元素，但许多植物均能从水中和土壤中摄取镉，并在体内累积，累积量取决于环境中镉的含量和形态。土壤中过量的镉不仅能在植物体内残留，而且也会对植物的生长发育产生明显的危害。镉能使植物叶片受到严重伤害，致使生长缓慢，植株矮小，根系受到抑制，造成生物障碍，降低产量，在高浓度镉的毒害下死亡。镉对农业最大的威胁是产生“镉米”“镉菜”，人食用这种被镉污染的农作物，则会得骨痛病。另外，镉会损伤肾小管，出现糖尿病，镉还会造成肺部损害，心血管损害，甚至还有致癌、致畸、致突变的可能。

(3) 铅

铅是土壤污染较普遍的元素。污染源主要来自汽油里添加抗爆剂烷基铅，汽油燃烧后的尾气中含大量铅，飘落在公路两侧数百米范围内的土壤中。另外，矿山开采、金属冶炼、煤的燃烧等也是重要的铅污染源。随着我国乡镇企业的快速发展，“三废”中的铅也大量进入农田，一般进入土壤中的铅在土壤中易与有机物结合，不宜溶解，土壤铅大多发现在表土层，表土铅在土壤中几乎不向下移动。植物对铅的吸收与累积，决定于环境中铅的浓度、土壤条件、植物特性等。植物吸收的铅主要累积在根部，只有少数转移到地上部分。积累在根、茎和叶内的铅，可影响植物的生长发育，使植物受害。铅对植物的危害表现为可使叶绿素含量下降，阻碍植物的呼吸及光合作用。谷类作物吸铅量较大，但多数集中在根部，茎秆次之，籽实较少。因此，铅污染的土壤所生产的禾谷类茎秆不宜作饲料。铅对动物的危害则是积累中毒。铅是作用于人体各个系统和器官的毒物，能与体内一系列蛋白质、酶和氨基酸内的官能团络合，干扰机体多方面的生化和生理活动，甚至对全身器官产生危害。

(4) 铬

铬的污染源主要是铬电镀、制革废水、铬渣等。铬在土壤中主要有两种价态：Cr^{6+} 和 Cr^{3+}，其中主要以 Cr^{3+} 化合物存在。Cr^{6+} 很稳定，毒性大，其毒害程度比 Cr^{3+} 大 100 倍，土壤对六价铬的吸附固定能力较低，仅有 8.5%～36.2%。而 Cr^{3+} 则恰恰相反，当它们进入土壤后，90%以上迅速被土壤吸附固定，在土壤中难以再迁移，Cr^{3+} 主要存在于土壤与沉积物中。土壤胶体对三价铬具有强烈的吸附作用，并随 pH 的升高而增强。不过普通土壤中可溶性六价铬的含量很少，这是因为进入土壤中的六价铬很容易还原成三价铬，其中，有机质起到重要作用，并且这种还原作用随着 pH 的升高而降低。值得注意的是，试验已证明，在 pH 6.5～8.5 的条件下，土壤的三价铬能被氧化为六价铬，同时，土壤中存在氧化锰也能使三价铬氧化成六价铬，因此，三价铬转化成六价铬的潜在危害不容忽视。植物对铬的吸收，95%蓄积于根部。据研究，低浓度 Cr^{6+} 能提高植物体内酶活性与葡萄糖含量，高浓度时，则阻碍水分和营养向上部输送，并破坏代谢作用。铬对人体与动物也是有利有弊。人体含铬过低会产生食欲减退等症状。而 Cr^{6+} 具有强氧化作用，对人体主要是慢性危害，长期作用可引起肺硬化、肺气肿、支气管扩张，甚至引发癌症。

(5) 砷

土壤砷污染主要来自大气降尘、尾矿排放与含砷农药施用。通常砷集中在表土层 10 cm 左右,只有在某些情况下可淋洗至较深土层,如施磷肥可稍增加砷的移动性。土壤中砷的形态按植物吸收的难易划分,一般可分为水溶性砷、吸附性砷和难溶性砷,通常把水溶性砷、吸附性砷总称为可给性砷,是可被植物吸收利用的部分。土壤中大部分砷为胶体吸收,或和有机物络合-螯合,或与土壤中铁、铝、钙子相结合,形成难溶化合物,或与铁、铝等氢氧化物发生共沉淀。植物在生长过程中,吸收有机态砷后可在体内逐渐降解为无机态砷。砷可通过植物根系及叶片的吸收并转移至体内各部分,砷主要集中在生长旺盛器官。作物根、茎、叶、籽粒含砷量差异很大,如水稻含砷量分布顺序是:稻根＞茎叶＞谷壳＞糙米,呈自下而上递降变化规律。砷中毒可影响作物生长发育,砷对植物危害的最初症状是叶片卷曲枯萎,进一步是根系发育受阻,最后是植物根、茎、叶全部枯死。砷对人体危害很大,在体内有明显的蓄积性,它能使红细胞溶解,破坏正常的生理功能,并具有遗传性、致癌性和致畸性等。

3. 土壤重金属污染的特点

土壤重金属污染与大气和水体的重金属污染相比,有其独特的性质,主要有以下几点。

(1) 潜伏性

土壤重金属污染在一定时期内不表现出对环境的危害性,当其含量超过土壤承受力或限度时,或土壤环境条件变化时,重金属有可能突然活化,就会使原来固定在土壤中的污染物大量释放,引起严重的生态危害,有“化学定时炸弹”之称。

(2) 单向性

进入土壤中的重金属易累积,不能被微生物降解,所以土壤一旦被重金属污染,很难恢复。

(3) 间接性

土壤重金属对人的危害主要是通过食物链或者渗滤进入地下水体实现的。

(4) 综合性

在生态环境中,往往是多种重金属污染同时发生,形成复合污染,且污染强度显示出放大性。有研究表明,Cu 与 Pb 复合污染与单一污染相比,对土壤呼吸强度的影响依次表现为:Cu 与 Pb 复合污染＞Pb 污染＞Cu 污染。

4. 影响土壤中化学物质迁移转化的因素

(1) 土壤腐殖质的吸附和螯合作用

土壤腐殖质能大量吸附金属离子,使金属通过螯合作用而稳定地留在土壤腐殖质中，从而使金属毒物不易迁移到水中或植物体中，减轻其危害。

(2) 土壤 pH

在酸性土壤中，铜、锌、镉、铬等金属离子多数变成易溶于水的化合物，容易被作物吸收或迁移；而土壤 pH 高时，多数金属离子成为难溶的氢氧化物而沉淀。所以，土壤受镉污染后用石灰调节土壤，可显著降低糙米中的镉含量。试验表明，当土壤 pH＝5.3 时，糙米镉含量为 0.33 mg/kg；而 pH＝8.0 时，镉含量仅为 0.06 mg/kg。

(3) 土壤的氧化还原状态

在氧气充足的氧化条件下砷为五价，而在还原条件下则为三价（亚砷酸盐），毒性比前者大；六价铬比三价铬毒性大得多。另外，在还原条件下，许多重金属形成硫化物（难溶解）而固定于土壤中。

4.3.2 化学农药对土壤的污染

1. 化学农药及其污染来源

所谓化学农药，一般来说，凡是用来保护农作物及其产品，使之不受或少受害虫、病菌及杂草的危害，促进植物发芽、开花、结果等的化学药剂，都称为化学农药。目前，世界上生产、使用的农药原药已达 1 000 多种，加工成制剂近万种，大量使用的有 100 多种。全世界化学农药总产量以有效成分计大致稳定在 200 万 t，主要是有机氯、有机磷和氨基甲酸酯等。这些化学农药的使用，对农林牧业的增产、保收和保存等方面都起到了非常大的作用。

地球是人类的家园，土壤是地球表面自然环境的重要组成部分和陆地生态系统的基础。化学农药的大量使用已经引起人们普遍的担心，甚至遭到相当一部分人的强烈反对。然而，随着土地资源与人口增长和食品需求矛盾的日益尖锐化，在目前尚无其他措施能够取代化学农药作用的情况下，全世界化学农药的生产与使用不但没有停顿和减少，反而一直保持旺盛的发展势头。中国更是世界农药的生产与使用大国。

土壤化学农药污染主要来自 4 个方面：

(1) 将农药直接施入土壤或以拌种、浸种和毒谷等形式施入土壤。

(2) 向作物喷洒农药时，农药直接落到地面上或附着在作物上，经风吹雨淋落入土壤。

(3) 大气中悬浮的农药颗粒或以气态形式存在的农药经雨水溶解和淋溶，最后落到地面上。

(4) 随死亡动植物残体或用污水灌溉而将农药带入土壤。

2. 土壤化学农药污染的危害

不科学、不规范的使用，导致各种农药(包括其助剂和溶剂)大部分都直接或间接滴落到土壤表面，继而渗入耕作层，破坏土壤的生态，使各种有害物质在土壤中累积，因而产生了一些不良后果，主要表现为：

(1) 改变土壤的酸碱、碳氮平衡，直接影响农作物的生长和产品质量。

(2) 施于土壤的化学农药，有的化学性质稳定，存留时间长，农作物从土壤中吸收农药，在根、茎、叶、果实和种子中累积，通过食物、饲料危害人体和牲畜健康。

(3) 农药残存在土壤中，对土壤中的微生物、原生动物以及其他的节肢动物、环节动物、软体动物等均产生不同程度的影响。

(4) 农药在杀虫、防病的同时，也使益虫、益鸟和微生物遭到伤害，破坏生态系统，使农作物遭受间接损失。

(5) 农药还可以通过各种途径，挥发、扩散、迁移而转入大气、水体中，造成其他环境要素的污染。

目前，防止农药污染已成为当前世界共同关注的环境问题，农药的使用和农业、林业、牧业等关系密切，因而，农药对土壤的污染是重要的环境问题之一。

3. 主要的农药类型及其危害

人工合成的化学农药，按化学组成可以分为有机氯、有机磷、有机汞、有机砷、氨基甲酸酯类等制剂；按农药在环境中存在的物理状态可分为粉状、可溶性液体、挥发性液体等；按其作用方式可有胃毒、触杀、熏蒸等。病、虫、杂草等有害生物，不论在形态、行为、生理代谢等方面均有很大差异。因此，一种农药往往仅能防治某一种病虫害，专用性很强。

(1) 有机氯类农药

有机氯类农药大部分是含有一个或几个苯环的氯素衍生物，最主要的品种是 DDT 和六六六，其次是艾氏剂、狄氏剂和异狄氏剂等。有机氯类农药的特点是：化学性质稳定，在环境中残留时间长，短期内不易分解，易溶于脂肪中，并在脂肪中蓄积，长期使用是造成环境污染的最主要的农药类型。目前许多国家都已禁止使用有机氯类农药，我国已于 1985 年全部禁止生产和使用。

(2) 有机磷类农药

有机磷类农药是含磷的有机化合物，有的还含硫、氮元素，大部分是磷酸酯类或酰胺类化合物。有机磷类农药一般有剧烈毒性，但比较易于分解，在环境中残留时间短，在动植物体内，因受酶的作用，磷酸酯分解不易蓄积，因此常被认为是较安全的一种农药。有机磷类农药对昆虫和哺乳动物均可呈现毒性，破坏神经细胞分泌乙酰胆碱，阻碍刺激的传送机能等生理作用，使之致死。所以，在短期内有机磷类农药的环境污染毒性仍是不可忽视的。近来许多研究报告指出，有机磷类农药具有烷基化作用，可能使动物致癌和致突变。

(3) 氨基甲酸酯类农药

氨基甲酸酯类农药均具有苯基-N-烷基甲酸酯的结构，它与有机磷类农药一样，具有抗胆碱酯酶作用，中毒症状也相同，但中毒机理有差别。在环境中易分解，在动物体内也能迅速代谢，而代谢产物的毒性多数低于本身毒性，因此属于低残留的农药。

(4) 除草剂(除莠剂)

除草剂具有选择性，只能杀伤杂草，而不伤害作物。最常用的除草剂有2,4-D(2,4-二氯苯基醋酸)和2,4,5-T(2,4,5-三氯苯氧基醋酸)及其酯类，它们能除灭多种阔叶草，但对许多狭叶草则无害，是一种调解物质。有的除草剂是非选择性的，对药剂接触到的植物都可杀死，如五氯酸钠。有的除草剂只对药剂接触到的特定部分植物发生作用，药剂在植物体内不转移、不传导。大多数除草剂在环境中会被逐渐分解，对哺乳动物的生化过程无干扰，对人、畜毒性不大，也未发现在人畜体内累积。

4. 农药在土壤中的迁移转化

1) 土壤对农药的吸附

土壤是由无机胶体、有机胶体以及有机-无机胶体所组成的胶体体系，具有较强的吸附性能。在酸性土壤中，土壤胶体带正电荷；在碱性条件下，则带负电荷。进入土壤的化学农药可以通过物理吸附、化学吸附、氢键结合和配位键结合等形式吸附在土壤颗粒表面。农药被土壤吸附后，移动性和生理毒性随之发生变化。所以土壤对农药的吸附作用，在某种意义上就是土壤对农药的净化。但这种净化作用是有限的，土壤胶体的种类和数量、胶体的阳离子组成、化学农药的物质成分和性质等都直接影响土壤对农药的吸附能力，吸附能力越强，农药在土壤中的有效行为就越低，净化效果越好。影响土壤吸附能力的因素主要有以下几个。

(1) 土壤胶体

进入土壤的化学农药，在土壤中一般离解为有机阳离子，故为带负电荷的土壤胶体所吸附，其吸附容量往往与土壤有机胶体和无机胶体的阳离子吸附容量有关，据研究，不同的土壤胶体对农药的吸附能力是不一样的。一般情况是：有机胶体＞蛭石＞蒙脱石＞伊利石＞绿泥石＞高岭石。但有一些农药对土壤的吸附具有选择性，如高岭石对除草剂2,4-D的吸附能力要高于蒙脱石，杀草快可被黏土矿物强烈吸附，而有机胶体对它们的吸附能力较弱。

(2) 胶体的阳离子组成

土壤胶体的阳离子组成对农药的吸附交换也有影响，如钠饱和的蛭石对农药的吸附能力比钙饱和的要大。钾离子可将吸附在蛭石上的杀草快代换出98%；而吸附在蒙脱石的杀草快，仅能代换出44%。

(3) 农药性质

农药本身的化学性质可直接影响土壤对它的吸附作用。土壤对不同分子结构的农药的吸附能力差别是很大的，如土壤对带—NH_2 的农药吸附能力极强。此外，同一类型的农药，分子越大，吸附能力越强。在溶液中溶解度小的农药，土壤对其吸附力也越大。

(4) 土壤 pH

在不同酸碱度条件下农药解离成阳离子或有机阴离子，而被带负电荷或正电荷的土壤胶体所吸附。例如，2,4-D 在 pH 为 3～4 的条件下离解成有机阴离子，被带正电荷的土壤胶体所吸附；在 pH 为 6～7 的条件下则离解为有机阳离子，被带负电荷的土壤胶体所吸附。

最后，还应该看到这种土壤吸附净化作用也是不稳定的，农药既可被土粒吸附，又可释放到土壤中去，它们之间是相互平衡的。因此，土壤对农药的吸附作用只是在一定条件下的缓冲解毒作用，而没有使化学农药得到降解和彻底净化。

2) 化学农药在土壤中的挥发、扩散和迁移

土壤中的农药，在被土壤固相吸附的同时，还通过气体挥发和水的淋溶在土体中扩散迁移，进而导致大气、水和生物的污染。

大量资料证明，非常易挥发的农药和不易挥发的农药(如有机氯)都可以从土壤、水及植物表面挥发。对于低水溶性和持久性的化学农药来说，挥发是农药进入大气中的重要途径。

农药在土壤中的挥发作用的大小主要决定于农药本身的溶解度和蒸气压，也与土壤的温度、湿度等有关。有研究表明，有机磷和某些氨基甲酸酯类农药的蒸气压高于 DDT、狄氏剂的蒸气压，所以前者的蒸发作用要强于后者。又如，六六六在耕层土壤中因蒸发而损失的量高达50%，当气温增高或物质挥发性较高时，农药的蒸发量将更大。

农药除以气体形式扩散外，还能以水为介质进行迁移，主要方式有两种：一是直接溶于水，二是吸附于土壤固体颗粒表面上随水分移动而进行机械迁移。一般来说，农药在吸附性能小的砂性土壤中容易移动，而在黏粒含量高或有机质含量多的土壤中则不易移动，大多累积于土壤表层30 cm土层内。

3) 农药在土壤中的降解

农药在土壤中的降解包括光化学降解、化学降解和微生物降解等。

(1) 光化学降解

光化学降解是指土壤表面接受太阳辐射能和紫外线光谱等能流而引起农药

的分解作用。由于农药分子吸收光能，使分子具有过剩的能量，而呈激发状态。这种过剩的能量可以通过荧光或热等形式释放出来，使化合物回到原来状态，但是这些能量也可产生光化学反应，使农药分子发生光分解、光氧化、光水解或光异构化，其中光分解反应是最重要的一种。由紫外线产生的能量足以使农药分子结构中碳—碳键和碳—氢键发生断裂，引起农药分子结构的转化，这可能是农药转化或消失的一个重要途径。但紫外光难于穿透土壤，因此光化学降解对落到土壤表面与土壤结合的农药的作用，可能是相当重要的，而对土表以下的农药的作用较小。

(2) 化学降解

化学降解以水解和氧化最重要，水解是最重要的反应过程之一。农药可以在土壤环境中发生各种水解反应和氧化反应，化学结构改变，进而被降解或完全消除。

(3) 微生物降解

土壤中微生物(包括细菌、霉菌、放线菌等)对有机农药的降解起到重要作用。土壤中的微生物能够通过各种生物化学作用参与分解土壤中的有机农药。由于微生物的菌属不同，破坏化学物质的机理和速度也不同，土壤中微生物对有机农药的生物化学作用主要有脱氯作用、氧化还原作用、脱烷基作用、水解作用、环裂解作用等。

土壤中微生物降解作用也受到土壤的 pH、有机物、温度、湿度、通气状况、代换吸附能力等因素的影响。

农药在土壤中经生物降解和非生物降解作用，可使化学结构发生明显改变，一些剧毒农药，一经降解就失去了毒性；而另一些农药，虽然自身的毒性不大，但它的分解产物可能增加毒性；还有些农药，其本身和代谢产物都有较大的毒性。所以，在评价一种农药是否对环境有污染作用时，不仅要看药剂本身的毒性，而且还要注意降解产物是否有潜在危害性。

综上所述，土壤和农药之间的作用性质是极其复杂的，农药在土壤中的迁移转化不仅受到土壤组成的有机质和黏粒、离子交换容量等的影响，也受到农药本身化学性质以及微生物种类、数量等诸多因素的影响。只有在一定条件下，土壤才能对化学农药有缓冲解毒及净化的能力，否则，土壤将遭受化学农药的残留积累及污染毒害。

5. 影响农药在土壤中残留的因素

(1) 化学农药性质的影响

农药本身的化学性质包括挥发性、溶解度、化学稳定性、剂型等。有机氯农药挥发性小，但它的蒸气压和土壤中残留有一定关系。而且挥发的速度与农药的浓度、大气的相对湿度、土壤表面上方空气的运动速度及土壤中的温度等因素有关，一般是浓度越大、温度越高、湿度越大、风速越大则挥发作用越强。

(2) 土壤性质的影响

农药在质地黏重和有机质含量高的土壤中存留时间较长。主要是由于土壤是黏土矿物-有机质的复合胶体，其吸附性作用可使农药形成稳定的难溶性结合残留物。

(3) 土壤 pH 的影响

土壤 pH 对有机磷农药影响比有机氯农药更敏感。这主要与 pH 对土壤农药分解速度的影响与分解的主要途径是化学分解还是微生物降解有关。

(4) 土壤水分的影响

土壤水分对农药残留的影响主要是因为水是极性分子，同农药竞争吸附位置，被胶体强烈吸附，在较干燥的土壤中，与农药竞争吸附位置的水分子较少。

6. 化学农药在土壤中的残留

进入土壤中的化学农药，易受各种化学、物理和生物的作用，并以多种途径进行反应或降解，只是不同类型的农药其降解速度和难易程度不同而已。不同类型的农药其降解速度和难易程度不同，直接制约着农药在土壤中的存留时间。

农药在土壤中的存留时间常用两种概念来表示，即半衰期和残留期。半衰期是指施入土壤中的农药因降解等原因使其浓度减少一半所需要的时间；残留期指施入土壤中的农药因降解等原因使其浓度减少 75%～100%所需的时间。残留量指土壤中的农药因降解等原因含量减少而残留在土壤中的数量，单位为 mg/kg(土壤)，残留量 R 可用下式表示：

$$R = C_0 e^{-kt}$$

式中：C_0——农药在土壤中的初始含量；

t——农药在土壤中的衰减时间；

k——常数。

许多学者对农药在土壤中的残留特性进行了测定，表 4-1、表 4-2 及表 4-3 是不同研究者所测得和计算的不同农药在土壤中的半衰期及残留率。

表 4-1 各类农药在土壤中的半衰期

农药种类	半衰期/年	农药种类	半衰期/年
含铅、砷、铜、汞的农药	10～30	2,4-D 和 2,4,5-T 除莠剂	0.1～0.4
DDT 等有机氯农药	2～4	有机磷农药	0.02～0.2
三嗪类除草剂	1～2		

表 4-2　有机磷杀虫剂在土壤中的半衰期

农药名称	半衰期/天	农药名称	半衰期/天
对硫磷(6605)	180	敌百虫	140
甲基对硫磷	45	乙拌磷	290
甲拌磷(3911)	2	甲基内吸磷	26
氯硫磷	36	乐果	122
敌敌畏	17	内吸磷(1059)	54

表 4-3　有机氯农药在土壤中的残留

农药名称	一年后的残留率/%	农药名称	一年后的残留率/%
DDT	80	艾氏剂	26
狄氏剂	75	氯丹	55
林丹	60	七氯	45

4.4　土壤污染的综合防治

4.4.1　我国土壤环境质量现状

2016 年 5 月国务院发布了《土壤污染防治行动计划》，指出工作目标："到 2020 年，全国土壤污染加重趋势得到初步遏制，土壤环境质量总体保持稳定，农用地和建设用地土壤环境安全得到基本保障，土壤环境风险得到基本管控。到 2030 年，全国土壤环境质量稳中向好，农用地和建设用地土壤环境安全得到有效保障，土壤环境风险得到全面管控。到 21 世纪中叶，土壤环境质量全面改善，生态系统实现良性循环。"并提出一系列具体、有针对性的土壤污染防治对策，这将对我国土壤环境质量的改善起到巨大的推动作用。

据 2020 年《中国生态环境状况公报》我国土壤污染状况详查结果显示，全国农用地土壤环境状况总体稳定，影响农用地土壤环境质量的主要污染物是重金属，其中镉为首要污染物。完成《土壤污染防治行动计划》确定的受污染耕地安全利用率达到 90%左右和污染地块安全利用率达到 90%以上的目标。截至 2019 年年底，全国耕地质量平均等级为 4.76 等。其中，1～3 等、4～6 等和 7～10 等耕地面积分别占耕地总面积的 31.24%、46.81%和 21.95%（依据《耕地质量等级》(GB/T 33469—2016)评价，耕地质量划分为 10 个等级，1 等地耕地质量最好，10 等地耕地质量最差。1～3 等、4～6 等、7～10 等分别划分为高等地、中等地、低等地）。2019

年，全国水土流失面积 271.08 万 km^2，与 2018 年相比，减少 2.61 万 km^2。其中，水力侵蚀面积 113.47 万 km^2，风力侵蚀面积 157.61 万 km^2。按侵蚀强度分，轻度、中度、强烈、极强烈和剧烈侵蚀面积分别占全国水土流失总面积的 62.92%、17.10%、7.55%、5.89%和 6.54%。根据第五次全国荒漠化和沙化监测结果，全国荒漠化土地面积为 261.16 万 km^2，沙化土地面积为 172.12 万 km^2。根据岩溶地区第三次石漠化监测结果，全国岩溶地区现有石漠化土地面积 10.07 万 km^2。

同 2015 年数据比较，我国土壤环境明显改善，但是我国土壤环境污染仍然面临一定的风险，土壤污染治理难度大，投资大，时间长。如何让百姓吃得安全，住得放心？朱利中院士在央视《中国经济大讲堂》栏目深度解读《如何创新驱动打赢净土保卫战？》中指出：目前我国土壤污染防治的重点就是要管控三类风险：农用地食用农产品超标风险；建设用地“毒地”开发风险；未利用土地非法排污风险。我国土壤防治困难大：土壤组成复杂、空间异质性强、污染量大面广、污染分布不均、污染类型繁多、污染成因各异等，这些都给我国在治理技术与成本上带来巨大挑战。土壤污染防治应当坚持预防为主、保护优先、分类管理、风险管控、污染担责、公众参与的原则。既要防止土壤被污染及继续污染又要对已被污染的土壤采取治理措施。

4.4.2 土壤污染的控制与管理

(1) 控制“三废”，切断工业及生活污染源进入农田。

对于工业污染源，通过调整工业布局、优化能源结构、提高能源利用率、推行清洁生产，进而减少工业“三废”的排放；加强对工业“三废”的治理，对工业废水、废气、废渣进行综合利用，对排放的“三废”要净化处理，控制污染物的排放数量和浓度，尽量减少大气干沉降和湿沉降进入土壤。积极慎重地推广污水灌溉，对灌溉农田的污水，进行严格的监测和控制。对生活污染物，如对粪便、垃圾和生活污水进行无害化处理。

(2) 合理施用化肥和农药，严禁农业生产自身污染农田。

禁止或限制使用剧毒及高残留性农药，大力发展高效、低毒、低残留农药，采取生物防治措施。为保证农业的增产，科学合理施用化学肥料是必需的，但一定要选用合格的化肥适量施用。化肥施用过量会造成土壤或地下水的污染，不合格的化肥更是一种严重的污染来源。对于农药的选择和使用，首先要对症下药，根据不同的防治对象，选择农药的品种和剂量；根据农药特性，制定使用农药的安全间隔期，科学合理施用。利用生物方法防治农林病虫害具有经济、安全、有效和不污染的特点，应积极推广生物防治，利用益鸟、益虫和某些病原微生物来防治农林病虫害。积极开展高效、低毒、低残留的绿色农药的研究及使用推广工作，如可采用含有自然界中构成生物体的氨基酸、脂肪酸、核酸等易被降解成分的农药，以减少农药残留。采用综合防治措施，既要防治病虫害对农作物的威胁，又要做到高效、经济地把农药对环境和人体健康的影响限制在最低程度。

(3) 建立土壤污染的监测、分析、预警、预报等综合管理的信息系统。

通过土壤环境调查研究，进一步掌握国内污染场地的类型、土壤特征和重点区域分布，建立全国性的土壤环境监测网络、土壤环境质量动态数据库和土壤环境信息平台，为进一步加强污染土壤管理工作提供坚实、有效的数据支撑，保证管理工作开展的前瞻性。应用现代信息建立土壤危险废物污染预警系统，提出相关的预警模型和污染因子。对重点区域、重点行业及重点污染物进行实时预测预报，以便确定优先控制污染物，精准有效地控制土壤污染。

(4) 加强宣传《土壤污染防治行动计划》和《中华人民共和国土壤污染防治法》(2018版)，进一步健全完善农田土壤污染和场地污染防治的法律体系。

各级相关部门应加大对土壤污染的监督和管理力度，做好相关知识的宣传和普及工作，让公众了解土壤污染所带来的严重后果，让公众更加及时参与到土壤污染的防治工作中，提高公众的环保和健康意识，以此来促进土壤环境保护工作的深入开展。建立和完善土壤污染预防、控制和治理的有关法规和政策措施。逐步完善土壤修复的相关制度，采取"谁污染，谁治理"，保证污染土壤在最短的时间内得到修复。

(5) 分类管理，加强风险管控，加大投入力度，加强对土壤修复技术的研究。

我国对土壤污染的防治滞后于大气污染和水污染。政府应加大投入，加强土壤污染的调查研究，对土壤质量精准识别，对污染的农田和场地进行分类管理和风险评估。对污染了的农田要采取一定的技术措施，以保证农田生产的农产品质量合格；对污染场地采用固化封存措施，严禁污染物迁移扩散，严格开发管理，强化风险管控。推动污染土壤修复产业的发展，开展经济有效的土壤污染治理技术研究，对已污染的土壤采取科学合理的治理措施。对清洁的和轻型污染的土壤加强保护，对重型的或严重污染的土壤，尽快修复使之得到安全利用。

(6) 构建完善的管控体系，与大气、水体环境协同控制。

构建完善的管控体系，实行大气环境、水体环境和土壤环境协同污染控制，提倡绿色生产，构筑绿色生活，创新绿色制度。只有生态环境保护与经济社会发展同行，才能推进高质量发展，高水平保护，高品质生活，高效能治理，才能从根本上解决好环境问题，实现土地资源的可持续利用。

4.4.3 土壤污染控制技术

土壤污染控制技术就是要对已经污染的土壤采取有效措施，消除土壤中的污染物，或控制土壤污染物的迁移转化。目前常用的土壤污染控制技术有以下几种。

(1) 治理污染土壤的化学方法

对于重金属轻度污染的土壤，使用化学改良剂可使重金属转为难溶性物质，减少植物对它们的吸收。酸性土壤施用石灰，可提高土壤 pH，使镉、锌、铜、汞等形成氢氧化物沉淀，从而降低它们在土壤中的浓度，减少对植物的危害。对于硝态氮积累过多的土壤，一则大幅减少氮肥施用量，二则配施脲酶抑制剂、硝化抑制剂等化学抑制剂，以控制硝酸盐和亚硝酸盐的大量积累。

(2) 增施有机肥料

增施有机肥料可增加土壤有机质和养分含量，既能改善土壤理化性质特别是土壤胶体性质，又能增大土壤容量，提高土壤净化能力。受到重金属和农药污染的土壤，增施有机肥料可增加土壤胶体对其的吸附能力，同时土壤腐殖质可络合污染物质，显著提高土壤钝化污染物的能力，从而减弱其对植物的毒害。

(3) 调控土壤氧化还原条件

调节土壤氧化还原状况在很大程度上影响重金属变价元素在土壤中的迁移和转化行为，能使某些重金属污染物转化为难溶的沉淀物，从而降低污染物危害程度。调节土壤氧化还原电位即 E_h，主要通过调节土壤水、气的比例来实现。在生产实践中往往通过土壤水分管理和耕作措施来实施，如水田淹灌，E_h 可降至 160 mV 时，许多重金属都可生成难溶性的硫化物而降低其毒性。

(4) 改变耕作制度

改变耕作制度会引起土壤条件的变化，可消除某些污染物的毒害。据研究，实行水旱轮作是减轻和消除农药污染的有效措施。例如，DDT、六六六农药在棉田中的降解速度很慢，残留量大，而棉田改水田后，可大大加速 DDT 和六六六的降解。

(5) 换土和翻土

对于轻度污染的土壤，采取深翻土壤或换成无污染的客土的方法。对于污染严重的土壤，可采取铲除表土或换客土的方法。这些方法的优点是改良比较彻底，适用于小面积改良，但对于大面积污染土壤的改良则难以推行。

在实际工作中，最重要的是根据土壤的特点和污染物的特点，采用多种方法相结合，有针对性地进行治理，才能取得更好的效果。对于重金属污染土壤的治理，主要通过生物修复、使用石灰、增施有机肥、灌水调节土壤 E_h、换客土等措施，降低或消除污染；对于有机污染物的控制，通过增施有机肥料、使用微生物降解菌剂、调控土壤 pH 和 E_h 等措施，加速污染物的降解，从而消除污染。总之，按照“预防为主”的环保方针，防治土壤污染的首要任务是控制和消除土壤污染源，防止新的土壤污染；对已污染的土壤，要采取一切有效措施，清除土壤中的污染物，改良土壤，防止污染物在土壤中迁移转化。

4.4.4 土壤污染修复技术

土壤污染修复是指利用物理、化学和生物的方法，转移、吸收、降解和转化土壤中的污染物，使其浓度降低到可接受水平，或将有毒有害的污染物转化为无害的物质。从根本上说，土壤污染修复的技术原理包括两方面：一是改变污染物在土壤中的存在形态或同土壤的结合方式，降低其在环境中的可迁移性与生物可利用性；二是降低土壤中有害物质的浓度。

20世纪90年代以来，世界各国对土壤污染修复技术进行了广泛的研究，取得较大的进展和突破，开发了一系列的土壤污染修复技术。土壤污染修复按场地划分，可分为原位修复和异位修复；按工艺原理划分，可分为物理化学修复技术和生物修复技术，在生物修复中又以微生物修复技术、植物修复技术和动物修复技术应用最为广泛。

1. 物理化学修复技术

物理化学修复技术是指利用土壤和污染物之间的物理化学特性，破坏、分离或固化污染物的技术。物理化学修复技术是发展较早较完善的修复技术，主要包括化学淋洗、蒸汽浸提、化学氧化/还原、固化/稳定化、电动力学修复、热脱附、水泥窑协同处置等，具有周期短、适用范围广等优点，但成本一般较高，可能造成二次污染。各种物理化学修复技术的特点及适用的污染类型见表4-4。

表4-4 常用物理化学修复技术的特点及适用的污染类型

修复技术	特点	适用类型
化学淋洗	长效、易操作、土壤肥力下降、二次污染风险	重金属、卤代烃、石油、多氯联苯、苯系物等
蒸汽浸提	高效、不破坏土壤结构、无二次污染、成本高、时间长	VOCs
化学氧化/还原	效果好、易操作、适用范围窄、二次污染风险、成本高	重金属、卤代烃等
固化/稳定化	效果较好、周期短、成本高	重金属
电动力学修复	效果较好、成本高	有机物、重金属等
热脱附	效果较好、成本高	有机物、重金属等
水泥窑协同处置	效果好、无废渣排放	有机物、重金属等

2. 生物修复技术

生物修复技术是指综合运用现代生物技术，破坏污染物结构，通过创造适合微生物、植物或动物生长的环境来促进其对污染物的转化、吸收和降解，使污染物的浓度降低到可接受水平，或将有毒有害污染物转化为无毒无害物质。一般可分为微生物修复、植物修复和动物修复三种类型。生物修复技术是近 20 年迅速发展的绿色环保修复技术，具有成本低、无二次污染、适用于量大面广的污染土壤修复等优势。但该技术见效慢，受污染物浓度和土壤等环境因素的限制。

(1) 微生物修复技术

微生物修复技术是利用微生物，土著菌、外来菌、基因工程菌对污染物的代谢作用而转化、降解污染物，主要用于土壤中有机污染物的降解。通过改变各种环境条件，如营养、氧化还原电位、共代谢基质，强化微生物降解作用以达到治理目的。其技术的关键是筛选和驯化多功能、高效的降解微生物菌株，提高功能微生物在土壤中的活性和安全性。例如，菌根修复技术，菌根是植物根系和真菌形成的一种共生体，在这个共生体中，真菌从植物中获得光合作用产物，植物通过根外菌丝吸收土壤中的矿质养分。含有大量微生物的菌根是复杂的群体，包括放线菌、固氮菌和真菌，这些菌类具有一定的降解污染物的能力，如在研究施用二甲四氯和氟乐灵的土壤接种菌根后对白三叶草生长的影响时，发现接种菌根真菌后，植株的菌根侵染率、生长量和氮磷的吸收都明显高于没接种前的植株。

(2) 植物修复技术

植物修复技术是利用绿色植物来转移、容纳或转化污染物使其对环境无害。植物修复的对象是重金属、有机物或放射性元素污染的土壤。在受污染的土壤上种植对污染物有超强吸收能力的植物，可去除土壤中的污染物质，或将土壤中的污染物富集到可获取的植物的地上部分。例如，对砷污染的土壤植物修复研究表明，非污染区植物砷的含量一般在 3.6 mg/kg 左右，而在污染的土壤(砷含量为 18.8～1 630 mg/kg)中生长的蜈蚣草，其体内的砷含量为 1 442～7 526 mg/kg。因此，对砷污染的土壤可以大面积种植蜈蚣草，以修复土壤中的金属砷。植物修复技术属于原位修复技术，其成本低、二次污染易于控制，植被形成后具有保护表土、减少侵蚀和防止水土流失的功效，可大面积应用于矿山的复垦、重金属污染场地的修复。研究表明，通过植物的吸收、挥发、根滤、降解、稳定等作用，可以净化土壤的污染物，达到净化环境的目的，因而植物修复是一种很有潜力、正在发展的清除环境污染的绿色技术。

(3) 动物修复技术

动物修复技术一般是在人工控制或自然条件下，土壤中生存的动物在生长、繁殖、发育和穿插运动等活动过程中会对土壤中污染物质进行分解、破坏、富集和消化，从而使土壤得到修复的技术。蚯蚓是土壤中非常重要和常见的一种动物，它能够吸收、富集土壤中残留的农药等污染物，并通过自身的代谢作用，将农药等污染物分解为无毒或低毒的产物。如果在复垦后的土地中加入蚯蚓等动物，一方面可以对土壤中的有机物进行分解，增加土壤肥力，提高土壤质量；另一方面，蚯蚓对重金属有富集作用，可以有效处理土壤重金属污染。另外，蚯蚓的蠕动可以增加土壤的空气含量，有利于一些好氧降解菌的生长和繁殖，土壤中的有机污染物也有可能被土壤生物消化和吸收，从而降解土壤中的有机污染物。在农业生产活动中，大量的农作物秸秆、人畜粪便等施用到田地中，土壤中的生物则对这些物质进行粉碎、分解和消化，这一过程有效地加速了土壤中的物质循环，确保土壤中生态环境的平衡。有关研究表明，动物修复可以结合微生物和植物修复进行，例如，在研究蚯蚓—菌根相互作用对土壤、植物系统中污染物的迁移转化作用时，发现蚯蚓的活动有利于黑麦草根部根瘤菌的富集，从而促使黑麦草根向上移动，在这个过程中，二者具有促进污染物向地上部分转移的协同作用。植物的生长具有保持土壤含水量、分泌有机酸等物质、调节土壤 pH 等功能。总的来说，植物的存在，对于稳定土壤性质至关重要，为土壤中动物的生存环境提供了重要保障，从而加强了动物修复的处理能力。

不同于水和大气，土壤是 90%污染物的最终受体，如大气污染造成的污染物沉降，污水的灌溉和下渗，固体废弃物的填埋，“受害者”都是土壤。面对这一复杂的治理对象，修复技术是否有效就成为治理成败的关键。各种修复技术在作用原理、适用性、局限性和经济性等方面均存在各自的特点，对特定场合的污染土壤进行修复时，需根据当地的经济实力、土壤性质、污染物性质、资源条件等因素，进行修复技术的合理选择和组合工艺的优化设计。对被农药化肥污染的土壤修复，物理化学修复技术的最大弊端是污染物去除不够彻底，导致二次污染的发生。而生物修复技术与传统方法相比，具有费用低、效率高、安全性能好、易于管理与操作、不会产生二次污染等优点，在修复污染土壤中起到越来越重要的作用，被认为是最具潜力、最有前景的绿色土壤修复技术。而且，随着我国在土壤修复过程中不断地研究与实践，修复技术的发展朝着绿色、环境友好的生物修复技术、从单一的技术向多种技术相结合的综合修复技术、从异位向原位修复技术等方向发展，相信我国的土壤环境质量到 2030 年将有更加明显的改善。

问题与思考

1. 什么是土壤污染？土壤污染的基本特点有哪些？

2. 什么是土壤自净作用？土壤自净的主要过程有哪些？

3. 土壤中主要的重金属污染物有哪些？影响土壤中重金属迁移转化的因素有哪些？

4. 土壤中农药的迁移转化方式有哪些？

5. 土壤污染控制与管理措施有哪些？

6. 某一土壤受到严重的镉污染，请问将采取哪些措施以减轻镉的危害？

7. 什么是土壤的生物修复？生物修复的特点及发展前景如何？

参考文献

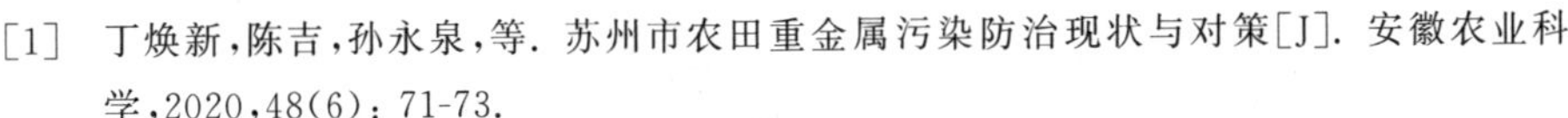

[1] 丁焕新，陈吉，孙永泉，等. 苏州市农田重金属污染防治现状与对策[J]. 安徽农业科学，2020，48(6)：71-73.

[2] 张桂香，赵力，刘希涛. 土壤污染的健康危害与修复技术[J]. 四川环境，2008，27(3)：105-110.

[3] 朱利中. 守住"吃得放心、住得安心"两条底线[N]. 中国科学报，2018-07-19.

[4] 王玲玲. 我国土壤污染与修复技术研究进展[J]. 环境与发展，2020(3)：79-80.

[5] 崔龙哲，李社峰. 污染土壤修复技术与应用[M]. 北京：化学工业出版社，2016.

[6] 骆永明. 中国污染场地修复的研究进展、问题与展望[J]. 环境监测管理与技术，2011，23(3)：1-6.

课外阅读

[1] 朱利中. 如何创新驱动打赢净土保卫战？[R/OL].（2020-07-27）[2022-07-06]. https://tv.cctv.com/2020/07/27/VIDEyfwzdbBt3JNvTUARBUEu200727.shtml.

[2] 生态环境部.《美丽中国》第三集：沃土如金[Z/OL].（2019-11-13）[2022-07-06]. https://tv.cctv.com/2019/11/13/VIDEW9k791GTsCZr0bxFGPly191113.shtml?spm=C55924871139.PT8hUEEDkoTi.0.0.

第5章

固体废物与环境

学习目标

1. 了解和掌握固体废物的定义、特点及其分类。
2. 了解和掌握固体废物对环境的污染途径和危害。
3. 重点掌握固体废物综合控制的原则。
4. 了解和掌握固体废物的处理与处置技术。
5. 了解和掌握固体废物资源化的原则及基本途径。
6. 了解我国固体废物环境污染防治现状。
7. 了解无废城市的概念及创建无废城市的任务及意义。

5.1 固体废物的概述

固体废物也称废物，是指人类在生产、加工、流通、消费和生活等过程中利用完其使用价值后丢弃的固体状或泥浆状的物质。随着工业化和城市化进程的加快，所产生的废物种类越来越多，数量越来越大，成分越来越复杂，就越难以通过自然降解而返回自然环境中。例如，废弃的计算机、电池、合成塑料、核废料等，要么难以降解，要么对环境产生毒害，必须对其进行特殊的处理与处置，因此了解废物产生的来源、性质及处理处置方法尤为必要。

5.1.1 固体废物来源及其种类

固体废物的来源大体上可以分为两类：一类是生产过程中产生的废物，称为生产废物；另一类是在产品进入市场后在流动过程中或使用消费后产生的固体废物，称为生活废物。固体废物的产生有其必然性：一方面是人们在索取和利用自然资源从事生产和生活活动时，实际需要和技术条件的限制，总要将其中的一部分作为废物丢弃；另一方面是由于任何产品都有与其性质和用途相适应的使用寿命，超过了一定的周期就自然成为废物。

固体废物的分类方法有多种，按其化学性质可以分为有机废物和无机废物，按其对人类和环境危害程度可以分为有害废物和一般废物，按其来源可以分为矿业固体废物、工业固体废物、城市固体废物、农业固体废物、放射性固体废物、医疗废物等 6 类，见表 5-1。

表 5-1　固体废物的分类、来源和主要物质

分　类	来　　源	主 要 物 质
矿业固体废物	矿山开采及选矿	废矿石、尾矿、金属、砖瓦灰石、废木等
工业固体废物	冶金、交通、机械、金属结构等	金属、矿渣、砂石、模型、陶瓷、边角料、涂料、管道、绝热和绝缘材料、黏结剂、塑料、橡胶、烟尘等
	煤炭	矿石、木料、金属
	食品加工	肉类、谷物、果类、菜蔬、烟草
	橡胶、皮革、塑料等	橡胶、皮革、塑料、布、纤维、染料、金属等
	造纸、木材、印刷等	刨花、锯末、碎木、化学药剂、金属填料、塑料、木质素等
	石油化工	化学药剂、金属、塑料、橡胶、陶瓷、沥青、油毡、石棉、涂料等
	电器、仪器仪表等	金属、玻璃、木材、橡胶、塑料、化学药剂、研磨料、陶瓷、绝缘材料
	纺织服装业	布头、纤维、橡胶、化学药剂、塑料、金属
	建筑材料	金属、水泥、黏土、陶瓷、石膏、石棉、砂石、纸、纤维
	电力工业	炉渣、粉煤灰、烟尘
城市固体废物	居民生活	食物垃圾、纸屑、布料、木料、植物修剪物、金属、玻璃、陶瓷、塑料、燃料、灰渣、碎砖瓦、废器具、粪便、杂品
	商业机关	管道、碎砌体、沥青及其他建筑材料、废弃车、废电器、废器具，含有易燃、易爆、腐蚀性、放射性的废物，以及类似居民生活区内的各种废物
	市政维护、管理部门	碎砖瓦、树叶、死畜禽、金属锅炉灰渣、污泥等
农业固体废物	农林	作物秸秆、蔬菜、水果、糠秕、落叶、废塑料、人畜粪便、农药、家禽羽毛等
	水产	腐烂水产品、水产加工污水、添加剂等
放射性固体废物	核工业、核电站、放射性医疗单位、科研单位	金属、含放射性废渣、粉尘、污泥、器具、劳保用品、建筑材料等
医疗废物	医院、医疗研究所	塑料、金属器械、化学药剂、粪便以及类似于生活垃圾等废物

我国将固体废物分为工业固体废物、危险固体废物和城市垃圾3类,至于放射性固体废物则自成体系,进行专门管理。

1. 工业固体废物

工业固体废物是指在工业、交通等生产过程中产生的固体废物,是来自各工业生产部门的生产、加工、储藏、流通过程中产生的废渣、粉尘、碎屑、污泥,以及采矿过程中产生的废石、尾矿等。

2. 危险固体废物

危险固体废物是指具有毒性、易燃性、反应性、腐蚀性、爆炸性、传染性、浸出毒性和感染性的各种能对人类生活环境产生危害的废物。《中华人民共和国固体废物污染环境防治法(2020年修订)》第124条规定:"危险废物是指列入国家危险废物名录或者根据国家规定的危险废物鉴别标准和鉴别方法认定的具有危险特性的固体废物。"这类废物数量占一般固体废物量的1.5%~2.0%,其中多数为工业固体废物。危险固体废物应该进行特殊的处理与处置。

洛弗运河公害事件

20世纪70年代末,美国发生了一起震惊世界的公害事件,即洛弗运河案。它的起因就是一家化学工厂从20世纪40年代起,用铁桶盛装农药废物,埋入洛弗运河废河谷。于1953年又在其上覆土兴建了住宅、学校和运动场。几年后,居民中陆续发现新生儿畸形、孕妇流产,各种疾病的发生率和死亡率都很高。1978年,当地政府组织进行了环境监测,发现当地大气、地下水、土壤中有82种化学污染物超标。美国政府不得不发布一项联邦法令,将该地区全部居民搬迁,学校关闭。由此事件引起了一系列反应,导致美国政府动用316亿美元对全国各州进行普查。

3. 城市垃圾

城市垃圾是在城市日常生活中或者为城市日常生活提供服务的活动中产生的固体废物,以及法律、行政法规规定的视为城市生活垃圾的固体废弃物。城市垃圾包括生活垃圾、城建渣土、商业固体废物、粪便等,组成成分复杂,随着时空的变化,其数量及性质都有所不同。

5.1.2 固体废物的特点

1. 资源性

固体废物成分复杂、种类繁多,尤其是工业废渣,不仅量大,而且便于搜集、储藏和运输，同时内含许多可以利用的物质与能量，因此，固体废物称为“放错了地方的资源”，在一个地方被当作废物抛弃的物质，到另一个地方可能成为非常有利用价值的资源，因此目前许多国家都将利用废物替代天然资源作为可持续发展战略的重要组成部分。

2. 污染的特殊性

由于固体废物的呆滞性大、扩散性小，对环境的影响主要是通过水、气和土壤进行，它既是大气、水体和土壤污染的源头，又是大气、水体和土壤污染的“终态”。例如，大气、水体、土壤污染被治理后，会产生粉尘、污泥、脏土等新的固体废物，这些新的固体废物如果处理、处置不当，又会成为大气、水体和土壤环境的新污染源。如此循环，形成了固体废物污染的特殊性。

5.1.3 固体废物的污染途径及危害

1. 固体废物的污染途径

固体废物在一定的条件下会发生化学的、物理的或生物的转化，对周围环境造成一定的影响，如果采取的处理与处置方法不当，有害物质将通过大气、水体、土壤和食物链等途径危害环境与人体健康。固体废物的污染途径见图 5-1。

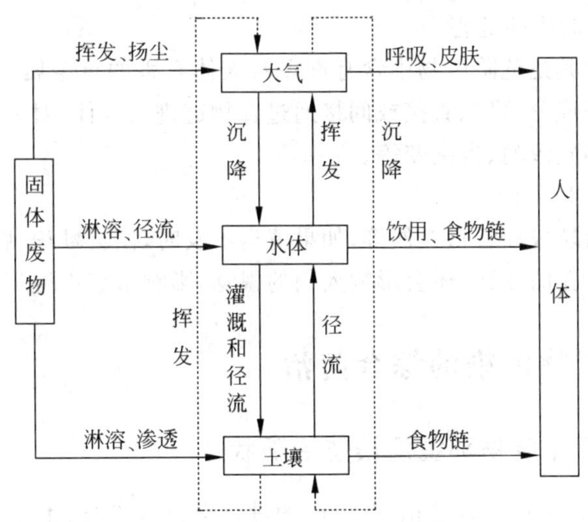

图 5-1　固体废物的污染途径

2. 固体废物的危害

(1) 侵占土地

固体废物堆存需要占用大量的土地。据估算，每堆积 10 000 t 废物，约占地

667 m^2。随着我国生产的增长和消费水平的提高，城市垃圾受纳场地日益不足，垃圾与人争地的矛盾日益尖锐。

(2) 污染大气

固体废物在堆放、运输的过程中会以扬尘的形式进入大气，在风的作用下飘散到远方；同时其中的挥发性物质或者是因自然降解而产生的挥发性气体也可以分子状态的形式存在于大气中；另外，如果处理和处置不当也会产生有毒有害的物质进入大气环境，使大气中产生异味。如垃圾焚烧会产生二噁英等，动物粪便露天堆放会散发臭味等。

(3) 污染水体

固体废物在雨水淋溶后通过地表径流进入地表水，也可通过渗透进入地下水，或者是其挥发物和悬浮物随降水进入水体，使水体污染。尤其是固体废物直接入水，危害更大。例如，垃圾倾倒于海洋之中，会造成海洋的严重污染；沿河堆放垃圾会造成河流的严重污染。

(4) 污染土壤

固体废物堆放在土地上，如果没有做防渗处理或防渗措施不当，其中的有毒有害成分在雨雪淋溶、自然降解后会直接进入土壤，破坏土壤生态环境，导致寸草不生；也可通过水体和大气而将其污染组分间接带入土壤。

(5) 对人体健康的危害

固体废物尤其是危险废物中含有许多对人体有害的重金属，难以降解的高分子有机化合物等成分，可以直接或间接通过食物链进入人体，对人体具有很强的毒害作用，可以致癌、致畸、致突变等。

(6) 影响环境卫生

城市的生活垃圾和牲畜粪便等，如果清运不及时，便会堆积，腐烂发臭，不仅对人体健康构成潜在的威胁，还会影响人们的视觉，影响市容市貌。

5.2 固体废物污染的综合防治

5.2.1 我国固体废物环境污染防治现状

2014年以来，为促进环境信息公开、增进社会公众参与，生态环境部每年定期以年报形式发布固体废物污染环境防治信息。《2020年全国大、中城市固体废物污染环境防治年报》从大、中城市信息发布、重点工作进展以及地方工作实践等方面，系统介绍了2019年我国固体废物污染环境防治工作的相关情况。

《2020年全国大、中城市固体废物污染环境防治年报》公布，2019年，196个大、中城市一般工业固体废物产生量达13.8亿t，综合利用量8.5亿t，处置量3.1

亿 t，储存量 3.6 亿 t，倾倒丢弃量 4.2 万 t。一般工业固体废物综合利用量占利用处置及储存总量的 55.9%，处置和储存分别占比 20.4%和 23.6%，综合利用仍然是处理一般工业固体废物的主要途径，部分城市对历史堆存的一般工业固体废物进行了有效的利用和处置。2019 年，196 个大、中城市工业危险废物产生量达 4 498.9 万 t，综合利用量 2 491.8 万 t，处置量 2 027.8 万 t，储存量 756.1 万 t。工业危险废物综合利用量占利用处置及储存总量的 47.2%，处置量、储存量分别占比 38.5%和 14.3%，综合利用和处置是处理工业危险废物的主要途径，部分城市对历史堆存的危险废物进行了有效利用和处置。2019 年，196 个大、中城市医疗废物产生量 84.3 万 t，产生的医疗废物都得到及时妥善处置。2019 年，196 个大、中城市生活垃圾产生量 23 560.2 万 t，处理量 23 487.2 万 t，处理率达 99.7%。

党中央、国务院高度重视固体废物污染环境防治工作。2018 年 6 月，中共中央、国务院印发《关于全面加强生态环境保护坚决打好污染防治攻坚战的意见》，对全面禁止洋垃圾入境，开展"无废城市"建设试点等工作做出了全面部署。固体废物管理与大气、水、土壤污染防治密切相关，是整体推进生态环境保护工作不可或缺的重要一环。固体废物产生、收集、储存、运输、利用、处置过程，关系生产者、消费者、回收者、利用者、处置者等利益方，需要政府、企业、公众协同共治。统筹推进固体废物"减量化、资源化、无害化"，既是改善生态环境质量的客观要求，又是深化生态环境工作的重要内容，更是建设生态文明的现实需要。

5.2.2　固体废物控制的原则

固体废物处理、处置和利用的原则已经由原来的无害化、减量化和资源化转化为减量化、资源化和无害化。这是一种管理理念的变化，是固体废物末端治理的思想转变为源头管理的思想，这是固体废物管理上的一大进步，当然这一进步经历了漫长的发展历程(表 5-2)。

表 5-2　固体废物管理的"三化"原则发展过程

名称	理　念	内涵的重要性排序、产生原因及其具体表现		
		排序	产 生 原 因	具 体 表 现
旧"三化"原则	末端处理	无害化	对环境无害的要求	卫生填埋
		减量化	缓解填埋场所选址、建设难的矛盾	垃圾减容
		资源化	资源化前景乐观	可回收组分再利用或再生；垃圾堆肥；生产沼气；焚烧供热、发电等
			经济压力	卫生填埋投资运行成本高

续表

名称	理念	内涵的重要性排序、产生原因及其具体表现		
		排序	产生原因	具体表现
新"三化"原则	源头控制	减量化	源头控制与管理的转变	产品设计、销售及原材料选择规范化和减量化、绿色消费等
		资源化	分类、回收、再造的可行性	源头分类收集、回收再利用或再生、垃圾堆肥、生产沼气；焚烧供热、发电等
		无害化	对环境无害的要求	有害垃圾分类收集；卫生填埋

1. 减量化

固体废物"减量化"是指通过精心的工艺设计和适当的技术手段尽量减少废物的数量和体积。减量化的途径一是前期预防，二是末端控制。前期预防主要是通过清洁生产和循环再生利用尽可能地避免固体废物的产生，其中也包括固体废物的资源化技术；末端控制主要是采取一些工程措施，如垃圾焚烧、固化等物理化学技术等无害化手段，减少废物的数量和体积。

2. 资源化

固体废物"资源化"是通过回收固体废物中有用的物质与能量，使其得到再生利用。它是固体废物无害化和减量化的重要途径，也是最有前途的固体废物最终处理与处置的方法。其资源化的途径包括：一是物质回收，即回收其中的有用物质进行重复利用，如玻璃瓶经过分选、清洗可直接利用，这种利用可以说是形态不变的利用，最经济合理；金属经过熔融可重新制成新的产品，是通过物理方法改变其形状，需要消耗能源，但相对比较经济简单。二是物质转化，是利用化学或生物的方法将固体废物转化成有用的物质与能量，工艺比较复杂，同时也需要相当的经济投入，如将作物秸秆和牲畜粪便发酵生产沼气、将粉煤灰用于制造砖和水泥、垃圾发电和垃圾堆肥等。目前物质转化技术多样，这为固体废物的资源化奠定了一定的技术基础，但有些技术目前还受经济的限制而不能投入使用。

3. 无害化

固体废物"无害化"处理是指在现有的技术经济条件下对无法再利用的物质，也就是我们说的固体废物，通过物理、化学或生物工程方法，进行无害或低危害的安全处理与处置，达到对废弃物的消毒、解毒或稳定化、固化，防止并减少固体废物污染的危害。固体废物无害化处理与处置技术是固体废物最终处置技术，是解决固体废物污染问题较彻底的技术方法，是不损害人体健康、不污染周围自然环境的处理方式。

5.2.3　固体废物的处理

1. 固体废物的预处理技术

固体废物的预处理主要是将固体废物中的某些组分进行分离与浓缩，使之转变成便于储存、运输、回收利用和处置的状态，主要技术有分选、破碎、压实等。

(1) 分选

分选主要是将固体废物中有价值的物质根据其用途进行人力分选，如金属、塑料、纸张等，我国传承已久的“废品回收”实质上就是固体废物的人力分选过程；根据其性质（如重力、磁力、粒度等）进行机械分选，如利用磁力分选机将铁从其他金属中分选出来；利用风力将相对密度不同的金属、木块、纸张、塑料等分离开来；利用浮力将塑料分选出来等。在生产过程中，也可采用多级分选，即将不同的分选技术结合起来使用。

(2) 破碎

破碎主要是利用外力将大块固体废物分裂成小块或磨碎成粉状的过程。破碎后的固体废物比表面积增加，可提高焚烧、热解、熔融、压缩、堆肥等作业的稳定性和效率，密度可增加 25%～60%，有利于存储和运输，为后续的处理带来方便和效益。

(3) 压实

压实主要是通过外力加压于松散的固体废物，使其体积缩小，便于储藏运输，同时也可节省空间，如垃圾填埋前必须压实来提高填埋处置的场地利用率。

2. 固体废物的处理技术

固体废物的处理技术主要是将固体废物中的有用物质转化为有用的产品，将暂时无用的物质转化为易于处置的形态的过程。主要有热处理、生物处理、化学处理和固化处理等技术。

(1) 热处理

热处理主要是通过高温破坏和改变固体废物的组成和结构，同时达到减容、无害化或综合利用目的的处理方法，主要包括焚烧、热解等。

焚烧是将固体废物作为燃料送入炉膛内燃烧，在 800～1 000 ℃的高温条件下，固体废物中的可燃组分与空气中的氧进行剧烈的化学反应，释放出热量并转化为高温燃烧气和少量的性质稳定的固体残渣。高温燃烧气可以作为热能进行回收利用，性质稳定的残渣可直接填埋处置。经过焚烧处理，固体废物中的细菌、病毒能被彻底消灭，带恶臭的有机废物被高温分解。因此焚烧可以同时实现固体废物的无害化、减量化和资源化。此法可以处理几乎所有的有机性固体废物，尤其是医院中的带菌性固体废物和化工行业产生的难以治理的有毒、有害的有机废物。但焚烧法也有其缺点：一是焚烧过程中会产生大量的气体和未完全燃烧的有机组分，如二噁英、苯并[a]芘等会造成二次污染；二是投资大，运行管理费用高，对废物的组成及含水量等要求较高。

热解主要是利用固体废物中大分子有机化合物的热不稳定性，在无氧或缺氧、受热500～1 000 ℃条件下，分解成小分子的过程。影响因素主要有温度和压力。固体废物热解处理的对象主要是废塑料、废橡胶、污泥、城市垃圾和农业固体废物。

固体废物热解与焚烧相比有以下优点：一是可以将废物中的有机物转化为可燃的低分子化合物，如气态的氢、甲烷、一氧化碳，液态的甲醇、丙酮、醋酸、乙醛等有机物及焦油、溶剂油等，固态的焦炭或炭黑；二是由于在无氧或缺氧条件下受热分解，废气产生量少，有利于减轻对大气的二次污染，废物中的硫、重金属等有害成分大部分被保留在炭灰中，便于处置。

(2) 生物处理

生物处理是利用微生物分解固体废物中可降解的有机物而使其达到无害化或综合利用的处理方法。固体废物经过生物处理，在体积、形态、组成等方面，均发生重大变化，因而便于运输、储存、利用和处置。生物处理包括好氧生物处理、厌氧发酵处理。

好氧生物处理也称好氧堆肥法，是指在有氧条件下，利用好氧微生物人为地促进废物中可生物降解的有机物向稳定的腐殖质转化的微生物学过程，其产品为优质的有机肥，同时析出二氧化碳、水和热量。好氧堆肥法主要受有机物的含量及其分子组成、湿度、温度、通气量、碳氮比及pH的影响。好氧堆肥法因发酵周期短、无害化程度高、卫生条件好、易于机械控制等优点而被广泛推广应用。

厌氧发酵法也称为沼气发酵，是在无氧条件下，利用种类繁多、数量巨大的厌氧菌的生物转化作用，使废物中的可生物降解的有机物分解为稳定的无毒物质，同时获得以甲烷为主的沼气，得到的沼液、沼渣可作为有机肥料。沼气发酵在处理城市生活污泥、农业固体废物、养殖粪便中得到广泛应用。厌氧发酵主要受原料的组成(即碳氮比)、温度、氧化还原电位及pH的影响。

(3) 化学处理

化学处理是采用化学方法破坏固体废物中的有害成分，从而使其达到无害化的处理方法，主要包括氧化、还原、中和、沉淀和溶出法。化学处理法只是在处理特殊固体废物时采用，而且在其过程中还可能产生新的有毒有害的物质，需要进行再处理。

(4) 固化处理

固化处理是采用固化基材将固体废物固定和包裹起来，使有毒有害物质不能释放到环境中，以降低其对环境的危害的方法，也便于进行安全地运输与处置。固化处理的主要对象是危险固体废物。固化处理包括水泥固化法、塑料固化法、水玻璃固化法和沥青固化法。

5.2.4　固体废物的处置技术

固体废物处置是固体废物污染控制的末端环节，是解决固体废物的归宿问题。一些固体废物经过处理和利用后，还是会有残渣存在，这些残渣中往往富集了大量有毒有害成分，而且难以加以利用。另外，还有一些固体废物至今还无法利用，将长期存在于环境之中。为了控制其对环境的污染，消除其对环境的潜在危害，需对其进行科学处置，以确保这些废物中的有毒有害物质不管是现在还是将来都不会对人类和环境造成危害。固体废物的处置方法分为海洋处置和陆地处置两类。海洋处置包括深海投弃和海上焚烧，随着人类对海洋保护认识程度的加深，海洋处置已受到越来越多的限制。陆地处置包括土地耕作、深井灌注和土地填埋。

1. 土地耕作

土地耕作是指利用表层土壤的离子交换、吸附、微生物降解以及渗沥水浸出、降解产物的挥发等综合作用来处置固体废物的一种方法，该法只适用于处置含盐量低、不含毒物、易生物降解的有机固体废物。本方法具有工艺简单、费用低廉、能改善土壤结构、增强土壤肥力等优点。

2. 深井灌注

深井灌注是指把固体废物液化，将形成的真溶液或乳液、悬浮液注入地下与饮用水和矿脉层隔开的可渗性岩层内。目前该法只能用来处理那些难破坏、难转化、不能采用其他方法处理处置的废物或采用其他方法费用昂贵的废物。

3. 土地填埋

土地填埋是目前采用最多的固体废物处置技术，包括场地选择、填埋场设计、施工填埋操作、环境保护和监测、场地利用等几个方面。其实质是将固体废物铺成一定厚度的薄层压实，并覆盖土壤。近年来固体废物填埋技术不断改进与提高，从简单的倾倒、堆放，发展到卫生填埋和安全填埋，填埋的安全性逐渐提高。

土地填埋与其他的固体废物处置法相比，具有工艺简单、成本较低、适于处置多种固体废物的优点，而成为固体废物最终处置的一种主要方法；填埋后的土地可重新用作停车场、游乐场、高尔夫球场等。其缺点是填埋在地下的固体废物通过降解可能产生易燃、易爆或毒性气体，对大气产生二次污染，其渗沥水如果不能及时排出也可污染地下水，因此需要加强监测并采取相应的控制措施；填埋场选址必须远离居民区。

5.2.5 固体废物资源化利用

固体废物资源化是指采取工艺技术从固体废物中回收有用的物质与能源。

1. 固体废物资源化的原则

(1) 资源化的技术必须是可行的；

(2) 资源化的经济效果比较好，有较强的利用前景；

(3) 资源化所处理的固体废物应尽可能在排放源附近处理利用，以节省固体废物在存放、运输等方面的费用；

(4) 资源化产品应当符合国家相应产品的质量标准。

2. 固体废物资源化的基本途径

(1) 提取金属

金属是不可再生的资源，把有价值的金属从固体废物中提取出来，是固体废物资源化的基本途径。从有色金属渣中可以提取金、银、钴、锑、硒、碲、铊、钯、铂等，其中某些稀有贵重金属的价值甚至超过主金属的价值。粉煤灰和煤矸石中含有铁、钼、锗、钒等金属，目前美国、日本等国已对钼、锗、钒实行工业化提取。

(2) 生产建筑材料

利用工业固体废物生产建筑材料是一条较为广阔的途径，目前主要表现在以下几个方面：一是利用炉渣、钢渣、铁合金渣等生产碎石，用作混凝土骨料、道路材料、铁路道渣等；二是利用粉煤灰、经水淬的高炉渣和钢渣生产水泥；三是在粉煤灰中掺入一定量的炉渣、矿渣等骨料，再加石灰、石膏和水拌和可制成蒸汽养护砖、砌块、大型墙体材料等硅酸盐建筑制品；四是利用冶金炉渣生产铸石，利用高炉渣或铁合金渣生产微晶玻璃；五是利用高炉渣、煤矸石、粉煤灰生产矿渣棉和轻质骨料。

(3) 生产肥料

利用固体废物生产或代替农肥有着广阔的前景。城市垃圾、农业固体废物等可经过堆肥处理制成有机肥。粉煤灰、高炉渣、钢渣和铁合金渣可以作为硅钙肥直接施入农田，钢渣中含磷较高时可用来生产钙镁磷肥。

(4) 回收能源

很多工业固体废物热值高，可以充分利用。粉煤灰中碳的质量分数在10%以上，可以回收加以利用。德国拜尔公司每年焚烧2.5万t工业固体废物生产蒸汽。有机垃圾、植物秸秆、人畜粪便经过厌氧发酵生成可燃性的沼气。

(5) 取代某种工业原料

工业固体废物经一定加工处理后可代替某种工业原料，以节省资源。煤矸石可用来生产磷肥；高炉渣代替砂、石作滤料处理废水，还可以作吸附剂，从水面回收石油制品；粉煤灰可作塑料制品的填充剂，还可作过滤介质过滤废水，不仅效果好，而且还可以从纸浆废液中回收木质素。

创建无废城市，共享绿色未来

1. 无废城市的内涵

无废城市是以创新、协调、绿色、开放、共享的新发展理念为引领，通过推动形成绿色发展方式和生活方式，持续推进固体废物源头减量和资源化利用，最大限度地减少填埋量，将固体废物环境影响降至最低的城市发展模式，也是一种先进的城市管理理念。

2. 无废城市建设六项重点任务

2018年12月29日，国务院办公厅印发《"无废城市"建设试点工作方案》(简称《方案》)。明确了六项重点任务：一是强化顶层设计引领，发挥政府宏观指导作用；二是实施工业绿色生产，推动大宗工业固体废物储存处置总量趋零增长；三是推行农业绿色生产，促进主要农业废弃物全量利用；四是践行绿色生活方式，推动生活垃圾源头减量和资源化利用；五是提升风险防控能力，强化危险废物全面安全管控；六是激发市场主体活力，培育产业发展新模式。

3. 无废城市试点城市

《方案》提出，在全国范围内选择10个左右有条件、有基础、规模适当的城市，在全市域范围内开展"无废城市"建设试点。到2020年，系统构建无废城市建设指标体系，探索建立无废城市建设综合管理制度和技术体系，形成一批可复制、可推广的"无废城市"建设示范模式。

2019年4月30日，中华人民共和国生态环境部公布11个无废城市建设试点。11个试点城市为：广东省深圳市、内蒙古自治区包头市、安徽省铜陵市、山东省威海市、重庆市(主城区)、浙江省绍兴市、海南省三亚市、河南省许昌市、江苏省徐州市、辽宁省盘锦市、青海省西宁市。

与此同时，河北"雄安新区"、北京经济技术开发区、中新天津生态城、福建省南平市光泽县、江西省赣州市瑞金市作为特例，参照"无废城市"建设试点一并推动。

4. 创建无废城市的意义

无废城市是一种先进的城市管理理念，坚持绿色低碳循环发展，以大宗工业固体废物、主要农业废弃物、生活垃圾和建筑垃圾、危险废物为重点，实现源头大幅减量、充分资源化利用和安全处置。不仅更注重环境保护，还在于让经济发展过程资源利用率更高、社会效益更好。

5. 无废城市的建设成果

经过两年的建设，目前已经积累了一些成功的经验：

在工业绿色生产方面，通过优化产业结构、提升工业绿色制造水平，推动工业固体废物减量化与资源化。例如，包头市统筹推进钢铁、电力等产业结构调整和资源能源利用效率提升，工业固体废物产生强度一年降低4%。铜陵市、盘锦市、瑞金市等地通过“无废矿山”“无废油田”建设，从源头减少了工业固体废物产生量；通过生态修复，将废弃矿山变成“绿水青山”；通过发展旅游观光，又将其转化为“金山银山”。

在农业绿色生产方面，通过与美丽乡村建设、农业现代化建设相融合，推动主要农业废弃物有效利用。例如，徐州市建立了秸秆高效还田及收储用一体多元化利用模式，福建省光泽县发展了种养结合生态农业模式，西宁市建设“生态牧场”模式等，这些做法实现了秸秆、畜禽粪污全量利用。又如，威海市推广生态养殖模式，建成14个国家级海洋牧场；重庆市统筹供销合作社农资供应与农膜回收体系，2020年农膜收集率达到90%以上。

在践行绿色生活方式方面，通过宣传引导和管理制度创新，探索城乡生活垃圾和建筑垃圾源头减量和资源化利用。中新天津生态城推行垃圾分类实名管理、弹性收费和信息公示，居民分类准确率达87%。深圳推行“集中分类投放+定时定点督导”分类方式，生活垃圾回收率达到42%，位居国内领先水平。许昌市打造“政府主导、市场运作、特许经营、循环利用”模式，建筑垃圾资源化利用率超过80%。雄安新区编制无废城市教材，纳入新区15年教育体系。

在加强环境监管方面，通过信息化平台建设和制度创新，强化风险防控能力。“绍兴市率先建成无废城市信息化平台，打通35个部门固体废物相关数据接口，形成‘纵向到底、横向到边’的监管格局。重庆市与四川省合作建立危险废物跨省转移‘白名单’制度，平均审批时限由1个月压缩至5个工作日以内。北京经开区开展危险废物分级豁免管理尝试，探索实施‘点对点’资源化利用机制。三亚市通过源头禁限、过程管控、陆海统筹治理塑料污染，每年减少一次性塑料制品使用量约8 000 t。”

此外，试点城市还采取积极措施激发市场主体活力，利用市场化手段，培育了近300家固体废物回收利用处置骨干企业。

2021年年底，生态环境部会同17个部门印发《“十四五”时期“无废城市”建设工作方案》。其主要目标是：到2025年，实现无废城市固体废物产生强度较快下降，综合利用水平显著提升，无害化处置能力有效保障；减污降碳协同增效作用充分发挥;"无废"理念得到广泛认同;基本实现固体废物管理信息"一张网",固体废物治理体系和治理能力得到明显提升。"'十四五'时期,将按照深入打好污染防治攻坚战意见的有关决策部署,推进100个左右地级及以上城市开展无废城市建设,鼓励有条件的省份全域推进无废城市建设。"

问题与思考

1. 什么是固体废物?如何理解其概念?
2. 简述固体废物污染环境的途径及其对环境的危害。
3. 简述固体废物的处理和处置方法。
4. 何为固体废物的资源化?资源化的基本原则和途径有哪些?
5. 什么是无废城市?创建无废城市的任务及意义?

参考文献

[1] 庄伟强,刘爱军. 固体废物处理与处置[M]. 3版. 北京:化学工业出版社,2019.

[2] 李登新,甘莉,刘仁平,等. 固体废物处理与处置[M]. 北京:中国环境科学出版社,2014.

[3] 龙湘犁,何美琴. 环境科学与工程概论[M]. 北京:化学工业出版社,2019.

[4] 唐雪娇,沈伯雄,王晋刚. 固体废物处理与处置[M]. 2版. 北京:化学工业出版社,2018.

[5] 赵由才,牛冬杰,柴晓利,等. 固体废物处理与资源化[M]. 3版. 北京:化学工业出版社,2019.

[6] 周翠红,张玉虎,张志军,等. 固体废物处理与资源化[M]. 北京:中国石化出版社,2021.

[7] 崔兆杰,谢锋. 固体废物的循环经济:管理与规划的方法与实践[M]. 北京:科学出版社,2005.

[8] 生态环境部. "无废城市"建设试点形成一批可复制可推广模式[N/OL]. (2022-03-31)[2022-07-06]. http://huanjing.ahwang.cn/hjyaowen/20220331/13522.html.

课外阅读

[1] 生态环境部. 中华人民共和国固体废物污染环境防治法[M]. 北京:中国法制出版社,2020.

第6章

物理环境

学习目标

1. 理解和掌握物理环境的相关概念，如噪声污染、光污染、电磁辐射污染等。

2. 理解和掌握噪声污染、电磁辐射污染、光污染和热污染的产生原因和控制方法。

3. 掌握噪声的物理度量指标。

4. 了解物理环境污染造成的危害。

6.1 噪声污染

6.1.1 噪声及其来源

1. 噪声的概念及特征

噪声是声波的一种，具有声波的一切特性，其产生、传播和接收在原理上与其他声音没有任何区别。从物理学的观点讲，噪声是指声强和频率的变化都没有规律，听起来杂乱无章、不和谐的声音；从环境保护的角度看，凡是影响人们正常学习、工作和休息的声音，如机器的轰鸣声，各种交通工具的电动机声、鸣笛声，人的嘈杂声，及各种突发的声响等，均称为噪声；从心理学的观点来说，噪声的概念是主观的、相对的，凡是使人烦躁的、讨厌的、不需要的声音都可以称为噪声。环境噪声具有如下特征。

(1) 环境噪声是感觉性公害

通常，噪声是由不同振幅和频率组成的无调嘈杂声，例如，隆隆的机器声、工地上的嘈杂声、刺耳的汽笛声等都是噪声。但有的时候，有调或好听的音乐，在它影响人们的工作、休息并使人感到厌烦时，也认为是噪声。如在听音乐会时，除了演员和乐队的声音外，邻座的轻声说话也是噪声；而睡眠时，再悦耳的音乐也可能是噪声。当然，一般意义上的噪声指的还是过响声、妨碍声和不愉快的声音。所以，噪声不单取决于声音的物理性质，也与个人所处的环境和主观愿望有关，因此，对噪声评价的显著特点，是与受害者的生理与心理因素有关。

(2) 环境噪声是局限性和分散性公害

局限性主要是指环境噪声影响范围的局限性，不像大气污染、海洋污染那样范围非常广泛，噪声的传播距离有限。分散性主要是指环境噪声声源分布的分散性，如每辆正在行驶的汽车就是一个交通噪声源，其噪声随着汽车的行驶而流动着。

(3) 噪声污染是暂时性的，不具有积累性

噪声源停止发声，危害即消除，它与有害有毒物质引起的污染不同。其他污染源排放的污染即使停止排放，污染物在较长时间内会在环境中残留，污染是持久性的；而噪声没有污染物，对环境的影响不具积累性。

由于噪声妨碍健康，影响工作效率。因而，随着工业与交通的发展，有人认为噪声污染是除大气污染、水体污染外的城市第三大环境污染问题。

2. 噪声的来源与分类

噪声的来源多种多样，根据物体振动的原理可以分为机械振动噪声和气体动力噪声两大类。对于城市环境噪声，根据产生来源主要可分以下几类。

(1) 交通运输噪声

交通运输噪声主要指的是机动车辆、飞机、火车和轮船等交通工具在运行时发出的噪声。其特点是这些噪声的噪声源是流动的，因此干扰范围大。交通运输噪声的大小受下面各种因素的影响。车流量越大的公路，噪声越大；主干道上的噪声大于次级公路上的噪声；车速越高，噪声越大；重型车辆，如货柜车、集装箱车辆等的噪声比轻型车的噪声大。噪声大小也受路面质量的影响，路面质量越差，噪声越大；同样的路面质量，有减速带的也会比没有减速带的噪声大。另外，与公路的距离不同，噪声大小也不同，即离公路越近，噪声越大。同一辆重型货车经过时，离公路 10 m 位置的高 5.5 m 的住宅(平面直线距离)衰减 0.3 dB，30 m 衰减 4 dB，50 m 衰减 6 dB，100 m 衰减 8.9 dB；离公路同一距离，普通住宅楼层越高的，噪声越大，所以认为住得高就远离噪声的想法是错误的。

(2) 工业生产噪声

工业生产噪声是指工厂在生产过程中由于机械振动、摩擦撞击及气流扰动产生的噪声。例如，化工厂的空气压缩机、鼓风机和锅炉排气放空时产生的噪声，都是由于空气振动而产生的气流噪声。球磨机、粉碎机和织布机等产生的噪声是由于固体零件机械振动或摩擦撞击产生的机械噪声。由于工业噪声声源多而分散，噪声类型比较复杂，因此治理起来相当困难。不同的行业噪声大小不同，例如，一般电子工业和轻工业的噪声均在 90 dB 以下，纺织厂噪声为 90～106 dB，机械工业噪声为 80～120 dB，大型球磨机的噪声约为 120 dB，风铲、风镐、大型鼓风机的噪

声在120 dB以上。

工业生产噪声的特点是噪声大、连续时间长，有的设备常年运转、昼夜不停，不仅直接对生产工人带来危害，而且对附近居民的生活影响也很大。那些与中、小型企业混在一起的高密度街区和住宅，企业生产造成的噪声对居民生活环境的破坏尤为严重。

因此，现代社会在进行区域开发或进行城市规划时，均力求将工业区、居民区和商业区隔离开，以寻求经济、环境和社会的协调发展。

(3) 生活噪声

生活噪声主要是商业、娱乐、体育、游行、庆祝、宣传等活动产生的噪声，其他如打字机、家用电器等小型机械以及住宅区内修理汽车、制作家具和燃放爆竹等所产生的噪声也包括在内。商业、文体、游行、宣传活动等有时应用扩声设备，造成的噪声污染就更为严重，有些活动在室内造成的噪声经常在100 dB以上。随着人们生活水平的提高，家庭逐渐实现电气化，家庭常用设备，如洗衣机、缝纫机、除尘器、电冰箱、抽水马桶等产生的噪声已受到人们的广泛关注。

(4) 建筑施工噪声

近年来，我国城市建设迅猛发展，特别是开发区兴建和旧城镇再开发中的拆建、新建等工程大量进行，道路拓宽、给排水管道铺设等土木工程亦日益增多。除了造成道路泥泞、沙尘飞扬外，更严重的是在施工中各种机械操作带来的严重振动和噪声等环境公害。在城市中，建设公用设施如地下铁道、高速公路、桥梁，敷设地下管道和电缆，以及从事工业与民用建筑的施工现场等，都大量使用各种不同性能的动力机械，使原来比较安静的环境成为噪声污染严重的场所。某些施工现场紧邻居住建筑群，对居民的生活造成很大的干扰。常见的建筑施工噪声范围如表6-1所示。

表6-1 常见建筑施工噪声范围 dB

机械名称	距离声源10 m		距离声源30 m	
	噪声范围	平均值	噪声范围	平均值
打桩机	93～112	105	84～103	91
地螺钻	68～82	75	57～70	63
铆枪	85～96	91	74～68	70
压缩机	32～98	88	78～80	76
破碎机	80～92	85	74～80	76

6.1.2 噪声的物理量度指标

1. 声压和声压级

物体在空气中振动，使周围空气发生疏密交替变化并向外传递，产生声音。声波就是振动在媒质中的传播，是空气分子有指向、有节律的运动。有声波时，媒质中的压力与静压的差值称为声压，声压是由于声波的存在而引起的压力增值。声波在空气中传播时形成压缩和疏密交替变化，所以压力增值是正负交替的。由于空气疏密状态不断改变，所以声压值时刻在变。但不论是人耳，还是测量仪器都无法跟上这种变化，人耳或测量仪器能反映的只是其均方根值或叫有效值。由于一般所讲的声压都是指有效声压，所以为简便起见，有效声压仍称为声压。声压可用来衡量声音的大小，其单位是 Pa。正常人耳刚刚听到声音（听阈）的声压为 2×10^{-5} Pa，普通说话声的声压为 $2\times10^{-2}\sim7\times10^{-2}$ Pa。当声音很强使人感到痛苦时，声压（痛阈）为 20 Pa，当声音达到数百帕以上时，可引起耳鼓膜损伤。

从上面的例子可以看出，声音变化的范围达 6 个数量级以上，所以用声压来表示声音强弱很不方便。因此，便引出了一个成倍关系的对数量级，用以表示声音的大小，即声压级。

声压级就是两个声压之比取以 10 为底的对数，并乘以 20，它的数学式为

$$L_p=20\lg\frac{p}{p_0}$$

式中：L_p——声压级，dB；

p——声压，Pa；

p_0——基准声压，其值为 2×10^{-5} Pa。

从上式可以看出，噪声每变化 20 dB，就相当于声压值变化 10 倍；噪声每变化 40 dB，就相当于声压值变化 100 倍；噪声每变化 60 dB，就相当于声压值变化 1 000 倍。

2. 声强和声强级

声强是在单位时间内，沿声波传播方向垂直通过单位面积的声能量，即单位面积上的声功率，用 I 来表示，单位为 W/m^2。从物理学定义看，声强（I）与声频的平方成正比，即频率越高，声强越大。人耳对声频有一定的感受范围，对声强也有一定的感受范围，在 1 000 Hz 频率时，一般正常人听觉的最高声强为 1 W/m^2，声强再高会引起耳聋。最低听觉声强为 10^{-12} W/m^2，声强再低则听不到。通常把这一最低声强作为测定声强的基础，用 I_0 表示，$I_0=10^{-12}$ W/m^2。

声强的范围非常大，人耳正常感受的最高声强与最低声强之比达 10^{12}，直接用声强作为量度声音强度的单位是不方便的，于是定义一个新的物理量——声强级

来代替声强，用 L 表示，单位为 dB，即

$$L=\lg\frac{I}{I_0}$$

分贝值越大，声强级越大，I_0 分贝的声音，刚刚能为人耳听到，这称为听阈；120 dB 是痛阈，会引起听觉器官的痛感。

3. 响度和响度级

响度是人耳判别声音由轻到响的强度等级概念，它不仅取决于声音的强度（如声压级），还与它的频率及波形有关。响度的单位为宋（sone），1 sone 的定义为声压级为 40 dB、频率为 1 000 Hz，且来自听者正前方的平面波形的强度。如果另一个声音听起来比这个大 n 倍，即声音的响度为 n sone。

响度级（L_N）是定义 1 000 Hz 纯音声压级的分贝值为响度级的数值，单位为方（phon）。任何其他频率的声音，当调节 1 000 Hz 纯音的强度与之一样响时，则这 1 000 Hz 纯音的声压分贝值就定为这一声音的响度级值。响度级的合成不能直接相加，而响度可以相加。例如，两个不同频率而都具有 60 phon 的声音，合成后的响度级是 70 phon。

4. 计权声级

为了能用仪器直接反映人的主观响度感觉的评价量，就模拟人耳听觉在不同频率有不同的灵敏性，在噪声测量仪器——声级计中设计一种特殊滤波器，叫计权网络，通过计权网络测得的声压级叫计权声压级或计权声级，简称声级，通用的有 A、B、C 和 D 计权声级。

A 计权声级是模拟人耳对 55 dB 以下低强度噪声的频率特性。

B 计权声级是模拟 55～85 dB 的中等强度噪声的频率特性。

C 计权声级是模拟高强度噪声的频率特性。

D 计权声级是对噪声参量的模拟，专用于飞机噪声的测量。

5. 等效连续声级和昼夜等效声级

等效连续 A 声级 L_{eq} 是指在声级不稳定情况下，人实际所接受的噪声能量的大小，用一个相同时间内声能与之相等的连续稳定的 A 声级来表示该段时间内的噪声的大小。如果数据符合正态分布，其累积分布在正态分布概率纸上为一直线，则可用下面近似公式计算：

$$L_{eq}\approx L_{50}+\frac{d^2}{60},\quad d=L_{10}-L_{90}$$

式中：L_{10}、L_{50}、L_{90} 为累积分布值，其定义为：

L_{10}——测量时间内，10%的时间超过的噪声级，相当于噪声的峰值；

L_{50}——测量时间内，50％的时间超过的噪声级，相当于噪声的平均值；

L_{90}——测量时间内，90％的时间超过的噪声级，相当于噪声的本底值。

累积分布值 L_{10}、L_{50} 和 L_{90} 的计算方法有两种：其一是在正态分布概率纸上画出累积分布曲线，然后从图中求得；另一种简便方法是将测定的一组数据（如 100 个），从大到小排列，第 10 个数据即为 L_{10}，第 50 个数据为 L_{50}，第 90 个数据即为 L_{90}。

6.1.3　噪声的危害

噪声是一种无形污染。早在公元前 7 世纪，人们就懂得噪声可影响人的情绪、损害健康甚至引起死亡。随着生产技术的迅速发展，噪声干扰范围之广、危害之深有增无减。据联合国统计，目前城市的噪声与 20 年前相比已增加若干倍。在我国，约有 2 000 万人在 90 dB 以上的环境中工作，约有 2 亿人在超过环境噪声标准的环境中生活。噪声污染的危害主要表现在以下几方面。

（1）干扰人的休息和睡眠

休息和睡眠是人们消除疲劳、恢复体力和维持健康的必要条件，但噪声使人不得安宁，难以休息和入睡。当人辗转不能入睡时，便会心态紧张，呼吸急促，脉搏跳动加剧，大脑兴奋不止，第二天就会感到疲倦，或四肢无力，从而影响到工作和学习，久而久之，就会得神经衰弱症，表现为失眠、耳鸣、疲劳。研究发现，噪声超过 85 dB，会使人感到心烦意乱，人们会感觉到吵闹，因而无法专心工作，结果会导致工作效率降低。

（2）损伤听觉、视觉器官

如果人长时间遭受强烈噪声作用，听力就会减弱，进而导致听觉器官的器质性损伤，造成听力下降。强的噪声可以引起耳部的不适，如耳鸣、耳痛、听力损伤。据测定，超过 115 dB 的噪声还会造成耳聋。据临床医学统计，若在 80 dB 以上噪声环境中生活，造成耳聋者可达 50％。据统计，当今世界上有 7 000 多万耳聋者，其中相当一部分是由噪声所致。除此以外，噪声还可能影响视力。试验表明，当噪声强度达到 90 dB 时，人的视觉细胞敏感性下降，识别弱光反应时间延长；噪声达到 95 dB 时，有 40％的人瞳孔放大，产生视模糊；而噪声达到 115 dB 时，多数人的眼球对光亮度的适应都有不同程度的减弱。所以长时间处于噪声环境中的人很容易发生眼疲劳、眼痛、眼花和视物流泪等眼损伤现象。

（3）对人体的生理影响

噪声是一种恶性刺激物，长期作用于人的中枢神经系统，可使大脑皮质兴奋和抑制失调，条件反射异常，出现头晕、头痛、耳鸣、多梦、失眠、心慌、记忆力减退、注意力不集中等症状，严重者可产生精神错乱。曾有专家在哈尔滨、北京和长春等 7

个地区经过为期3年的系统调查，结果发现噪声不仅能使女工患噪声聋，且对女工的月经和生育均有不良影响。另外可导致孕妇流产、早产，甚至可致畸胎。国外曾对某个地区的孕妇普遍发生流产和早产做了调查，结果发现她们居住在一个飞机场的周围，祸首正是那起飞降落的飞机所产生的巨大噪声。在日本，曾有过因为受不了火车噪声的刺激而精神错乱，最后自杀的例子。

6.1.4 噪声的控制

噪声控制是指采用工程技术措施控制噪声源的声输出，控制噪声的传播和接收，以得到人们所要求的声学环境。与水体污染、大气污染和固体废物污染不同，噪声污染是一种物理性污染，它的特点是局部性和没有后效。噪声在环境中只是造成空气物理性质的暂时变化，噪声源的声输出停止后，污染立即消失，不留下任何残余留物质。噪声的防治主要是控制声源和声的传播途径，以及对接收者进行保护。

解决噪声污染问题的一般程序是首先进行现场噪声调查，测量现场的噪声级和噪声频谱，然后根据有关的环境标准确定现场容许的噪声级，并根据现场实测的数值和容许的噪声级之差确定降噪量，进而制定技术上可行、经济上合理的控制方案。

常见的噪声控制方法有以下几种。

(1) 噪声的声源控制

运转的机械设备和运输工具等是主要的噪声源，控制它们的噪声有两条途径：一是改进结构，提高其中部件的加工精度和装配质量，采用合理的操作方法等以降低声源的噪声发射功率；二是利用声的吸收、反射、干涉等特性，采用吸声、隔声、减振、隔振等技术，以及安装消声器等，以控制声源的噪声辐射。采用各种噪声控制方法可以收到不同的降噪效果。如将机械传动部分的普通齿轮改为有弹性轴套的齿轮，可降低噪声15～20 dB；把铆接改成焊接，把锻打改成摩擦压力加工等，一般可减低噪声30～40 dB。

(2) 噪声传声途径的控制

噪声传声途径的控制包括：①声在传播中的能量是随距离的增加而衰减的，因此使噪声源远离需要安静的地方，可以达到降噪的目的。②声的辐射一般有指向性，处在与声源距离相同而方向不同的地方，接收到的声强度也不同。不过多数声源以低频辐射噪声时，指向性很差；随着频率的增加，指向性增强。因此，控制噪声的传播方向(包括改变声源的发射方向)是降低噪声尤其是高频噪声的有效措施。③建立隔声屏障，或利用天然屏障(土坡、山丘)，以及利用其他隔声材料和隔声结构来阻挡噪声的传播。④应用吸声材料和吸声结构，将传播中的噪声声能转变为热能等。⑤在城市建设中，采用合理的城市防噪声规划。此外，对于固体振动产生的噪声采取隔振措施，以减弱噪声的传播。

（3）噪声接收者的防护

噪声中接收者的防护包括：①佩戴护耳器，如耳塞、耳罩、防声盔等。②减少在噪声环境中的暴露时间。③根据听力检测结果，适当调整在噪声环境中的工作人员。人的听觉灵敏度是有差别的，如在85 dB的噪声环境中工作，有人会耳聋，有人则不会，可以每年或几年进行一次听力检测，把听力显著降低的人调离噪声环境。

合理的控制噪声的措施是根据噪声控制费用、噪声容许标准、劳动生产效率等有关因素进行综合分析确定的。在一个车间，如果噪声源是一台或少数几台机器，而车间里工人较多，一般可采用隔声罩，降噪效果为10～30 dB；如果车间里工人少，经济有效的方法是用护耳器，降噪效果为20～40 dB；如果车间里噪声源不多而分散，工人又多，一般可采取吸声降噪措施，降噪效果为3～15 dB；如果工人不多，可用护耳器，或者设置供工人操作用的隔声间。机器振动产生噪声辐射，一般采取减振或隔振措施，降噪效果为5～25 dB。例如，机械运转使厂房的地面或墙壁振动而产生噪声辐射，可采用隔振机座或阻尼措施。

世界噪声“隐形杀手”公害污染性事件

1981年，在美国举行的一次现代派露天音乐会上，当震耳欲聋的音乐声响起后，有300多名听众突然失去知觉，昏迷不醒，100辆救护车到达现场抢救。这就是骇人听闻的噪声污染事件。

噪声研究始于17世纪，20世纪50年代后，噪声被公认为是一种严重的公害污染。有关噪声污染事件也屡有报道。1960年11月，日本广岛市的一男子被附近工厂发出的噪声折磨得烦恼万分，以致最后刺杀了工厂主。无独有偶，1961年7月，一名日本青年从新宿来到东京找工作，由于住在铁路附近，日夜被频繁过往的客、货车的噪声折磨，患了失眠症，不堪忍受痛苦，最后自杀身亡。同年10月，东京都品川区的一个家庭，母子3人因忍受不了附近建筑器材厂发出的噪声，试图自杀，未遂。中国也是噪声污染比较严重的国家，全国有近2/3的城市居民在噪声超标的环境中生活和工作，对噪声污染的投诉占环境污染投诉的近40%。

噪声被称为“无形的暴力”，是大城市的一大隐患。有人曾做过试验，把一只豚鼠放在173 dB的强声环境中，几分钟后就死了。解剖后的豚鼠肺和内脏都有出血现象。1959年，美国有10人“自愿”做噪声试验。当试验用飞机从10名试验者头上10～12 m的高度飞过后，有6人当场死亡，4人数小时后死亡。验尸证明，10人都死于噪声引起的脑出血。可见这个“声学武器”的威力之大。

6.2 电磁辐射污染

6.2.1 电磁辐射及其来源

电场和磁场周期性地变化产生波动并通过空间传播的过程称为电磁波，也叫作电磁辐射。正确利用电磁辐射可以使人类受益。如采用适当方式和强度，将电磁波照射人体的一定部位，可以帮助医生对患者进行诊断或对某些疾病进行治疗。这种生物学效应主要表现为热效应，即机体把吸收的辐射能转换为热能而达到治疗疾病的目的，但辐射过强也会由于过热而引起器官损伤，也可以利用电磁波发射各类有用信号（如广播、电视和无线通信等）来丰富人们的生活。

电磁辐射污染是指在作业和生活环境中的电磁辐射超过一定强度，人体受到长时间辐射时就会造成不同程度伤害。电磁辐射对人体危害的程度与电磁波波长有关。按对人体危害程度由大到小顺序排列，依次为微波、超短波、短波、中波、长波，即波长越短危害越大。电磁辐射污染的来源是从1831年英国物理学家法拉第发现电磁感应现象后人类探索电磁辐射的利用开始的。至今，电磁辐射已经深入人类生产、生活的各个方面，特别是20世纪末全球移动通信广泛普及，虽然人类能够充分享受由电磁辐射带来的方便，人类的活动空间得以充分延伸，超越了国家乃至地球界线，但是电磁辐射的大规模应用使许多电磁辐射强度远远超过人体所能承受或仪器设备所能容许的限度，从而给人类和环境带来严重的电磁污染。

天然的电磁辐射污染是某些自然现象引起的，如雷电，它除了可以对电器设备、飞机、建筑物等产生直接危害外，还可在广大地区从几百赫兹到几千赫兹的极宽频率范围产生严重的电磁干扰。此外，太阳和宇宙的电磁场源的自然辐射、火山喷发、地震和太阳黑子活动均会产生电磁干扰，天然的电磁辐射污染对短波通信的干扰特别严重。人为的电磁辐射污染主要包括脉冲放电、交变电磁场、射频电磁辐射等，其中主要是微波设备产生的辐射，特别是近年来飞速发展的通信设备。人工电磁辐射污染源主要有移动电话、对讲机、电磁炉、微波炉、电冰箱、彩电、电热毯、吸尘器、计算机和空调等，Gs是衡量磁感应强度的单位，$1\ \mathrm{Gs}=1\ \mathrm{cm}^{1/2}\cdot\mathrm{g}^{1/2}\cdot\mathrm{s}^{-1}$。目前科学家普遍认为，长期接触低于2 mGs的电磁辐射是安全的。但是，任何形式的人工电磁辐射都是对人体细胞有影响的，而我们接触的大部分电器，会产生超过20 mGs的辐射。不过,电磁场的辐射强度会随着距离而迅速下降。部分家电磁感应强度的数据见表 6-2。

表 6-2 部分家电磁感应强度数据 mGs

电器产品	3 cm 距离	1 m 距离	电器产品	3 cm 距离	1 m 距离
电视	25～500	0.1～1.5	剃须刀	150～15 000	0.1～3
微波炉	750～2 000	2.5～6	洗衣机	8～500	0.1～1.5
吹风机	60～2 000	0.1～3	吸尘器	2 000～8 000	1.3～20
冰箱	5～17	<0.1	台灯	400～4 000	0.2～2.5

6.2.2 电磁辐射的危害

电磁辐射污染的危害主要包括对人体健康的危害和对通信系统的干扰。电磁辐射污染对人体健康的危害主要表现在:①能使人体组织温度升高,导致身体发生机能性障碍和功能紊乱;②可使癌症发病率增高;③可伤害眼睛,眼睛被强度为 100 mW/cm^2 的微波照射几分钟就可使晶状体出现水肿,严重的则造成白内障,强度更高的微波会使视力完全消失;④可影响人的生殖功能;⑤可影响人的遗传基因;⑥可损害人的中枢神经;⑦可引发心血管疾病。

电磁辐射对于通信系统的干扰也会造成较大的危害。如果对电磁辐射管理不善,大功率的电磁波在室内会相互产生严重干扰而导致通信系统受损,从而造成严重事故发生。例如,1991 年奥地利劳拉航空公司一次飞机失事,导致机上 223 人全部遇难。据英国当局猜测,可能是由于飞机上的一台笔记本电脑或是便携式摄录机造成的。在我国,也发生过由于电磁辐射干扰而导致机场短时间关闭的情况。在深圳机场附近有 200 多台无线电发射机据守着机场周围山头,各寻呼台互相竞争,致使机场指挥塔无线通信系统受到严重干扰,造成指挥正在降落的飞机向左转而飞行员却听成了向右转现象,对飞行安全形成严重威胁,深圳机场不得不为此关闭机场两小时来处理电磁辐射干扰问题。此外,强电磁辐射还会对某些武器弹药造成威胁,如高频强电磁辐射能使导弹制导系统失灵,也能使自动化逻辑系统失灵。

6.2.3 电磁辐射的控制

电磁辐射的控制与其他污染的控制方法类似,也是只有采取综合防治方法才能取得更好的效果。为了从根本上防治电磁辐射污染,国家必须先制定相关标准,如对产生电磁波的各种工业和家用电器设备及产品提出严格的设计标准,尽量从源头上减少电磁辐射的产生,从而为防治电磁辐射提供良好前提。其次,是通过合理的工业布局，使电磁污染源远离居民区。而对于已经进入环境且造成电磁辐射污染的电磁辐射，则要采取一定的技术防护手段，减少对人和环境的辐射危害。

防护电磁辐射的方法主要有以下两种：

（1）屏蔽

屏蔽是使用某种能抑制电磁辐射扩散的材料，将电磁场源与其环境隔离开来，使辐射能限制在某一范围内，从而达到防止电磁污染的目的。电磁屏蔽分为主动屏蔽和被动屏蔽两类。主动屏蔽是将电磁场的作用限定在某一范围，使其不对该范围以外的生物机体或仪器设备产生影响。屏蔽材料可以用钢、铁、铝等金属，或用涂有导电涂料或金属镀层的绝缘材料。

（2）吸收防护

吸收防护是采用对某种辐射能量具有强烈吸收作用的材料敷设于场源外围，以防止大范围污染。吸收防护是减少微波辐射危害的一项积极有效的措施。实际应用的吸收材料种类很多，如泡沫吸收材料、涂层吸收材料和塑料板吸收材料等。

如何避免身边的电磁辐射

对于不同的电磁辐射污染源，其防护方法是很多的，只要是能降低辐射源的辐射，达到国家标准要求，就可以使用。日常生活中避免电磁辐射从以下几方面做起：

① 电器摆放不能过于集中。在卧室中，要尽量少放，甚至不放电器。

② 电器使用时间不宜过长，尽量避免同时使用多台电器。

③ 注意人与电器的距离，能远则远。

④ 尽量缩短使用电剃须刀和吹风机的时间。

⑤ 长时间坐在计算机前工作时，最好穿防辐射服装。在视频显示终端，要加装荧光屏防护网。

⑥ 电器不使用时，不要让它们处于待机状态。

⑦ 手机接通瞬间释放的电磁辐射最大，最好在手机响过一两秒或电话两次铃声的间歇声中接听电话。

⑧ 多食用胡萝卜、豆芽、西红柿、油菜、海带、卷心菜、瘦肉、动物肝脏等富含维生素A、C和蛋白质的食物，多饮绿茶，可加强机体抵抗电磁辐射的能力。

6.3 放射性污染

6.3.1 放射性污染及其来源

在自然界和人工生产的元素中，有一些元素能自动发生衰变，并放射出肉眼看不见的射线，这些元素统称为放射性元素或放射性物质。在自然状态下，来自宇宙的射线和地球环境本身的放射性元素一般不会给生物带来危害。20世纪50年代以来，人类的活动使得人工辐射和人工放射性物质大大增加，环境中的射线强度随之增强，危及生物的生存，从而产生了放射性污染。放射性污染很难消除，射线强弱只能随时间的推移而减弱。随着原子能工业的发展，放射性物质在医学、国防、航天、科研、民用等领域的应用不断扩大。由于放射性物质是一种能连续自动放射射线的物质，在使用过程中极可能导致放射性污染，所以放射性污染已成为人们关注的重要问题。

放射性污染主要来自以下几个方面：

(1) 原子能工业排放的废物

原子能工业中核燃料的提炼、精制和核燃料元件的制造都会有放射性废弃物产生和废水、废气的排放。这些放射性“三废”都有可能造成污染，由于原子能工业生产过程的操作运行都采取了相应的安全防护措施，“三废”排放也受到严格控制，所以对环境的污染并不十分严重。但是，当原子能工厂发生意外事故，其污染是相当严重的。国外就有因原子能工厂发生故障而被迫全厂封闭的实例。

(2) 核武器试验的沉降物

在进行大气层、地面或地下核试验时，排入大气中的放射性物质与大气中的飘尘相结合，由于重力作用或雨雪的冲刷而沉降于地球表面，这些物质称为放射性沉降物或放射性粉尘。放射性沉降物播散的范围很大，往往可以沉降到整个地球表面，而且沉降速度很慢，一般需要几个月甚至几年才能落到大气对流层或地面。1945年美国在日本的广岛和长崎投放了两颗原子弹，使几十万人死亡，大批幸存者也饱受放射性疾病的折磨。

(3) 医疗放射性

医疗检查和诊断过程中，患者身体都要受到一定剂量的放射性照射。例如，进行一次肺部X光透视，接受(4～20)×0.000 1 Sv的剂量(1 Sv相当于每克物质吸收0.001 J的能量)；进行一次胃部透视，接受0.015～0.03 Sv的剂量。

(4) 科研放射性

科研工作中广泛地应用放射性物质，除了原子能利用的研究单位外，金属冶炼、自动控制、生物工程、计量等研究部门几乎都有涉及放射性方面的课题和试验。在这些研究工作中都有可能造成放射性污染。

6.3.2 放射性污染的危害

环境中的放射性物质可由多种途径进入人体，它们发出的射线会破坏机体内的大分子结构，甚至直接破坏细胞和组织结构，给人体造成损伤。高强度辐射会灼伤皮肤，引发白血病和各种癌症，破坏人的生殖能力，严重的能在短期内致死。少量累积照射会引起慢性放射病，使造血器官、心血管系统、内分泌系统和神经系统等受到损害，发病过程往往延续几十年。如果人在短时间内受到大剂量的X射线、γ射线和中子的全身照射，就会产生急性损伤，轻者有脱毛、感染等症状；当剂量更大时，出现腹泻、呕吐等肠胃损伤；在极高的剂量照射下，甚至发生中枢神经损伤直至死亡。

6.3.3 放射性污染的控制

为贯彻《中华人民共和国环境保护法》《中华人民共和国放射性污染防治法》《中华人民共和国核安全法》，规范电离辐射监测质量管理，制定了《电离辐射监测质量保证的通用要求》(标准号：GB 8999—2021 代替 GB 8999—1988、GB 11216—1989)。除了对放射性污染进行防治外，还要对暴露在射线辐射下的人体进行电离辐射防护。对放射性污染进行辐射防护的目的是减少射线对人体的照射。防护方法分为时间防护、距离防护和屏蔽防护，这3种方法可单独使用也可联合使用。人体受到辐射的时间越长，人体接受的辐射量越大，所以工作人员通过准确、敏捷的操作，可以减少受辐射的时间，从而达到防护目的。也可以增配工作人员轮换操作，以减少每个操作人员受辐射时间。人体距离辐射源越近，受到的辐射剂量也越大，所以在操作时要尽量远距离工作，以减轻近距离辐射对人体的危害。屏蔽防护就是在放射源与人体之间放置一种合适的屏蔽材料，利用屏蔽材料对射线的吸收而降低外照射的剂量。屏蔽辐射应根据射线的不同类型分别采取不同的措施，如β射线较容易屏蔽，常用原子序数低的材料如铝、有机玻璃、烃基塑料等作屏蔽；γ射线穿透能力强，危害极大，常用高密度物质作屏蔽，考虑到经济因素，常用铁、铅、钢、水泥和水等材料作屏蔽。

影星的悲剧

1954年,美国好莱坞巨片《征服者》一公映,立即引起轰动,由著名影星约翰·韦思领衔的剧组班子陶醉于成功的喜悦之中。

但是,谁能料想,成功的喜悦之后巨大的不幸接踵而至。1957年,正值该片杀青3周年,影片中的女影星苏珊·海华身患恶性脑肿瘤遽然而死。事隔6年,剧组的另一女影星阿格妮丝·摩海德同样死于癌症。1979年,当年的主角约翰·韦思也被病魔夺去了宝贵的生命。然而,悲剧并没有就此终止。到20世纪80年代初,《征服者》原剧组220人中竟有91人患上癌症,其中已有46人命归黄泉。悲剧笼罩在好莱坞影城,更引起全社会的惊诧和关注。

一大批科学家迅速被招来研究影星悲剧之谜。经过反复调查,集中会诊,最后真相大白,原来杀害影星的杀手竟是圣乔治沙漠的沙粒。这还得从《征服者》的拍摄谈起。该片再现了成吉思汗征服中亚的历史事件。当时摄制组去外景地圣乔治沙漠紧张地活动了两个月,拍摄了大量的经典镜头。随后他们又用卡车将许多沙子运进摄影棚,继续拍摄内景戏。不料,区区沙粒竟酿成如此惨剧,实在令人痛心和震惊。原来,在圣乔治沙漠200 km以外的内华达州,有个美国原子弹试验基地,腾空而起的蘑菇云使放射性物质四处扩散,严重污染了圣乔治沙漠,导致了众影星罹患绝症的惨剧。

6.4 光污染

6.4.1 光污染及其来源

光污染问题最早于20世纪30年代由国际天文界提出,他们认为光污染是城市室外照明使天空发亮造成对天文观测的负面影响。后来英、美等国称之为“干扰光”,在日本则称为“光害”。

光污染即过量的光辐射对人类生活和生产环境造成不良影响的现象,包括可见光、红外线和紫外线造成的污染。光污染是继废气、废水、废渣和噪声等污染之后的一种新的环境污染源,主要包括白亮污染、人工白昼污染和彩光污染。

(1) 白亮污染是指当太阳光照射强烈时,城市里建筑物的玻璃幕墙、砖墙、磨光大理石和各种涂料等装饰反射的光线。

(2) 人工白昼污染是指夜幕降临后,商场、酒店上的广告灯、霓虹灯闪烁夺目,令人 眼花缭乱,有些强光束甚至直冲云霄,使得夜晚如同白天一样。

(3) 彩光污染是指舞厅、夜总会安装的黑光灯、旋转灯、荧光灯以及闪烁的彩色光源等构成的光污染。

6.4.2 光污染的危害

人体在光污染中受到伤害首当其冲的是眼睛。专家研究发现，长时间在白色光亮污染环境下工作和生活的人，视网膜和虹膜都会受到程度不同的损害，视力急剧下降，白内障的发病率高达45%。医学研究发现，人们长期生活或工作在逾量或不协调的光辐射下，会出现头晕目眩、失眠、心悸和情绪低落等神经衰弱症状。而作为夜生活主要场所的歌舞厅中的光污染危害更是让人触目惊心，使长期在歌舞厅活动和工作的人正常细胞衰亡，出现血压升高、体温起伏、心急躁热等各种不良症状。

光污染除影响人体健康外，还会影响我们周围的环境。例如，人工白昼会影响昆虫和鸟类的正常繁殖发育；过度的城市夜景照明将危害正常的天文观测，专家估计，如果城市上空夜间的亮度每年以30%的速度递增，会使天文台丧失正常的观测能力，这已成为困扰世界天文观测的一个难题。建于1675年的英国格林尼治天文台近年来就受此困扰。而在德国柏林，1987年曾发生一场大火，警方在建筑物内部始终未找到起火原因，最后终于发现对面高层玻璃幕墙产生的聚光才是真正的“元凶”。

6.4.3 光污染的控制

光污染控制是一项社会系统工程，需要有关部门制定必要的法律和规定，采取相应的防护措施。光污染的控制主要有以下几个方面：

(1) 加强城市规划和管理，改善工厂照明条件等，以减少光污染的来源。

(2) 对有红外线和紫外线污染的场所采取必要的安全防护措施。

(3) 采用个人防护措施，主要是戴防护眼镜和防护面罩。光污染的防护镜有反射型防护镜、吸收型防护镜、反射-吸收型防护镜、爆炸型防护镜、光化学反应型防护镜、光电型防护镜、变色微晶玻璃型防护镜等类型。

光污染的危害显而易见，并在日益加重和蔓延。因此，人们在生活中应注意防止各种光污染对健康的危害，避免过长时间接触污染。

6.5 热污染

6.5.1 热污染及其来源

热污染是指日益现代化的工农业生产和人类生活中排放出的废热所造成的环

境污染。其来源主要有以下几方面：

（1）燃料和工业生产过程中所产生的废热向环境直接排放；

（2）温室气体的排放引起的大气增温；

（3）由于消耗臭氧层物质的排放，破坏了大气臭氧层，导致太阳辐射增强；

（4）地表状态的改变使反射率发生变化，影响了地表和大气间的热交换。

温室效应的增强、臭氧层的破坏，都会引起环境的不良增温，尤其是城市热岛效应的增强给环境带来的影响，已经引起人类的关注，热污染已经成为全球关注的环境热点问题之一。

城市热岛效应

在人口高度密集、工业集中的城市区域，由人类活动排放的大量热量与其他自然条件的共同作用致使城区气温普遍高于周围郊区气温的现象，称为城市热岛效应。城市热岛效应主要是通过以下几种因素综合形成的：

（1）城市建筑物和铺砌的水泥地面等具有热容量高的性质，白天吸收太阳辐射会储存大量的热量，而在日落后缓慢地向空气中散放出来，使得空气增温。

（2）人口高度集中、工业集中，燃烧的废气、空调外机排放的废气、采暖等固定热源、机动车辆和人群流动产生大量的废热释放到城市空气中。

（3）高大建筑物林立，仿佛灰色的森林，导致城市空气流通不畅，不能即时将热量散发出去。

（4）人类活动排放的废气排入大气中，增加了温室气体的含量，使其吸收太阳辐射的能力及对地面长波辐射的吸收能力增强。

以上种种因素综合导致城市热岛效应的增强，这对城市环境来说利少弊多。例如，城区冬季缩短，夏季城区内温度过高，风云雨雾等气候因素都会发生变化，同时城市热岛效应会导致城市热岛环流，结果把郊区工厂的大气污染物和由市区扩散到郊区的污染物重新又聚焦到城区的上空，久久不能消散。改善城市热岛效应的最好办法就是构建城市绿地系统。

6.5.2　热污染的危害

1. 水体热污染的危害

水体热污染首当其冲的受害者是水生生物。由于水体温度升高，水中的溶解氧含量减少，水体处于缺氧状态，大量厌氧菌滋生，好氧有机物腐败，使水体变质发臭。水温升高使得水生生物代谢率增高，从而需要更多的氧，造成一些生物如鱼虾等在热效力的作用下发育受阻而死亡，从而影响水体环境生态平衡。水温升高也是水体富营养化产生的必要条件之一。此外，水温升高也会给一些致病菌造成适宜的生存环境，使之得以滋生、泛滥，引起疾病流行，危害人体健康。

2. 大气热污染的危害

大气热污染是导致全球变暖的主要因素之一。除了导致海水热膨胀和极地冰雪融化，海平面上升，加快生物物种灭绝外，还对人体健康构成危害。它降低了人体的正常免疫功能，同时大气温度升高为蚊虫滋生提供条件，造成以蚊虫为媒介的传染病激增。大气温度升高，导致人体的舒适度下降，在炎热的夏季采取制冷措施，既浪费能源，又会造成废热的排放，导致恶性循环。

6.5.3 热污染的控制

造成热污染最根本的原因是能源未能被最有效、最合理地利用。随着现代工业的发展和人口的不断增长，环境热污染日趋严重。然而，人们尚未用一个量值来规定其污染程度，这表明人们并未对热污染有足够的重视。为此，科学家呼吁应尽快制定环境热污染控制标准，采取行之有效的措施防治热污染。目前比较公认的措施主要有：①提高燃料的利用效率，减少矿物能源的消耗；②加强废热的回收与综合利用；③保护森林并大力植树造林，加强绿地系统的规划与建设，构建乔、冠、草相结合的立体生态系统。

问题与思考

1. 什么是物理环境？主要的物理环境问题有哪些？
2. 噪声污染的主要来源有哪些？其相应的控制措施有哪些？
3. 物理环境污染对人类生产和生活会造成哪些危害？

参考文献

[1] 仝川. 环境科学概论[M]. 2版. 北京：科学出版社，2017.
[2] 龙湘犁，何美琴. 环境科学与工程概论[M]. 北京：化学工业出版社，2019.
[3] 王宝庆. 物理性污染控制工程[M]. 北京：化学工业出版社，2020.
[4] 刘惠玲，辛言君. 物理性污染控制工程[M]. 北京：电子工业出版社，2015.

[5] 盛美萍，王敏庆，马建刚. 噪声与振动控制技术基础[M]. 3版. 北京：科学出版社，2017.

课外阅读

王宝庆. 物理性污染控制工程[M]. 北京：化学工业出版社，2020.

第7章

生物环境

学习目标

1. 掌握生物多样性的内涵和价值。
2. 理解生物多样性锐减的原因及其保护措施。
3. 掌握生物污染、食品污染的含义及其危害。
4. 了解生物污染和食品污染的预防、控制措施及其研究发展的最新动向。
5. 了解生物多样性保护的现状。

生物环境是指地球上人以外的所有有生命生物的总和,是相对于无生命的非生物环境而言的。生物环境是人类生存和发展的重要物质基础。各类自然过程、人类活动正影响着生物环境,对生物环境造成不同程度的损伤,产生了生物多样性减少、生物污染、食品污染等环境问题。

7.1 生物多样性

7.1.1 生物多样性及其价值

1. 生物多样性内涵

生物多样性是指地球上所有生物(动物、植物、微生物等)、生物所拥有的基因以及生物与其生存环境相互作用形成的生态系统和生态过程的多样性和变异性总和。从人类的生存与发展考虑,生物多样性是地球生命支持系统的核心和物质基础,是维持地球上所有生态系统稳定的基本条件。生物多样性包括由陆地、海洋和其他水生生态系统及其所构成的物种内、物种之间和生态系统的多样性,与此相对应,生物多样性通常包括遗传多样性、物种多样性和生态系统多样性。

(1) 遗传多样性

遗传多样性就是生物的遗传基因的多样性,主要指生物物种内基因的变化,包括种内显著不同的种群之间以及同一种群内的遗传变异性。遗传多样性表现在分子、细胞、个体等多个层次上。任何一个物种或一个生物个体都保存着大量的遗传基因,在自然界中,对于绝大多数有性生殖的物种而言,种群内的个体之间往往没有完全一致的基因型,而种群就是由这些具有不同遗传结构的多个个体组成的。一个物种遗传变异越丰富,它对环境的适应能力越强,生命进化和物种分化的潜力就越大。

(2) 物种多样性

物种多样性是指地球上动物、植物、微生物等生物种类的丰富程度。物种多样性包括两层含义:一是指一定区域内的物种多样化,称为区域物种多样性;二是指生态学方面的物种分布的均匀程度,称为生态多样性或群落物种多样性。区域物种多样性是衡量一定地区生物资源丰富程度的客观指标,可以通过以下 3 个指标来表征:物种总数、物种密度、特有种比例。物种总数是区域内所拥有的物种数目,物种密度是区域内单位面积的物种数目,特有种比例是区域内某个特定类群特有种占该地区物种总数的比例。

(3) 生态系统多样性

生态系统是在一定空间范围内,植物、动物、微生物群落与其周围环境,通过能量流动和物质循环所形成的相互依赖、彼此制约的自然综合体。生态系统的多样性主要包括生境多样性、生物群落多样性和生态过程多样性等多个方面。其中,生境多样性是生态系统多样性形成的基础,生物群落的变异性可以反映生态系统类型的多样性。生境是指生物的个体、种群或群落自然分布区域的环境,其多样性包括气候、地形、地貌、土壤条件、植被等的多样性。生物群落指生活在一定的自然区域内,相互之间具有直接或间接关系的各种生物的总和,其多样性主要指群落的物种组成、外貌、结构、动态特征、分布范围等方面的多样化。生态过程主要研究生态系统中物质循环、能量转换、信息传递等过程。具体表现为:生态系统中的土壤—生物—大气中的水循环和水平衡、养分循环、能流,微量气体产生、输送和转化,有机物及金属元素的分解、积累、传输等微观过程。

我国生物多样性概况

我国位于欧亚大陆的东南部,东南濒临太平洋,西北深处欧亚大陆腹地,国土辽阔,海域宽广。我国从北到南有寒温带、温带、暖温带、亚热带和热带等多种气候带,东南半部受海洋气候的影响,植被呈现明显的纬向地带性;从东南到西北总体降水量减少,植被又有较明显的经向地带性。不仅如此,我国还有较古老的地质历史和世界上最高大的青藏高原,自然条件复杂多样,孕育了极其丰富的植物、动物和微生物物种,使我国成为世界上生物多样性最丰富的国家之一，我国生物物种总数位居世界第8位，北半球第1位。

(1) 生态系统多样性

中国具有地球陆地生态系统的各种类型，其中森林212类、竹林36类、灌丛113类、草甸77类、草原55类、荒漠52类、自然湿地30类；有红树林、珊瑚礁、海草床、海岛、海湾、河口和上升流等多种类型海洋生态系统；有农田、人工林、人工湿地、人工草地和城市等人工生态系统。

(2) 物种多样性

中国已知物种及种下单元数115 064种。其中，动物界56 000种，植物界38 394种，细菌界463种，色素界1 970种，真菌界15 095种，原生动物界2 487种，病毒655种。列入《国家重点保护野生动物名录》的野生动物980种，其中国家一级野生动物234种和1类、国家二级746种和7类（大熊猫、海南长臂猿、普氏原羚、褐马鸡、长江江豚、长江鲟、扬子鳄）等为中国所特有；列入《国家重点保护野生植物名录》的野生植物455种和40类，其中国家一级野生植物54种和4类、国家二级401种和36类，百山祖冷杉、水杉、霍山石斛、云南沉香等为中国所特有。

(3) 遗传多样性

中国有栽培作物528类1 339个栽培种，经济树种1 000种以上，原产观赏植物种类7 000种，家养动物948个品种。

(4) 受威胁物种

全国34 450种已知高等植物的评估结果显示，需要重点关注和保护的高等植物10 102种，占评估物种总数的29.3%，其中受威胁的3 767种，近危等级的2 723种，数据缺乏等级的3 612种。4 357种已知脊椎动物（除海洋鱼类）的评估结果显示，需要重点关注和保护的脊椎动物2 471种，占评估物种总数的56.7%，其中受威胁的932种、近危等级的598种、数据缺乏等级的941种。9 302种已知大型真菌的评估结果显示，需要重点关注和保护的大型真菌6 538种，占评估物种总数的70.3%，其中受威胁的97种、近危等级101种、数据缺乏等级6 340种。

2. 生物多样性的价值

生物多样性也就是生物资源，对人类具有不可估量的价值，是地球生命生存和发展的基础，其价值包括直接价值和间接价值两方面。

1) 直接价值

生物多样性的直接价值是人们直接收获、使用生物资源所形成的价值，也称为使用价值,包括消费使用价值和生产使用价值两方面。消费使用价值是指不经过市场直接消费的自然产品价值,生产使用价值是指用于市场流通和销售的生物资源价值。生物多样性为人类提供了食物的来源,人类的食物基本都来源于生物界,人类食用的粮食、蔬菜、水果、肉类、油类等都来源于生物,生物的多样性为人类提供了食物的多样性。生物多样性可以为人类提供工业原料,如棉花、木材、树脂、橡胶、毛皮、乳类等。生物是许多药物的来源,传统医学的中草药绝大部分来自植物和动物,据报道发达国家约有 40%的药方中,至少有一种药物来源于生物,同时随着医学科学的不断发展,越来越多的生物被发现可作药用。例如,从热带森林中的美登木、裸实等植物中可以提取抗癌药,许多海洋生物制药可以用来防治高血压、心脏病等。此外,野生生物还是培育新品种的基础,人类已经培育出的一些植物、动物,在使用若干年后会出现退化现象,其产量和质量下降,需要进行品种的更新,而新品种的培育需要在自然界中寻找野生祖型及近亲的遗传物质,如我国著名的杂交水稻就是利用在海南岛发现的野生稻的遗传基因杂交培育而成的。

2) 间接价值

生物多样性的间接价值与生态系统的功能有关,它创造和维持了地球生命支持系统,形成了人类生存所必需的环境条件,其价值往往大大超过直接价值。生物多样性的间接价值包括生态价值、选择价值、存在价值和科学价值。

(1) 生态价值

保护生物多样性可以为人类带来生态效益,这种效益因地域和物种的不同而各不相同。大致可归纳为以下几个方面:

① 光合作用固定太阳能。地球上生态系统的初级生产力、有机质的生产,主要通过绿色植物的光合作用固定太阳能获得,从而为可收获物种提供维持系统,进而提供人类生存所必需的物质和能量。

② 调节气候。绿色植物对区域性乃至全球气候具有直接的调节作用。绿色植物通过固定大气中的二氧化碳,减缓地球的温室效应,如亚马孙热带雨林每年能够固定存储 2 亿~3 亿 t 二氧化碳,相当于全球二氧化碳排放量的 5%;森林能够防风,植物的蒸腾又能够保持空气的湿度,从而改善局部地区的小气候;在区域和流域范围内,植被影响水蒸气量、云量和降水量,从而起到调节气候的作用。

③ 维持土壤功能。植物承担着对土壤的保护任务,保持土壤肥力、防止滑坡、保护海岸和河岸以及防止淤积。高大植物的树冠拦截雨水,降低雨水对土壤的溅蚀力;地被植物拦截径流,蓄积水分,使水分下渗而减少径流冲刷;植物根系具有固土作用,根系分泌的有机物胶结土壤,使其耐受冲刷;自然植被覆盖和凋落层可保持土壤肥力。

④ 传粉播种。有些种类的植物需要动物传粉或播种才能得以繁衍,这是动植

物互利共生的一种形式，是生物协同进化的结果，是人工所不能代替的。据报道，全世界已记载的24万种显花植物中，有22万种需要动物传粉；农作物中，约70%的物种需要动物传粉。同时，动物在为植物传粉播种的同时，也取得其生长发育所需的食物和营养。

⑤ 减缓灾害。森林、草原、农田等发育良好的植被可以涵养水源，减缓旱涝灾害。自然物种间的关系可以有效控制农业害虫的大面积发生，有人估计，对农作物潜在有害的生物中，有99%的种类可以利用自然天敌而得到有效控制。

⑥ 净化环境。生物进行的自然新陈代谢过程能够有效地防止物质的过度积累而形成污染，如植物特别是树木阻挡、过滤大气中的粉尘；同时某些生物还能吸收、分解污染物，如凤眼莲可去除氮磷，浮萍可去除大肠杆菌等。

⑦ 心理和精神调节。2001年联合国卫生组织的调查指出，人类的疾病70%以上是由不良精神因素造成的，在自然中，上述病态的病因来源和强度大为减少。大量研究表明，人在自然中，心理、生理病态和损伤愈合康复得较快，人的头脑更为灵活，思维更加敏捷，解决问题的能力更强。目前，人们对自然的情感心理的依赖性不太了解，对其中许多缘由很难解释清楚。

(2) 选择价值

生物多样性为人类适应自然变化提供了更多的选择机会。许多生物的价值目前尚不清楚，但是随着技术的不断更新和需求的改变，这些生物具有在未来某个时候能为人类社会认识并利用的潜能。物种的多样性可比作一本如何保持地球有效运转的手册，丧失一个物种就像从这本手册中撕去一页一样，如果我们正好需要这页的资料来拯救我们自己和地球上的其他物种，我们将面临束手无策的尴尬。

(3) 存在价值

有些物种，尽管其本身的直接价值很有限，但它的存在能为该地区人民带来某种荣誉感或心理上的满足，如大熊猫、狮子、大象和许多鸟类能激发人类的强烈反应，愿意让这些物种存在。从哲学观点上来说，每个物种都有存在的权利，与人类的需求无关。

(4) 科学价值

有些动植物物种在生物演化历史上处于十分重要的地位，对其开展研究有助于搞清生物演化的过程，如一些孑遗物种(银杏、水杉、麋鹿、珙桐等)。

7.1.2 生物多样性锐减的含义和原因

1. 生物多样性锐减的含义

世界人口急剧膨胀、生态环境日益恶化等全球性重大问题的出现，与生物多样性急剧降低有关。生物多样性锐减已经成为当代世界主要环境问题之一。

生态系统多样性的锐减主要表现为各类生态系统的数量减少、面积缩小和健康状况的下降。物种多样性的丢失涉及物种灭绝和物种消失两个概念。物种灭绝是指某一个物种在整个地球上丢失；物种消失是一个物种在其大部分分布区内丢失，但在个别分布区内仍有存活。物种消失可以恢复，但物种灭绝是不能恢复的。科学家估计地球上约有 1 400 万种物种，但当前地球上物种灭绝的速度比历史上任何时候都快，比如鸟类和哺乳类动物现在的灭绝速度可能是它们在未受干扰的自然界中的 100～1 000 倍；由于每一个物种都是一个基因库，物种的急剧丧失和生态系统的大规模破坏，必将导致遗传多样性也随之急剧丧失。全世界已有 492 种遗传特征不同的种群正隐于危机，遗传多样性的丧失直接危及农业的发展，降低植物的免疫能力，加重病虫害。生物多样性的锐减必然减少生物圈中的生态关联，使得生态系统功能失衡，物质循环受阻，进而恶化人类生存环境，限制人类生存与发展的选择机会，甚至直接严重威胁生存的基本条件。

2. 生物多样性锐减的原因

导致生物多样性锐减的原因是多方面的，除火山爆发、洪水泛滥、陆地升沉、森林火灾、特大干旱等自然因素外，人为因素是最重要的，归结起来有如下几点：

生物多样性破坏速度远超预期

“全球未能实现至 2010 年使生物多样性丧失速度大幅度减缓的目标，人类对生物多样性的破坏速度远超预期！”2010 年 5 月 26 日上午，在北京国际会议中心举行的“中国生物多样性保护与利用高新科学技术国际论坛”上，中国工程院院士金鉴明表示，当今世界正在遭遇一场全球性的物种灭绝危机，生态环境及生物系统正遭受极大威胁。

金鉴明披露，据全球科学家不完全统计，地球上曾经存在过的至少 5 000 亿种物种中，99%以上已经消亡。“最新的 IUCN（世界自然保护联盟）红色物种名录显示，根据目前的评估结果：70%的植物，35%的无脊椎动物，37%的淡水鱼类，30%的已知两栖动物，28%的爬行动物，22%的已知哺乳动物，12%的已知鸟类正在遭受灭绝的威胁。”

金鉴明院士说：“截至目前，全世界并未实现其生物多样性的保护目标”。联合国环境规划署和《生物多样性公约》秘书处 2010 年 5 月公布的第 3 版《全球生物多样性展望》报告显示，生物多样性整体目标所涉及的 21 项辅助目标，没有一项在全球得到实现，而《生物多样性公约》所制定的 15 项大目标中，已有 10项显示出不利于生物多样性的趋势；全球44%的陆地生态区域和82%的海洋生态区域，没有达到预期的保护目标，其中包括大多数生物多样性重点保护区域……

金鉴明院士说，近几年来，我国物种调查结果显示，我国部分生物物种资源丧失现状虽得到一定程度的改善，但物种资源丧失总体趋势仍未得到有效控制，物种丧失依然严重，其中，资源利用过度、气候变化、环境破坏、工程项目建设等仍然在严重影响着物种生存及资源的可持续利用，我国物种资源流失现象也并未好转。

王乐．我国生物多样性破坏速度远超预期[N]．文汇报，2010-05-27.

(1) 生境的破坏和破碎

生境的破坏和破碎是造成生物多样性锐减的最主要原因。生境的破坏和破碎主要原因是人类的影响和破坏。大面积森林的乱砍滥伐、毁林开荒，围湖造田，过度放牧，水库、高速公路、铁路的建造，城市扩张等，都会破坏和改变生物生存的生态环境、降低生态多样性。

全球各类生态系统特别是许多原始生境遭到严重破坏，使很多生物失去栖息地，使得某些地区种群规模减小甚至灭绝，从而导致物种和遗传多样性减少。热带雨林每年消失超过 1 130 万 hm^2。全球三大热带雨林（东南亚、中西非和拉丁美洲）的面积仅为原来的 58%，美国佛罗里达州立大学的一项研究报告表明，2000 年拉丁美洲的森林面积缩小约为原来的 52%，约 15% 的森林植物物种（约 13 600 种）灭绝。

生境破碎化对野生动物的灭绝具有重要的影响。所谓生境破碎化是指一个大面积连续的生境，变成很多总面积较小的小斑块，斑块之间被与过去不同的背景基质所隔离，包围着生境片断的景观，对原有生境的物种并不适合，物种不易扩散，残存的斑块可以看作“生境的岛屿”。生境的破碎化在减少野生动物栖息地面积的同时增加了生存于这类栖息地的动物种群的隔离，限制了种群的个体与基因的交换，降低了物种的遗传多样性，威胁着种群的生存力。此外，生境破碎化造成的边缘生境面积的增加将严重威胁那些生存于大面积连续生境内部的物种的生存。生境的破碎化改变了原来生境能够提供的食物的质和量，并通过改变温度与湿度改变了微气候，同时也改变了隐蔽物的效能和物种间的联系，因此增加了捕食率和种间竞争，放大了人类的影响。另外，生境破碎化显著地增加了边缘与内部生境间的相关性，使小生境在面临外来物种和当地有害物种入侵的脆弱性增加。生境破碎化有两个原因会引起灭绝：一是缩小了的生境总面积会影响种群的大小和灭绝的速率;二是在不连续的片断中,残存面积的再分配影响物种的散布和迁移的速率。

(2) 生物资源的过度开发

生物资源本身具有可更新能力,生物资源的开发速度超过其更新速度,导致该生物资源的枯竭很难恢复。例如,我国猕猴在 20 世纪 50 年代因过度捕捉出口,造成种群数量剧减,迄今尚未得到恢复。经统计,在濒临灭绝的脊椎动物中,有 37% 的物种受到过度开发的威胁。生物资源的过度开发还对整个生态系统造成破坏,某种生物资源的大量减少,导致生态系统结构发生变化,如食物链缩短、食物网破裂,进而带来生态系统功能失衡,如生产量降低、物质循环受阻、能量流动效率降低等。生物资源的过度开发往往导致生态环境恶化。干旱和半干旱地区利用草和灌木作燃料,特别是大规模挖取药材,严重破坏草原和荒漠生态系统。内蒙古草原区,大规模挖掘甘草、麻黄、内蒙古黄芪等,无保留地采用食用菌和发菜,引起很多地区草原退化和沙化;甘草和肉苁蓉等药材的挖掘,使荒漠生态系统进一步退化。青海沙区在盲目开垦、开矿采金及开发沙区野生动植物资源以及樵采中,大片土地沙漠化。

长江十年禁渔计划

1. 政策背景

长江是我国“淡水鱼类的摇篮”,是全球七大生物多样性最丰富的河流之一。但是,在过去几十年快速、粗放的经济发展模式下,长江付出了沉重的环境代价。许多人竭泽而渔,采取“电毒炸”“绝户网”等非法作业方式,最终形成“资源越捕越少,生态越捕越糟,渔民越捕越穷”的恶性循环,长江生物完整性指数已经到了最差的“无鱼”等级。有研究表明,多年来的高强度开发、粗放式利用让长江不堪重负,流域生态功能退化,珍稀特有鱼类大幅衰减,位于长江生物链顶层的珍稀物种——中华鲟、长江江豚岌岌可危,经济鱼类资源濒临枯竭。

2. 长江生物多样性的现状

据不完全统计,长江流域有淡水鲸类 2 种,鱼类 424 种,浮游植物 1 200 余种(属),浮游动物 753 种(属),底栖动物 1 008 种(属),水生高等植物 1 000 余种。共分布有 4 300 多种水生生物。流域内分布白鳍豚、长江江豚、达氏鲟、白鲟、中华鲟等国家重点保护野生动物,圆口铜鱼、岩原鲤、长薄鳅等 183 种特有鱼类,以及“四大家鱼”等重要经济鱼类。那么,长江生物多样性的现状如何?

(1) 白鳍豚被称为“水中大熊猫”,是中国特有的淡水鲸类,仅产于长江中下游。2007年,白鳍豚被宣布功能性灭绝,意味着这个物种已丧失自我繁衍后代的能力。

(2) 长江江豚，被称为长江生态“活化石”，仅分布在长江中下游干流以及洞庭湖和鄱阳湖。2017年，数量仅存1 012头(2006年调查数据为1 800头)。食物匮乏是影响江豚生存的主要原因。

(3) 长江鲟又名达氏鲟，是长江上游独有的珍稀野生动物，已有1.5亿年的历史。21世纪初，长江鲟自然繁殖活动停止，野生种群基本绝迹。

(4) 白鲟是淡水鱼家庭中的第一“巨人”，主产于长江自宜宾至长江口的干支流中，是中国特产稀有动物。自2003年以后，近16年来没有发现过白鲟，面临濒危。

(5) 中华鲟，分布于长江干流金沙江以下至入海口，具有洄游性或半洄游性，国家一级保护动物，自2013年起就极难检测到野生中华鲟自然产卵。

长江三鲜数量衰减严重，鲥鱼：早已灭绝；野生河豚：数量极少；刀鱼：数量急剧下降，从过去最高产4 142 t下降到年均不足100 t，被炒至天价。

青、草、鲢、鳙四大家鱼曾是长江里最多的经济鱼类，如今资源量已大幅萎缩，种苗发生量与20世纪50年代相比下降90%以上，产卵量从最高1 200亿尾降至最低不足10亿尾。据统计，长江上游有79种鱼类为受威胁物种，居国内各大河流之首，中华绒螯蟹资源也接近枯竭。

长江流域的水生生物资源已经严重衰退，酷渔滥捕是破坏水生生物资源最主要、最直接的因素之一，竭泽而渔，最终形成“资源越捕越少，生态越捕越糟，渔民越捕越穷”的恶性循环。

实施禁捕，让长江休养生息，迫在眉睫。

3. 确定周期

为了保护长江渔业资源，2003年以来，长江流域实行每年3～4个月的禁渔期。每年短暂的休渔时间，可谓杯水车薪。每年7月1日开捕后，当年的繁殖成果很快被捕捞殆尽，鱼类种群难以繁衍壮大。

长江主要经济鱼类性成熟的时间是3～4年，10年禁渔，将为多数鱼类争取2～3个世代繁衍，缓解当下长江鱼少之困，也为长江江豚在内许多旗舰物种的保护带来希望。

只有十年禁捕，才能给长江留下休养生息的时间和空间。

4. 长江十年禁渔计划及其意义

《长江十年禁渔计划》是2020年1月农业农村部发布的一个关于禁止捕捞天然渔业资源的计划公告。

2020年1月，农业农村部在官网发布关于长江流域重点水域禁捕范围和时间的通告，宣布从 2020 年 1 月 1 日 0 时起开始实施长江十年禁渔计划。通告称，长江干流和重要支流除水生生物自然保护区和水产种质资源保护区以外的天然水域，最迟自 2021 年 1 月 1 日 0 时起实行暂定为期 10 年的常年禁捕，期间禁止天然渔业资源的生产性捕捞。

《长江十年禁渔计划》重在保护长江野生渔业资源。鱼类基因在人工饲养过程中会不断退化，而野生鱼起着鱼类基因库的作用，因此野生鱼的减少会带来长远隐患，导致将来无鱼可吃。十年禁渔，不仅保护了长江的渔业资源，也保护了长江的生物多样性，是对长江生态系统保护具有历史意义的重要举措。

2021 年是长江“十年禁渔”的开局之年。2021 年 2 月 10 日农业农村部公布的数据显示，长江十年禁捕，共计退捕上岸渔船 11.1 万艘、涉及渔民 23.1 万人。可见我国保护长江力度之大，投入之多。2021 年 7 月 31 日，在农业农村部长江流域重点水域禁捕工作视频调度会上获悉，湖北省上半年非法捕捞得到明显遏制，下一步将狠抓渔政执法能力建设，严厉打击非法捕捞行为，确保“禁渔令”落地见效。

目前，长江流域已建立水生生物、内陆湿地自然保护区 119 处，其中国家级自然保护区 19 处，国家级水产种质资源保护区 217 处。据农业农村部网站消息，2021 年 2 月 4 日，从国家林业和草原局、农业农村部获悉，经国务院批准，调整后的《国家重点保护野生动物名录》长江江豚等升为国家一级保护动物。

(3) 环境污染

环境污染是生物多样性锐减的主要原因之一。城乡工农业污水排放，大气污染，以及重金属、难以降解的化学品富集，引起水域、大气和土壤污染，使生态系统负担过重，影响生态系统各个层次的结构、功能和动态，进而导致生态系统退化。环境污染对生物多样性的影响目前有两个基本观点：一是由于生物对突然发生的污染在适应性上可能存在很大的局限性，故生物多样性会丧失；二是污染会改变生物原有的进化和适应模式，生物多样性可能会向污染主导的条件下发展，从而偏离其自然或常规轨道。

环境污染会导致生物多样性在各个层次上降低。在污染环境中，种群的敏感性个体消失，这些个体具有特质性的遗传变异因此而消失，进而导致整个种群的遗传多样性水平降低；污染引起种群的规模减少，降低种群的遗传多样性水平；污染引起种群数量减少，以至于达到种群的遗传学阈值，即使种群最后恢复到原来大小，遗传变异的来源也大大降低。最近研究表明，在种群水平上，当种群以复合种群的形式存在时，由于某处的污染会导致该亚种群消失，而且由于生境的污染，该地方明显不再适合另一亚种群入侵和定居。此外，由于各物种种群对污染的抵抗力不同，有些种群会消失，而有些种群会存活，但最终的结果是当地物种丰富度会减少。在生态系统层次上，环境污染会影响生态系统的结构、功能和动态，严重的环境污染具有趋同性，即将不同的生态系统类型最终变成基本没有生物的死亡区。

（4）外来物种入侵

对于一个特定的生态系统与栖息环境来说，任何非本地的物种都叫外来物种，它指的是出现在其自然分布范围和分布位置以外的物种、亚种或低级分类群，包括这些物种能生存和繁殖的任何部分、配子或繁殖体。外来物种入侵是指生物由原生存地经自然的或人为的途径侵入到另一个新环境，对入侵地的生物多样性、农林牧渔业生产以及人类健康造成经济损失或生态灾难的过程。

外来物种的入侵从字面上理解是增加了一个地区的生物多样性，事实上，历史上那些无害的生物也是通过人的努力而扩大了分布范围的，一些驯化的作物或动物已经成人类的朋友，如我们食物中的马铃薯、西红柿、芝麻、南瓜、白薯、芹菜等，树木中的洋槐、英国梧桐、火炬树，动物饲料中的苜蓿，动物中的虹鳟鱼、海湾扇贝等，这些物种进入到异国他乡带来的利益是大于危害的。

然而，对于生态平衡和生物多样性而言，生物的入侵毕竟是个扰乱生态平衡的过程，因为，任何地区的生态平衡和生物多样性是经过几十亿年演化的结果，这种平衡一旦打乱，就会失去控制而造成危害。外来物种的引入能够引起物种的灭绝，因为有些外来物种常引起当地传统食物链和食物网的破坏，造成生态失衡。某些地区由于人类的定居，任意引入外来物种，特别是动物，往往导致整个或部分的陆生动、植物的灭绝。不仅如此，外来物种的引入还会导致原有生境的破坏，引起生态系统的变化，因此对外来物种的引入要考虑其可能发生的后果，要持慎重态度。

我国已公布的外来入侵物种名单

被喻为“紫色恶魔”的凤眼莲（bichhornia crassipes，即俗称的水葫芦）在全世界水域的肆虐繁殖是外来物种入侵最典型的一个例子。1884年，原产于南美洲委内瑞拉的凤眼莲被送到美国新奥尔良的博览会上，来自世界各国的人见其花朵艳丽无比，便将其作为观赏植物带回了各自的国家，殊不知繁殖能力极强的凤眼莲便从此成为各国大伤脑筋的头号有害植物。在非洲，凤眼莲遍布尼罗河；在泰国，凤眼莲布满湄南河；而美国南部沿墨西哥湾内陆河流水道，也被密密层层的凤眼莲堵得水泄不通，不仅导致船只无法通行，还导致鱼虾绝迹，河水臭气熏天;而我国的云南滇池,也曾因为水葫芦疯狂蔓延而被专家称患上了“生态癌症”。

近年来,外来入侵物种已对我国生物多样性和生态环境造成了严重的危害和巨大的经济损失。2003 年国家环保总局公布了我国第一批 16 种外来入侵物种名单,分别为紫茎泽兰、薇甘菊、空心莲子草、豚草、毒麦、互花米草、飞机草、凤眼莲、假高粱、蔗扁蛾、湿地松粉蚧、强大小蠹、美国白蛾、非洲大蜗牛、福寿螺、牛蛙;2010 年环保部发布了第 2 批 19 种外来入侵物种名单:马缨丹、三裂叶豚草、大薸、加拿大一枝黄花、蒺藜草、银胶菊、黄顶菊、土荆芥、刺苋、落葵薯、桉树枝瘿姬小蜂、稻水象甲、红火蚁、克氏原螯虾、苹果蠹蛾、三叶草斑潜蝇、松材线虫、松突圆蚧、椰心叶甲;2014 年环保部发布了第 3 批 18 种外来入侵物种名单:反枝苋、钻形紫菀、三叶鬼针草、小蓬草、苏门白酒草、一年蓬、假臭草、刺苍耳、圆叶牵牛、长刺蒺藜草、巴西龟、豹纹脂身鲇、红腹锯鲑脂鲤、尼罗罗非鱼、红棕象甲、悬铃木方翅网蝽、扶桑绵粉蚧、刺桐姬小蜂;2016 年环保部发布了第 4 批 18 种外来入侵物种名单:长芒苋、垂序商陆、光荚含羞草、五爪金龙、喀西茄、黄花刺茄、刺果瓜、藿香蓟、大狼杷草、野燕麦、水盾草、食蚊鱼、美洲大蠊、德国小蠊、无花果蜡蚧、枣实蝇、椰子木蛾、松树蜂。

7.1.3 生物多样性保护

生物多样性保护是对于生物及其生存环境,在生态系统、物种和基因 3 个水平上采取保护战略和保护措施。物种多样性保护是基础,保护生态系统完整性、保护濒危物种是生物多样性保护关注的重点。生物多样性保护的措施包括就地保护、迁地保护、建立基因库、构建完善法律体系等方面。

1. 就地保护

就地保护是指为了保护生物多样性,把包含保护对象在内的一定面积的陆地或水体划分出来,进行保护和管理,也即在野外划定一定区域,对野生动植物物种及其栖息地进行直接、全面的保护,使野生动植物物种之间、物种和环境之间始终处于一个相互依存、相互制约、相互适应的生态关系中。

就地保护是生物多样性保护最佳的、最有效的策略。就地保护的对象主要包括有代表性的自然生态系统和珍稀濒危动植物的天然集中分布区。自然保护区、自然保护小区、森林公园、风景名胜区、地质公园、自然遗产地等都属于就地保护途径。就地保护还具备科学研究、科普宣传、生态旅游的重要功能。

我国为保护生物多样性到底做了哪些实事儿？

2017—2018年中国连续两年为生物多样性投入2 600亿元，是2008年的6倍。光国家级自然保护区，“十三五”期间就累计安排了中央预算内投资12亿元，2020年设立的国家绿色发展基金首期募资规模更是达到885亿元，资金或许无法肉眼可见，但自然保护区可以。2018年年底，中国各类自然保护区数量达1.18万个，面积超172.8万km^2，占国土面积的18%以上，还有植物园近200个，动物园240多个，野生动物救护繁育基地250处。为加大监督力度，400处国家级自然保护区装上了卫星遥感监测系统。225处国家级风景名胜区也完成了遥感监测全覆盖，2009—2019年，全国共完成造林面积7 130.7万hm^2，是同期全球森林资源增长最多的国家。库布齐沙漠通过防沙治沙，生物种类从不到10种增加到530多种，连100多种绝迹多年的野生动植物也“重现江湖”。乌东德水电站和叶巴滩水电站，就专门对鱼类栖息地进行了保护。中国民间组织也相当活跃，2018年募集到30亿元的生态环境保护基金，再加上中国企业助力，三年间，内蒙古、甘肃等地种植养护了1.2亿棵树，是否觉得有些数字大得无法想象？去动物园看看，去自然保护区看看，它们都是活生生的存在。

2021年10月11日，中国昆明举办联合国《生物多样性公约》第十五次缔约方大会，中国展现出负责的大国推动全球共建人与自然生命共同体的坚定决心。

2. 迁地保护

为了保护生物多样性，把因生存条件不复存在，物种数量极少或难以找到配偶等原因而生存和繁衍受到严重威胁的物种迁出原地，在生物多样性分布的异地，使它们在人工帮助的环境下繁衍生存，这种生物多样性保护方法称为迁地保护。迁地保护是为行将灭绝的生物提供生存的最后机会。一般情况下，当物种的种群数量极低，或者物种原有生存环境被自然或者人为因素破坏甚至不复存在时，迁地保护成为保护物种的重要手段。迁地保护的目的只是使即将灭绝的物种找到一个暂时生存的空间，待其元气得到恢复，具备自然生存能力时，让被保护者重新回到自然生态系统中，迁地保护的最高目标是建立野生群落。迁地保护采用将物种移入动物园、植物园、水族馆等多种保护形式。

3. 建立基因库

目前，人们已经开始建立基因库来实现保存物种的愿望。比如，为了保护作物的栽培种和即将灭绝的野生亲缘种，建立全球性的基因库网。现在大多数基因库储藏着谷类、薯类和豆类等主要农作物的种子。

4. 构建完善法律体系

人们可以运用法律手段，完善相关法律制度，来保护生物多样性。比如，加强对外来物种引入的评估和审批，实现统一监督管理，建立基金制度，保证国家专门拨款，争取个人、社会和国际组织的捐款和援助，为生物多样性实践工作的开展提供强有力的经济支持等。我国自1992年加入《生物多样性公约》以来，先后制定、修订了《中华人民共和国生物安全法》《中华人民共和国野生动物保护法》《中华人民共和国森林法》《中华人民共和国草原法》《中华人民共和国种子法》《中华人民共和国野生植物保护条例》《种畜禽管理条例》《中药品种保护条例》等与生物多样性保护相关的法律、法规50多项，初步形成了生物多样性保护的法律框架。在生态系统保护、防止外来物种入侵、生物遗传资源保护、生物安全等领域，相关立法工作都取得了显著成效。伴随着生态文明建设不断深化，生物多样性保护法律体系将更加完善。

《中国的生物多样性保护》白皮书

2010年9月经国务院常务会议第126次会议审议通过了《中国生物多样性保护战略与行动计划》(2011—2030年)。2021年10月8日，国务院新闻办公室发表《中国的生物多样性保护》白皮书。

白皮书介绍，中国幅员辽阔，陆海兼备，地貌和气候复杂多样，孕育了丰富而又独特的生态系统、物种和遗传多样性，是世界上生物多样性最丰富的国家之一。作为最早签署和批准《生物多样性公约》的缔约方之一，中国一贯高度重视生物多样性保护，不断推进生物多样性保护与时俱进、创新发展，取得显著成效，走出了一条中国特色生物多样性保护之路。

白皮书称，中国坚持在发展中保护、在保护中发展，提出并实施国家公园体制建设和生态保护红线划定等重要举措，不断强化就地与迁地保护，加强生物安全管理，持续改善生态环境质量，协同推进生物多样性保护与绿色发展，生物多样性保护取得显著成效。

白皮书指出，中国将生物多样性保护上升为国家战略，把生物多样性保护纳入各地区、各领域中长期规划，完善政策法规体系，加强技术保障和人才队伍建设，加大执法监督力度，引导公众自觉参与生物多样性保护，不断提升生物多样性治理能力。

白皮书指出，面对生物多样性丧失的全球性挑战，各国是同舟共济的命运共同体。中国坚定践行多边主义，积极开展生物多样性保护国际合作，广泛协商、凝聚共识，为推进全球生物多样性保护贡献中国智慧，与国际社会共同构建人与自然生命共同体。

白皮书表示，中国将始终做万物和谐美丽家园的维护者、建设者和贡献者，与国际社会携手并进、共同努力，开启更加公正合理、各尽所能的全球生物多样性治理新进程，实现人与自然和谐共生美好愿景，推动构建人类命运共同体，共同建设更加美好的世界。

材料来源：绿文. 国务院新闻办发布《中国的生物多样性保护》白皮书[J]. 国土绿化，2021(10)：7.

7.2 生物污染

7.2.1 生物污染及其来源

1. 生物污染的概念

导致人体疾病的各种生物特别是寄生虫、细菌和病毒等可引起的环境（大气、水、土壤）和食品的污染，称为生物污染。未经处理的生活污水、医院污水、工厂废水、垃圾和人畜粪便（以及大气中的飘浮物和气溶胶等）排入水体或土壤，可使水、土壤环境中虫卵、细菌数和病原菌数量增加，威胁人体健康。污浊的空气中病菌、病毒大增，食物受霉菌或虫卵感染都会影响人体健康。海湾赤潮及湖泊中的富营养化，某些藻类等生物过量繁殖，也是水体生物污染的一种现象。

2. 生物污染的分类及其来源

按污染介质，生物污染可分为大气生物污染、水体生物污染、土壤生物污染、食品生物污染。

(1) 大气生物污染及其来源

大气中因生物因素造成的对生物、人体健康以及人类活动的影响和危害，就是大气生物污染。

大气生物污染来源主要包括：①微生物。许多飘浮在大气中的微生物造成大气的直接污染，如各种霉菌和酵母菌的孢子等。②大气应变污染物。由许多能引起人体变态反应的生物物质，即变应源造成的大气污染。这些污染大气的变应源有花粉、真菌孢子、尘螨、毛虫的毒毛等。③生物性尘埃。很多绿化植物，如杨柳等生物带细毛的种子、梧桐生有绒毛的叶片等，在种子成熟或秋季落叶时，所造成的生物性尘埃对大气也有污染。

(2) 水体生物污染及其来源

水体生物污染是指致病微生物、寄生虫和某些昆虫等生物进入水体，或某些藻类大量繁殖，使水质恶化，直接或间接危害人类健康或影响渔业生产的现象。

地面的微生物、大气中飘浮的微生物均可进入水中而污染水体，河川、湖泊等淡水中微生物的数量一般取决于季节、降雨量和流入水量。一般来说，邻近城镇的水体，含有害微生物和寄生虫卵较多；地下水如井水、泉水，埋藏越深，微生物则越少。受微生物污染的水体可带有伤寒、痢疾、结核杆菌和大肠杆菌，还有螺旋体和病毒。此外，水体中的寄生虫也形成水体生物污染，如血吸虫(卵和毛蚴)、痢疾变形虫、线虫、贾第虫，以及一些有害昆虫，如蚊、蚋、舌蝇等的幼虫。海水中病原菌比淡水少，但海滨、港口因接纳污水，也常含有病原菌。

(3) 土壤生物污染及其来源

土壤中分布最广的是肠道致病性原虫和蠕虫类，有的寄生在动植物体内，有的通过土壤穿透皮肤进入人体。有些微生物如结核杆菌，可在干燥细小的土壤颗粒中生存很长时间，以后随风进入空气，再被人畜吸入而引起感染。造成土壤生物污染的污染物主要是未经处理的粪便、垃圾、城市生活污水、饲养场和屠宰场的污物等，其中危险性最大的是传染病医院未经消毒处理的污水和污物。

(4) 食品生物污染

有害微生物和寄生虫或卵污染食品，可使食品腐败或产生毒素，使人食用后中毒，或使人患寄生虫病。食品污染问题将在 7.3 节中详细阐述。

7.2.2 生物污染的危害

生物污染的危害包括 3 方面：危害生物多样性，危害人类健康，危害生产和经济的发展。

1. 危害生物多样性

生物多样性是地球上生物长期进化的结果。自然界中某些生物可以异常疯长，甚至分泌化感物质抑制、排挤其他物种，形成单一的优势种群，最终导致该区域物种多样性丧失。这种由生物有机体带来的生物多样性危害往往是不可逆转的，加快了物种灭绝的速度。薇甘菊、水花生、水葫芦等植物在条件合适的环境中，都可能发生过度繁茂现象，挤压甚至抑制其他植物生长。飞机草与紫茎泽兰原产中美洲，从中缅、中越边境传入我国云南南部，现已广泛分布于云南、广西、贵州、四川的很多地区，在其发生区大肆排挤本地植物，形成单一植物群落，导致其他物种消失。豚草原产于北美，在豚草发生区，昆虫的种类显著降低。大米草入侵福建等地沿海滩涂，导致红树林湿地生态系统遭到破坏，红树林消失，滩涂鱼虾贝类以及其他生物也不能生存，原有的200多种生物减少到20多种。在关岛，外来入侵物种棕色树蛇引起了关岛本地10种森林鸟类、6种蜥蜴和2种蝙蝠的灭绝。

2. 危害人类健康

许多微生物对人具有致病性。这些致病菌一旦有适宜的条件即可爆发，甚至大规模流行。人类常见的很多疾病也都是由微生物致病菌或其代谢产物引起的（表7-1）。

表7-1 部分真菌毒素及其产生菌和危害

真菌毒素	产生菌	危害
黄曲霉毒素	黄曲霉	肝脏中毒，肝癌
红色青霉素B	红色青霉	肝脏中毒
麦芽米曲霉素	小孢子米曲霉变种	神经中毒
展青霉素	荨麻青霉	神经中毒
杂色曲霉毒素	杂色曲霉、焦曲霉	肝、肾、肺癌
细皱青霉素	皱褶青霉	皮肤癌
黄绿青霉素	黄绿青霉	皮肤癌

某些动植物也会对人类健康带来危害。一些植物可以产生过敏物质，如春暖花开时许多植物花粉散发于空气中，导致部分人群发生花粉过敏，引起咳嗽、哮喘、局部或全身发痒、起红斑疹块等。漆树、荨麻、番茄、芒果等都可产生特殊物质而导致部分人群过敏。一些植物还可以产生苷类、生物碱类、含酚类化合物、毒鱼酮类等有毒物质。许多动物可携带并传播人畜共患病原菌，如马、牛等家畜可以携带沙门氏菌、结核杆菌、布鲁氏菌等。当人在接触或食用携带有未完全杀灭病原菌的这些动物肉类时可被传染。震惊世界的英国“疯牛病”事件始于20世纪80年代初英国开始用动物尸体制作饲料喂牛，结果导致了80年代后期疯牛病的大爆发，已经证实疯牛病是由朊病毒引起的，且可传染给人类而引发人脑组织类似疾病。1999年比利时发生的毒鸡事件，即为鸡将饲料中的二噁英吸收并积累于体内，人食用鸡肉时又受到二噁英污染。众所周知的老鼠携带的鼠疫病菌，蚊子传播疟原虫等都曾给人类带来巨大灾难，在某些贫困落后地区至今仍然在肆虐。携带有狂犬病毒的狗、

猫等动物通过咬人传播狂犬病毒，使被传播的人发病，救治不及时死亡率极高。

3. 危害生产和经济的发展

生物污染危害着生产和经济的发展。由于农副产品、食品和许多工业产品能为微生物提供生长、繁殖的良好条件，如营养、湿度、温度等，微生物在适宜条件下生长繁殖迅速，污染并毁损大量农副产品、食品及其他工业产品，如微生物对医用药物的污染，往往可造成严重后果；化妆品也是极易受微生物污染的一类物品；仓储服装、面料、皮革制品等因含水量较高，而在梅雨季节容易霉变腐败等。老鼠或其他水边动物在土筑水坝、堤岸上打穴筑窝，使堤岸抗洪能力下降，甚至被冲毁。白蚁还有老鼠啃噬建筑物或家具中的木质部分甚至水泥，造成建筑物损坏、倒塌，家具毁坏。

7.2.3 生物污染的控制

造成生物污染有自然的因素，但更多的是人为的因素。由于人类经济活动及其他交流活动的增多，增大了生物污染防治的难度，因此，必须坚持以防为主，积极采取有效的控制措施。其控制要点主要包括以下几方面：

(1) 严格进口货物的动植物检疫及微生物检疫工作，防止外来生物随货物侵入。

(2) 减少对外来物种的引进，引进前必须经过充分论证。

(3) 加强有关生物污染的基础理论研究，建立国家级监控体系和数据库。

(4) 提高人口的整体素质，增强环境保护、物种保护、生物多样性保护和防止生物污染的意识。

(5) 对已经发生的生物污染积极进行治理，防止其继续扩散，造成更大危害。

(6) 严格控制污染源。加强对病原生物在环境中传播途径的研究，以便采取适当的方法(物理的、化学的或生物的)进行防治。

(7) 注意工业的合理布局以及生产过程的消毒和检验措施，如植物种子的消毒浸种、拌种，有机肥料的无害化处理，食品生产的严格卫生检验等。

7.3 食品污染

民以食为天。食品一旦受污染，就要危害人类的健康。近几年，人们备受食品安全问题的困扰：吃粮担心“毒大米”，吃油担心“地沟油”，吃菜担心农药残留超标，吃肉担心“瘦肉精”等。人类赖以生存的基本问题——食品安全，给人们带来了无尽的麻烦和恐惧。

不可否认，随着近年来环境中的有毒物质和致癌物质越来越多，合乎标准的安全食品和饮用水越来越少，由于食品污染导致的疾病发生率出现上升趋势，甚至出现一些罕见和奇特的疾病，残酷的事实不断提醒人们要关注食品污染问题。

7.3.1 食品污染及其来源、途径

1. 食品污染的概念

食品污染是指人们吃的各种食品，如粮食和水果等在生产、运输、包装、储存、销售、烹调过程中，混进了有毒有害物质或者病菌。在食品生产、运输、加工、储存、销售等一系列过程中，混入食品中的、外来的、不利于食品质量与卫生安全的物质，称为食品污染物。

2. 食品污染的来源

随着工业化发展带来的越来越多环境污染问题，新技术、新材料、新原料的使用，致使食品受污染的因素日趋多样化和复杂化。按外来污染物的性质，食品污染可分为生物性污染、化学性污染和放射性污染3大类。

1）生物性污染的来源

食品的生物性污染是指因微生物及其毒素、病毒、寄生虫及其虫卵等对食品污染造成的食品质量安全问题。食品的生物性污染是影响最大、问题最多的一种污染，大部分食品污染问题都是由于生物因素引起的。生物性污染主要由有害微生物、寄生虫及其虫卵和昆虫等引起的。

在微生物污染中，细菌性污染是涉及面最广的污染。食品的致病菌主要来自病人、带菌者、病畜和病禽等，致病菌及其毒素可通过空气、土壤、水、餐具、患者的手或排泄物污染食品。食品受到细菌，特别是致病菌污染时，不仅引起腐败变质，更重要的是会引起食物中毒。被致病菌及其毒素污染的食品，特别是动物性食品，如食用前未经必要的加热处理，会引起沙门氏菌或金黄色葡萄球菌毒素等细菌性食物中毒。食用被污染的食品，还可引起炭疽、结核和布氏杆菌病等传染病。被污染的食品如果带有某些致病菌（如伤寒杆菌、痢疾杆菌等）或寄生虫卵时，被摄入人体后，可引起食源性疾病的传播流行。

污染食品的寄生虫主要有绦虫、旋毛虫、中华枝睾吸虫和蛔虫等。污染源主要是病人、病畜和水生物。污染物一般是通过病人或病畜的粪便污染水源或土壤，然后使家畜、鱼类和蔬菜受到感染或污染。

粮食和各种食品的储存条件不良，容易滋生各种仓储害虫。例如，粮食中的甲虫类、蛾类和螨类，鱼、肉、酱或咸菜中的蝇蛆以及咸鱼中的干酪蝇幼虫等。枣、栗、饼干和点心等含糖较多的食品特别容易受到虫害的侵害。昆虫污染可使大量食品遭到破坏，从而影响食品的品质和营养价值。

2）化学性污染的来源

食品的化学性污染是指有毒有害的化学物质对食品的污染。其来源包括：

(1) 农用化学物质。农用化学物质使用不当可能导致食品污染，如农药残

留等。

(2) 不合卫生要求的食品添加剂的使用。食品在生产加工过程中不按照卫生标准使用食品添加剂,超范围或超量使用,均易造成食品污染;更有甚者,使用非食品用化学添加剂,由于砷、铅等含量高,食品食用后容易引起中毒。

(3) 质量不合卫生要求的包装容器。如陶瓷中的铅、聚氯乙烯塑料中的氯乙烯单体都有可能转移进入食品,又如包装蜡纸上的石蜡可能含有苯并[a]芘,彩色油墨和印刷纸张中可能含有多氯联苯,它们都特别容易向富含油脂的食物中移溶。

(4) 工业"三废"的不合理排放所造成的环境污染会通过食物链危害人体健康。

(5) 油炸、烟熏食品。这类食品中含有大量亚硝胺类和苯并[a]芘,它在人体内蓄积到一定量时,会诱发细胞组织癌变,烟熏火烤的食品危害更大,所以油炸及熏烤食品的化学污染十分严重。

食品的化学性污染案例

"三聚氰胺奶粉"事件

2008 年 6 月 28 日,兰州市的解放军第一医院收治了首宗患"肾结石"病症的婴幼儿。家长反映,孩子从出生起,就一直食用河北石家庄三鹿集团所产的三鹿婴幼儿奶粉。7 月中旬,甘肃省卫生厅接到医院婴儿泌尿结石病例报告后,随即展开调查,并报告卫生部。随后短短两个多月,该医院收治的患婴人数,迅速扩大到 14 名。9 月 11 日,除甘肃省外,中国其他省区都有类似案例发生。经相关部门调查,高度怀疑石家庄三鹿集团的产品受到三聚氰胺污染。三聚氰胺是一种化工原料,可以提高蛋白质检测值,人如果长期摄入会导致人体泌尿系统膀胱、肾产生结石,并可诱发膀胱癌。9 月 13 日,卫生部证实,三鹿牌奶粉中含有的三聚氰胺,是不法分子为增加原料奶或奶粉的蛋白含量,而人为加入的。

"三聚氰胺奶粉"事件总共有 6 名婴孩因喝了毒奶粉死亡,逾 30 万儿童患病。此事件不仅伤害了食用毒奶粉的儿童,更使国人对国产奶粉的信任产生危机,使中国奶制品行业的发展受到巨大影响。

屡禁不止的"瘦肉精"事件

瘦肉精是一类药物的统称,任何能够抑制动物脂肪生成,促进瘦肉生长的物质都可以称为"瘦肉精"。能够实现此类功能的物质主要是一类叫作β-受体激动剂（也称β-兴奋剂）的药物。其中较常见的有盐酸克仑特罗、莱克多巴胺、硫酸沙丁胺醇、盐酸多巴胺等。这一类物质进入牲畜体内后能够改变养分的代谢途径，促进动物肌肉生长，尤其是促进骨骼肌蛋白质的合成，加速脂肪的转化和分解，提高牲畜的瘦肉率。

2011年3月15日，央视对“健美猪”的真相进行了暗访揭秘，其中最引人关注的是，“健美猪”的肉已经流入知名品牌双汇的生产线上。双汇集团3月16日在其网站上刊登声明称，济源双汇食品有限公司是双汇集团下属子公司，对此事给消费者带来的困扰，双汇集团深表歉意。

上市公司双汇发展股票15日跌停，并发布停牌公告。待相关事项核实清楚后才会复牌。另外，上海市的部分大型连锁卖场已对“双汇”产品做下架封存处理。事实上，本次事件不仅给双汇造成巨大影响，整个肉制品行业也难免会受到牵连。

2017年的“央视3·15晚会”曝光了《另一种“瘦肉精”卷土重来》的相关报道，央视记者赴山东省多地进行了详细的调查，“速肥肽”“造肉1号”“快大肥”“日长三斤”等神乎其神的“神奇添加剂”产品。其中真正起作用的“药物成分”是喹乙醇。喹乙醇对大多数动物都有明显的致癌作用，对人也有潜在的三致性，即致畸形、致突变、致癌，在美国和欧盟都被禁止用作饲料添加剂。

时隔四年，2021年“央视3·15晚会”再次曝光瘦肉精。曝光的养殖场位于河北沧州，当地是知名的羊肉养殖基地。暗访中养殖场工作人员承认喂了瘦肉精之后，每只羊多卖50元，一年产70万只羊，一年就是3 500万元！巨额利润驱使下，这些人真是不把别人的健康和生命当回事儿。青县一名饲料推销员称，加瘦肉精这种事“差不多有十年了”。

农业部1997年发文禁止使用瘦肉精，距今已经过去24年了，但瘦肉精依然屡禁不止。2021年3月19日，农业农村部办公厅印发《关于开展“瘦肉精”专项整治行动的通知》，部署在全国范围开展为期三个月的“瘦肉精”专项整治行动，严厉打击违禁使用“瘦肉精”行为。

国内外的相关科学研究表明，食用含有“瘦肉精”的肉会对人体产生危害，瘦肉精的主要添加成分盐酸克伦特罗使用后会在猪体组织中形成残留，尤其是在猪的肝脏等内脏器官中残留较高，食用后直接危害人体健康。其主要危害是：出现肌肉震颤、心慌、战栗、头疼、恶心、呕吐等症状，特别是对高血压、心脏病、甲亢和前列腺肥大等疾病患者危害更大，严重的可导致死亡。

3）放射性污染的来源

放射性污染是指具有放射性的物质对食品的污染，主要来自对放射性物质的开采和冶炼、核废物、和平时期的意外核爆炸或核泄漏事故所释放的放射性核素等。食品中的放射性物质有来自地壳中的放射性物质，称为天然本底；也有来自核武器试验或和平利用放射能所产生的放射性物质，即人为的放射性污染。食品的放射性污染具体来源于以下几方面。

（1）天然的放射性物质

天然放射性物质在自然界中分布很广，它存在于矿石、土壤、天然水、大气以及动植物的所有组织中，特别是鱼贝类等水产品对某些放射性核素具有很强的富集作用，使得食品中放射性核素的含量明显超过周围环境。

（2）空中核爆炸试验的降沉物的污染

一次核爆炸可以产生 200 种以上裂变产物，其半衰期从几分之一秒到上千年或万年，这些物质污染水及土壤后，再污染农作物、水产品、饲料等，经过生物圈进入食品。

（3）核电站和核工业废物的排放

据调查，厂区邻近的海域及地区所产鱼、牡蛎、农作物、牛奶中均有较高浓度的铯-137、锌-65、铬-51 和磷-32 等。

（4）意外事故的泄漏

例如，有名的英国温茨盖尔原子反应堆事故，由于附近牧草受到污染，牛奶中放射性元素含量相当高；苏联切尔诺贝利的核事故亦造成环境及食品的严重污染，欧洲许多国家当时生产的牛奶、肉类以及动物肝脏中都发现有超量的放射性核素而被大量弃置。

食品中放射性污染物最典型的是碘和锶。碘-131 是在核爆炸中早期出现的最突出的裂变产物，可通过牧草进入牛体造成牛奶污染；碘-131 通过消化道进入人体，可被胃肠道吸收，并且有选择性地富集于甲状腺中，造成甲状腺损伤并可能诱发甲状腺癌。锶-90 在核爆炸过程中大量产生，污染区牛奶、羊奶中含有大量的锶-90。锶-90 进入人体后参与钙代谢过程，大部分沉积于骨骼中。

某些鱼类能富集金属同位素，如铯-137 和锶-90 等；某些海产动物，如软体动物能富集锶-90，牡蛎能富集大量锌-65，某些鱼类能富集铁-55。此外，食品放射性污染还有镭-226、钚-239、钴-60、铈-144、铯-137、钋-216、锶-89 和钾-40 等。

食品放射性污染对人体的危害主要是由于摄入污染食品后放射性物质对人体内各种组织、器官和细胞产生的低剂量长期的内照射效应，临床表现为对免疫系统、生殖系统的损伤和致癌、致畸、致突变作用。人体通过食物摄入放射性核素的量一般较低，主要考虑其慢性损害及远期效应。摄入放射性污染的食品可引起许多动物的多种组织的癌变。例如，嗜骨性的锶-90、镭-226和钋-239主要引起骨肿瘤，肝中残留的铈-144和钴-60等常引起肝硬化及肝癌，均匀分布于组织中的铯-137和钋-216等引起的肿瘤则分散在软组织中。放射性污染物的有效半衰期越长，剂量越大，伤害作用也越大。

3. **食品污染的途径**

(1) 原料污染

食品加工的原料包括农林产品、畜禽产品、水产品和加工用水等。由于生产或采集不当而使原料携带有害物质、致病微生物或原料本身农药和重金属的富集和残留等，都可能导致食品污染，如喷洒农药次数多、量大、安全间隔期短的问题；工业废水和废渣滥排、滥放直接污染食品或被水生产品或植物吸收、富集；原料在采集期间，表面上往往附着滋生很多细菌，特别是表面破损的水果、蔬菜、肉类和水产品。

(2) 运输过程污染

装运食品的运输工具、容器清洗不彻底，与有毒有害物质混装混运，都可能造成食品运输过程的污染。

工业萘污染大米

李某在昆明经营大米生意，2019年9月26日，他花费33万元从黑龙江购买了60 t大米，经铁路运回昆明东站。2019年10月6日，李某接货时发现车厢有异味。昆明铁路局进一步检查发现，卸货车内及车厢内的大米均有强烈刺鼻异味，车底板还有少量白色粉末。经调查，装载这批大米的火车车厢在2019年9月10—15日期间运输过萘制品。经检测，大米因受萘污染，已经不能食用。

事后经法院审理，负责运输的沈阳局向李某赔偿因大米受污染所造成的损失共计354 542.5元。受污染的60 t大米也全部销毁。

(3) 加工生产过程污染

食品加工生产过程滥用、乱用添加剂，误用有毒有害物质，导致食品污染。

食品添加剂

食品添加剂是指为改善食品品质和色、香、味以及为防腐、保鲜和加工工艺的需要而加入食品的人工合成物质或者天然物质。常用的食品添加剂有：防腐剂，如苯甲酸钠、山梨酸钾、乳酸等，用于果酱、蜜饯等的食品加工中；抗氧化剂，与防腐剂类似，可以延长食品的保质期，常用的有维生素C、异维生素C等；着色剂，有胭脂红、苋菜红、柠檬黄等；增稠剂和稳定剂，可使冷冻食品长期保持柔软、疏松的组织结构；营养强化剂，可增强和补充食品的某些营养成分，如矿物质和微量元素，各种婴幼儿配方奶粉就含有各种营养强化剂；膨松剂，起到膨松的作用；甜味剂，常用的有糖精钠、甜蜜素等；增白剂，过氧化苯甲酰是面粉增白剂的主要成分，我国食品在面粉中允许添加最大剂量为0.06 g/kg，增白剂超标，会破坏面粉的营养，水解后产生的苯甲酸会对肝脏造成损害；香料，有合成的，也有天然的，用途非常广泛。

食品添加剂的安全使用非常重要。食品添加剂，特别是化学合成的食品添加剂大都有一定的毒性，所以使用时要严格控制使用量。食品添加剂的毒性除与物质本身的化学结构和理化性质有关外，还与其有效浓度、作用时间、接触途径和部位、物质的相互作用与机体的机能状态等条件有关。

(4) 储存过程污染

不良的储藏环境会使残留在食品中的细菌生长繁殖，并通过空气、鼠或昆虫污染食品；食品储存过程中，常由于食品未做到专库专用，易造成意外食品污染；食品在冰箱中的存放时间过长，也能使细菌数量上升从而污染食品。

(5) 烹调过程污染

在食品烹调加工过程中，如果不注意生熟分开，细菌就会从生鲜食品或半成品上转移到熟食上，造成食品的交叉污染；食品烹调加工人员如果不注意个人卫生或患有传染性疾病，通过其手、衣服、呼吸道、头发等可直接或间接地造成食品的细菌污染；烹调加工中使用的调味品和水如果含有细菌，也能造成食品的细菌污染。

7.3.2 食品污染的控制

1. 生物性污染的控制

(1) 清除污染源。控制细菌在食品中的繁殖条件并进行合理的杀菌消毒，规定食品中细菌数量限制标准。加强兽医卫生监测，如严格执行屠宰牲畜的宰前宰后检验规程，对肉严格按肉检规程处理，严禁销售未经兽医检验的肉品及病死畜禽肉。屠宰场、奶场、禽类养殖场，以及肉、奶、蛋的加工、销售单位必须符合食品卫生法及有关食品卫生法规条例的要求，方可生产经营。驱绦灭囊，避免将人粪为动物、鱼类所食。有机肥腐熟后才能作蔬菜肥料。

(2) 加强食品检验。对染有寄生虫的肉、鱼类要按国家卫生法规处理；提倡肉、鱼类煮熟烧透，蔬菜类要仔细清洗，尽量不吃生菜或至少要经过沸水烫过。

(3) 预防作物的真菌病害。粮油和发酵食品企业在仓储、加工、运输中要减少真菌污染。

(4) 保证储存场所适宜的温湿度，防止食品霉变产毒。

(5) 对轻微污染的食品可进行恰当的去毒处理。

2. 化学性污染的控制

(1) 选用高效低毒低残留农药品种。农业部门可颁布农药的安全使用规则(品种、用量、剂型、对象、施药安全期等)，规定食品中允许残留量限度等。

(2) 严格限制工业"三废"排放，控制机具、容器、原材料的质量，杜绝可能的污染来源。规定各种食品的金属毒物允许含量标准，并加强经常性检测。按照国家标准选用安全材质，经过有害成分溶出试验和限制有害成分在食品中的含量，是预防容器、包装材料和涂料污染食品的基本措施。少吃或不吃烟熏、油炸、盐腌及霉变食品。

3. 放射性污染的控制

(1) 加强对污染源的卫生防护和经常性的卫生监督。

(2) 定期进行食品卫生监测，严格执行《食品中放射性物质限制浓度标准》(GB 14882—1994)，使食品中放射性物质的含量控制在允许范围之内。

(3) 按国家规定的《食品安全国家标准食品中放射性物质检验总则》(GB 14883.1—2016)和食品安全国家标准食品中放射性物质的标准测定方法，进行监测，并严格执行。

绿色食品

绿色食品在中国是对无污染的安全、优质、营养类食品的总称，是指按特定生产方式生产，并经国家有关的专门机构认定，准许使用绿色食品标志的无污染、无公害、安全、优质、营养型的食品。类似的食品在其他国家称为有机食品、生态食品或自然食品。1990年5月，中国农业部正式规定了绿色食品的名称、标准及标志。绿色食品必须同时具备以下几个条件：①产品或产品原料地必须符合绿色食品生态环境质量标准；②农作物种植、畜禽饲养、水产养殖及食品加工必须符合绿色食品的生产操作规程；③产品必须符合绿色食品质量和卫生标准；④产品外包装必须符合国家食品标签通用标准，符合绿色食品特定的包装和标签规定。

目前，绿色食品标准分为两个技术等级，即 AA 级绿色食品标准和 A 级绿色食品标准。AA 级绿色食品标准要求：生产地的环境质量符合绿色食品产地环境质量标准，生产过程中不使用化学合成的农药、肥料、食品添加剂、饲料添加剂、兽药及有害于环境和人体健康的生产资料，而是通过使用有机肥、种植绿肥、作物轮作、生物或物理方法等技术，培肥土壤，控制病虫草害，保护或提高产品品质，从而保证产品质量符合绿色食品产品标准要求。A 级绿色食品标准要求：生产地的环境质量符合绿色食品产地环境质量标准，生产过程中严格按绿色食品生产资料使用准则和生产操作规程要求，限量使用限定的化学合成生产资料，并积极采用生物学技术和物理方法，保证产品质量符合绿色食品产品标准要求。

问题与思考

1. 生物多样性具有哪些价值？
2. 造成生物多样性锐减的因素有哪些？如何保护生物多样性？
3. 简述生物污染的含义及其来源。
4. 简述食品污染中化学性污染的来源及其危害。
5. 如何预防控制食品污染？请谈一谈你自己的看法。
6. 查阅资料，了解“云南野生象群北迁”事件，探究象群北迁的原因。

参考文献

[1] 左玉辉. 环境学[M]. 2 版. 北京：高等教育出版社，2010.

[2] 李顺鹏，蒋建东. 环境生物学[M]. 2 版. 北京：中国农业出版社，2019.

[3] 朱泮民，陈寒玉. 环境生物学[M]. 徐州：中国矿业大学出版社，2011.

[4] 中华人民共和国生态环境部. 2021 中国生态环境状况公报[R/OL]. (2022-05-26)[2022-07-06]. https://www.mee.gov.cn/hjzl/sthjzk/zghjzkgb/202105/P020210526572756184785.pdf.

[5] 刘胜，徐承旭. 长江江豚升级为国家一级保护动物[J]. 水产科技情报，2021，48(2)：117-118.

[6] 曾诗淇. “十年禁渔”护长江[J]. 农村工作通讯，2021(4)：25-27.

[7] 中华人民共和国国务院新闻办公室. 中国的生物多样性保护[J]. 浙江林业，2021(10)：5-10.

课外阅读

[1] 一路“象”北[Z]. 北京：优酷信息技术有限公司，2021.

[2] 习近平. 在联合国生物多样性峰会上的讲话[N]. 人民日报，2020-10-01.

[3] 生态环境部. 中国生物多样性保护战略与行动计划[M]. 北京：中国环境科学出版社，2011.

[4] 人民日报评论员. 走出一条中国特色生物多样性保护之路[N]. 人民日报，2021-10-09.

第8章

环境管理

学习目标

1. 理解和掌握环境管理的概念以及环境管理包括的内容。

2. 理解和掌握我国各项环境管理基本制度的含义及作用。

3. 理解和掌握我国现行《中华人民共和国环境保护法》的主要内容以及我国环境法体系的构成。

4. 理解和掌握环境标准的内涵、特点及其作用。

5. 了解习近平生态文明思想的内涵及我国生态环境管理取得的新成就。

8.1 环境管理概述

8.1.1 环境管理的含义

环境管理是在环境保护的实践中产生和发展起来的，它既是环境科学中的一个重要分支学科，也是环境保护工作的一个重要领域，在环境保护中发挥着重要作用。对环境管理的概念目前尚无统一的定义，但一般可以概括为：运用经济、法律、技术、行政、教育等手段，限制人类损害环境质量的行为，通过全面规划、综合决策，使人类与环境相协调、经济发展与环境相协调，达到既要发展经济满足人类的基本需求，又不超出环境的允许极限的目的。

从环境管理的概念分析，我们可以理解到这样几点：第一，环境管理主要是解决由于人类活动所造成的各种环境问题，因此环境管理的对象是人，人是各种行为的主体，是产生各种次生环境问题的主要根源。只有提高人的资源与环境意识，才能改变人的行为，才能从根本上解决环境问题。第二，环境管理必须采用多种手段的融合。技术手段包括污染源头控制、末端治理、环境净化、环境建设和环境监测等；法律手段包括环境立法和环境司法；行政手段主要包括制定环境战略、环境方针、环境政策、环境管理制度和环境规划，颁布环境标准，确定环境管理体制，依法进行环境管理；经济手段主要包括采用收费、罚款、税收、押金、补贴、信贷和价格政策等经济措施，限制损害环境的社会经济利益活动，促进社会经济向着有利于社会、经济和环境相协调的方向发展；教育手段主要是通过教育和宣传，培养环境保护专门人才，普及环境科学知识，使公众了解环境保护的重要意义和内涵，提高全民的环境意识，提高公众的参与意识。第三，环境管理的目的就是通过有效的管理，规范人类的行为，改善环境质量，使人类社会与自然环境相协调，使经济发展与环境容量相协调，实现可持续发展。

8.1.2 环境管理的内容

环境管理的内容从管理的范围划分，可分为资源环境管理、区域环境管理和部门（行业）环境管理；从管理的性质划分，可分为环境计划管理、环境质量管理和环境技术管理。

1. 管理范围划分

(1) 资源环境管理

资源环境管理主要是指对自然资源的保护，包括可更新资源的恢复和扩大再生产，以及不可更新资源的合理利用。资源环境管理当前遇到的最大问题就是资源的不合理开发与利用以及由此造成的资源浪费。当资源以已知的最佳方式来使用，以求达到社会所要求的目标时，考虑到已知的或预计的社会、经济和环境效果进行优化选择，那么资源的使用就是合理的；资源的不合理使用是由于没有谨慎选择资源使用的方法和目的；浪费是不合理使用资源的一种特殊形式。资源的不合理使用可导致不可再生资源的提早枯竭，以及可更新资源的锐减。因此必须采取一切可能的管理措施，保护资源，做到资源的合理开发利用。目前资源管理已成为现代环境管理的重要内容之一，主要包括：①水资源的保护与开发利用；②土地资源的管理与持续利用；③森林资源的培育、保护、管理与可持续发展；④海洋资源的可持续开发与保护；⑤矿产资源的合理开发利用与保护；⑥草地资源的开发利用与保护；⑦生物多样性保护；⑧能源的合理开发利用与保护等。

资源环境管理就是通过确定资源的承载力，优化资源开发利用的时空条件及技术经济条件，建立资源环境管理的指标体系等措施，来实现保护自然资源的目的。人类的发展必须建立在最低的环境成本上，这样才能确保自然资源的可持续利用。

(2) 区域环境管理

区域通常是指行政区域（省、地区），或一些特殊地域（流域、经济技术开发区等）。由于自然环境和社会环境差异以及经济发展的不平衡，环境问题存在明显的区域性特征，因地制宜地加强区域环境管理是管理工作的基本原则。根据区域内的自然资源、社会环境、经济状况的具体情况，选择有利于环境的发展模式，建立新的经济、社会、生态环境系统，协调区域的经济发展目标与环境目标，进行环境影响预测，制订区域环境规划，是区域环境管理的主要任务。其主要内容包括：流域环境管理、地区环境管理、海洋环境管理、自然保护区建设和管理、风沙区生态建设和管理等。

(3) 部门(行业)环境管理

环境问题由于行业性质和污染因子的差异存在明显的行业特征。不同的经济领域会产生不同的环境问题，不同的环境要素往往涉及不同的行业领域。因此，有针对性地根据行业性质和污染因子(环境要素)的特点，调整经济结构和布局，开展清洁生产，推广环境友好技术，提高资源的利用效率，减少污染物的排放，研究污染源的综合防治技术，加强行业内部的监督检查，是部门环境管理的主要内容。行业环境管理又可以划分为工业、农业、能源、交通运输、商业和医疗等部门的环境管理。

2. 管理性质划分

(1) 环境计划管理

环境计划管理是通过计划协调发展与环境的关系，对环境保护加强计划指导是环境管理的重要组成部分。环境计划一是确定一定时期内的环境目标，二是制订达到这一目标的可操作方案。环境计划能促进和保证环境管理人员在管理活动中进行更加有效的管理。其任务就是制订各部门、各行业、各地区的环境规划，用规划内容指导环境保护工作，并在实践中不断调整和完善规划，使其成为整个社会经济发展规划的有机组成部分。事实证明，20 多年来，环境规划在环境管理工作中发挥了重要的作用。

(2) 环境质量管理

环境质量的好坏直接影响到人类的生存和健康，环境质量管理是环境管理的核心内容。环境质量管理既包括对环境质量的现状进行管理，也包括对未来环境质量进行预测和评价。所以环境质量管理必须掌握环境质量状况和环境变化趋势的数据、情报，环境管理的决策必须有可信度较高的预测作基础。此外，已经采取的环境措施也要通过检查、评价，加以不断地调整、改进。所以说，调查研究、数据监测、情况交流、检查、评价和污染的防治都属于环境质量管理的重要内容。

(3) 环境技术管理

环境技术管理是指以可持续发展为指导思想，通过制定技术发展方向、技术路线、技术政策，通过清洁生产工作和污染防治技术，以及通过制定技术标准、技术规程等以协调技术经济发展与环境保护之间的关系，使科学技术的发展既能促进经济不断发展，又能保证环境质量不断得到改善。

上述对环境管理内容的划分，只是为了便于研究，事实上各种不同内容的环境管理不是孤立的，它们彼此之间相互关联、相互交叉渗透。

8.2 环境管理的基本制度

我国在几十年的环境管理实践中，从国情出发，先后总结出9项环境管理制度。通过推行这些环境管理制度来控制环境污染，防止生态破坏，有目标地改善环境质量。同时这些环境管理制度也是环境保护部门依法行使环境管理职能的主要方法与手段。

8.2.1 环境影响评价制度

1. 环境影响评价制度的概念

环境影响评价制度是依照我国《环境影响评价法》的规定，对规划和建设项目实施后可能造成的环境影响进行分析、预测和评估，提出预防或减轻不良环境影响的对策和措施，进行跟踪监测的方法和制度。环境影响评价的目的是为了防止和减少对环境的负面影响，制订选择最佳实施方案。环境影响评价制度是对环境影响评价的内容、程度、法律后果等做出的法律规定。这一制度是实现预防为主原则的最有效手段之一，它将有效防止破坏环境事件的发生或使之负面影响降至最低。

2. 环境影响评价制度的产生和发展

环境影响评价制度首创于美国。1969年，美国的《国家环境政策法》把环境影响评价作为联邦政府在环境管理中必须遵循的一项制度。到20世纪70年代末美国绝大多数州相继建立了各种形式的环境影响评价制度。经过40多年的发展，已有140多个国家建设了环境影响评价制度。同时，环境影响评价的内涵也不断得到提高：从对自然环境的影响评价发展到对社会环境的影响评价；自然环境的影响评价不仅考虑环境污染，还注重了生态影响；开展了环境风险评价；关注污染物累积影响并开始对环境影响进行后评价。环境影响评价的范围也从最初的单纯工程项目发展到区域开发环境影响评价和战略环境影响评价，环境影响评价的技术方法和程序也在发展中不断得到完善。

我国在1979年的《中华人民共和国环境保护法（试行）》中规定实行环境影响评价报告书制度，1989年的《环境保护法》对此做了重申。1986年颁布了《建设项目环境保护管理办法》；1998年对该办法做了修改，颁布了《建设项目环境保护管理条例》，针对评价制度实行多年的情况对评价范围、内容、程序、法律责任等做了修改、补充和更具体的规定，从而在我国确立了完整的环境影响评价制度。

为了实施可持续发展战略，预防因规划和建设项目实施后对环境造成不良影响，促进经济、社会和环境的协调发展，我国于 2002 年颁布了《环境影响评价法》。自 2003 年 9 月 1 日起施行。现行版本为 2018 年 12 月 29 日，第十三届全国人民代表大会常务委员会第七次会议第二次修正完成。另外，在各种环境污染防治的单行法规中，如《中华人民共和国海洋环境保护法》《中华人民共和国大气污染防治法》《中华人民共和国水污染防治法》中，也都对环境影响评价制度做了规定。

3. 环境影响评价制度的意义

(1) 环境影响评价制度可以把经济建设与环境保护协调起来

传统的建设项目的决策考虑的主要因素是经济效益和经济增长速度，着眼于分析影响上述因素的外部条件，如资源状况、原材料供应、交通运输、产销关系等，很少考虑对周围环境的影响，结果导致经济发展和环境保护的尖锐对立。

实行环境影响评价制度，可以使决策的研究不仅从项目的外部条件分析对经济发展是否有利，还要考虑项目本身对周围环境的影响，以及这种影响的反馈效应，并且采取必要的防范措施。这样就可以真正把各种规划、建设开发活动的经济效益和环境效益统一起来，把经济发展和环境保护协调起来。

(2) 环境影响评价制度是贯彻“预防为主”原则和合理布局的重要法律制度

从实质上说，环境影响评价过程也是认识生态环境和人类经济活动相互制约、相互影响的过程，从而在符合生态规律的基础上，合理布局工农业生产、交通、居民区等，使产业结构、城乡结构等布局更趋于合理。这样就可以把人类经济活动对环境的影响减少到最低限度，通过评价还可以预先知道项目的选址是否合适，对环境有无重大不利影响，以避免造成危害事实后无法补救。

4. 环境影响评价的内容及程序

(1) 环境影响评价的内容

关于环境影响评价的内容，各国法律规定不完全一致。我国关于环境影响评价的内容如下所述。

综合规划和专项规划的评价内容包括：①规划实施后可能造成环境影响的分析、预测和评估；②预防或者减轻不良环境影响的对策和措施；③环境影响评价的结论。

建设项目的环境影响评价内容包括：①建设项目概况；②建设项目周围环境现状；③建设项目对环境可能造成影响的分析和预测；④环境保护措施及其经济、技术论证；⑤环境影响经济损益分析；⑥对建设项目实施环境监测的建设；⑦环境影响评价结论。

(2) 环境影响评价和审批的程序

首先，由建设单位或主管部门可以采取招标的方式签订合同委托评价单位进行调查和评价工作。其次，评价单位通过调查和评价制作《环境影响报告书(表)》，评价工作要在项目的可行性研究阶段完成和报批。铁路、交通等建设项目经主管环保部门同意后，可以在初步设计完成前报批。再次，建设项目的主管部门负责对建设项目的《环境影响报告书(表)》进行预审。最后，报告书由具有审批权的环保部门审查批准后，提交设计和施工单位。

8.2.2 “三同时”制度

1. “三同时”制度的概念与作用

“三同时”制度是指一切新建、改建和扩建的基本建设项目(包括小型建设项目)、技术改造项目以及自然开发项目的防治污染和其他公害的设施，必须与主体工程同时设计、同时施工、同时投产的制度。

“三同时”制度适用于在中国领域内的新建、改建、扩建项目(含小型建设项目)和技术改造项目，以及其他一切可能对环境造成污染和破坏的工程建设项目和自然开发项目。它与环境影响评价制度相辅相成，成为贯彻“预防为主”方针的完整的环境管理制度。因为只有“三同时”而没有环境影响评价，会造成选址不当，只能减轻污染危害，而不能防止环境隐患，而且投资巨大。把“三同时”和环境影响评价结合起来，才能做到合理布局，最大限度地消除和减轻污染，真正做到防患于未然。因此“三同时”制度与环境影响评价制度是防止新污染和破坏的两大“法宝”，是我国“预防为主”方针的具体化、制度化。

2. “三同时”制度的确定

“三同时”制度是我国首创的，它是总结我国环境管理的实践经验为我国法律所确认的一项重要的控制新污染的法律制度。1972年6月，在国务院批转的《国家计委、国家建委关于官厅水库污染情况和解决意见的报告》中，第一次提出“工厂建设和‘三废’利用工程要同时设计、同时施工、同时投产”的要求。1973年，经国务院批转的《关于保护和改善环境的若干规定》中规定：“一切新建、扩建和改建的企业，防治污染项目，必须和主体工程同时设计、同时施工、同时投产”“正在建设的企业没有采取防治措施的，必须补上。各级主管部门要会同环境保护和卫生等部门，认真审查设计，做好竣工验收，严格把关”。从此，“三同时”成为中国最早的环境管理制度。但起初执行“三同时”的比例还不到20%，新的污染仍不断出现。这是因为当时处于中国环境保护事业的初创阶段，人们对环境保护事业的重要性了解不深；中国经济有困难，拿不出更多的钱防治污染；有关“三同时”的法规不完善，环境管理机构不健全，监督管理不力。

1979年，《中华人民共和国环境保护法(试行)》对“三同时”制度从法律上加以确认，第六条规定：“在进行新建、改建和扩建工程时，必须提出对环境影响的报告书，经环境保护部门和其他有关部门审查批准后才能进行设计；其中防治污染和其他公害的设施，必须与主体工程同时设计、同时施工、同时投产；各项有害物质的排放必须遵守国家规定的标准”。随后，为确保“三同时”制度的有效执行，中国又规定了一系列的行政法令和规章。如1981年5月由国家计委、国家建委、国家经委、国务院环境保护领导小组联合下达的《基本建设项目环境保护管理办法》，把“三同时”制度具体化，并纳入基本建设程序。于是，到1984年大中型项目“三同时”执行率上升到79%。第二次全国环境保护会议以后又颁布了《建设项目环境设计规定》，进一步强化了这一制度的功能。至1988年，大中型项目“三同时”执行率已接近100%，小型项目也接近80%，有些地方的乡镇企业也试行了这一制度。

《中华人民共和国环境保护法》(2015)第四十一条规定：“建设项目中防治污染的设施，应当与主体工程同时设计、同时施工、同时投产使用。防治污染的设施应当符合经批准的环境影响评价文件的要求，不得擅自拆除或者闲置”。

3. “三同时”制度的具体内容

第一，建设项目的初步设计，应当按照环境保护设计规范的要求，编制环境保护篇章，并依据经批准的建设项目《环境影响报告书》或者《环境影响报告表》，在环境保护篇章中落实防治环境污染和生态破坏的措施以及环境保护设施投资概算。

第二，建设项目的主体工程完工后，需要进行试生产的，其配套建设的环境保护设施必须与主体工程同时投入试运行。

第三，建设项目试生产期间，建设单位应当对环境保护设施运行情况和建设项目对环境的影响进行监测。

第四，建设项目竣工后，建设单位应当向审批该建设项目《环境影响报告书》《环境影响报告表》或者《环境影响登记表》的环境保护行政主管部门，申请该建设项目需要配套建设的环境保护设施竣工验收。

第五，分期建设、分期投入生产或者使用的建设项目，其相应的环境保护设施应当分期验收。

第六，环境保护行政主管部门应当自收到环境保护设施竣工验收申请之日起30日内，完成验收。

第七，建设项目需要配套建设的环境保护设施经验收合格，该建设项目方可正式投入生产或者使用。

由于执行了“三同时”制度，使新建项目增加了治理废水、废气和固体废物的能力，使污染物的排放量的增长率大大低于工业产值的增长率。充分体现了“预防为主”的方针，有效地控制了新污染的扩展，促进了经济与环境保护的协调发展。

8.2.3 排污收费制度与环境保护税

1. 征收排污费制度的建立、实施与废止

征收排污费制度是指向环境排放污染物的单位和个体经营者，应当依照国家的规定和标准，缴纳一定费用的制度。这项制度是在20世纪70年代末期，根据“谁污染，谁治理”的原则，借鉴国外经验，结合我国国情开始实行的，是运用经济手段有效地促进污染治理的法律制度。

1978年12月，中央环境保护领导小组在《环境保护工作汇报要点》中首次提出在我国实行“排放污染物收费制度”。1979年的《中华人民共和国环境保护法（试行）》做了如下规定：“超过国家规定的标准排放污染物，要按照排放污染物的数量和浓度，根据规定收取排污费”。1982年12月，国务院在总结22个省、市征收排污费试点经验的基础上，颁布了《征收排污费暂行办法》（已于2002年废止），对征收排污费的目的、范围、标准、加收和减收的条件、费用的管理与使用等做了具体规定。2002年1月30日，国务院又通过了新的《排污费征收使用管理条例》，并自2003年7月1日起施行。排污收费覆盖废水、废气、废渣、噪声和放射性等五大领域和113个收费项目，并在全国30个省、自治区、直辖市得到全面贯彻实施。征收排污费是我国在环境管理中采用的主要经济手段，这一制度在促进企业加强环境管理，节约和综合利用资源，减少污染与环境治理方面可谓是功不可没。

实施过程中，环境管理的专家与学者逐渐发现我国排污收费制度存在许多弊端，主要有：

(1) 各地区收费标准不同，缺乏公平性。为了实现刺激当地经济发展的目标，不同地区往往根据自己的社会经济发展水平和具体的环境条件制定不同的排污收费标准，影响了法律的公平性。

(2) 排污收费制度不利于企业环保观念和环保意识的树立与增强。在现行制度下，企业缴纳了排污费就可获得排污许可证，就变相取得了污染权。而且我国排污收费制度实行的是“超标排污费”原则，这就在一定程度上导致了排污企业环保意识淡薄，非常不利于企业环保观念的树立。

(3) 征收排污费缺少税收法理上的依据和强制执行力上的刚性。由于现行的排污收费缺乏税收所具有的那种完全的强制性和规范性，立法基础薄弱，权威性差，致使征收阻力很大，征收成本很高而征收效率却很低。在排污费的征收和监管方面缺乏有效的监督制度，随意性很大，这无法保证这项政策的公平性。

基于此，经过30多年的实践与探索，并借鉴发达国家的经验，专家和学者提出“环境保护费改税”的想法，并进行了深入研究。2015年6月，中华人民共和国国务院法制办公室公布《环境保护税(征求意见稿)》，2016年12月25日，中华人民

共和国主席令第六十一号宣布:《中华人民共和国环境保护税法》已由中华人民共和国第十二届全国人民代表大会常务委员会第二十五次会议于 2016 年 12 月 25 日通过,现予公布,自 2018 年 1 月 1 日起施行。

2018 年 1 月 1 日起《中华人民共和国环境保护税法》及《中华人民共和国环境保护税法实施条例》正式施行,2003 年 1 月 2 日国务院公布的《排污费征收使用管理条例》同时废止。至此,中国实施近 40 年的排污收费制度退出历史舞台。

2. 环境保护税

环境保护税也称生态税、绿色税,特指专门用来保护生态环境,针对污水、废气、噪声和废弃物等突出的"显性污染"进行的强制征税。荷兰是最早征收环境保护税的国家。

我国的环境保护税源于排污收费制度。2018 年环境保护"费改税"正式立法后,排污单位不再缴纳排污费,改为缴纳环境保护税。以使用严格的法律制度保护生态环境。

1) 环境保护税的纳税人

环境保护税的纳税人是在中华人民共和国领域和中华人民共和国管辖的其他海域,直接向环境排放应税污染物的企业事业单位和其他生产经营者。

环境保护税主要针对污染破坏环境的特定行为征税,一般可以从排污主体、排污行为、应税污染物三方面来判断是否需要交环境保护税。

(1) 排污主体。缴纳环境保护税的排污主体是企业事业单位和其他生产经营者,也就是说排放生活污水和垃圾的居民个人是不需要缴纳环境保护税的,这主要是考虑到目前我国大部分市县的生活污水和垃圾已进行集中处理,不直接向环境排放。

(2) 排污行为。直接向环境排放应税污染物的,需要缴纳环境保护税,而间接向环境排放应税污染物的,不需要交环境保护税。比如,向污水集中处理、生活垃圾集中处理场所排放应税污染物的,在符合环境保护标准的设施、场所储存或者处置固体废物的,以及对畜禽养殖废弃物进行综合利用和无害化处理的,都不属于直接向环境排放污染物,不需要缴纳环境保护税。

(3) 应税污染物,共分为大气污染物、水污染物、固体废物和噪声四大类。应税大气污染物包括二氧化硫、氮氧化物等 44 种主要大气污染物。应税水污染物包括化学需氧量、氨氮等 65 种主要水污染物。应税固体废物包括煤矸石、尾矿、危险废物、冶炼渣、粉煤灰、炉渣以及其他固体废物,其中,其他固体废物的具体范围授权由各省、自治区、直辖市人民政府确定。应税噪声仅指工业噪声,是在工业生产中使用固定设备时,产生的超过国家规定噪声排放标准的声音,不包括建筑噪声等其他噪声。应税污染物的具体税目,大家可以查阅环境保护税法所附的《环境保护税税目税额表》和《应税污染物和当量值表》。

通过以上标准,可以看出,大部分企业事业单位都不是环境保护税的纳税人。此外,随着排污许可制度的推行,今后所有排污单位均纳入排污许可管理,纳税人的判别将更加简化:一般来讲,纳入排污许可管理,并直接向环境排放应税污染物的单位,就需要缴纳环境保护税。

2) 环境保护税的计算

环境保护税的税额计算只要抓住"四项指标、三个公式",就可以快捷准确地计算出环境保护税税额。

(1) 四项指标

四项指标是指污染物排放量、污染当量值、污染当量数和税额标准,这四项指标是计算环境保护税的关键。

① 污染物排放量。要根据2021年4月28日中华人民共和国生态环境部、中华人民共和国财政部、国家税务总局合发《关于发布计算环境保护税应税污染物排放量的排污系数和物料衡算方法的公告》(2021年第16号)中给出的方法进行计算。

② 污染当量值。污染当量值是相当于1个污染当量的污染物排放数量,用于衡量大气污染物和水污染物对环境造成的危害和处理费用。以水污染物为例,将排放1 kg的化学需氧量所造成的环境危害作为基准,设定为1个污染当量,将排放其他水污染物造成的环境危害与其进行比较,设定相当的量值。比如,氨氮的污染当量值为0.8 kg,表示排放0.8 kg的氨氮与排放1 kg的化学需氧量的环境危害基本相等。再比如,总汞的污染当量值为0.000 5 kg,总铅的污染当量值为0.025 kg,悬浮物的污染当量值为4 kg等。每种应税大气污染物和水污染物的具体污染当量值,依照环境保护税法所附的《应税污染物和当量值表》执行。

③ 污染当量数。应税大气污染物和水污染物的污染当量数,是以该污染物的排放量除以该污染物的污染当量值计算。

④ 税额标准。应税大气污染物和水污染物实行浮动税额,大气污染物的税额幅度为1.2～12元,水污染物的税额幅度为1.4～14元。应税大气污染物和水污染物的具体适用税额,由各省、自治区、直辖市人民政府在税额幅度内确定。固体废物和噪声实行固定税额。固体废物按不同种类,税额标准分别为每吨5～1 000元不等;噪声按超标分贝数实行分档税额,税额标准为每月350～11 200元不等。

(2) 三个公式

根据排放的应税污染物类别不同,税额的计算方法也有所不同,具体为:

① 应税大气污染物和水污染物的应纳税额 = 污染当量数×具体适用税额;

② 应税固体废物的应纳税额 = 固体废物的排放量×具体适用税额;

③ 应税噪声的应纳税额 = 超过国家规定标准的分贝数对应的具体适用税额。

3）环境保护税的优惠政策

为充分发挥环境保护税绿色调节作用，环境保护税法建立了"多排多缴、少排少缴、不排不缴"的激励机制，通过明显有力的优惠政策导向，有效引导排污单位治污减排、保护环境。具体来看，目前减免税规定主要集中在以下三个方面：

（1）鼓励集中处理。对依法设立的城乡污水集中处理、生活垃圾集中处理场所排放相应应税污染物，不超过国家和地方规定的排放标准的，免征环境保护税。依法设立的生活垃圾焚烧发电厂、生活垃圾填埋场、生活垃圾堆肥厂，均属于生活垃圾集中处理场所。

（2）鼓励资源利用。纳税人综合利用的固体废物，符合国家和地方环境保护标准的，免征环境保护税。

（3）鼓励清洁生产。对于应税大气污染物和水污染物，纳税人排放的污染物浓度值低于国家和地方规定排放标准 30%的，减按 75%征税；纳税人排放的污染物浓度值低于国家和地方规定排放标准 50%的，减按 50%征税。

此外，对除规模化养殖以外的农业生产排放应税污染物的，机动车、铁路机车、非道路移动机械、船舶和航空器等流动污染源排放应税污染物的情形，均免征环境保护税。

4）征收环境保护税的作用

作为我国第一个体现"绿色税制"的税种，环境保护税已平稳征收 4 年。税收收入总体稳定，执法刚性稳步增强。绿色税收对持续促进绿色发展，鼓励节能减排、助力"碳达峰""碳中和"的绿色效应逐渐显现。

2018—2020 年环境保护税分别实现收入 205.6 亿元、213.2 亿元、199.9 亿元，合计收入 618.7 亿元。三年来纳税人户数从 26.7 万户上升为 46.2 万户。"多排多缴、少排少缴、不排不缴"是《中华人民共和国环境保护税法》明确传导的价值理念。在政策正向激励下，越来越多企业走上节能减排的绿色发展之路。对于清洁生产、污水集中处理以及固体废物循环利用等，都实施了税收减免优惠政策。尤其是对低于标准排放的减税优惠政策，激发了企业清洁生产的积极性，引领企业由"被动减排"向"主动作为"转变。数据显示，3 年来，全国纳税人因低标排放累计享受减税优惠 102.6 亿元，因集中处理污水享受免税红利 152.2 亿元，因综合利用固体废物享受免税红利 39.9 亿元。看得见的红利使企业纷纷加大环保设施投入，积极改进生产工艺，向绿色生产转型发展，从根本上解决环境问题。

8.2.4 环境保护目标责任制

1. 环境保护目标责任制的含义及特点

环境保护目标责任制是一种具体落实地方各级政府和有关污染的单位对环境质量负责的行政管理制度。这种制度以我国的基本国情为基础，以现行法律为依据，以责任制为核心，以行政制约为机制，把责任、权力、利益和义务有机地结合起来，运用目标化、定量化、制度化的管理方法，把贯彻执行环境保护这一基本国策作为各级领导的行为规范，推动环境保护工作的全面、深入开展。

环境保护目标责任制的特点：第一，有明确的时间和空间界限，一般以一届领导的任期为时间界限，以行政单位所辖地域为空间界限；第二，有明确的环境质量目标、定量要求和可分解的环境质量指标；第三，有明确的年度工作指标；第四，有配套的措施、支持保证系统和考核奖惩办法；第五，有定量化的监测和控制手段。

2. 环境保护目标责任制的产生及作用

环境保护是一项科学、技术、工程、社会相结合的综合性很强的复杂性工作，涉及方方面面，必须统一规划、统一部署、统一指挥、统一实施。实践证明，环境保护部门担当不起这一统一重任，只能由地方行政负责人承担。因此 1989 年第三次全国环境保护会议规定：地方行政领导者对所管区域的环境质量负责。这一制度是根据我国国情，在我国的环境保护实践工作中总结和提炼出来的，解决了环境保护的总体动力问题、责任问题、定量科学管理问题，以及宏观管理与微观落实相结合的问题。有利于把环境保护工作真正列入各级政府的议事日程，有利于把国民经济和社会发展规划中的环保目标具体化，有利于调动全社会参与保护环境的积极性。

3. 实施环境保护目标责任制的程序

实施环境保护目标责任制是一项复杂的系统工程，涉及面广，政策性和技术强。其工作程序大致分为 4 个阶段：责任书的制定、责任书的下达、责任书的实施和责任书的考核。

环境保护目标责任制的推出是我国环境管理体制的重大改革，标志着我国环境管理进入一个新阶段。这一制度明确了环境保护的主要责任者和责任范围，理顺了各级政府和各个部门与环境保护的关系，从而使改善环境质量的任务得到落实。

8.2.5 生态保护红线制度

1. 生态保护红线提出的背景

2011 年，随着工业化和城镇化的快速发展，我国资源环境形势日益严峻。尽管我国生态环境保护与建设力度逐年加大，但总体而言，资源约束压力持续增大，环境污染仍在加重，生态系统退化依然严重，生态问题更加复杂，资源环境与生态恶化趋势尚未得到逆转。已建各类保护区空间上存在交叉重叠，布局不够合理，生态保护效率不高，生态环境缺乏整体性保护，且严格性不足，尚未形成保障国家与区域生态安全和经济社会协调发展的空间格局。在此背景下，为强化生态保护，《国务院关于加强环境保护重点工作的意见》(国发[2011]35 号)明确提出，在重要生态功能区、陆地和海洋生态环境敏感区、脆弱区等区域划定生态红线。这是我国首次以国务院文件形式出现"生态红线"概念并提出划定任务。《中华人民共和国环境保护法》(2015)第二十九条提出："国家在重点生态功能区、生态环境敏感区和脆弱区等区域划定生态保护红线，实行严格保护"。

2. 生态保护红线的概念

生态保护红线是指对维护国家和区域生态安全及经济社会可持续发展，保障人民群众健康具有关键作用，在提升生态功能、改善环境质量、促进资源高效利用等方面必须严格保护的最小空间范围与最高或最低数量的限值。生态保护红线的实质是生态环境安全的底线，目的是建立最为严格的生态保护制度，对生态功能保障、环境质量安全和自然资源利用等方面提出更高的监管要求，从而促进人口、资源、环境相均衡，经济、社会、生态效益统一。生态保护红线具有系统完整性、强制约束性、协同增效性、动态平衡性、操作可达性等特征。具体包括生态功能保障基线、环境质量安全底线和自然资源利用上线，可简称为生态功能红线、环境质量红线和资源利用红线。

3. 划定生态保护红线的意义

划定生态保护红线是维护国家生态安全的需要。只有划定生态保护红线，按照生态系统完整性原则和主体功能区定位，优化国土空间开发格局，理顺保护与发展的关系，改善和提高生态系统服务功能，才能构建结构完整、功能稳定的生态安全格局，从而维护国家生态安全。

划定生态保护红线是不断改善环境质量的关键举措。划定并严守生态保护红线，将环境污染控制、环境质量改善和环境风险防范有机衔接起来，才能确保环境质量逐步改善，从源头上扭转生态环境恶化的趋势，建设天蓝、地绿、水净的美好家园。

划定生态保护红线有助于增强经济社会可持续发展能力。划定生态保护红线，引导人口分布、经济布局与资源环境承载能力相适应，促进各类资源集约节约利用，对于增强我国经济社会可持续发展的生态支持能力具有极为重要的意义。

4. 生态保护红线制度的发展历程

2012年3月，中华人民共和国环境保护部（简称环保部）组织召开全国生态红线划定技术研讨会，邀请国内知名专家和主要省份环保厅（局）管理者对生态红线的概念、内涵、划定技术与方法进行深入研讨和交流，并对全国生态红线划定工作进行总体部署。

2012年4—10月，生态红线技术组草拟了《全国生态红线划定技术指南》，初步制定生态红线划定技术方法，形成《全国生态红线划定技术指南（初稿）》（以下简称《指南》）。

2012年年底，环保部召开生态红线划定试点启动会，确定内蒙古、江西为红线划定试点，随后，湖北和广西也被列为红线划定试点。

2013年技术组全面开展了试点省（自治区）生态红线划定工作，提出了试点省（自治区）生态红线划分方案，并进一步完善了《指南》。在划定试点省（自治区）生态红线过程中，技术组分别于2013年5—8月陆续开展了内蒙古、江西、广西、湖北等省（自治区）生态红线区域实地调查，充分听取了地方政府各部门意见和建议，为《指南》的修改完善提供了有利的工作基础条件。

2014年1月，环保部印发了《国家生态保护红线——生态功能红线划定技术指南（试行）》（环发[2014]10号），成为中国首个生态保护红线划定的纲领性技术指导文件。

2015年5月，环保部印发了《生态保护红线划定技术指南》（环发[2015]56号），指导全国生态保护红线划定工作。该指南是在《国家生态保护红线——生态功能红线划定技术指南（试行）》基础上，经过一年的试点试用、地方和专家反馈、技术论证下形成。

2015年11月，环保部印发了《关于开展生态保护红线管控试点工作的通知》（环办函[2015]1850号），选择江苏、海南、湖北、重庆和沈阳开展生态保护红线管控试点，指导试点地区在生态保护红线区环境准入、绩效考核、生态补偿和监管等方面进行探索。

2017年7月，环保部办公厅、国家发展改革委员会办公厅共同印发《生态保护红线划定指南》（环办生态[2017]48号）。

2018年9月，天津市发布了《天津市生态保护红线》，陆海统筹划定生态保护红线总面积1 393.79 km^2（扣除重叠），占全市陆海总面积的9.91%。其中，划定陆域生态保护红线面积1 195 km^2，占天津陆域国土面积的10%；划定海洋生态红线区面积219.79 km^2，占天津管辖海域面积的10.24%；划定自然海岸线合计18.63 km，占天津海岸线的12.12%。

2018年10月，中华人民共和国生态环境部（简称生态环境部）自然生态保护司负责人表示，生态保护红线主要保护的是生态功能重要和生态环境敏感脆弱的区域。目前 15 个省份生态保护红线划定工作已经结束。剩下的 16 个省份生态保护红线划定方案待国务院批准后由省级人民政府对外发布。初步估计全国生态保护红线面积比例将达到或超过国土面积 25%左右的目标。

2019 年 8 月，生态环境部、自然资源部发布《关于印发〈生态保护红线勘界定标技术规程〉的通知》。通知要求参照本技术规程，推进生态保护红线勘界定标工作。京津冀、长江经济带各省和宁夏回族自治区等 15 省(区、市)依据国务院认定的生态保护红线评估结果，开展勘界定标；其他省请在国务院批准生态保护红线划定方案后，启动勘界定标。按照中共中央办公厅、国务院办公厅印发《关于划定并严守生态保护红线的若干意见》(2017)要求，生态保护红线勘界定标应于 2020 年年底前全面完成。

2021 年 12 月 23 日，生态环境部环境影响评价与排放管理司负责人表示，全国所有省、地市两级“三线一单”(生态保护红线、环境质量底线、资源利用上线和生态环境准入清单)成果均完成发布，基本建立了覆盖全国的生态环境分区管控体系。

2022 年 9 月 15 日，中共中央宣传部举行新闻发布会，介绍“贯彻新发展理念，建设人与自然和谐共生的美丽中国”相关情况。这十年是我国生态环境保护制度得到系统性完善的十年。在法律法规方面，修订了生物安全法、森林法、野生动物保护法、湿地保护法等 20 多部法律法规，生态保护的法治保障更加有力。在制度举措方面，首次设立了生态保护红线制度，把超过 25%的国土面积纳入生态保护红线。

5. 生态保护红线划定的内容

(1) 生态功能保障基线

生态功能保障基线包括禁止开发区生态红线、重要生态功能区生态红线和生态环境敏感区、脆弱区生态红线。纳入的区域，禁止进行工业化和城镇化开发，从而有效保护我国珍稀、濒危并具代表性的动植物物种及生态系统，维护我国重要生态系统的主导功能。禁止开发区红线范围可包括自然保护区、森林公园、风景名胜区、世界文化自然遗产、地质公园等。自然保护区应全部纳入生态保护红线的管控范围，明确其空间分布界线。其他类型的禁止开发区根据其生态保护的重要性，通过生态系统服务重要性评价结果确定是否纳入生态保护红线的管控范围。

(2) 环境质量安全底线

环境质量安全底线是保障人民群众呼吸上新鲜的空气、喝上干净的水、吃上放心的粮食、维护人类生存的基本环境质量需求的安全线，包括环境质量达标红线、污染物排放总量控制红线和环境风险管理红线。环境质量达标红线要求各类环境要素达到环境功能区要求。具体而言，要求大气环境质量、水环境质量、土壤环境质量等均符合国家标准，确保人民群众的安全健康。污染物排放总量控制红线要求全面完成减排任务，有效控制和削减污染物排放总量。环境风险管理红线要求建立环境与健康风险评估体系，完善环境风险管理措施，健全环境事故处置和损害赔偿恢复机制，推进环境风险全过程管理。建立突发性污染事故应急响应机制，完善突发环境事件应急管理体系，加强环境预警体系建设，确保将环境风险降至最低。

（3）自然资源利用上线

自然资源利用上线是促进资源能源节约，保障能源、水、土地等资源高效利用不应突破的最高限值。自然资源利用上线应符合经济社会发展的基本需求，与现阶段资源环境承载能力相适应。能源利用红线是特定经济社会发展目标下的能源利用水平，包括能源消耗总量、能源结构和单位国内生产总值能耗等。水资源利用红线是建设节水型社会、保障水资源安全的基本要求，包括用水总量和用水效率等。土地资源利用红线是优化国土空间开发格局、促进土地资源有序利用与保护的用地配置要求，使耕地、森林、草地、湿地等自然资源得到有效保护 。

6. 严守生态保护红线

2017年6月中共中央办公厅、国务院办公厅印发了《关于划定并严守生态保护红线的若干意见》，并发出通知，要求各地区各部门结合实际认真贯彻落实。强调按照要求落实地方各级党委和政府主体责任，强化生态保护红线刚性约束，形成一整套生态保护红线管控和激励措施。

（1）明确属地管理责任

地方各级党委和政府是严守生态保护红线的责任主体，要将生态保护红线作为相关综合决策的重要依据和前提条件，履行好保护责任。各有关部门要按照职责分工，加强监督管理，做好指导协调、日常巡护和执法监督，共守生态保护红线。建立目标责任制，把保护目标、任务和要求层层分解，落到实处。创新激励约束机制，对生态保护红线保护成效突出的单位和个人予以奖励；对造成破坏的，依法依规予以严肃处理。根据需要设置生态保护红线管护岗位，提高居民参与生态保护的积极性。

（2）确立生态保护红线优先地位

生态保护红线划定后，相关规划要符合生态保护红线空间管控要求，不符合的应及时调整。空间规划编制要将生态保护红线作为重要基础，发挥生态保护红线对于国土空间开发的底线作用。

（3）实行严格管控

生态保护红线原则上按禁止开发区域的要求进行管理。严禁不符合主体功能定位的各类开发活动，严禁任意改变用途。生态保护红线划定后，只能增加、不能减少，因国家重大基础设施、重大民生保障项目建设等需要调整的，由省级政府组织论证，提出调整方案，经生态环境保护部、国家发展改革委员会同有关部门提出审核意见后，报国务院批准。因国家重大战略资源勘查需要，在不影响主体功能定位的前提下，经依法批准后予以安排勘查项目。

（4）加大生态保护补偿力度

财政部会同有关部门加大对生态保护红线的支持力度，加快健全生态保护补偿制度，完善国家重点生态功能区转移支付政策。推动生态保护红线所在地区和受益地区探索建立横向生态保护补偿机制，共同分担生态保护任务。

（5）加强生态保护与修复

实施生态保护红线保护与修复，作为山水林田湖生态保护和修复工程的重要内容。以县级行政区为基本单元建立生态保护红线台账系统，制定实施生态系统保护与修复方案。优先保护良好生态系统和重要物种栖息地，建立和完善生态廊道，提高生态系统完整性和连通性。分区分类开展受损生态系统修复，采取以封禁为主的自然恢复措施，辅以人工修复，改善和提升生态功能。选择水源涵养和生物多样性维护为主导生态功能的生态保护红线，开展保护与修复示范。有条件地区，可逐步推进生态移民，有序推动人口适度集中安置，降低人类活动强度，减小生态压力。按照陆海统筹、综合治理的原则，开展海洋国土空间生态保护红线的生态整治修复，切实强化生态保护红线及周边区域污染联防联治，重点加强生态保护红线内入海河流综合整治。

（6）建立监测网络和监管平台

环保部、国家发展改革委员会、国土资源部会同有关部门建设和完善生态保护红线综合监测网络体系，充分发挥地面生态系统、环境、气象、水文水资源、水土保持、海洋等监测站点和卫星的生态监测能力，布设相对固定的生态保护红线监控点位，及时获取生态保护红线监测数据。建立国家生态保护红线监管平台。依托国务院有关部门生态环境监管平台和大数据，运用云计算、物联网等信息化手段，加强监测数据集成分析和综合应用，强化生态气象灾害监测预警能力建设，全面掌握生态系统构成、分布与动态变化，及时评估和预警生态风险，提高生态保护红线管理决策科学化水平。实时监控人类干扰活动，及时发现破坏生态保护红线的行为，对监控发现的问题，通报当地政府，由有关部门依据各自职能组织开展现场核查，依法依规进行处理。

（7）开展定期评价

环保部、国家发展改革委员会会同有关部门建立生态保护红线评价机制。从生态系统格局、质量和功能等方面，建立生态保护红线生态功能评价指标体系和方法。定期组织开展评价，及时掌握全国、重点区域、县域生态保护红线生态功能状况及动态变化，评价结果作为优化生态保护红线布局、安排县域生态保护补偿资金和实行领导干部生态环境损害责任追究的依据，并向社会公布。

(8) 强化执法监督

各级环境保护部门和有关部门要按照职责分工加强生态保护红线执法监督。建立生态保护红线常态化执法机制，定期开展执法督查，不断提高执法规范化水平。及时发现和依法处罚破坏生态保护红线的违法行为，切实做到有案必查、违法必究。有关部门要加强与司法机关的沟通协调，健全行政执法与刑事司法联动机制。

(9) 建立考核机制

环保部、国家发展改革委员会会同有关部门，根据评价结果和目标任务完成情况，对各省(自治区、直辖市)党委和政府开展生态保护红线保护成效考核，并将考核结果纳入生态文明建设目标评价考核体系，作为党政领导班子和领导干部综合评价及责任追究、离任审计的重要参考。

(10) 严格责任追究

对违反生态保护红线管控要求、造成生态破坏的部门、地方、单位和有关责任人员，按照有关法律法规和《党政领导干部生态环境损害责任追究办法(试行)》等规定实行责任追究。对推动生态保护红线工作不力的，区分情节轻重，予以诫勉、责令公开道歉、组织处理或党纪政纪处分，构成犯罪的依法追究刑事责任。对造成生态环境和资源严重破坏的，应实行终身追责，责任人不论是否已调离、提拔或者退休，都必须严格追责。

8.2.6 污染集中控制

1. 污染集中控制的概念

中国的环境保护实践证明，环境污染的治理必须以改善环境质量为目的，以提高经济效益为原则。长期以来，我国的环境保护工作过分强调单个污染源的治理，追求处理率与达标率。在这一方面投入了大量的资金；另一方面整体效益不高，对改善区域的环境质量效果并不明显。基于此，与单个点源的控制相对应，污染物集中控制制度在环境管理中出现并发展起来。

污染集中控制是指在一个地区里，集中力量解决最主要的环境问题，而不是分散解决每个污染源。概括来说 ，就是要以改善流域、区域的环境质量为目的，依据污染防治规划，按照废水、废气、固体废物等污染源的性质、种类和所处的地理位置，以集中处理为主，用尽可能小的投入获取尽可能大的环境、经济和社会效益。

2. 污染集中控制的作用

(1) 污染集中控制在污染防治战略和投资策略上带来了重大转变，能够根据区域的污染特点，集中力量有针对性地控制主要的污染源。有利于调动各方面的积极性，把人力、物力和财力集中起来，重点解决最敏感或者最严重的环境污染问题。

(2) 污染集中控制有利于采用新技术、新工艺、新设备等综合治理措施，对污染物进行治理，尤其是有利于废物的综合利用，从而提高了污染控制的效果并促进了资源再生利用。

(3) 污染集中控制降低了治污的成本，减少了投入，提高了污染治理设施的运行效率，解决了某些企业由于资金、技术和管理等方面的困难而难以承担污染治理的问题，在很大程度上避免了偷排现象。

3. 实施污染集中控制的保障措施

为了有效地推行污染集中控制制度，必须有一系列的有效措施加以保障。

(1) 污染集中控制是以城市环境的整体效益最佳为目的的，然而城市各部门、各行业、各企业间的条块分割，是城市环境问题的实质，同时也阻碍了污染的集中控制，因此协调各部门、各行业、各企业之间的关系，使它们之间信息流通，实现物质资源的循环再生利用，废物集中控制，从根本上解决环境污染问题。那么协调工作责无旁贷地应由地方政府来承担，其协调作用能否有效发挥将成为城市污染控制能否有效实施的关键。

(2) 污染集中控制是一项复杂的系统工程，必须以科学的规划为前提，才能保证污染集中控制的有效实施。因为每一个项目的实施都涉及土地利用、自然环境的影响等多个因素之间的关系，只有科学合理的规划与布局才能保证集中控制的整体效益最好。

(3) 污染集中控制必须有大量的资金投入作为保障。污染集中治理设施建设的一次性投资比较大，必须多方筹措资金，建立相应的经济激励机制，实行“污染者付费”，使排污者和受益者承担必要的责任，或者从城市建设资金中支出来解决。

(4) 污染集中控制，不能取代分散治理，尤其是对于一些危害严重、不易集中治理的污染源，以及一些排污大户或者远离城镇的企业，应以单独点源治理为重点。

4. 污染集中治理的形式

(1) 废水污染集中控制制度。控制制度有 4 种形式：①以大企业为骨干，利用不同水质的特点，实行企业联合集中治理；②同种类的工厂联合治理，如造纸行业、食品加工业、石油化工业等，都可以通过产业集聚，集中处理废水；③对特殊废水集中处理，如电镀废水；④工厂只对废水进行预处理，然后排入城市污水处理厂进行处理。

（2）废气污染集中控制制度。合理规划，调整产业结构和城市布局，特别是改善能源的利用方式。实行集中供热和工厂的余热利用，提高能源利用率，扩大绿地覆盖率，减少碳排放。

（3）有害固体废物集中利用，实行废物的综合利用。

8.2.7 排污申报登记与排污许可证制度

1. 排污申报登记制度与排污许可证制度的概念

排污申报登记制度是指由排污者向环境保护行政主管部门申报登记所拥有的污染物排放设施，污染物处理设施，以及正常工作条件下排放污染物的种类、数量和浓度。

排污许可证制度是以改善环境质量为目标，许可排污单位排放污染物的种类、排放量、排放去向等，是一项具有法律含义的行政管理制度。

排污申报登记制度与排污许可证制度是两个不同的制度，这两个制度既有区别，又有联系。排污申报登记是实行排污许可证制度的基础；排污许可证是对排污的定量化管理，是在污染物排放总量控制的前提下发放的许可证。

2. 实施排污许可证制度的步骤

（1）排污申报

排污申报的目的是要掌握区域排污的种类与总量的现状，摸清污染物的排放规律，作为分配排污负荷、确定污染物削减量及采取削减措施的前提与依据。排污申报的内容包括：排污单位的基本情况，生产工艺、产品和材料消耗情况，污染物的排放种类、排放去向及排放强度，污染处理设施建设及运行状况，排污单位的地理位置和平面示意图。

（2）总量审核及排污指标的规划分配

总量审核是为了确定本地区污染物排放总量的控制指标及分配污染物总量削减指标，这是发放许可证的最核心工作。污染物的排放总量控制指标根据该地区的环境容量来确定；污染物总量削减指标可以根据当地环境目标的要求，以污染物排放总量和环境容量为基础来确定。

（3）排污许可证的审批发放

审批发放许可证时要对排污者规定必须遵守的条件：①污染物的允许排放量；②规定排污口的位置、排放方式、排放最高浓度等。对符合规定条件的排污者，发放《排放许可证》；对暂时达不到规定条件的，如超出总量控制指标的单位，发放《临时排放许可证》，同时要求其限期治理，削减排污量。

（4）排污许可证的监督检查和管理

这是许可证制度能否有效执行的关键。首先，要建立必要的监督检查制度，包括排污单位定期自行检查和上报排污情况的制度和环保部门的监督检验制度。其次，重点排污单位和环保部门都要配备监测人员和设备，逐步完善监测体系。同时要配备必要的专业管理人员，健全许可证的管理体制。

排污许可证交易

排污许可证交易也称排污权交易，是由美国经济学家戴尔斯于1968年最先提出来的。所谓排污权交易是指在污染物排放总量控制指标确定的条件下，利用市场机制，建立合法的污染物排放权利即排污权，并允许这种权利像商品那样被买入和卖出，以此来进行污染物的排放控制，从而达到减少排放量、保护环境的目的。

美国1977年通过并于1990年修改的《清洁空气法》中鼓励公司参与市场买卖污染权。为贯彻这一法律，建立了排污权交易制度，并首先在控制 SO_2 排放方面实施排污权交易，并取得成功。

1999年4月，国家环保总局与美国环保局签署了“关于在中国运用市场机制减少 SO_2 排放的可行性研究”的合作协议。经中美双方共同考察，南通成为该项目试点城市。

南通市环保局以项目试点为契机，开展了多方面的调研和论证，在美国环保协会专家的指导下，成功嫁接了排污权交易模式，并于2001年在南通天生港发电有限公司和南通醋酸纤维有限公司之间实施了中国第一笔排污权交易，在全国引起了极大反响。2003年，在日本对华最大投资项目——王子造纸的配套热电项目进行环境审批时，由于南通市区的 SO_2 排放指标已没有富余量，项目审批面临障碍。南通市环保局再次运用排污权交易模式，为该项目成功联系到排污指标供方单位，使这一项目很快获得批准，并得到江苏省环保厅的充分认可。

2003年，江苏太仓港环保发电有限公司与南京下关发电厂达成 SO_2 排污权异地交易，开创了中国跨区域交易的先例。

2007年11月10日，国内第一个排污权交易中心在浙江嘉兴挂牌成立，标志着我国排污权交易逐步走向制度化、规范化、国际化。

8.2.8 限期治理污染制度

1. 限期治理的含义

限期治理是以污染源调查、评价为基础，以环境保护规划为依据，突出重点，分期分批对污染危害严重、群众反映强烈的污染物、污染源、污染区域采取的限定治理时间、治理内容及治理效果的强制性措施，是人民政府为了保护人民的利益对排污单位采取的法律手段。被限期的企事业单位必须依法完成限期治理任务。

限期治理不是指随便哪个污染源污染严重，就限期治理哪个污染源。限期治理是在经过科学调查和评价污染源、污染物的性质、排放地点、排放状况、污染物迁移转化规律、对周围环境的影响等各种因素的基础上，在总体规划的指导下，由县级以上人民政府做出的决定。限期治理必然突出重点，分期分批解决污染危害严重、群众反映强烈的污染源和污染区域。同时凡是限期治理都要有限定时间、治理内容、限期对象、治理效果4个因素，四者缺一不可。限期治理决定是一种法律程序，具有法律效力。为了完成限期治理任务，限期治理项目应该按基本建设程序无条件地纳入本地区、本部门的年度固定资产投资计划之中，在资金、材料、设备等方面予以保证。

2. 限期治理的类型

(1) 区域性限期治理

区域性限期治理指对污染严重的某一区域、某个水域的限期治理，如国家重点治理的三河（淮河、海河、辽河）、三湖（太湖、巢湖、滇池）、两区（酸雨、二氧化硫控制区）、一市（北京市）、一海（渤海）是限期治理的重点区域。这类治理整体效益好，可以直接促使区域环境质量改善。区域性限期治理的措施多样，包括点源治理、技术改造、调整工业布局、调整经济结构等综合性的治理措施。

(2) 行业性限期治理

行业性限期治理指对某个行业性污染的限期治理，如对造纸行业制浆黑液污染的限期治理。行业性限期治理包括产品结构、原材料和能源结构、工艺和设备的调整和更新。

(3) 点源限期治理

点源限期治理指对污染严重的排放源进行限期治理，如对某企业、某个污染源、某个污染物的限期治理。例如，吉林市对吉林碳素厂沥青烟的限期治理，齐齐哈尔市对齐齐哈尔钢厂煤气发生炉酚氰的限期治理等。

3. 限期治理的重点

(1) 污染危害严重、群众反映强烈的污染物和污染源，治理后能够在较大程度上改善环境质量、解决企业与群众矛盾、保障社会安定的项目。

(2) 位于居民稠密区、水源保护区、风景游览区、自然保护区、温泉疗养区、城市上风向等环境敏感区，污染物排放超标、危害职工和居民健康的污染企业。

(3) 区域或流域环境质量十分恶劣，可能影响到居民健康和经济发展的项目。

(4) 污染范围较广、污染危害较大的行业污染项目。

(5) 其他必须限期治理的污染企业，如有重大污染事故隐患的企业。

4. 限期治理的工作程序

(1) 准备阶段

通过对人群和污染源的调查以及环境评价，并根据经济发展和环境保护规划，提出并确定限期治理的名单。

(2) 实施阶段

由政府下达限期治理的决定，并将限期治理项目纳入经济和社会发展计划，为限期治理项目提供资金和物资方面的保证。同时建立责任制，落实限期治理单位的环境保护责任。在实施过程中，环保部门对限期治理项目的实施进行监督检查。

(3) 验收阶段

限期治理单位在完成污染治理后，向环保部门提交竣工报告，之后由有关部门(包括限期治理单位的主管部门和环保部门)组织进行竣工验收。对未完成限期治理任务的单位，按有关法律法规进行处罚。

8.2.9 污染排放总量控制制度

长期以来，我国环境管理主要采取污染物排放浓度控制，浓度达标即视为合法。“总量控制”是相对“浓度控制”而言的。浓度控制是指以控制污染源排放口排出污染物的浓度为核心的环境管理方法体系。其核心内容为国家环境污染物排放(主要是浓度排放)标准。我国的“排污收费”“三同时”“环境影响评价”等制度都是以浓度排放标准为主要评价标准的。近年来，国家适当提高了主要污染物排放浓度标准，但由于受技术经济条件的限制，单靠控制浓度达标，无法有效遏制环境污染的加剧，必须对污染物排放总量进行控制。

1. 总量控制的概念

污染物排放总量控制(简称总量控制)是将某一控制区域(如行政区、流域、环境功能区等)作为一个完整的系统，采取措施将排入这一区域的污染物总量控制在一定数量之内，以满足一定时段内该区域的环境质量要求。

总量控制首先是一种环境管理的思想，同时也是一种环境管理的手段，即为使某一时空范围的环境质量达到一定的目标标准而控制一定时间内该区域排污单位污染物排放总量的环境管理手段。它包含 3 个方面的内容：①排放污染物的总量；②排放污染物总量的地域范围；③排放污染物的时间跨度。

2. 总量控制的类型

总量控制可以分为目标总量控制、容量总量控制和行业总量控制。

(1) 目标总量控制是以排放限制为控制基点，从污染源可控性研究入手，进行总量控制负荷分配。目标总量控制的优点是：不需要过高的技术和复杂的研究过程，资金投入少；能充分利用现有的污染排放数据和环境状况数据；控制目标易确定，可节省决策过程的复杂性和交易成本；可以充分利用现有的政策和法规，容易获得各级政府的支持。但目标总量控制具有明显的缺点：在污染物排放量与环境质量未建立明确的响应关系前，不能明确污染物排放对环境造成的损害及其对人体的损害和带来的经济损失。所以，目标总量控制的“目标”实际上是不准确的，这意味着目标总量控制的整体失灵。

(2) 容量总量控制是以环境质量标准为控制基点，从污染源可控性、环境目标可达性两方面进行总量控制负荷分配。容量总量控制是环境容量所允许的污染物排放总量控制，它从环境质量要求出发，在充分考虑环境自净的基础上，运用环境容量理论和环境质量模型，计算环境允许的纳污量，并据此确定污染物的允许排放量；通过技术经济可行性分析、优化分配污染负荷，确定出切实可行的总量控制方案。总量控制目标的真正实现必须以环境容量为依据，充分考虑污染物排放与环境质量目标间的输入响应关系，这也是容量总量控制的优点所在——将污染源的控制水平与环境质量直接联系。

(3) 行业总量控制以能源、资源合理利用为控制基点，以最佳生产工艺和实用处理技术两方面为依据进行总量控制负荷分配。

我国目前的总量控制计划主要采用目标总量控制，同时辅以部分的容量总量控制。

3. 实施总量控制的污染物指标

我国实施总量控制的污染物指标根据 3 个原则确定：①对环境危害大的、国家重点控制的主要污染物；②环境监测和统计手段能够支持的；③能够实施问题控制的。

目前国家将化学需氧量、二氧化硫、烟尘、工业粉尘、石油类、氰化物、砷、汞、铅、镉、六价铬、工业固体废物 12 种主要污染物列为总量控制指标，近些年来有关部门开展了环境容量、总量指标的设定和总量分配方法的科学研究和实践探索，并取得了一定的成果。

"十一五"期间，我国实行总量控制的污染物只有化学需氧量和二氧化硫；"十二五"期间增加了两项：水中的氨氮和大气中的氮氧化物；"十三五"期间，国家又在"十二五"的基础上，继续实施全国二氧化硫、氮氧化物、化学需氧量、氨氮排放总量控制，并对全国实施重点行业工业烟粉尘总量控制，对总氮、总磷和挥发性有机物(VOCs)实施重点区域与重点行业相结合的总量控制，增强差别化、针对性和可操作性。新增的四种污染物总量控制指标并不是在所有的区域和所有的行业实施，而是在某些重点区域和重点行业分别实施。例如，在电力、钢铁、水泥等重点行业开展烟粉尘总量控制，实施基于新排放标准的行业治污减排管理，把问题突出、影响范围广的区域大点源烟粉尘排放量降下去。相比烟粉尘，VOCs 的控制难度更大。根据世界卫生组织的定义，所谓 VOCs 是指沸点在 50～250 ℃的化合物，室温下饱和蒸气压超过 133.32 Pa，在常温下以蒸气形式存在于空气中的一类有机物。VOCs 主要产生于石化、有机化工、合成材料、化学药品原料制造、塑料产品制造、装备制造涂装、包装印刷等行业。VOCs 也是作为二次污染物 PM2.5 的重要前体物之一，因此它纳入总量控制指标体系，对控制 PM2.5 将具有重要作用。在烟粉尘和 VOCs 之外，总氮、总磷这两种总量控制新指标也值得关注。实际上，在"十二五"环保规划里面，国家已经提出，在已富营养化的湖泊水库和东海、渤海等易发生赤潮的沿海地区实施总氮或总磷排放总量控制。"十三五"期间初步考虑在三湖一库、海河流域以及长三角等污染最严重、问题最突出的地区实行总氮或总磷区域排放总量控制，要求沿海城市污水处理厂实施脱氮除磷。

8.3 环境保护法

8.3.1 环境保护法的定义

环境保护法是 20 世纪 60 年代以来逐步产生和发展起来的一个新兴法律规范，其名称往往因国而异，例如，中国称"环境保护法"，日本称"公害法"，东欧国家称"自然保护法"，美国称"环境法"等。至于其定义也并不统一，但可以将其概括为：为了协调人类与自然环境之间的关系，保护和改善环境资源并进而保护人体健康和保障经济社会的可持续发展，而由国家制定或认可并由国家强制力保证实施的调整人们在开发、利用、保护和改善环境资源的活动中所产生的各种社会关系的行为规范总称。该定义主要包括以下几个方面含义：

(1) 环境保护法的目的是通过防治环境污染和生态破坏，协调人类与自然环境之间的关系，保证人类按照自然客观规律特别是生态学规律开发、利用、保护和改善人类赖以生存和发展的环境资源，维护生态平衡，保护人体健康和保障经济社会的可持续发展。

(2) 环境保护法产生的根源是人与自然环境之间的矛盾，而不是人与人之间的矛盾，其调整对象是人们在开发、利用、保护和改善环境资源，防治环境污染和生态破坏的生产、生活或其他活动中所产生的环境社会关系。通过直接调整人与人之间的环境社会关系，促使人类活动符合生态学规律及其他自然客观规律，从而间接调整人与自然界之间的关系。

(3) 环境保护法是由国家制定或认可并由国家强制力保证实施的法律规范，是建立和维护环境法律秩序的主要依据。由国家制定或认可，具有国家强制力和概括性、规范性，是法律属性的基本特征。这一特征使得环境保护法与社团、企业等非国家机关制定的规章制度区别开来，也与虽由国家机关制定，但不具有国家强制力或不具有规范性、概括性的非法律文件区别开来。同时，环境保护法以明确、普遍的形式规定了国家机关、企事业单位、个人等法律主体在环境保护方面的权利、义务和法律责任，以建立和保护人们之间环境法律关系的有条不紊状态，人们只有遵守和切实执行环境保护法，良好的环境保护法律秩序才能得到维护。

8.3.2 《中华人民共和国环境保护法》的概述

1979 年 9 月 13 日，我国第一部环境法律——《中华人民共和国环境保护法(试行)》颁布，标志着我国环境保护开始步入依法管理的轨道。1989 年 12 月 26 日，第七届全国人民代表大会常务委员会第十一次会议通过《中华人民共和国环境保护法》。2014 年 4 月 24 日，第十二届全国人民代表大会常务委员会第八次会议审议通过了修订的《中华人民共和国环境保护法》(以下简称《环境保护法》)，该法自 2015 年 1 月 1 日起正式实施，这是我国环境保护法制建设的一个重要里程碑。

这次《环境保护法》的修订，根据十八大和十八届三中全会精神，立足我国基本国情，面对严峻的环境污染形势，着重解决环境保护领域的共性突出问题，更新了环境保护理念，完善了环境保护基本制度，强化了政府和企业的责任，明确了公民的环保责任和义务，加大了对环境违法行为的处罚力度，新修订的《环境保护法》的实施，对于保护和改善环境，防治污染和其他公害，保障公众健康，推进生态文明，促进经济社会可持续发展，具有十分重要的意义。

8.3.3 现行《环境保护法》的主要内容

1. 环境保护的目的更加明确

《环境保护法》(2015 年)第 1 条规定："为保护和改善环境，防治污染和其他公害，保障公众健康，推进生态文明建设，促进经济社会可持续发展，制定本法"。这一条明确规定了环境保护法的目的和任务，它包括两个内容：一是直接目的，或称直接目标，是为保护和改善环境，防治污染和其他公害；二是最终目的，即保障公众健康，推进生态文明建设，促进经济社会可持续发展，该点是立法的出发点和归宿。

2. 理念更新加速环保进程

(1) 生态文明建设理念

面对资源约束紧张、环境污染加重、生态系统退化的严峻形势，党的十八大报告将生态文明建设放在与政治、经济、文化、社会五位一体的高度，提出必须树立尊重自然、顺应自然、保护自然的生态文明理念。

(2) 促进经济社会可持续发展理念

良好的环境是可持续发展的重要基础，要实现可持续发展，就要保护和加强生态系统的生产和更新能力。

(3) 经济社会发展与环境保护相协调理念

从原《环境保护法》的"使环境保护工作同经济建设和社会发展相协调"到"使经济社会发展与环境保护相协调"，反映了对环境与经济关系认识的变化，反映了发展理念的重要调整。

3. 进一步明确基本国策

将保护环境作为国家的基本国策。影响国家发展的全局性、长期性和决定性的政策方可上升为基本国策，将保护环境确定为基本国策，有利于提升全社会的环保意识，有利于凝聚共识、切实有效加强环境保护工作。

4. 提出环境保护的基本原则

首次将环境保护的基本原则写入环境保护基础法律条文之中：环境保护坚持保护优先、预防为主、综合治理、公众参与、损害担责的原则。

5. 更加明确环境保护的责任

(1) 强化政府的环境保护责任

地方各级人民政府应当对本行政区域的环境质量负责，既有保护环境质量的责任，也有改善环境质量的责任。国家实行环境保护目标责任制和考核评价制，既是将环境保护工作的成效作为考核地方政府和环境监管部门的重要标尺，克服"唯GDP论"、牺牲环境换取经济增长的错误理念，引导干部树立正确的政绩观。

(2) 明确环保部门责任

本次《环境保护法》修订，除赋予环境保护部门更大监督处罚权力以外，还明确要求环境保护主管部门负责制定环境质量标准、污染物排放标准，制定环境监测规范，组织监测网络，实现统一环境标准、统一监测规划、统一监测规范、统一发布监测数据；同时赋予国务院环境保护主管部门在重点生态功能区、生态环境敏感区和脆弱区等区域划定生态保护红线的职责，以便严格保护。

(3) 进一步强化企业责任和义务

企事业单位和其他生产经营者是《环境保护法》重点规范对象，他们应当防止、减少环境污染和生态破坏，对所造成的损害依法承担责任，应当建立环境保护责任制度、实施清洁生产、减少环境污染和危害、按照排污标准和排放总量排放污染物，安装使用监测设备、缴纳排污费、制定突发事件应急预案、公布排污情况等。

(4) 明确公民的权利和义务

环境权利入法是本次《环境保护法》修改的一大亮点。规定了公民、法人和其他组织依法享有获取环境信息、参与环境管理和监督环境保护的权利。同时，每个个体既是良好环境的享受者，也是环境污染的参与者，保护环境，人人有责，公民应当增强环境保护意识，采取低碳、节俭的生活方式，配合实施环境保护措施，按照规定对生活废弃物进行分类，减少日常生活对环境造成的损害，自觉履行环境保护义务等。

6. 完善环境管理的经济政策

环境经济政策是综合运用财政、税收、价格、信贷、保险等经济手段，影响社会成员的行为，达到保护环境的目的。如支持环保产业发展、减排激励、生态保护补偿、责任保险和绿色信贷等。

7. 完善环境管理制度

完善总量控制制度和区域限批制度，明确排污许可管理制度，完善环境监测制度，完善环境影响评价制度，完善防治设施"三同时"制度，完善跨行政区域的联合防治机制，增加生态保护红线规定，完善环境应急管理制度，加强农村环境保护等。

8. 加大违法行为处罚力度

环境保护领域"守法成本高、执法成本高、违法成本低"的问题，长期得到社会的诟病。所以，本次《环境保护法》的修订，主要目的之一就是解决违法成本低的问题，加大环境违法行为的处罚力度，一是规定了按日计罚制度；二是查封、扣押制度；三是责令停业、关闭制度；四是行政拘留制度。另外，建立了环境违法黑名单制度、环境公益诉讼制度等。

严峻的环境污染形势和环境问题，迫使我们不得不高度重视环境保护工作，坚决向污染宣战，正如习近平总书记指出的，"我们既要绿水青山，也要金山银山。宁要绿水青山，不要金山银山，而且绿水青山就是金山银山"。我们要全民行动起来，全社会共同参与，增强环保意识，自觉保护环境，自发监督环境，坚决贯彻落实法律法规，共同建设美丽中国。

8.3.4 环境与资源保护法体系

环境与资源保护法体系是指由国家制定的开发利用自然资源、保护改善环境的各种法律规范所组成的相互联系、相互补充、内部协调一致的统一整体。纵观我国现行环境与资源保护立法，环境与资源保护法体系由下列各部分构成。

1. 宪法关于环境与资源保护的规定

宪法关于环境与资源保护的规定是环境与资源保护法的基础，是各种环境与资源保护法律、法规和规章的立法依据。把环境保护作为一项国家职责和基本国策在宪法中予以确认，把环境与资源保护的指导原则和主要任务在宪法中做出规定，就为国家和社会的环境活动奠定了宪法基础，赋予了最高的法律效力和立法依据。

我国宪法对环境与资源保护做了一系列的规定。宪法第 26 条规定："国家保护和改善生活环境和生态环境，防治污染和其他公害"。这一规定是国家对于环境保护的总政策，说明了环境保护是国家的一项基本职责。

2. 环境与资源保护基本法

环境与资源保护基本法在环境与资源保护法体系中，除宪法之外占有核心的、最高的地位。它是一种综合性的实体法，即对环境与资源保护方面的重大问题加以全面综合调整的立法，一般是对环境与资源保护的目的、范围、方针政策、基本原则、重要措施、管理制度、组织机构、法律责任等做出原则性规定。这种立法常常成为一个国家的其他单行环境与资源保护法规的立法依据，因此它是一个国家环境与资源保护方面的基本法。

3. 环境与资源保护单行法规

环境与资源保护单行法规是针对待定的保护对象，如某种环境要素或特定的环境社会关系而进行专门调整的立法。它以宪法和环境与资源保护基本法为依据，又是宪法和环境与资源保护基本法的具体化。因此，单行环境与资源保护法规一般都比较具体详细，是进行环境管理、处理环境纠纷的直接依据。单行环境与资源保护法规在环境与资源保护法体系中数量最多，占有重要地位。

由于单行环境与资源保护法规名目多、内容广泛，在其种类归纳上，有的按法律、法规、行政规章分类，有的按其所调整的环境要素或环境问题分类，也有的按其所调整的社会关系分类。后者分类清楚，可以做出比较全面的归纳，大体包括土地利用规划法、环境污染防治法和自然保护法。

4. 环境标准

在环境与资源保护法体系中，有一个特殊的又是不可缺少的组成部分，就是环境标准。关于环境标准的概念、性质、作用将在8.4节中详细介绍。

5. 其他部门法中的环境与资源保护法律规范

由于环境与资源保护的广泛性，专门环境与资源保护立法尽管数量十分庞大，仍然不能把涉及环境与资源保护的社会关系全部加以调整，在其他的部门法如民法、刑法、经济法、劳动法、行政法中，也包含不少关于环境与资源保护的法律规范，这些法律规范也是环境与资源保护法体系的组成部分。

8.4 环境标准

8.4.1 环境标准的内涵

环境保护标准(简称环境标准)就是为保护人群健康、防治环境污染、促使生态良性循环，同时又合理利用资源，促进经济发展，依据环境保护法和有关政策，对环境中有害成分含量及其排放源规定的限量阈值和技术规范。环境标准是国家政策、法规的具体体现，它是有关控制污染、保护环境和各种标准的总称。环境标准是国家环境保护法律、法规的重要组成部分，是开展环境管理工作最基本、最直接、最具体的污染依据，是衡量环境管理工作最简单、最标准的量化标准。

8.4.2 环境标准的特点

(1) 制定环境标准的目的是保护公共利益，环境保护标准本质上属于公益性标准。

环境保护标准与实施国家环境保护法律法规有着密切关系。例如，环境保护标准中的环境质量标准和污染物排放(控制)标准是依法具有强制力的环保技术法规，其强制力来源于国家环境保护法律中对于达到标准义务和违反标准责任的规定，在某种情况下，违反污染物排放标准要承担相应的法律责任。

(2) 环境保护标准属于技术性文件，其制定主体、体系结构、基本原理、制定依据、实施体系等都不同于环境保护法律法规，具有其自身的特点和规律。

① 标准内容技术性强，体系结构特殊。标准是技术性文件，有确定的适用范围，其内容大多涉及专业技术领域中的概念、原理等，需要具备一定的专业知识或专业工作背景才能够理解和掌握。单个标准的技术内容往往是不完整的，需要引用其他标准的部分或全部内容，因此标准体系是一个复杂的有机体，标准之间协调、衔接、配合，才能使整个标准体系正常运行。例如，环境质量标准和污染物排放标准要引用监测技术规范和监测方法标准，而监测方法标准要引用采样和制样标准；监测方法标准和标准样品要根据环境质量标准和污染物排放标准规定的污染

物限值水平等制定。

② 标准由行政管理部门制定和发布，内容以技术性规定为主，属于自然科学范畴。标准是由行政管理部门为落实法律规定、实施社会管理工作而制定的，参与标准制定的人员主要是科学研究机构、技术监测和检测机构、技术开发机构等部门的专家和管理人员，标准的内容以技术性规定为主，因此标准属于自然科学范畴。

③ 标准制定机制特殊，内容较为单纯。标准是用来规定事物的技术属性的，其最大的特点是内容只涉及事和物，不直接影响人，也不直接规定责、权、利。标准是根据法律规定或为贯彻执行法律而制定的，内容比较具体而微观，技术性较强，适合由行政管理部门和专业技术机构制定。标准往往是为实现法律的规定而制定的，但是标准制定中的决策机制不同于法律法规。

(3) 标准与科学研究活动密切相关，制定工作以科学研究成果和技术发展水平为基础和依据。

标准中各个技术性规定，都是以科学试验的结果为依据，综合经济技术可行性等因素确定的；同时，标准的实施也会促进相关领域科学研究的发展和技术水平的提高，因此，标准工作与科技工作是相互依存、相辅相成、相得益彰的关系。没有前期科研工作的基础，相关标准的制定、修订工作就难以为继，难以在规定的工作周期内顺利完成；同样，失去标准的推动和促进，科研工作也就失去了动力和方向。如环境质量标准是以环境基准(即污染物的最大允许量或强度)为依据制定的，而每一项污染物环境基准的确定，都需要在长期、大量的毒理试验研究基础上才能完成。又如行业型污染物排放标准中排放控制要求的确定是以生产工艺排放水平和可行的排放控制技术为依据的，而这需要对行业的工艺、技术水平、承受能力等做深入的研究。环境保护标准中其他标准的技术属性更加突出，如监测方法标准就是在科学试验经验的基础上确定的，又如制定标准样品的过程本身就是科学试验的过程。

8.4.3 环境标准的作用

(1) 环境标准是制定环境保护规划和计划的重要依据，是一定时期内环境保护目标的具体体现。它既是环境管理的目标，又是环境管理的重要手段。

(2) 环境标准是制定和实施环境保护法律、法规的重要依据。环境标准用具体的数值来体现环境质量和污染物排放应控制的界限。如果没有各种环境标准，法律、法规的有关规定就难以有效实施。环境问题的诉讼、排污费的收取、限期治理等的决策都必须以环境标准为依据。环境标准是环保立法和环境执法时的具体尺度。

(3) 环境标准是衡量环境管理工作优劣和判断环境质量好坏的准绳。评价一个地区环境质量的优劣和环保工作的好坏，评价一个企业对环境的影响，只有与环境标准比较才有意义。

(4) 环境标准是推动环境科学技术进步的动力。实施环境标准必然要淘汰落后的技术和设备，这样就使环境标准在某种程度上成为判断污染防治技术、生产工艺与设备是否先进可行的依据，无形中推动企业采用新技术、新工艺、新材料，促进了清洁生产与循环经济的发展。

(5) 环境标准对环境投资具有导向作用。环境中超过标准的污染物，就是我们重点治理的对象，因此在基本建设和技术改造项目中，应以环境标准为参照，进行有计划的重点投资和重点建设与治理。

8.4.4 环境保护标准体系与管理体制

我国的环境保护标准包括两个级别，即国家级标准和地方级(省级)标准。国家级环境保护标准包括国家环境质量标准、国家污染物排放(控制)标准、国家环境标准样品和其他用于各方面环境保护执法和管理工作的国家环境保护标准。环境保护行业标准是环境保护标准的一种发布形式，因其在制定主体、发布方式、适用范围等方面具有的特征，应属于国家级环境保护标准。地方级环境保护标准包括地方环境质量标准和地方污染物排放标准。地方环境质量标准是对国家环境质量标准的补充。地方污染物排放标准是对国家污染物排放标准的补充或提高，其效力高于国家污染物排放标准。按法律规定，国家和地方环境保护标准分别由国务院环境保护部门和地方级(省级)政府制定。

环境保护标准是为维护公共利益而制定的，这就决定了环境保护标准具有不同于产品标准的特性。按国际通行做法，环境保护标准中的环境质量标准和污染物排放(控制)标准采用技术法规的管理体制，由有关行政部门或立法机构制定。

环境保护标准是依法制定和实施的规范性技术文件，环境保护标准体系的核心内容即环境质量标准和污染物排放标准是环境保护的技术法规，其他环境保护标准是为满足实施环境保护技术法规的需要和满足环境保护执法、管理工作的需要而制定的。国家环境保护标准体系由环境保护技术法规和其他环境保护标准共同构成，是一个相互衔接、密切配合、协调运转、不可分割的有机整体。

8.5 中国环境管理的创新与成就

8.5.1 习近平生态文明思想的内涵

中国环境管理的创新与成就，当属习近平生态文明思想的形成与发展。习近平生态文明思想是我国推进生态文明建设取得的标志性、创新性、战略性重大理论成果，是中国生态文明思想的传承与创新。随着生态文明建设实践的不断丰富，理论研究的不断深入，制度创新的不断拓展，习近平生态文明思想的内涵在不断深化。

(1) 坚持党对生态文明建设的全面领导。生态环境是关系党的使命宗旨的重大政治问题。要不断提高政治判断力、政治领悟力、政治执行力，心怀"国之大者"，坚持正确政绩观，敬畏历史、敬畏文化、敬畏生态，严格实行党政同责、一岗双责，确保党中央关于生态文明建设的各项决策部署落地见效。

(2) 坚持人与自然是生命共同体。生态兴则文明兴。大自然孕育抚养了人类，人类应该以自然为根。必须站在人与自然和谐共生的高度来谋划经济社会发展，尊重自然、顺应自然、保护自然，像保护眼睛一样保护生态环境，像对待生命一样对待生态环境，努力建设人与自然和谐共生的现代化。

(3) 坚持绿水青山就是金山银山。绿水青山既是自然财富，又是经济财富。保护生态环境就是保护生产力，改善生态环境就是发展生产力。人不负青山，青山定不负人。必须处理好绿水青山和金山银山的关系，坚定不移保护绿水青山，努力把绿水青山蕴含的生态产品价值转化为金山银山，促进经济发展和环境保护双赢。

(4) 坚持全面推动绿色发展。生态环境问题归根到底是发展方式和生活方式问题。必须完整、准确、全面贯彻新发展理念，把"碳达峰""碳中和"纳入生态文明建设整体布局和经济社会发展全局，把实现减污降碳协同增效作为促进经济社会发展全面绿色转型的总抓手，加快形成绿色发展方式和生活方式，坚定不移走生产发展、生活富裕、生态良好的文明发展道路。

(5) 坚持良好生态环境是最普惠的民生福祉。环境就是民生，青山就是美丽，蓝天也是幸福。加强生态文明建设是人民群众追求高品质生活的共识和呼声。必须落实以人民为中心的发展思想，解决好人民群众反映强烈的突出环境问题，提供更多优质生态产品，让人民过上高品质生活。

(6) 坚持山水林田湖草沙一体化保护和系统治理。生态是统一的自然系统，是相互依存、紧密联系的有机链条。必须坚持系统观念，从生态系统整体性出发，推进山水林田湖草沙一体化保护和修复，更加注重综合治理、系统治理、源头治理，提升生态系统质量和稳定性，守住自然生态安全边界。

(7) 坚持用最严格制度最严密法治保护生态环境。保护生态环境必须依靠制度、依靠法治。要按照源头预防、过程控制、损害赔偿、责任追究的思路，构建产权清晰、多元参与、激励约束并重、系统完整的生态文明制度体系，强化制度供给和执行，让制度成为刚性约束和不可触碰的高压线。

(8) 坚持建设美丽中国全民行动。美丽中国是人民群众共同参与共同建设共同享有的事业。要建立健全以生态价值观念为准则的生态文化体系，牢固树立社会主义生态文明观，倡导简约适度、绿色低碳的生活方式，把建设美丽中国转化为每一个人的自觉行动。

为倡导形成简约适度、绿色低碳的生活方式，引领公民践行生态环境责任，携手共建天蓝、地绿、水清的美丽中国，生态环境部、中央文明办、教育部、共青团中央、全国妇联等五部门联合发布《公民生态环境行为规范（试行）》，简称"公民十条"。请参看下面的阅读材料：《公民生态环境行为规范（试行）》。

《公民生态环境行为规范（试行）》

第一条　节约能源资源

关注环境质量、自然生态和能源资源状况，了解政府和企业发布的生态环境信息，学习生态环境科学、法律法规和政策、环境健康风险防范等方面知识，树立良好的生态价值观，提升自身生态环境保护意识和生态文明素养。

第二条　节约能源资源

合理设定空调温度，夏季不低于26 ℃，冬季不高于20 ℃，及时关闭电器电源，多走楼梯少乘电梯，人走关灯，一水多用，节约用纸，按需点餐不浪费。

第三条　践行绿色消费

优先选择绿色产品，尽量购买耐用品，少购买使用一次性用品和过度包装商品，不跟风购买更新换代快的电子产品，外出自带购物袋、水杯等，闲置物品改造利用或交流捐赠。

第四条　选择低碳出行

优先步行、骑行或公共交通出行，多使用共享交通工具，家庭用车优先选择新能源汽车或节能型汽车。

第五条　分类投放垃圾

学习并掌握垃圾分类和回收利用知识，按标志单独投放有害垃圾，分类投放其他生活垃圾，不乱扔、乱放。

第六条　减少污染产生

不焚烧垃圾、秸秆，少烧散煤，少燃放烟花爆竹，抵制露天烧烤，减少油烟排放，少用化学洗涤剂，少用化肥农药，避免噪声扰民。

第七条　呵护自然生态

爱护山水林田湖草生态系统，积极参与义务植树，保护野生动植物，不破坏野生动植物栖息地，不随意进入自然保护区，不购买、不使用珍稀野生动植物制品，拒食珍稀野生动植物。

第八条 参加环保实践

积极传播生态环境保护和生态文明理念，参加各类环保志愿服务活动，主动为生态环境保护工作提出建议。

第九条 参与监督举报

遵守生态环境法律法规，履行生态环境保护义务，积极参与和监督生态环境保护工作，劝阻、制止或通过“12369”平台举报破坏生态环境及影响公众健康的行为。

第十条 共建美丽中国

坚持简约适度、绿色低碳的生活与工作方式，自觉做生态环境保护的倡导者、行动者、示范者，共建天蓝、地绿、水清的美好家园。

材料来源：生态环境部. 生态环境部等五部门联合发布《公民生态环境行为规范(试行)》[J]. 环境工程技术学报，2020(10)：4.

(9) 坚持共谋全球生态文明建设。生态文明是人类文明发展的历史趋势，是构建人类命运共同体的重要内容。必须同舟共济、共同努力，构筑尊崇自然、绿色发展的生态体系，积极应对气候变化，保护生物多样性，建设清洁美丽世界，构建地球生命共同体。

8.5.2 中国生态环境管理取得的新成就

党的十八大以来，以习近平同志为核心的党中央以前所未有的力度抓生态文明建设，使中国环境管理取得了巨大成就，使美丽中国建设迈出重大步伐，我国生态环境保护发生历史性、转折性、全局性变化，在实现经济快速发展和社会长期稳定发展的同时，取得了举世瞩目的绿色发展，为全面建成小康社会增添了绿色底色和质量成色。

(1) 生态文明战略地位显著提升。在“五位一体”总体布局中，生态文明建设是其中一位；在新时代坚持和发展中国特色社会主义基本方略中，坚持人与自然和谐共生是其中一条；在新发展理念中，绿色是其中一项；在三大攻坚战中，污染防治是其中一战；在到21世纪中叶建成社会主义现代化强国目标中，美丽中国是其中一个。

(2) 绿色发展成效不断显现。2020年，我国煤炭占一次能源消费比重降至56.8%，清洁能源占比达24.3%，光伏、风能装机容量、发电量均居世界首位。新能源汽车销售量约占全球42%，是世界上保有量最多的国家，也是全球能耗强度降低最快的国家之一，基本扭转了二氧化碳排放快速增长的局面，正在走出一条人与自然和谐共生的中国式现代化道路。

(3) 生态环境质量明显改善。“十三五”期间，我国地级及以上城市空气质量优良天数比提高了5.8%、达到87%，地表水优良水质断面比例提高17.4%、达到83.4%，全国近岸海域水质优良比例提高9%、达到77.4%。森林面积和森林蓄积连续30年保持“双增长”。2004年以来，荒漠化、沙化土地面积连续3个监测期实现“双缩减”。

(4) 生态文明制度体系更加健全。实施主体功能区战略，建立健全自然资源资产产权制度、生态补偿制度、河湖长制、林长制、环境保护“党政同责”和“一岗双责”等制度，生态文明“四梁八柱”性质的制度体系基本形成。制定修订30多部生态环境领域法律和行政法规，覆盖各类环境要素的法律法规体系基本建立。开展中央生态环境保护督察，成为推动各地区各部门落实生态环境保护责任的硬招实招。

(5) 全球环境治理贡献日益凸显。推动《巴黎协定》达成、签署、生效和实施，做出力争2030年前实现“碳达峰”、2060年前实现“碳中和”的庄严承诺。成功举办《生物多样性公约》缔约方大会第十五次会议第一阶段会议，通过《昆明宣言》。我国已成为全球生态文明建设的重要参与者、贡献者、引领者。

有党中央对环境保护的高度重视，有习近平生态文明思想的科学引领，“十四五”时期，我国环境管理将进入以降碳为重点、推动减污降碳协同增效、促进经济社会发展全面绿色转型、实现生态环境质量改善由量变到质变的关键时期。充分发挥生态环境保护的引领、优化和倒逼作用，推动建立健全绿色低碳循环发展的经济体系，统筹推进区域绿色协调发展，加快形成节约资源和保护环境的产业结构、生产方式、生活方式、空间格局。以生态环境高水平保护推动高质量发展、创造高品质生活，让绿色成为美丽中国最鲜明、最厚重、最坚实的底色。

问题与思考

1. 环境管理的概念以及环境管理包括的内容有哪些？

2. 什么是环境影响评价制度？实施环境影响评价的意义是什么？

3. 什么是“三同时”制度？具体内容是什么？

4. 什么是环境保护目标责任制？其特点是什么？

5. 什么是总量控制？总量控制包括哪几种类型？我国实施总量控制的污染物指标确定原则是什么？

6. 环境保护红线划定的主要内容是什么？怎样守住环境保护红线？

7. 阐述《环境保护法》的主要内容。

8. 习近平生态文明思想的内涵是什么？这一思想对中国未来的发展具有什么意义？

9. 作为大学生如何践行《公民生态环境行为规范(试行)》？

参考文献

[1] 丁忠浩. 环境规划与管理[M]. 北京：机械工业出版社，2007.

[2] 沈红艳. 环境管理学[M]. 北京：中国石化出版社，2022.

[3] 颜运秋. 环境资源法学[M]. 长沙：中南大学出版社，2009.

[4] 张璐. 环境与资源保护法学[M]. 3 版. 北京：北京大学出版社，2018.

[5] 孙金龙. 深入学习贯彻习近平生态文明思想加快构建人与自然和谐共生的现代化[J]. 环境保护，2022(z2)：8-10.

[6] 生态环境部. 生态环境部发布《公民生态环境行为规范(试行)》[J]. 再生资源与循环经济，2018，11(6)：4-9.

[7] 中共中央办公厅，国务院办公厅. 中共中央办公厅、国务院办公厅印发《关于划定并严守生态保护红线的若干意见》[J]. 农村实用技术，2017(4)：5-7.

[8] 解读《国家生态保护红线——生态功能基线划定技术指南(试行)》[J]. 中国资源综合利用，2014，32(2)：13-17.

[9] 孔祥金，金晟，李义，等.《中华人民共和国环境保护法》解读[J]. 国土资源科普与文化，2015(3)：37-39.

[10] 中华人民共和国环境保护法[J]. 中国环保产业，2014(6)：4-9.

课外阅读

[1] 中共中央文献研究室. 习近平关于社会主义生态文明建设论述摘编[M]. 北京：中央文献出版社，2017.

[2] 潘家华，等. 生态文明建设的理论构建与实践探索[M]. 北京：中国社会科学出版社，2019.

[3] 秦昌波，张培培，于雷，等. "三线一单"生态环境分区管控体系：历程与展望[J]. 中国环境管理，2021，13(5)：151-158.

第9章

环境科学技术与方法

学习目标

1. 掌握环境监测的目的、分类，以及环境监测的要求和特点，了解目前环境监测的常用技术和方法。

2. 熟悉环境评价的类型及其主要内容，掌握环境评价的基本方法。

3. 了解环境规划的技术方法，熟悉环境规划分类、原则和特征。

环境科学技术与方法在解决重大环境问题，建立健全环境管理制度，制定完善技术法规，开发推广污染防治技术，以及促进经济增长方式转变等方面发挥了重要的引领和支撑作用，为环境科学事业发展提供了一定的科学、技术和物质保障，为切实解决突出的环境问题提供有效的科技服务。限于篇幅，本章主要介绍环境监测、环境评价和环境规划的基本知识。

9.1 环境监测

环境监测是以环境为对象，运用物理、化学、生物、遥感等技术和手段，监视和检测反映环境质量现状及其变化趋势的各种标志数据的过程。环境监测以监测影响环境质量的污染因子及反映环境质量的环境因子为基础，以表征环境质量现状及其变化趋势为主要目的，是一门注重理论与实践相结合的学科。环境监测是污染治理、环境科研、规划设计、环境管理不可缺少的重要手段，是有效治理环境和执行环境法规的依据，是环境保护工作的基础。

随着环境科学的发展以及新的环境问题的不断出现，环境监测的含义也在不断扩展。一方面，监测对象由对工业污染源的监测逐步发展到对整个生态环境的监测，不仅包括影响环境质量的污染因子，还延伸到对生物、生态变化的监测；另一方面，监测方法和技术也在不断更新，包括向微观和宏观两个方向发展。

9.1.1　环境监测的目的与分类

1. 环境监测的目的

环境监测的目的是准确、及时、全面地反映环境质量现状及其发展趋势，为污染控制、环境评价、环境规划、环境管理等提供科学依据。具体可概括为以下几个方面：

(1) 评价环境质量状况，预测环境质量变化趋势。通过环境监测，提供环境质量现状数据，判断是否符合环境质量标准。通过掌握污染物的时空分布特点，预测污染的发展趋势。

(2) 对污染源排放状况实施现场监督监测和检查，及时、准确地掌握污染源排放状况及变化趋势。

(3) 收集环境本底数据，积累长期监测资料，为保护人类健康和合理使用自然资源，以及确切掌握环境容量、实施总量控制、目标管理提供科学依据。

(4) 为制定环境法规、标准、环境评价、环境规划、环境污染综合防治对策提供依据。根据环境监测数据，依据科学技术和经济发展水平，制定出切实可行的环境保护法规和标准，为环境质量评价提供准确数据，为制定环境规划、做出正确决策提供可靠资料。

(5) 确定新的污染要素，揭示新的环境问题，为环境科学研究提供发展方向。

2. 环境监测的分类

环境监测可按监测目的、监测介质对象、专业部门以及监测区域进行分类。

1) 按监测目的划分

(1) 监视性监测

监视性监测又称为例行监测或常规监测，是指按照国家或者地方有关技术规定对指定的有关项目进行定期的、长时间的监测，以确定环境质量及污染源状况，掌握有害污染物的变化趋势，评价控制措施的效果，衡量环境标准实施的情况和环境保护工作的进展。在环境监测工作中，监视性监测量最大、面最广，是监测工作的主体，其工作质量是环境监测水平的主要标志。监视性监测包括对污染源的监督监测和环境质量监测。污染源的监督监测主要是对主要污染物进行定时、定点监测，获得的数据可以反映污染源污染负荷变化的某些特征量，也能粗略地估计污染源排放污染物的负荷。环境质量监测是通过建立各种监视网站(如水质监测网、大气监测网等)，不间断地收集数据，用以评价环境污染的现状、污染变化趋势，以及环境改善所取得的进展等，从而确定一个区域、一个国家的污染状况。

(2) 特定目的监测

特定目的监测又称为特例监测或应急监测。根据特定目的，可分为以下 4 种监测。

① 污染事故监测：在发生污染事故时及时深入事故地点进行应急监测，确定污染物的种类、扩散方向、速度和污染程度及危害范围，查找污染发生的原因，为控制污染事故提供科学依据。这类监测常采用流动监测（车、船等）、简易监测、低空航测、遥感等手段。

② 纠纷仲裁监测：主要针对污染事故纠纷、环境执法过程中所产生的矛盾进行监测，为执法部门、司法部门仲裁提供公正数据。纠纷仲裁监测应由国家指定的权威部门进行。

③ 考核验证监测：包括人员考核、方法验证、新建项目的环境考核评价、排污许可证制度考核监测、"三同时"项目验收监测、污染治理项目竣工时的验收监测。

④ 咨询服务监测：为政府部门、科研机构、生产单位所提供的服务性监测。例如，建设新企业应进行环境影响评价，需要按评价要求进行监测。

(3) 研究性监测

研究性监测又称为科研监测，是针对特定目的的科学研究而进行的高层次监测。通过监测了解污染机理，弄清污染物的迁移变化规律，研究环境受到污染的程度。例如，环境本底的监测及研究，有毒有害物质对从业人员的影响研究，为监测工作本身服务的科研工作的监测（如统一方法和标准分析方法的研究、标准物质研制、预防监测）等。研究性监测因涉及的学科较多，遇到的问题较复杂，所以需要较高的科学技术知识和周密的计划，一般需多学科相互协作方能完成。

2) 按监测介质对象分类

环境按监测介质对象分为水质监测、空气监测、土壤监测、固体废物监测、生物监测、噪声和振动监测、电磁辐射监测、放射性监测、热监测、光监测、卫生（病原体、病毒、寄生虫等）监测等。

3) 按专业部门分类

环境监测按专业部门分为气象监测、卫生监测、资源监测等。

4) 按监测区域分类

环境监测按监测区域分为厂区监测和区域监测。厂区监测是指企事业单位对本单位内部污染源及总排放口的监测，各单位自设的监测站主要从事这部分工作。区域监测指某地区、全国乃至全球性的水体、大气、海域、流域、风景区、游览区环境的监测，具体可分为局地性监测、流域性监测、大洲性监测和全球性监测等。

9.1.2 环境监测的要求与特点

1. 环境监测的要求

环境监测是对环境信息捕获、解析、综合的过程。只有全面、客观、准确地获取环境质量信息,并在综合分析的基础上揭示监测信息的内涵,才能对环境质量及其变化趋势做出正确的评价。因此,环境监测工作既要准确可靠,又要能科学、全面地反映实际情况。一般来说,环境监测的要求可概括为以下 5 个方面。

(1) 代表性

由于污染物在环境中具有时空分布特征,环境监测要求确定合适的采样时间、采样地点、采样频率和采样方法,从而使所采集的样品具有代表性,能真实地反映总体的质量状况。

(2) 完整性

完整性主要强调监测计划的实施应当完整,即布点、采样、样品运送、分析过程、分析人、质控人和签发人等,包括从采样到分析,每一步都应记录在案。

(3) 可比性

可比性包括两方面的含义,首先不仅要求同一实验室对同一样品的监测结果应该具有数据可比,而且还要求各实验室之间对同一样品的监测结果相互可比,这样能从空间上比较环境质量的好坏;其次要求同一项目的历年监测数据也应具有可比性,这样能从时间上确定环境质量的变化趋势。

(4) 准确性

准确性指测量值与真实值的符合程度。环境监测要求实验室分析结果可靠。

(5) 精密性

精密性是指用一特定的分析程序在受控条件下重复分析均一样品所得测定值的一致程度,它反映分析方法或测量系统所存在的随机误差的大小。环境监测分析方法的精密性应满足一定的要求。

2. 环境监测的特点

环境监测因其对象、手段、时间和空间的多变性,以及污染组分的复杂性等,具有以下特点。

(1) 环境监测的综合性

环境监测的综合性表现在以下几个方面:监测手段包括化学、物理、生物、物理化学、生物化学及生物物理等一切可以表征环境质量的方法;监测对象包括空气、水体(江、河、湖、海及地下水)、土壤、固体废物、生物等,只有对这些监测对象进行综合分析,才能确切描述环境质量状况;对监测数据进行统计处理、综合分析时,需涉及该地区自然和社会各个方面的情况,因此,必须综合考虑才能正确阐明数据的内涵。

(2) 环境监测的连续性

由于环境污染具有时空性等特点,因此,只有坚持长期测定,才能从大量的数据中揭示其变化规律,预测其变化趋势,数据越多,预测的准确度越高。因此,监测网络、监测点位的选择一定要有科学性，而且一旦监测点位的代表性得到确认，必须长期坚持监测。

(3) 环境监测的追踪性

环境监测是一个复杂而又有联系的系统，每一环节进行的好坏都会直接影响最终监测数据的质量。特别是区域性的大型监测，由于参加人员众多，实验室和仪器的不同，技术和管理水平必然不同，需有一个量值追踪体系予以监督，对每一监测步骤实行质量控制。

9.1.3 环境监测技术与方法

环境监测技术与方法多种多样。从监测过程看，包括采样技术、样品预处理技术、测试技术和数据处理技术。从技术角度看，在微观方面，大体可分为化学分析法、仪器分析法和生物监测方法；在宏观方面，主要有遥感技术、GIS技术等。下面主要从技术角度介绍环境监测技术与方法。

1. 微观的环境监测技术与方法

1) 化学分析法

化学分析法是以特定的化学反应为基础测定待测物质含量的方法，包括重量分析法和容量分析法。其主要特点是准确度高，相对误差一般小于0.2%；仪器设备简单，价格便宜，灵敏度低。适用于常量组分测定，不适用于微量组分测定。

(1) 重量分析法

重量分析法是用准确称量的方法来确定试样中待测组分含量的分析方法。通常先用适当的方法使待测组分从试样中分离出来，然后通过准确称量，由称得的重量确定试样中待测组分的含量。

重量分析法主要用于大气中总悬浮颗粒、降尘量、烟尘、生产性粉尘，以及废水中悬浮固体、残渣、油类、硫酸盐、二氧化硅等的测定。对于低浓度污染物，重量分析法会产生较大误差，所以该法一般不适用于微量或痕量组分的分析。但随着称量工具的改进，重量分析法得到一定的发展，如近几年用微量测重法测定大气飘尘和空气中的汞蒸气等。

(2) 容量分析法

容量分析法又称为滴定分析法，有酸碱滴定、氧化还原滴定、沉淀滴定、络合滴定等。滴定法是将一种已知准确浓度的试剂溶液（标准溶液，又称为滴定剂）滴加到待测组分溶液中，直到所加试剂与待测组分按化学计量关系反应完全时为止，然后根据标准溶液的浓度和滴入体积计算待测组分的含量。滴定剂与待测组分按化学计量关系定量反应完全这一点称为化学计量点（简称计量点），即理论终点。在滴定操作时，一般借助指示剂在化学计量点附近颜色变化来指示滴定终点。由于指示剂不一定恰好在化学计量点时变色，因此滴定终点与化学计量点不一定恰好符合，由此而引起的误差称为滴定误差。选择合适的指示剂，使滴定误差尽可能的小，是滴定分析的关键问题。

容量分析法具有操作方便、快速、准确度高、应用范围广、费用低的特点，在环境监测中应用较多，但灵敏度不够高，对于测定浓度太低的污染物，也不能得到满意的结果。它主要用于水中 COD、BOD、DO、Cr^{6+}、硫离子、氰化物、氯化物、硬度、酚等的测定，以及废气中铅的测定。

2）仪器分析法

仪器分析法是根据污染物的物理和物理化学性质进行分析的方法。可分为光学分析法、电化学分析法、色谱分析法、中子活化分析、流动注射分析法等。仪器分析法特点是：灵敏度高，适用于微量、痕量甚至超微量组分的分析；选择性强，对试样预处理要求简单；响应速度快，容易实现连续自动测定；有些仪器可以联合使用，如色谱-质谱联用仪等，该方法可使每一种仪器的优点都能得到更好的利用；仪器的价格比较高，有的十分昂贵，设备复杂。

（1）光学分析法

光学分析法是主要根据物质发射、吸收电磁辐射以及物质与电磁辐射的相互作用来进行分析的一类重要的仪器分析法。它是基于物质对光的吸收或激发后光的发射所建立起来的方法，主要有以下几种。

① 分光光度法

分光光度法也称为吸收光谱法，是通过测定被测物质在特定波长处或一定波长范围内光的吸收度，对该物质进行定性和定量分析的方法。其基本原理是朗伯(Lambert)-比尔(Beer)定律。分光光度法的应用光区包括紫外光区(紫外分光光度计)、可见光区(可见分光光度计)、红外光区(红外分光光度计)。

在分光光度计中，将一定波长的光照射到不同浓度的样品溶液时，便可得到与浓度相对应的吸收强度(吸光度)。以浓度为横坐标，吸收强度为纵坐标，可绘出该物质的吸收光谱曲线。利用该曲线可以进行物质定性、定量的分析。

分光光度法是一种具有仪器简单、操作容易、灵敏度较高、测定成分广等特点的常用分析法。可用于测定金属、非金属、无机和有机化合物等。其应用在国内外的环境监测分析法中占有很大比重。

② 原子吸收分光光度法

原子吸收分光光度法(AAS)又称原子吸收光谱法，是在待测元素的特征波长下，通过测量样品中待测元素基态原子(蒸气)对特征谱线吸收的程度，以确定其含量的一种方法。该方法具有灵敏度高，选择性好，抗干扰能力强，操作简便、快速，结果准确、可靠，测定元素范围广，仪器比较简单，价格较低廉等优点。该方法是环境中痕量金属污染物测定的主要方法，可测定 70 多种元素，国内外都将该方法用作测定重金属的标准分析法。

③ 发射光谱分析法

发射光谱分析法(AES)又称原子发射光谱分析法，是在高压火花或电弧激发下，使原子发射特征光谱，根据各元素特征性的光谱线可做定性分析，而谱线强度可做定量测定。该方法样品用量少，选择性好，不需化学分离便可同时测定多种元素；但该方法不宜分析个别试样，且设备复杂，定量条件要求高，故在较早的环境监测日常工作中使用较少。但20世纪70年代后，由于新的激发光源如ICP(电感耦合高频等离子体光源)、激光等的应用，及新的进样方式的出现，先进的电子技术的应用，使古老的AES分析技术得到复苏。由于它具有灵敏度高，准确度和再现性好，基体效应和其他干扰较少和线性范围宽等一系列优点，并且特别适用于水和液体试样的分析，因而得到普遍重视，并成为一种重要的分析手段。用ICP发射光谱法可分析水、土壤、生物制品、沉积物等试样中铬、铅、镉、硒、汞、砷等30多种元素的测定。

④ 荧光分析法(FS)

当某些物质受到紫外光照射时，可发射出各种颜色和不同强度的可见光，而停止照射时，上述可见光亦随之消失，这种光线称为荧光。进行荧光光谱分析的仪器称为荧光分光光度计。一般所观察到的荧光现象是物质吸收了紫外光后发出的可见光或者吸收波长较短的可见光后发出的波长较长的可见光荧光，实际还有紫外光、X光、红外光等荧光。

根据发出荧光的物质不同，可分为分子荧光分析和原子荧光分析。分子荧光分析是根据分子荧光强度与待测物浓度成正比的关系，对待测物进行定量测定的方法。在环境分析中主要用于强致癌物质——苯并[a]芘、硒、铍、沥青烟等的测定。原子荧光分析是根据待测元素的原子蒸气在辐射能激发下所产生的荧光发射强度与基态原子数目成正比的关系，通过测量待测元素的原子荧光强度进行定量测定；同时还可利用各元素的原子发射不同波长的荧光，进行定性测定。原子荧光分析对锌、镉、镁、钙等具有很高的灵敏度。荧光光谱分析法具有设备简单，灵敏度高，光谱干扰少，工作曲线线性范围宽，可以进行多元素测定等优点。

(2) 电化学分析法

电化学分析法是建立在物质在溶液中的电化学性质基础上的一类仪器分析方法。它是根据被测物质溶液的各种电化学性质，如电极电位、电流、电量、电导或电阻等来确定其组成及其含量的分析方法。电化学分析法具有灵敏度高，准确度高，测量范围宽，仪器设备较简单，价格低廉等特点。由于在测定过程中得到的是电学信号，因此也易于实现自动化和连续分析，但是电化学分析的选择性一般都较差。应用电化学分析法可以对大多数金属元素和可氧化还原的有机物进行分析。

根据所测量电学量的不同，电化学分析法可分为电位分析法、电导分析法、库仑分析法、阳极溶出伏安法和极谱分析法等。

① 电位分析法

电位分析法包括直接电位法和电位滴定法。直接电位法是利用专用电极将被测离子的活度转化为电极电位后加以测定，如用玻璃电极测定溶液中的氢离子活度，用氟离子选择性电极测定溶液中的氟离子活度。电位滴定法是利用指示电极电位的突跃来指示滴定终点，可直接用于有色和混浊溶液的滴定。

近 10 年来，由于离子选择电极的迅速发展，电位分析法已广泛应用于水质中 F^-、CN^-、NH_3—N、DO 等的监测。

② 电导分析法

电导分析法是以测量溶液电导为基础的分析方法，包括电导测定法和电导滴定法。可用于测定水的电导率、DO 及 SO_2 等。

③ 库仑分析法

库仑分析法是以测量电解过程中被测物质在电极上发生电化学反应所消耗的电量来进行定量分析的一种电化学分析法。根据电解方式分为控制电位库仑分析法和恒电流库仑滴定法。

库仑分析法要求工作电极上没有其他的电极反应发生，电流效率必须达到百分之百。库仑分析法已广泛应用于大气中 SO_2、NO_x 及水中 BOD、COD 的测定。

④ 阳极溶出伏安法

阳极溶出伏安法是将待测离子先富集于工作电极上，再使电位从负向正扫描，使其自电极溶出，并记录溶出过程的电流-电位曲线。这种阳极溶出的电流-电位曲线，波形一般呈倒峰状。在一定条件下，其峰高与浓度呈线性关系，而且不同离子在一定的电解液中具有不同的峰电位。因此，峰电流和峰电位可作为定量和定性分析的基础。目前有 Cu、Zn、Cd、Pb 等 40 种以上的元素可用阳极溶出伏安法测定。由于该方法所用仪器设备简单、操作方便，在环境监测分析中应用广泛。

⑤ 极谱分析法

极谱分析法是通过测定电解过程中所得到的极化电极的电流-电位（或电位-时间）曲线来确定溶液中被测物质浓度的一类电化学分析方法。极谱分析法和伏安法的区别在于极化电极的不同。极谱分析法是使用滴汞电极或其他表面能够周期性更新的液体电极为极化电极，伏安法是使用表面静止的液体或固体电极为极化电极。

极谱分析法可用来测定大多数金属离子、许多阴离子和有机化合物（如硝基、亚硝基化合物，过氧化物，环氧化物，硫醇和共轭双键化合物等）。

(3) 色谱分析法

色谱分析法又称色谱法、层析法，它是利用物质的吸附能力、溶解度、亲和力、阻滞作用等物理性质的不同，对混合物中各组分进行分离、分析的方法。色谱分离过程中有流动相和固定相，根据所用流动相的不同，色谱分析法可分为气相色谱分析法和液相色谱分析法，液相色谱分析法又分为高效液相色谱分析法、离子色谱分析法、纸层析法、薄层层析法。

① 气相色谱分析法

气相色谱分析法(GC)是一种新型分离分析技术，它的流动相为惰性气体，固定相为固定吸附剂或涂在担体上的高沸点有机液体，当气化后的被测物质被载气带入色谱柱中运行时，利用物质在两相中分配系数的微小差异，在两相做相对移动时，使被测物质在两相之间进行反复多次分配，这样原来微小的分析差异产生了很大的效果，使各组分分离，顺序离开色谱柱进入检测器，产生的离子流信号经放大后，在记录器上描绘出各组分的色谱峰，以达到分析及测定的目的。

气相色谱分析法具有灵敏度与分离效能高，快速，应用范围广，样品用量少，且易于实现自动测定，能与多种仪器分析联用等优点。现已广泛应用于环境监测，成为环境污染物分析的重要手段之一，是苯、二甲苯、多氯联苯、多环芳烃、酚类、有机氯农药、有机磷农药等有机污染物的重要分析方法。应用气相色谱和质谱联用技术(GC-MS)可进行复杂的痕量组分分析。

② 高效液相色谱分析法

高效液相色谱分析法(HPLC)又称高压液相色谱分析法、高速液相色谱分析法、高分离度液相色谱分析法、近代柱色谱分析法等，是一种以液体为流动相，采用高压输液系统，将具有不同极性的单一溶剂或不同比例的混合溶剂、缓冲液等流动相泵入装有固定相的色谱柱，在柱内各成分被分离后，进入检测器进行检测，从而实现对试样的分析法。HPLC 具有分析速度快，分离效率高和操作自动化等优点，可用于测定高沸点、热稳定性差、分子量大(＞400)的有机物质，如多环芳烃、农药、苯并[a]芘、有机汞、酚类、多氯联苯等。

③ 离子色谱分析法

离子色谱分析法(IC)是分析阴离子和阳离子的一种液相色谱方法。它是20世纪70年代初发展起来的一项新色谱技术。它用离子交换原理进行分离，并采取通用的电导检测器检定溶液中的离子浓度。IC 具有高效、高速、高灵敏、选择性好，可同时分析多种离子化合物，分离柱的稳定性好、容量高等特点。IC 在环境监测中主要应用于大气和水体中的污染监测分析，它已是环境监测的重要手段，如水和降水中常见的阴离子(F^-、I^-、SO_4^{2-}等)分析、有机酸分析、金属离子(Zn^{2+}、Pb^{2+}、Ni^{2+}、Cd^{2+}等)分析。

④ 纸层析法和薄层层析法

纸层析法是在滤纸上进行的色层分析法，用于分离多环芳烃。

薄层层析法又称薄层色谱法，在均匀铺在玻璃或塑料板上的薄层固定相中进行，用于对食品中黄曲霉素B1、农作物中硫磷农药及其代谢物氧硫磷等的测定。

(4) 中子活化分析法

中子活化分析法(INAA)又称仪器中子活化分析法，是活化分析中应用最多的一种微量元素分析法，是通过鉴别和测试试样因辐照感生的放射性核素的特征辐射，进行元素和核素分析的放射分析化学方法。活化分析的基础是核反应，以中子或质子照射试样，待测元素受到中子或质子轰击时，可吸收其中某些中子、质子后发生核反应，释放出γ射线和放射性同位素，通过测量放射性同位素的放射性或反应过程发出的γ射线强度，便可对待测元素进行定量分析，测量射线能量和半衰期便可定性。用同一样品可进行多种元素的分析，它是无机元素超痕量分析的有效方法。

(5) 流动注射分析法

流动注射分析法(FIA)是利用具有流速的试剂流的容量测定，即用聚四氟乙烯管代替烧杯和容量瓶，通过流动注射进行分析的方法。将含有试剂的载流由蠕动泵输送进入管道，再由进样阀将一定体积的试样注入载流中，以“试样塞”形式随之恒速移动，试样在载流中受分散过程控制，“试样塞”被分散成一个具有浓度梯度的试样带，并与载流中试剂发生化学反应生成某种可以检测的物质，再由载流带入检测器，给出检测信号(如吸光度、峰面积或峰高、电极电位等)，由此求得被分析组分的含量。

流动注射分析具有以下优点：仪器简单，可用常规仪器自行组装，操作简便；分析速度快，特别适合于大批量样品分析；测量在动态条件下进行，反应条件和分析操作能自动保持一致，结果重现性好；自动化程度高；可与多种检测器联用，应用范围广等。流动注射分析法可用于酚、氰化物、COD、硒、钍等的测定。

上述各种分析方法各有其特性。在具体选择环境监测分析方法时，应考虑被测物的含量和存在形式、实验室设备条件等因素，并尽可能选用标准统一的方法。

3) 生物监测方法

生物监测又称生态监测，是指利用生物对环境质量变化所产生的反应来阐明环境质量状况的一门技术。与其他环境监测技术相比，生物监测主要通过生物对环境的反应来显示环境污染对生物的影响，从而掌握环境污染物是否有害及危害程度。生物监测技术主要有指示生物法、现场盆栽定点监测法、群落和生态系统监测法、毒性与毒理试验、生物标志物检测法、环境流行病学调查法，其中群落和生态系统监测法又包括污水生物系统法、微型生物群落法、生物指数法等。下面简要介绍几种生物监测方法。

(1) 指示生物法

根据对环境中有机污染或某种特定污染物质敏感的或有较高耐受性的生物种类的存在或缺失，来指示其所在区域环境状况的方法称为指示生物法。

指示生物可分为水污染指示生物、大气污染指示生物、土壤污染指示生物。在水体环境中若存在襀翅目、蜉蝣目稚虫或毛翅目幼虫，水质一般比较清洁；而当颤蚓类大量存在或食蚜蝇幼虫出现时，水体一般是受到了严重的有机物污染。许多浮游生物、水生微型动物、大型底栖无脊椎动物、摇蚊幼虫、水蚤和藻类对水体受到的有机物污染也具有指示作用。此外，还可利用一些生物的行为、生理生化反应等对水污染进行评价。在陆生动植物中也有许多指示生物。一些鸟类对大气污染，特别是一氧化碳污染反应敏感。例如，很早以前就有人用金丝雀监测煤矿坑道中的一氧化碳。许多植物对大气污染的反应也很敏感(表 9-1)。土壤指示生物中，映日红可指示酸性土壤；碱蓬可指示碱性土壤；在铜、钼污染严重土壤中生长的点瓣罂粟，花瓣上可出现黑色条纹；在放射性污染的土壤中生长的某些花具有很大的绿叶；蚯蚓体内的镉浓度与土壤中镉的浓度明显相关等。

表 9-1　主要大气污染物对植物的危害

污染物	受害症状	受害剂量	敏感指示植物
二氧化硫	叶脉间出现褐色或红棕色大小不等的点、块状伤斑，与正常组织间界限分明。单子叶植物沿平行叶脉出现条状伤斑	$(0.05\sim0.5)\times10^{-6}$(体积分数)，暴露 8 h	紫花苜蓿、大麦、烟草、棉花、蚕豆、荞麦等
氟化物	叶尖和叶缘呈现水渍状，逐渐形成褐红色伤斑，与正常组织间有明显的暗红色界限	10×10^{-9}，暴露 20 h	唐菖蒲、萝卜、荞麦、杏、葡萄、玉米、芝麻等
氯气	叶脉间出现不规则点、块状伤斑，与正常组织间界限模糊或有过渡带	$(0.46\sim4.67)\times10^{-6}$(体积分数)，暴露 1 h	苜蓿、荞麦、玉米、大麦、芥菜、洋葱、向日葵等
氮氧化物	叶脉或叶缘间出现不规则水渍斑，逐渐坏死，形成白色、黄褐色或棕色伤斑	$(2\sim3)\times10^{-6}$(体积分数)，暴露 8 h	扁豆、番茄、莴苣、芥菜、烟草、向日葵等
氨	叶脉间出现点、块状褐色或褐黑色伤斑，与正常组织间界限明显	10×10^{-6}(体积分数)，暴露数小时	棉花、芥菜、向日葵等
臭氧	叶片表面出现密集的红棕、紫、褐或黄褐色细小点状伤斑	$(0.05\sim0.07)\times10^{-6}$(体积分数)，暴露 2～4 h	烟草、苜蓿、大麦、扁豆、洋葱、马铃薯、黑麦等
过氧乙酰硝酸酯	叶背出现银灰或青铜色水渍状，干后变为白或浅褐色坏死带	0.05×10^{-6}(体积分数)，暴露 8 h	番茄、扁豆、莴苣、芥菜、马铃薯等

指示生物应具有以下几个特点：有足够的敏感性，有广泛的地理分布和足够的数量，实验室易于繁殖和培养，对污染物的反应能够被测定等。

(2) 污水生物系统法

污水生物系统法是一种用于河流污染，尤其是有机污染的一种生物监测方法。这种方法的理论基础是，当河流受到污染后，在污染源下游的一段流程里会发生自净过程，随着河水污染程度的逐渐减轻，生物的种类组成也随之发生变化，在不同河段将出现不同的物种，即随着河流从上游向下游形成的多污染带，到中污染带，直到寡污染带的时空推移过程中，水体中相应的特征生物的种类和数量将发生变化，将经历以细菌和低等原生动物为主，到以细菌为食的耐污动物占优势、藻类大量出现、原生动物种类增多及高等的鱼类出现，直至最后细菌数量很少、藻类种类增多、轮虫等微型动物占优势的演替过程，根据水体的生物特征可以鉴别河流不同河段受有机污染的程度。

(3) 微型生物群落法

微型生物群落是指水生生态系统中在显微镜下才能看到的微小生物，包括细菌、真菌、藻类、原生动物和小型后生动物等，它们彼此间有复杂的相互作用，在一定的生境中构成特定的群落，其群落结构特征与高等生物群落相似，当水环境遭到污染后，群落的平衡被破坏，种数减少，多样性指数下降，随之结构、功能参数发生变化。最常用的微型生物群落法是聚氨酯泡沫塑料块(PFU)法，以 PFU 作为人工基质沉入水体中，经一定时间后，水体中大部分微型生物种类均可群集到 PFU 内，达到种数平衡，通过观察和测定该群落结构与功能的各种参数来评价水质状况。PFU 法具有快速、经济和准确等优点，也适用于工业废水的监测。

(4) 生物指数法

生物指数(bioticindex)是指运用数学公式反映生物种群或群落结构的变化，以评价环境质量的数值。常用的生物指数有：生物指数、污染生物指数、硅藻指数。

应用生物监测需要注意的问题

利用生物监测环境污染具有很多优势，实际应用越来越广泛，但也存在一些问题：

(1) 标准化问题。所选择的监测生物生活在自然环境中，除受到污染物影响外，同时还受到气候、季节、地域、土壤、病虫害等因素影响，因此建立标准化的监测方法，使获得结果可比，才具有应用价值。

(2) 监测参数的选择较为困难。由于选用的是活体生物，同一种生物不同生长时期对污染物的敏感性和反应不同，并且即使是同一种生物也存在个体差异，如何挑选合适的生物进行监测，要视监测的环境(土壤、大气、水域)、污染物类型(重金属、杀虫剂、有毒气体、放射性元素、致癌物等)和受检环境中生物对污染物反应情况而定。

(3) 无法做到准确定量，不能对引起生物体反应的原因进行定量分析。因此利用生物对污染进行监测的结果，应与理化监测结果结合起来，这样不仅能对污染物的性质和浓度进行监测，而且能对污染物引起的生物学综合效应做出恰当的评价。

材料来源：李江平，李雯. 指示生物及其在环境保护中的应用[J]. 云南环境科学，2001(1)：51-54.

2. 宏观的环境监测技术与方法

宏观的环境监测技术与方法主要是指对某一空间范围的环境质量进行的监测技术与方法，主要包括：遥感技术和地理信息系统技术。

1) 遥感技术在环境监测中的应用

遥感技术(RS)是在现代物理学、空间技术、计算机技术、数学方法和地球科学理论的基础上建立和发展起来的边缘科学，是一门先进的、实用的探测技术。多数遥感是从高空对地面及其附近的事物进行的，它具有空间、时间、波谱等方面的独特优势，信息量大，受地面条件限制少。在观测系统中，空间遥感由于其探测范围的全球性、探测器的同一性，以及高时间分辨率和高空间分辨率等特点，使它在地球观测系统中具有突出的、任何其他观测手段所无法取代的作用。遥感技术与全球卫星定位系统(GPS)和地理信息系统(GIS)结合的3S一体化的监测系统，使我们在常规的监测分析系统之外，又增强了对某些重大的灾害事件做出快速监测与评价的综合能力，再加上地面常规环境监测技术，形成一个时空一体化完整的监测技术体系。

从20世纪80年代开始，遥感技术在环境监测领域的应用得到了长足发展。如今，遥感技术已成为环境监测领域的一支“生力军”。遥感技术在环境监测方面的应用主要体现在以下几个方面。

(1) 水环境监测

① 水体综合污染调查

遥感技术的应用，可以快速监测出水体污染源的类型、位置分布以及水体污染的分布范围等。早期主要是根据污染水域色调变化的程度对污染情况做定性调查，现阶段多数是测量各种水体的光谱特性，并用回归分析等方法建立某个可见光波段的遥感数据与污染浓度之间的经验公式，以此来对水污染信息进行定量提取。应用遥感技术对水污染进行监测，图像直观，方法简单易行，但对水面实测数据及其遥感数据的同步性依赖较大。

② 对湖泊或海洋生态的监测

浮游植物中的叶绿素对蓝光、红光有较强的吸收作用，可用来推算水体中的叶绿素分布情况，从而掌握湖泊或海洋生态的时空变化，预防、预测"水华"的发生。

③ 水体热污染调查

应用红外扫描仪记录地物的热辐射能量，能真实地反映地物的温度差异。在热红外图像上，热水温度高，发射的能量多，呈浅色调；冷水或冰发射的能量少，呈深色调。热排水口排出的水流通常呈白色或灰白羽毛状，呈热水羽流。利用光学技术和计算机对热图像做密度分割，根据少量的同步实测水温，可确切地绘出水体的等温线。

④ 监视石油污染

利用红外扫描仪可以监视石油污染。利用多光谱航片可对海面油污染进行半定量分析。将彩色航片同步拍照与近红外片做的彩色密度分割图相比，可以更精密地判断和解译航片上的信息，并参照图片画出不同油膜厚度的大致分级图。通过对污染发生后各天的气象卫星图像的对比分析，可以确定油膜的漂移方向，计算出其扩散速度和扩散面积。

(2) 气候监测

遥感卫星，特别是气象卫星已经成为世界各国研究气候变化、预报天气形势的重要手段。美国、欧空局、日本和俄罗斯的地球同步轨道气象卫星组成的静止气象卫星监测系统昼夜不停地观测着地球的气象变化，并将观测数据向世界各国播发。利用气象卫星，可以得到全球范围内的大气参数、海洋参数（海温、海冰、海流等）、地表状况（冰雪覆盖、地表反照率和植被指数等）、辐射收支和臭氧分布等。这些参数对于全球变暖、平流层中臭氧减少以及厄尔尼诺现象的研究都十分重要。

(3) 大气环境监测

① 大气气溶胶监测

烟、雾、尘等都是气溶胶。利用遥感图像可分析大气气溶胶的分布和含量。工厂排放的烟雾、森林或草场失火形成的浓烟及大规模尘暴，在遥感图像上都有清晰影像，可直接圈定大致范围。利用周期性的气象卫星图可监测尘暴运动，估计其运动速度，预报尘暴发生；森林或草场失火也可通过卫星资料及早发现，把灾害损失降到最低。大比例图片可用来调查城市烟囱的数量和分布，还可以通过烟囱阴影的长度计算其大致高度。用计算机对遥感影像进行微密度分割，建立烟雾浓度与影像灰度值的相关关系，可测出烟雾浓度的等值线图。

② 有害气体监测

彩红外相片可较好地监测有毒气体对污染源周围树木和农作物危害的情况，通过植物对有害气体的敏感性来推断某地区大气污染的程度和性质。一般来说，污染较轻的地区，植被受污染的情况不宜被人察觉，但其光谱反射率却有明显变化，在遥感图像上表现为灰度的差异。生长正常的植物叶片对红外线反射强，吸收少，在彩红外相片上色泽鲜红、明亮。受到污染的叶子，其叶绿素遭到破坏，对红外线的反射能力下降，反映在彩红外相片上其颜色发暗。

(4) 城市环境监测

彩红外遥感影像可监测固体废弃物引起的生态环境变化，用热红外遥感调查工业热流（污水、废气等）对水体和周围环境的污染可监测城市、工矿的“三废”排出状况。除此之外，还可在城市沉陷监测、生态破坏、噪声污染、城市热岛及治理等方面进行监测与管理。

(5) 生态环境监测

遥感技术是调查、监测、研究土地沙漠化、植被环境变化、湿地环境等生态环境的重要手段。近几年，遥感技术在沙漠化进程、土地盐渍化和水土流失、生态环境恶化（如酸雨对植被的污染）等生态环境方面的应用研究越来越受到环境监测工作者的重视。

值得指出的是，遥感监测并不能取代传统的地面监测，相反，需要与地面监测的数据相对照，才能建立准确的信息系统。相对地面监测，卫星遥感对于污染源的监测是宏观的、广泛的，地面监测可在遥感信息的指导下，对重点地区污染源进行详查，从而获得更丰富、更准确的数据。

2) 地理信息系统在环境监测中的应用

地理信息系统（geographic information system，GIS）是一门集计算机科学、地理学、测绘遥感学、环境科学、城市科学、空间科学、信息科学和管理科学为一体的新兴交叉学科，是以地理空间数据库为基础，在计算机硬件、软件环境的支持下，将地理空间模型化并存储在计算机中，适时提供多种空间地理信息，辅助相关的地理研究和地理决策，具有空间分析能力强、数据来源广泛、工作方式直观形象等特点。它是一门能够对空间相关数据进行采集、管理、分析和可视化输出的计算机信息系统。由于环境问题与地理因素紧密相关，通常带有很强的地理或地理分布特征，运用 GIS 技术能有效处理基于环境问题的大量复杂空间信息。因此，近年来 GIS 越来越多地被应用到环境监测及管理之中，也为环境管理带来了现代化的数据处理工具。GIS 在环境监测中应用主要体现以下几个方面。

(1) 环境监测数据分析

环境监测的目的是准确、及时、全面地反映环境质量现状及发展趋势，为环境管理、污染源控制、环境规划等提供科学依据。GIS 最大的特点是能够对整个或部分地球表层(包括大气层)空间中的有关地理分布数据进行采集、存储、管理、运算、分析和可视化表达的信息处理与管理,能对已有空间和属性信息进行加工处理,得出科学结论。

(2) 环境数值预报模型

环境监测中,多数数值预报模型是空间模型,多因子综合作用,使环境要素空间变异的数值分析相当复杂。GIS 模型则提供每个变量的空间插值分析,通过样点数值预测整个区域环境变量的数值分布,为环境监测数值预报提供极强的技术手段。

(3) 环境监测信息管理

利用 GIS 构建环境监测信息管理系统,该系统是为环境监测、管理和决策服务的技术过程系统。GIS 在其中的应用大大改善了监测基础数据的处理和收集方式,提高了环境管理的效率。

(4) 建立环境地理信息系统

环保部门在日常管理工作中,需要采集和处理大量的、种类繁多的环境信息。这些环境信息 85%以上与空间位置有关,使用 GIS 可以建立各种环境空间数据库,GIS 通过把各种环境信息与其地理位置结合起来进行综合分析与管理,以实现空间数据的输入、查询、分析、输出和管理的可视化。

(5) 环境监测应急预警管理

通过 GIS 的空间信息属性使原本具有空间属性的抽象环境监测数据规律化,更加明确地表征不同区域的环境质量状况,可以快速摸清污染源类型,快速锁定环境事故发生的地点,初步确定污染范围,可能的扩散面积等空间信息。利用 GIS 技术提供的路径分析功能,在原先基于一维风向模型的基础上,建立起二维污染物扩散模型。将模型的数值解和 GIS 技术结合,对数学模型进行模拟演示,在空间上对污染扩散进行分析,预测事故地点的污染物质量浓度和污染程度。GIS 与 GPS 技术结合建立应急指挥体系,及时提供预警,采取应急措施,制定应急方案,提高环境应急监测的快速反应能力。一旦突发污染事故,利用 GIS 技术和 GPS 系统的电子地图可以实时显示应急车辆的准确位置,应急人员和车辆可以迅速、准确的第一时间到达现场,最大限度地减少损失。

9.2 环境评价

9.2.1 环境评价及其分类

环境评价是认识和研究环境的一种科学方法,是对环境质量优劣的定量描述。

有的学者认为环境评价是环境质量评价和环境影响评价的总称；但有的学者认为环境影响评价是环境质量评价的一部分，所以环境评价与环境质量评价的内涵基本一致。本书认为，环境评价是两种评价的简称，其关系如图9-1所示。

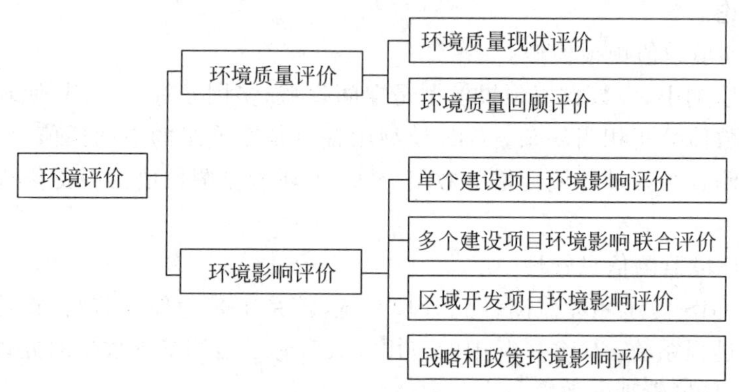

图9-1 环境评价的分类

1. 环境质量评价

环境质量评价（EQA）是按照一定评价标准和评价方法对一定区域范围内的环境质量加以调查研究并在此基础上做出科学、客观和定量的评定和预测。

按评价时序，环境质量评价有环境质量回顾评价和环境质量现状评价。环境质量回顾评价是根据某一地区历年积累的环境资料对该地区过去一段时间的环境质量进行评价。通过回顾评价可以揭示出该区域环境污染的发展变化过程，推测今后的发展趋势。环境质量现状评价一般是根据近几年的环境资料对某一地区的环境质量的变化及现状进行评价。通过这种形式的评价，可以阐明环境质量的现状，为进行区域环境污染综合治理、区域环境规划等提供科学依据。

根据评价要素，环境质量评价可以分为单要素评价、多要素评价和综合评价。就某一环境要素进行评价称为单要素评价，如大气质量评价、水质评价、土壤质量评价等。对两个或多个要素进行评价，称为多要素评价；对所有要素进行评价，则称为环境质量综合评价，进行这种评价工作量较大，有一定难度。

根据评价区域的不同，环境质量评价又可以分为城市环境质量评价、农村环境质量评价、海洋环境质量评价和交通环境质量评价等。

2. 环境影响评价

环境影响评价（EIA）简称环评，广义的环评是指对拟议中的建设项目、区域开发计划和国家政策实施后可能对环境产生的影响（后果）进行的系统性识别、预测和评估。狭义的环评是指对规划和建设项目实施后可能造成的环境影响进行分析、预测和评估，提出预防或者减轻不良环境影响的对策和措施，进行跟踪监测的方法与制度。通俗地讲就是分析项目建成投产后可能对环境产生的影响，并提出污染防治的对策和措施。环境影响评价的根本目的是鼓励在规划和决策中考虑环境因素，最终达到更具环境相容性的人类活动。

按评价层次划分，环境影响评价有下述类型：

(1) 战略环境影响评价

战略环境影响评价简称战略环评，是指对政策、规划或计划及其替代方案可能产生的环境影响进行规范的、系统的综合评价，并把评价结果应用于负有公共责任的决策中。战略环评包括我国现在要求的规划环评，还包括国外已经有的政策环评和计划环评等环评形式。

(2) 区域开发环境影响评价

区域开发环境影响评价简称区域环评，是指针对某个区域开发所进行的环境影响评价，如某城市、某开发区或某工业园区，其区域范围比国家、地区小，比单个建设项目建设范围大。近年来，以区域为单元进行整体规划和开发是我国发展的重要方式，而区域环评是进行区域环境规划的基础。区域环评已在我国普遍开展。

(3) 建设项目环境影响评价

建设项目环境影响评价简称建设项目环评，是针对拟建项目的合理布局、选址、生产类型及其规模、拟采取的环保措施等进行的评价。建设项目环评是项目可行性研究工作的重要组成部分，与项目可行性研究同步完成。其基本任务是对某一建设项目的性质、规模等工程特征和所在地区的自然环境、社会环境进行调查分析和预测，找出其对环境影响的范围、程度和规律，在此基础上提出环境保护对策、建议与要求。建设项目环评种类繁杂，数量巨大。

9.2.2 环境评价的主要内容

环境评价的内容十分广泛。本书仅以建设项目环境影响评价为例简单介绍其主要内容。建设项目环境评价的工作内容主要取决于评价项目对环境产生的影响。由于项目类型千差万别，所产生的影响也有明显差别，但就评价工作而言，有一个基本内容，主要包括以下几部分：

(1) 总则。包括编制《环境影响报告书》的目的、依据、采用的标准以及控制污染与保护环境的主要目标。

(2) 建设项目概况。包括建设项目的名称、地点、性质、规模、产品方案、生产工艺方法、土地利用情况及发展规划、职工人数和生活区布局等。

(3) 工程分析。包括主要原料、燃料及水的消耗量分析，工艺过程、排污过程，污染物的回收利用、综合利用和处理处置方案，工程分析的结论性意见。

(4) 建设项目周围地区的环境现状。包括地形、地貌、地质、土壤、大气、地表水、地下水、矿藏、森林、植物、农作物等情况。

(5) 环境影响预测。包括预测环境影响的时段、范围、内容以及对预测结果的表达及其说明和解释。

(6) 评价建设项目的环境影响。包括建设项目环境影响的特征、范围、大小程度和途径。

(7) 环境保护措施的评述及技术经济论证,提出各项措施的投资估算。

(8) 环境影响经济损益分析。

(9) 环境监测制度及环境管理、环境规划的建议。

(10) 环境影响评价结论。

9.2.3 环境评价的方法

目前国内外使用的环境评价方法有上百种,本书仅介绍几种基本方法。

1. 指数评价法

指数评价法是最早用于环境评价的一种方法,应用也最广泛。它具有一定的客观性和可比性。

1) 单因子评价指数

单因子评价是环境评价最简单的表达方式,也是其他各种评价方法的基础。单因子评价指数的表达式为

$$I_i = \frac{C_i}{S_i} \tag{9-1}$$

式中:I_i——第 i 种污染物的环境质量指数;

C_i——第 i 种污染物在环境中的浓度;

S_i——第 i 种污染物的环境质量评价标准。

环境质量指数是无量纲量,它表示某种污染物在环境中的浓度超过评价标准的程度。

在大气环境评价中,常用的评价参数有颗粒物、SO_2、CO、NO_x 等;在水环境评价中,一般多选用 pH、悬浮物、溶解氧、COD、BOD、油类、大肠杆菌、有毒金属等作为评价参数。

一个具体的环境评价问题往往涉及的不仅仅是单因子问题。当多个参数因子参与评价时,用多因子环境质量指数;当参与评价的是多个环境要素时,用环境质量综合指数。

2) 多因子评价指数

多因子环境质量评价指数有均值型、计权型和几何均值型等。

(1) 均值型多因子环境质量评价指数

均值型指数的基本出发点是各种因子对环境质量的影响是等同的，其计算公式为

$$I = \frac{1}{n}\sum_{i=1}^{n} I_i \tag{9-2}$$

式中：n——参与评价的因子数目。

(2) 计权型多因子环境质量评价指数

计权型多因子环境质量评价指数的基础是各种因子对环境质量的影响是不同的，具体体现为各因子的影响权重。计权型指数的计算公式为

$$I = \sum_{i=1}^{n} W_i I_i \tag{9-3}$$

式中：W_i——第 i 个因子的权重。

计权型指数的关键是要科学、合理地确定各因子的权重值。

(3) 几何均值型多因子环境质量评价指数

均值型指数是一种突出最大值型的环境质量指数，其计算公式为

$$I = \sqrt{(I_i)_{\text{最大}}(I_i)_{\text{平均}}} \tag{9-4}$$

式中：$(I_i)_{\text{最大}}$——参与评价的最大的单因子参数；

$(I_i)_{\text{平均}}$——参与评价的单因子指数的均值。

均值型指数既考虑了主要污染因素，又避免了确定权重的主观影响，是目前应用较多的一种多因子环境质量评价指数。

3) 环境质量综合指数

环境质量综合指数是对多个环境要素进行总体评价。例如，对一个地区的大气环境、水环境、土壤环境等进行总体评价。环境质量综合指数常采用两种方法计算：均权平均综合指数和加权综合指数。

均权平均综合指数的计算公式为

$$Q = \frac{1}{n}\sum_{K=1}^{n} I_K \tag{9-5}$$

式中：Q——多环境要素的综合质量指数；

n——参与评价的环境要素的数目；

I_K——第 K 个环境要素的多因子环境质量指数。

加权综合指数的计算公式为

$$Q = \sum_{K=1}^{n} W_K I_K \tag{9-6}$$

式中：W_K——第 K 个环境要素在环境质量综合评价中的权重值。

4）环境质量分级

采用环境质量指数评价方法时，一般按其计算数值的大小划分几个范围或级别来表达其质量的优劣。常用的环境质量分级方法有 M 值法、W 值法和模糊聚类法。下面仅就应用 M 值法和 W 值法进行环境质量分级做简单介绍。

（1）M 值法

M 值法又称积分值法。该方法是根据每个污染因子的浓度，按照给定的评价标准确定一个评分值，根据各因子的总评分值进行环境质量评价。设参与评价的因子数有 n 个，假定全部满足一级评价标准的评分为 100 分，则每个因子的评分为 $100/n$；全部因子都介于一级、二级评价标准之间的评分为 80 分，则每个因子的评分为 $80/n$；其余依此类推。相对于环境质量标准的Ⅰ、Ⅱ、Ⅲ、Ⅳ、Ⅴ级，给定单因子的评分为 $100/n$、$80/n$、$60/n$、$40/n$ 和 $20/n$。若每个因子的评分为 a_i，则全部因子的总积分值为

$$M=\sum_{i=1}^{n}a_i \tag{9-7}$$

根据 M 值就可按表 9-2 确定环境质量的级别。

表 9-2　M 值法的环境质量分级

环境质量等级	理　想	良　好	污　染	重污染	严重污染
分级标准	$M\geqslant 96$	$96>M\geqslant 76$	$76>M\geqslant 60$	$60>M\geqslant 40$	$M<40$

M 值法简单易行，但在计算积分值时采用简单的评分值叠加方法，不能反映各因子的相对重要性。

（2）W 值法

W 值法弥补了 M 值法的不足，充分考虑主要污染物的影响。如果规定凡符合Ⅰ、Ⅱ、Ⅲ、Ⅳ、Ⅴ级环境质量标准的环境因子分别可以被评为 10、8、6、4、2 分，对于不能满足最低一级环境质量的因子，则评为 0 分，则对环境质量的描述可以写成下述形式：

$$SN_{10}^{n}N_{8}^{n}N_{6}^{n}N_{4}^{n}N_{2}^{n}N_{0}^{n} \tag{9-8}$$

式中：S——参与评价的环境因子的数目；

N——被评为 10 分、8 分、6 分、4 分、2 分和 0 分的因子数目。

W 值法突出主要污染因子的作用，以最严重的两个因子的评分值作为依据，表 9-3 给出了按 W 值法进行环境质量分级的标准。

表 9-3　W 值法的环境质量分级

环境质量等级	理　想	良　好	污　染	重污染	严重污染
最低两项评分值之和 W	18 或 20	14 或 16	10 或 12	6 或 8	<4

2. 模型预测法

环境影响的预测是建立在了解环境系统运动和变化规律的基础上,应用过去或现在的相关数据,对评价项目在未来影响的范围、程度及其后果进行推测。环境系统模型就是用图像或数学关系式的形式,把所研究的各环境要素或过程以及它们之间的相互联系表示出来。模型预测法的优点是可以给出定量结果,能反映环境影响的动态过程。常用的预测模型有:零维、一维、二维水质模型,S-P 模型,高斯模型等。

3. 模糊综合评判法

由于环境质量评价中存在不确定性,包括认识上的局限性、数据的不充分性和不可靠性、环境质量本身的随机性等,因此有时需要用模糊的语言来表述。模糊数学就是用数学的方法来研究、处理实际中存在的大量不确定的模糊问题。环境质量评价的模糊数学模型主要使用隶属度来刻画环境质量的分界线,而隶属度可用隶属函数来表达。

4. 专家评价法

由于环境评价过程中需要确定某些难以定量化的因素,如社会政治因素、生态服务功能等,对这些因素的估计往往缺乏统计数据,也没有原始资料,这时专家评价法是一种较有效可行的方法。

专家评价法是一种古老的方法,但至今仍有重要的作用。所谓专家,一般是指在该领域从事 10 年以上技术工作的科学技术人员或专业干部。专家组的人数一般在 10～50 人。专家评价法是充分利用专家的创造性思维进行评价的方法,不是利用个别专家,而是依靠专家集体(包括不同领域的专家),可以消除少数专家的局限性。专家评价法中比较有代表性的是德尔菲法,其工作程序是:确定评价主题——编制评价事件一览表——选择专家——环境预测和价值判断过程——结果的处理和表达。

随着公众参与在我国环境评价中的作用日显重要,在很多场合下,“公众”也是某一方面的专家,评价时应该重视“公众”的判断。

环境评价方法除了以上几种以外,还有运筹学评价法、类比法、列表清单法、矩阵法和生态图法等,每种方法又可衍生出许多改型的方法,以适应不同的对象和不同的评价任务。

9.3 环境规划

9.3.1 环境规划的内涵及作用

1. 环境规划的含义

环境规划是人类为使环境与经济社会协调发展而对自身活动和环境所做的时间和空间上的合理安排。其目的在于指导人们进行各项环境保护活动，按既定的目标和措施合理分配排污削减量，约束排污者的行为，改善生态环境，防止资源破坏，保障环境保护活动纳入国民经济和社会发展计划，以最小的投资获取最佳的环境效益，促进环境、经济和社会的可持续发展。

环境规划为达到目的，必须包括对人类自身活动和环境状况的规定。人类活动方面包括环境保护活动的目标、指标、项目、措施、资金需求及其筹集渠道的规定和环境保护对经济和社会发展活动的规模、速度、结构、布局、科学技术的反馈要求；环境方面包括环境质量和生态状况的规定。人类的经济社会发展活动、环境保护与建设活动和环境状况形成了一个有机整体，相互作用与反馈。环境规划实质上是一种克服人类经济社会活动和环境保护活动盲目性和主观随意性的科学决策活动，以保障整个人类社会的可持续发展。

2. 环境规划的作用

环境规划是21世纪以来国内外环境科学研究的重要课题之一，并逐步形成一门科学，它在社会经济发展和环境保护中所起的作用越来越重要，主要表现在以下几个方面。

（1）促进环境与经济、社会持续发展

环境问题与经济发展之间的关系密切，经济受环境的制约，又对环境有着巨大的影响。环境问题的解决必须以预防为主，否则损失重大，环境规划的重要作用在于协调人类活动与环境的关系，预防环境问题的发生，促进环境与经济、社会的持续发展。

（2）保障环境保护活动纳入国民经济和社会发展计划

制订规划、实施宏观调控是我国政府的重要职能，中长期计划在我国国民经济中仍起到十分重要的作用。环境保护与经济、社会活动有着密切联系，必须将环境保护活动纳入国民经济和社会发展计划之中，进行综合平衡，才能得以顺利进行。环境规划就是环境保护的行动计划。在环境规划中，环境保护的目标、指标、项目、资金等方面都需经过科学论证和精心规划，以保障使其纳入国民经济和社会发展计划之中。

(3) 以最小的投资获取最佳的环境效益

环境既是人类生存的基本要素,又是经济发展的物质源泉。在有限的资源条件下,如何用最少的资金实现经济和环境的协调显得非常重要。环境规划正是运用科学的方法,保障在发展经济的同时,提出以最小的投资获得最佳的环境效益的有效措施。

(4) 合理分配排污削减量,约束排污者的行为

根据环境的纳污容量以及"谁污染谁承担削减责任"的基本原则,公平地规定各排污者的允许排污量和应削减量,为合理地、指令性地约束排污者的排污行为、消除污染提供科学依据。

(5) 环境规划是各国各级政府环境保护部门开展环境保护工作的依据

环境规划是一个区域在一定时期做出的关于环境保护的总体设计和实施方案,为各级政府环保部门提出了明确方向和工作任务,规划中制定的功能区划、质量目标、控制指标和各种措施以及工程项目为环境保护工作提供了具体要求。我国现行的各项环境管理制度都要以环境规划为基础和先导。

9.3.2 环境规划的分类与特征

1. 环境规划的分类

1) 从性质上划分

环境规划从性质上分,主要有生态规划、污染综合防治规划和自然保护规划。

(1) 生态规划

生态规划主要是把规划区域的地球物理系统、生态系统和社会经济系统紧密结合在一起进行考虑,使国家或区域的经济发展能够符合生态规律。

(2) 污染综合防治规划

污染综合防治规划也称污染控制规划,是当前我国环境规划的重点。根据范围和性质不同又可分为区域污染综合防治规划和部门污染综合防治规划。区域污染综合防治规划主要是针对经济协作区、能源基地、城市、水域等的污染进行综合防治规划,它在调查评价的基础上对环境质量状况进行预测,然后提出恰当的环境目标,根据环境目标进行各种污染防治规划的设计,并提出规划实施和保证措施。部门(或行业)污染防治主要有工业系统污染防治规划、农业污染综合防治规划、商业污染防治规划和企业污染防治规划等。这种类型的规划主要是根据各部门的经济发展,提出恰当的环境目标、污染控制指标、产品标准和工艺标准。

(3) 自然保护规划

保护自然环境的工作范围很广,主要是保护生物资源和其他可更新资源,其他还有文物古迹、有特殊价值的水源地、地貌景观等。

2）按经济-环境的制约关系划分

环境与经济存在相互依赖、相互制约的双向联系，但在特定条件下，有时以经济发展为主，有时以保护环境为先。按经济-环境的制约关系划分，环境规划可以分为经济制约型规划、协调发展型规划、环境制约型规划。

（1）经济制约型规划

经济制约型规划是为满足经济发展的需要，环境保护只服从于经济发展的要求。一般是在确定了社会发展目标、产业结构的前提下，预测污染物的产生量，根据环境质量要求和环境容量大小，规划去除污染物的数量和方式，即为解决已经发生的环境污染和生态破坏，制订相应的环境保护规划。

（2）协调发展型规划

协调发展型规划是将环境与经济作为一个大系统来规划，既考虑经济对环境的影响，又考虑环境对经济发展的制约关系，以实现经济与环境的协调发展。这类规划是协调发展理论的产物，是环境规划发展的方向。

（3）环境制约型规划

环境制约型规划是在某些特殊环境下，环境保护成为环境与经济关系的主要矛盾方面，经济发展要服从环境质量的要求。例如，饮用水源保护区、重点风景游览区、历史遗迹等的环境规划。

3）按环境要素划分

环境规划按环境要素可分为污染防治规划和生态规划两大类，前者可细分为水环境、大气环境、固体废物、噪声及物理污染防治规划；后者可细分为森林、草原、土地、水资源、生物多样性、农业生态规划等。

除上述3种划分方法以外，环境规划还有很多不同的分类方法，如按照规划期限划分，可分为长期规划（大于20年）、中期规划（15年）和短期规划（5年）；按照环境规划的对象和目标的不同，可分为综合性环境规划和单要素环境规划；按规划地域，可分为国家、省域、城市、流域、区域、乡镇乃至企业环境规划等。

2. 环境规划的特征

环境规划是一项政策性、科学性很强的技术工作，有它自身的特征和规律性，具有整体性、综合性、区域性、动态性、信息密集和政策性强等特征。

（1）整体性

环境规划的整体性反映在环境的要素和各个组成部分之间构成一个有机整体。各要素之间有一定的联系，同时各要素自身的环境问题特征和规律十分突出，有其相对确定的分布结构和相互作用关系，从而各自形成独立的、整体性强和关联度高的体系。

环境规划的整体性还反映在规划过程各技术环节之间关系紧密、关联度高，各环节影响并制约着相关环节。因而规划工作应从环境规划的整体出发全面考察研究，单独从某一环节着手并进行简单的串联叠加难以获得有价值的系统结果。

(2) 综合性

环境规划具有综合性，反映在它涉及的领域广(其理论基础是生态经济学和人类生态学，涉及环境化学、环境物理学、环境生物学、环境工程、环境系统工程、环境经济和环境法学等多学科)，影响因素众多，对策措施综合，部门协调复杂等方面。环境规划是将自然、工程、技术、经济和社会相结合的综合体，也是多部门的集成产物。随着人们对环境保护认识的提高，环境规划的综合性和集成性会越来越强。

环境规划的整体性和综合性也明显反映在它的方法学和支撑软件环境的需求方面。在环境规划工作中，信息的收集、储存、识别和核定，功能区的划分，评价指标体系的建立，未来趋势的预测，方案对策的制定，多目标方案的评选等均涉及大量的定性、定量因素，而且这些定性、定量因素往往相互交织在一起，界限并不分明，因此它对环境、经济、社会以及科学与工程的多学科相结合的要求相当突出。未来的环境规划支撑软件将向着能提供综合和集成信息，便于各类人员参与，又便于更新、调整的方向发展。

(3) 区域性

环境问题的区域性特征十分明显，因此环境规划必须注重因地制宜，其规划内容、要求和类型上必须融入区域性特征才是最有效的。所谓区域性主要体现在环境及其污染控制系统的结构不同，主要污染物的特征不同，社会经济发展方向和发展速度不同，控制方案评价指标体系的构成及指标权重不同，各地的技术条件不同、环境管理水平不同等。

(4) 动态性

环境规划具有较强的时效性。它的影响因素在不断变化，无论是环境问题(包括现存的和潜在的)还是社会经济条件等，都在随时间发生难以预料的变动。基于一定条件下(现状或预测水平)制订的环境规划，随社会经济发展方向、发展政策、发展速度以及实际环境状况的变化，势必要求环境规划工作具有快速响应和更新的能力。因此，应从理论、方法、原则、工作程序、支持手段和工具等方面逐步建立起一套滚动的环境规划管理系统，以适应环境规划不断更新调整、修订的需求。

(5) 信息密集

信息的密集和难以获得是环境规划所面临的一大难题。在环境规划的全过程中，自始至终需要收集、消化、吸收、参考和处理各类相关的综合信息。规划的成功在很大程度上取决于搜集的信息是否完全、是否准确可靠、是否能有效地组织这些信息并很好地利用。由于这些信息覆盖了不同类型，来自不同部门，存在于不同的介质之中，表现出不同的形式，因此是一项信息高度密集的智能活动。

(6) 政策性强

从环境规划的最初立题、课题总设计至最后的决策分析，制订实施计划的每一个技术环节，经常会面临从各种可能性中进行选择的问题。完成选择的重要依据和准绳，是现行的有关环境政策、法规、条例和标准。因此要求规划决策人员具有较高的政策水平和政策分析能力。环境规划的过程也是环境政策分析和应用的过程。

9.3.3 环境规划的原则与方法

1. 环境规划的原则

制订环境规划的基本目的在于不断改善和保护人类赖以生存和发展的自然环境，合理开发和利用各种资源，维护自然环境的生态平衡。因此，制订环境规划应遵循下述5条基本原则：

(1) 保障环境与经济、社会持续发展的原则

环境、经济、社会三者之间相互联系、不可分割，只注重经济而忽视环境只能带来暂时的繁荣，因为环境问题的恶化必将造成对人类的危害，资源的枯竭，进而抑制经济的发展。因此，环境规划必须把环境、经济、社会三者作为一个大系统来规划，协调它们之间的关系，以保障三者持续、稳定发展。

(2) 遵循经济规律，符合国民经济计划总要求的原则

环境与经济存在互相依赖、互相制约的密切联系。经济发展要消耗环境资源，向环境中排放污染物，并产生环境问题。自然生态环境的保护和污染防治需要的资金、人力、技术、资源和能源，受到经济发展水平和国力的制约。在经济与环境的双向关系中，经济起到主导的作用。因此，说到底，环境问题是一个经济问题，环境规划必须遵循经济规律，符合国民经济计划的总要求。

(3) 遵循生态规律，合理利用环境资源的原则

在制订环境规划时，必须遵循生态规律，利用生态规律为社会主义建设服务。对环境资源的开发利用要遵循开发利用与保护增值同时并重的原则，防止开发过度造成恶性循环。对环境承载力的利用要根据环境功能的要求，适度利用、合理布局，减轻污染防治对经济投资的需求；坚持以提高经济效益、社会效益、环境效益为核心的原则，促进生态系统良性循环，使有限的资金发挥最大的效益。

(4) 系统原则

环境规划对象是一个综合体，用系统论方法进行环境规划有更强的实用性，只有把环境规划研究作为一个子系统，与更高层次的大系统建立广泛联系和协调关系，即用系统的观点才能对子系统进行调控，达到保护和改善环境质量的目的。

(5) 预防为主,防治结合的原则

“防患于未然”是环境规划的根本目的之一。在环境污染和生态破坏发生之前,予以杜绝和防范,减少其带来的危害和损失是环境保护的宗旨。预防为主、防治结合是环境规划的重要原则之一。

2. 环境规划的技术方法

不同类型的环境规划,规划方法也不尽相同。常用的环境规划技术有环境系统分析方法和环境规划决策方法。

1) 环境系统分析方法

所谓环境系统分析方法,就是有目的、有步骤地搜索、分析和决策的过程,即为给决策者提供决策信息和资料,规划人员使用现代的科学方法、手段和工具对环境目标、环境功能、费用和效益进行调研、分析、处理有关数据资料,据此建立系统模型或若干个替代方案,并进行优化、模拟、分析、评价,从中选出一个或几个最佳方案,供决策者选择,用来对环境系统进行最佳控制。

采用系统分析方法的目的在于通过比较各种替代方案的费用、效益、功能和可靠性等各项经济和环境指标分析,得出达到系统目的的最佳方案的科学决策。

系统分析方法的内容要素包括:环境目标、费用和效益、模型、替代方案、最佳方案等。

(1) 环境目标

环境目标是进行环境规划的目的,也是系统分析、模型化和环境规划的出发点。环境目标往往不止一个。

(2) 费用和效益

建成一个系统,需要大量的投资费用,系统运行后,又需一定的运行费用,同时可以获得一定的效益。我们可以把费用和效益都折合成货币的形式,以此作为对替代方案进行评价的标准之一。

(3) 模型

根据需要建立的模型,可以用来预测各种替代方案的性能、费用和效益,对各种替代方案进行分析、比较,最后有效地求得系统设计的最佳参数。建立模型是系统分析方法的一个重要环节。

(4) 替代方案

对于具有连续型控制变量的系统,意味着替代方案有无穷多,因此,建立的数学模型中就包含无穷多个替代方案,求解过程即是方案的分析和比较过程。

(5) 最佳方案

通过对系统的分析给出若干个替代方案,然后对这些方案进行分析、比较,找出最佳方案。最佳方案是通过替代方案的分析、比较得出满足环境目标的方案,最佳方案是整个系统设计的输出。

2）环境规划决策方法

环境规划是环境决策在时间和空间上的具体安排，规划过程也是环境规划的决策过程。下面介绍几种常用的环境规划决策方法。

（1）线性规划

线性规划是数学规划中理论完整、方法成熟、应用广泛的一个分支。它可以用来解决科学研究、活动安排、经济规划、环境规划、经营管理等许多方面提出的大量问题。线性规划模型是一种最优化的模型。它可以用于求解非常大的问题，甚至模型中可以包含上千个变量和约束。这个特性为解决一些复杂的环境决策提供了重要的方法和手段。标准线性规划数学模型包括目标函数、约束条件和非负条件。线性规划问题可能有各种不同的表现形式，如目标函数有的要求实现最大化，有的要求最小化；约束条件可以是“≤”形式的不等式，也可以是“≥”形式的不等式，还可以是等式。一旦一个线性规划模型被明确表达，就能迅速而容易地通过计算机求解。

（2）动态规划

线性规划模型虽然应用方便，但有严格的限制条件，即数学模型是线性的或转化成线性的。而动态规划模型对线性或非线性模型都能运用，对不连续的变量和函数，动态模型也能求解。

动态规划是解决多阶段决策最优化的一种方法。动态规划与线性规划最显著的区别在于，线性规划模型都可以用同一有效的方法求解，而每个动态规划模型没有统一的求解方法，必须根据每一个模型的特点加以处理。

（3）投入产出分析法

投入产出分析法是研究现代活动的一种方法。这项技术是经济学家列昂捷夫在20世纪30年代的一项研究成果。投入产出用于一个经济系统时，它能阐明该地区各工业部门所有生产环节间的相互关系，确定各部门的投入产出量。当考虑到环境因素后，就又可以定义环境系统中的各种联系。环境中的物质（如水、原料和能源等）进入生产过程，生产过程中产生的废弃物（如废气、废水和废渣等）排入环境。通过建立它们之间的投入产出模型与污染物传播模型，就可以分析废弃物在环境中的扩散，研究它们对环境质量的影响，达到可以协调经济目标和环境目标的目的，得出可行性结论。

（4）多目标规划

在环境规划中，大量的问题可以描述为一个多目标决策问题。因为在进行环境污染控制规划时，不只是要满足某种环境标准，而往往是要提出一连串的目标，这些目标既有先后缓急之分，彼此间又可能相互联系、影响和制约，但是却无法以共同的尺度进行度量。人们在考虑一个污染控制方案时，都在自觉或不自觉地考虑和权衡着这些目标。例如，对一个区域的水资源和水污染控制系统进行综合规划时，这一区域的水污染控制不仅应考虑有效的综合治理手段，还必须同时考虑水资源的合理分配，满足用水需要及保护水资源、节约能源和尽可能降低污染治理费用等问题。因此，一个污染控制规划就必须在代表不同利益的社会集团之间进行协调，并在最终决策中反映出权衡后的结果。多目标规划为解决这类问题提供了理论和方法，在一系列的非劣解中寻求一个最满意的解。

（5）整数规划

在一些环境问题中，非整数的决策变量值意义不大。在线性规划中，若要求变量只能取整数值的限制，这类规划问题就称作整数线性规划，简称整数规划。

问题与思考

1. 环境监测具有哪些特点？
2. 遥感技术在目前的环境监测方面的应用主要体现在哪些方面？
3. 环境评价有哪些类型？
4. 参与环境评价的因子共 10 个，得 10 分的 1 个，得 8 分的 2 个，得 6 分的 2 个，得 4 分的 2 个，得 2 分的 1 个，得 0 分的 2 个。请用 W 值法确定其环境质量等级。
5. 请就环境规划的作用和意义谈一谈你的想法。

参考文献

[1] 希尔. 环境保护[M]. 杜鹏飞，译. 武汉：华中科技大学出版社，2022.

[2] 曲向荣. 环境规划与管理[M]. 北京：清华大学出版社，2013.

[3] 奚旦立. 环境监测[M]. 5 版. 北京：高等教育出版社，2019.

[4] 李淑芹，孟宪林. 环境影响评价[M]. 2 版. 北京：化学工业出版社，2018.

[5] 程胜高，张聪辰. 环境影响评价与环境规划[M]. 北京：中国环境科学出版社，1999.

[6] 黄伟峰，王清华. GIS 在我国环境监测中的应用[J]. 北方环境，2012，24(4)：228-230.

[7] 何茂檀，曲伟，徐静. 地理信息系统在环境应急监测中的应用研究[J]. 低碳世界，2016(30)：4-5.

课外阅读

[1] 陈善荣，陈传忠，文小明，等. “十四五”生态环境监测发展的总体思路与重点内容

[J]. 环境保护，2022(z2)：12-16.

[2] 陈传忠，张鹏，于勇，等. 生态环境监测发展历程与展望——从“跟跑”“并跑”向“领跑”迈进[J]. 环境保护，2022(z2)：25-28.

[3] 吴季友，陈传忠，阎路宇，等. 构建生态环境智慧监测体系的举措与建议[J]. 环境保护，2022(z2)：25-28.

[4] 田丰，王文琪，包存宽. 以降碳为目标的逆向战略环境评价：理念与模式[J]. 环境保护，2021，49(12)：22-27.

第 10 章

全球环境变化与可持续发展

学习目标

1. 了解和掌握温室效应产生的原因及其对全球的影响。
2. 了解和掌握解决温室效应、臭氧层破坏等全球性环境问题的措施与对策。
3. 了解控制气候变化的国际行动。
4. 了解中国应对全球环境变化的目标、行动及成效。
5. 了解和掌握臭氧层耗损的原因及其危害。
6. 了解和掌握酸雨产生的原因及其危害。
7. 了解和掌握海洋污染及其危害。
8. 了解和掌握可持续发展的理论及中国可持续发展战略。

10.1 全球环境变化

10.1.1 温室效应

1981—1990 年全球平均气温比 100 年前上升 0.48 ℃。导致全球变暖的主要原因是人类在近一个世纪以来大量使用矿物燃料(如煤、石油等),排放出大量的 CO_2 等多种温室气体。在 20 世纪全世界平均温度约攀升 0.6 ℃。北半球春天冰雪解冻期比 150 年前提前了 9 天,而秋天霜冻开始时间却晚了约 10 天。20 世纪 90 年代是自 19 世纪中期开始温度记录工作以来最温暖的十年,在记录上最热的几年依次是:1997 年、1998 年,2001 年、2002 年、2003 年。

2019 年,全球气候系统变暖加速,物候期提前、冰川消融、海平面上升……多项历史纪录被刷新,气候极端性增强。2019 年,全球平均温度较工业化前水平高出约 1.1 ℃,是有完整气象观测记录以来第二暖的年份。2015—2019 年是有完整气象观测记录以来最暖的 5 个年份。20 世纪 80 年代以来,每个连续十年都比前一个十年更暖。

人为影响下全球变暖提速

从全球气候变化看，自1750年以来，由人类活动造成的全球温室气体浓度增加导致大气圈、海洋圈、冰冻圈和生物圈均发生了广泛而迅速的变化，其规模及现状是过去几个世纪甚至几千年来所未有的。

具体而言，当前全球大气中二氧化碳平均浓度（410ppm）达到过去200万年来的最高位；全球表面温度升温速率（近50年）为过去2 000年中最快，其中陆地增温幅度高于海洋，全球大部分陆地区域的极端高温（包括热浪）频率和强度增加，而极端低温（包括寒潮）频率和强度减弱；全球陆地平均降水量（近40年）增加速率加快，强降水事件的频率和强度都有所增加；中纬度风暴路径向极地移动，趋势具明显的季节性。

全球海洋持续变暖，自20世纪80年代以来，海洋热浪的频率几乎翻了一倍，开阔海洋表层pH（氢离子浓度指数）呈持续下降趋势；北极海冰面积一直下降，其中夏季下降幅度最大，近10年北极夏季海冰面积可能处于过去1 000年最低位。

全球几乎所有冰川均在退缩，从1992—1999年到2010—2019年，冰盖消失的速度增加4倍。气候变暖下的海洋热膨胀和冰川冰盖融化导致全球海平面上升，自1900年以来，海平面上升速率超过3 000年内的任何一个世纪。

陆地生物圈的变化与全球变暖一致，20世纪中叶以来，南北半球的气候区均向极地移动，北半球温带地区的生长季节平均每十年延长两天。土地蒸发的增加也加剧了一些地区的农业生态干旱。人类活动是这些变化的主要驱动力，并可能增大了复合型极端事件发生的概率。

材料来源：王慧. 全球持续变暖海平面上升不可逆转[N]. 中国自然资源报，2021-08-24.

1. 温室效应及其作用

1）温室效应的概念

1896年，瑞典科学家诺贝尔化学奖获得者S. 阿伦纽斯首创地球“温室效应”概念。近地大气中的某些微量气体，如CO_2、H_2O等气体能让太阳短波辐射通过，但却可以强烈地吸收长波辐射，并再反射回地面，从而减少向外层空间的能量净排放，就像温室中的玻璃一样，使地表大气温度提高，所以称为温室效应。温室效应是地球上早已存在的自然现象，据科学家估算，如果不存在温室效应，地球表面的温度本应该低得多，大约低到－18 ℃，事实上地球表面的年平均温度是15 ℃左右，而且历年来变化不大。温室效应使得地球的温度环境适宜于地球上的生命，其功劳应归功于能产生温室效应的气体。

2）温室气体

能够产生温室效应的气体是大气中存在的许多含量较少或极少的气体，它们可以让太阳的短波辐射自由通过，同时吸收地面发出的长波辐射。当它们在大气中浓度增加时，就会加剧“温室效应”，引起地球表面和大气层的温度升高，因而这些气体被统称为温室气体。其中最主要的有 CO_2，其次有 O_3、CH_4、NO_x 等气体，近年来人造物质氯氟烃(CFC)等也被确认是温室气体(表 10-1)。CO_2 有一吸收带在波长 12 500～13 000 nm，正是这里的 CO_2 强吸收，使地球辐射出的长波受到很大削弱，转换成热能，提高了气温。而在“大气窗口”(在 8 000～13 000 nm 波段的长波不被 CO_2 及 H_2O 等低层大气中含量较多的多原子分子所吸收，所以科学家们称此波段为“大气窗口”)的 7 500～13 000 nm，CO_2 虽然无吸收，但 O_3、CH_4 及 CFC 等微量气体在这一波段有吸收带，一旦这些微量气体大量增多，则 7 500～13 000 nm 间的地球长波辐射也将被大量吸收，即“大气窗口”将关闭，温室效应加强，地球温度就会上升。进入 20 世纪以来，这些被称为温室气体的物质在大气中的浓度都有所上升，全球变暖已成不争的事实。

表 10-1　主要温室气体及其特征

气体	体积分数 $/10^{-6}$	年增长率/%	生存期/年	温室效应(CO_2 取 1)	现有贡献率/%	主要来源
CO_2	355	0.4	50～200	1	55	煤、石油和天然气的燃烧、森林砍伐
CFC	0.000 85	2.2	50～102	3 400～15 000	24	发泡剂、气溶胶、制冷剂、清洗剂
CH_4	1.714	0.8	12～17	11	15	湿地、稻田、化石燃料、牲畜
NO_x	0.31	0.25	120	270	6	化石燃料、森林砍伐、化肥

据科学家估计，如果温室气体的排放量维持现状，那么到 2025 年，地表平均温度将升高 1 ℃，到 21 世纪末则可能升高 3 ℃。诺贝尔化学奖获得者 S. 阿伦纽斯则预言，如果大气中 CO_2 含量增加一倍，地球表面温度将升高 4～6 ℃。

各温室气体的排放原因及排放情况简单介绍如下。

(1) 二氧化碳(CO_2)

1957 年，美国加州大学学者 C. 吉苓等，在夏威夷的一个海拔 335.28 m 的死火山顶的气候观测站，开始观测大气中 CO_2 含量的变化。他们的观测结果证明大气中的 CO_2 逐渐增长。实地观察表明，CO_2 含量在一年之中会随季节而波动，这是因为植物的光合作用在夏季明显高于冬季，所吸收的 CO_2 也是夏季高于冬季，所以大气中 CO_2 的含量冬季高于夏季，但这种波动丝毫不影响年平均值明显上升的趋势。其他的观察和文献也都证实了这个事实。

据估算，第一次工业革命爆发前的1万年内，二氧化碳浓度维持在280ppm左右。工业革命后，二氧化碳浓度开始上升，尤其是最近百年，增加速度飞快。到1950年，年增长率约为0.7ppm/年。2005—2014年，年增长率约为2.1ppm/年。2012年11月22日，联合国世界气象组织发布的报告称，2011年地球大气的二氧化碳含量创下新高，达到390.9ppm。这一数字相对于1750年的水平增加了40%，也就是在那时候，人类才开始大规模燃烧化石燃料。2018年，大气中的二氧化碳浓度平均达到407.4ppm，2020年1月15日，浓度达412.48ppm。

大气中 CO_2 浓度增加的人为原因主要有两个：

第一是化石燃料的燃烧。目前全世界矿物能源的消耗大约占全部能源消耗的90%，排放到大气中的 CO_2 主要是燃烧化石燃料产生的。据估算，化石燃料燃烧所排放的 CO_2 占排放总量的70%。

第二是森林的毁坏。有人将森林比作"地球之肺"，森林中植物繁多，生物量最高。绿色植物的光合作用大量吸收 CO_2。据科学家估算，全球绿色植物每年能吸收 CO_2 285×10^9 t，其中森林就可吸收 118×10^9 t，占总量的42%。热带雨林的破坏使大气层每年增加 CO_2 17×10^9 t，这个数字相当于世界燃烧放出的 CO_2 的总量。所以森林在地球上以极快的速度消失是导致全球性气温升高的又一个重要原因。毁林一方面使光合作用大量减少，则植物吸收的 CO_2 量减少，这意味着大气中温室气体 CO_2 的含量增高，致使气温升高；另一方面，在毁林过程中，人类大量燃烧树木，也导致 CO_2 的排放量增加，进而使大气中 CO_2 浓度升高，气温也随之升高。

据估计，历史上地球的森林面积曾达到7 600万 km^2，时至1988年仅剩3 900万 km^2。目前，地球上每分钟就有0.2 km^2 的森林消失。

（2）臭氧（O_3）

O_3 是大气中浓度仅次于 CO_2 的温室气体，据有限观测资料报道，北半球8 km以下的大气中，O_3 正以每年大约1%的速度增加，但南半球未发现这种趋势；平流层的 O_3 却在减少。臭氧虽属温室气体，但由于其总的趋势是大气中臭氧总量在减少，所以人们关注的倒不是臭氧对温室效应的贡献，而是平流层臭氧减少所造成的紫外辐射加强对地球上生命的威胁，这将在10.1.2节中详细讨论。

（3）甲烷（CH_4）

CH_4 对温室效应的贡献比同样量的 CO_2 大20倍，所以 CH_4 在大气含量中的增长也引起人们的关注。人类活动中，稻田耕作、家畜饲养、生物体分解、煤矿和天然气的开采等都会引起 CH_4 的排放。这就是说，人口的增多，人类活动的增加都会使大气中 CH_4 的含量增加。

(4) 氯氟烃(CFC)

CFC 是商业名称，即氟利昂。这是一类人工合成物质，是石油碳氢化合物的卤素衍生物。人类大规模地生产这种物质，主要有 3 方面用途：①用于制冷和空调；②用作气溶胶(如刮面、美发用的泡沫气溶胶)或喷雾剂、灭火剂；③用作发泡剂，如合成泡沫塑料聚苯乙烯、聚氨酯等。CFC 不仅作为温室气体引起人们关注，其破坏臭氧层的作用更加引人注目。

(5) 氧化亚氮(N_2O)

N_2O 俗称笑气，也是一种温室气体。最近人们观察到大气中 N_2O 浓度增高。N_2O 浓度增加有两个主要人为原因：①农田化肥用量的增加，导致大气中氮氧化物浓度增加；②燃烧过程中氮氧化物的排放。据研究，煤燃烧过程中，低温燃烧时 N_2O 的排放量较高，如沸腾燃烧炉在燃煤过程中排放的 N_2O 量比较大。

2. 温室效应对全球的影响

近年来，世界各国出现了几百年来历史上最热的天气，厄尔尼诺现象也频繁发生，给各国造成了巨大经济损失。发展中国家抗灾能力弱，受害最为严重。发达国家也未能幸免于难，1995 年芝加哥的热浪引起 500 多人死亡，1993 年美国一场飓风就造成 400 亿美元的损失。20 世纪 80 年代，保险业同气候有关的索赔是 14 亿美元，1990—1995 年间几乎达 500 亿美元。这些情况显示出人类对气候变化，特别是对气候变暖所导致的气象灾害的适应能力是相当弱的，需要采取行动防范。按现在的一些发展趋势，科学家预测有可能出现的影响和危害有以下几种。

(1) 海平面上升

全世界大约有 1/3 的人口生活在沿海岸线 60 km 的范围内，海岸沿线经济发达，城市密集。全球气候变暖导致的海洋水体膨胀和两极冰雪融化，可能在 2100 年使海平面上升 50 cm，危及全球沿海地区，特别是那些人口稠密、经济发达的河口和沿海低地。这些地区可能会遭受淹没或海水入侵，海滩和海岸遭受侵蚀，土地恶化，海水倒灌和洪水加剧，港口受损，并影响沿海养殖业，破坏供排水系统。

岛国图瓦卢面临消失

图瓦卢总面积只有 26 km^2，总人口 1.1 万人，属于热带海洋性气候，一年四季风景如画。人们将构成这个国家的 9 个环状珊瑚小岛称为太平洋上的“九颗闪亮明珠”并不过分，因为在很多人眼里，图瓦卢真的像一个世外桃源。

然而2001年11月15日，图瓦卢领导人在一份声明中说，他们对抗海平面上升的努力已告失败，并宣布他们将放弃自己的家园，举国移民新西兰。图瓦卢将由此成为全球第一个因海平面上升而进行全民迁移的国家。大约在50年以后，这个美丽的岛国将沉没于大洋之中，在世界地图上人们再也找不到这个国家的位置。

(2) 影响农业和自然生态系统

随着二氧化碳浓度增加和气候变暖，可能会增加植物的光合作用，延长生长季节，使世界一些地区更加适合农业耕作，但全球气温和降雨形态的迅速变化，也可能使世界许多地区的农业和自然生态系统无法适应，使其遭受很大的破坏性影响，造成大范围的森林植被破坏、生物多样性减少和农业灾害。

(3) 加剧洪涝、干旱及其他气象灾害

气候变暖导致的气候灾害增多可能是一个更为突出的问题。全球平均气温略有上升，可能带来过多的降雨、大范围的干旱和持续的高温，造成大规模的灾害损失。有的科学家根据气候变化的历史数据，推测气候变暖可能破坏海洋环流，引发新的冰河期，给高纬度地区造成可怕的气候灾难。

(4) 影响人类健康

气候变暖有可能加大疾病危险和死亡率，增加传染病暴发的可能性。高温会给人类的循环系统增加负担，热浪会引起死亡率的增加。由昆虫传播的疟疾及其他传染病与温度有很大的关系，随着温度升高，可能使许多国家疟疾、淋巴丝虫病、血吸虫病、黑热病、登革热、脑炎增加或再次发生。在高纬度地区，这些疾病传播的危险性可能会更大。

全球气候系统非常复杂，影响气候变化因素非常多，涉及太阳辐射、大气构成、海洋、陆地和人类活动等诸多方面，对气候变化趋势，在科学认识上还存在不确定性，特别是对不同区域气候的变化趋势及其具体影响和危害，还无法做出比较准确的判断。但从风险评价角度而言，大多数科学家断言气候变化是人类面临的一种巨大的环境风险。

3. 控制气候变化的国际行动

(1)《联合国气候变化框架公约》

为了控制温室气体排放和气候变化危害，1992年联合国环境与发展大会通过《联合国气候变化框架公约》(UNFCCC或FCCC)。这是世界上第一个为全面控制二氧化碳等温室气体排放，应对全球气候变暖给人类经济和社会带来不利影响的国际公约，也是国际社会在应对全球气候变化问题上进行国际合作的一个基本框架。据统计，如今已有 190 多个国家批准了此公约，这些国家被称为公约缔约方。我国于 1992 年 11 月 7 日经全国人民代表大会批准《联合国气候变化框架公约》，并于 1993 年 1 月 5 日将批准书交存联合国秘书长处。《联合国气候变化框架公约》自 1994 年 3 月 21 日起对中国生效。

FCCC 缔约方做出许多旨在解决气候变化问题的承诺。每个缔约方都必须定期提交专项报告，其内容必须包含该缔约方的温室气体排放信息，并说明为实施 FCCC 所执行的计划及具体措施。FCCC 于 1994 年 3 月生效，奠定了应对气候变化国际合作的法律基础，是具有权威性、普遍性、全面性的国际框架。

FCCC 的核心内容为：

① 确立应对气候变化的最终目标。FCCC 第二条规定，“本公约以及缔约方会议可能通过的任何相关法律文书的最终目标是减少温室气体排放，减少人为活动对气候系统的危害，减缓气候变化，增强生态系统对气候变化的适应性，确保粮食生产和经济可持续发展”。

② 确立国际合作应对气候变化的基本原则，主要包括“共同但有区别的责任”原则、公平原则、各自能力原则和可持续发展原则等。

③ 明确发达国家应承担率先减排和向发展中国家提供资金技术支持的义务。

④ 承认发展中国家有消除贫困、发展经济的优先需要。FCCC 承认发展中国家的人均排放仍相对较低，因此在全球排放中所占的份额将增加，经济和社会发展以及消除贫困是发展中国家首要和压倒一切的优先任务。

该公约没有对个别缔约方规定具体需承担的义务，也未规定实施机制。从这个意义上说，该公约缺少法律上的约束力。但是，该公约规定可在后续从属的议定书中设定强制排放限制。到目前为止，主要的议定书为《京都议定书》，后者甚至已经比本公约更加有名。

1995 年起，该公约缔约方每年召开缔约方会议(conferences of the parties, COP)以评估应对气候变化的进展。1997 年，在日本京都召开缔约国第三次大会，通过了《京都议定书》。

(2)《京都议定书》

《京都议定书》全称为《联合国气候变化框架公约的京都议定书》，是《联合国气候变化框架公约》的补充条款。1997 年 12 月在日本京都由联合国气候变化框架公约参加国三次会议制定。《京都议定书》为各国的二氧化碳排放量规定了标准，即在 2008—2012 年间，全球主要工业国家的工业二氧化碳排放量比 1990 年的排放量平均要低 5.2%。其目标是“将大气中的温室气体含量稳定在一个适当的水平，进而防止剧烈的气候改变对人类造成伤害”。

149 个国家和地区的代表通过了旨在限制发达国家温室气体排放量以抑制全

球变暖的《京都议定书》。

《京都议定书》需要占1990年全球温室气体排放量55%以上的至少55个国家和地区批准之后，才能成为具有法律约束力的国际公约。中国于1998年5月签署并于2002年8月核准了该议定书。欧盟及其成员国于2002年5月31日正式批准了《京都议定书》。本议定书于2005年2月生效，截至2009年12月，已有184个议定书缔约方签署。

《京都议定书》建立了旨在减排温室气体的3个灵活合作机制——国际排放贸易机制、联合履行机制和清洁发展机制。以清洁发展机制为例，它允许工业化国家的投资者从其在发展中国家实施的并有利于发展中国家可持续发展的减排项目中获取"经证明的减少排放量"。

《京都议定书》允许采取以下4种减排方式：

① 两个发达国家之间可以进行排放额度买卖的"排放权交易"，即难以完成削减任务的国家，可以花钱从超额完成任务的国家买进超出的额度。

② 以"净排放量"计算温室气体排放量，即从本国实际排放量中扣除森林所吸收的二氧化碳的数量。

③ 可以采用绿色开发机制，促使发达国家和发展中国家共同减排温室气体。

④ 可以采用"集团方式"，即欧盟内部的许多国家可视为一个整体，采取有的国家削减、有的国家增加的方法，在总体上完成减排任务。

《京都议定书》一共规定了6种温室气体，分别是二氧化碳、甲烷、氧化亚氮、六氟化硫、氢氟碳化物和全氟化碳。

(3)《巴黎协定》

《巴黎协定》，是继《联合国气候变化框架公约》《京都议定书》之后，人类历史上应对气候变化的第三个里程碑式的国际法律文本，构建了2020年后全球气候治理的总体格局。《巴黎协定》是一个公平合理、持久有效、具有法律约束力的协定，传递了全球将实现绿色低碳、气候适应和可持续发展的积极信号。《巴黎协定》是由全世界178个缔约方共同签署的气候变化协定，其长期目标是将全球平均气温较前工业化时期上升幅度控制在2℃内，并努力将温度上升幅度限制在1.5℃以内。按规定，《巴黎协定》将在至少55个《联合国气候变化框架公约》缔约方（其温室气体排放量占全球总排放量至少约55%）交存批准、接受、核准或加入文书之日后第30天起生效。

《巴黎协定》于2015年12月12日在第21届联合国气候变化大会（巴黎气候大会）上通过，于2016年4月22日在美国纽约联合国大厦签署，于2016年11月4日起正式生效实施。

2016年4月22日，时任中国国务院副总理张高丽作为习近平主席特使在《巴黎协定》上签字。同年 9 月 3 日，全国人大常委会批准中国加入《巴黎协定》，成为当时完成了批准协定的 23 个缔约方之一。

2019 年 11 月 4 日，美国特朗普政府正式通知联合国，要求退出应对全球气候变化的《巴黎协定》，成为第一个退出《巴黎协定》的缔约方。2021 年 1 月 20 日，新任美国总统拜登签署行政令，美国将重新加入《巴黎协定》。2021 年 2 月 19 日，美国方面宣布，正式重新加入《巴黎协定》。

2021 年 11 月 13 日，联合国气候变化大会在英国格拉斯哥闭幕。经过两周的谈判，各缔约方最终完成了《巴黎协定》实施细则。

《巴黎协定》规定了严格的目标任务体系，是一个实用性和操作性极强的法律文件。

① 治理模式。确立了 2020 年后以国家自主贡献为主体的全球气候治理模式，明确了发达国家带头减少碳排放量(以下简称减排)，并加强对发展中国家的财力和技术支持，帮助发展中国家减缓和适应气候变化，通过适宜的减缓、融资、技术转让和能力建设等方式，推动所有缔约方共同履行减排责任。

② 减缓目标。确立了减排新机制，即通过国家自主贡献的方式自愿申报国家减排目标。一旦申报了自主贡献，国家则应该采取各种减缓措施来实现这个目标。要求每 5 年通报一次贡献，并且每次更新都要增加贡献。同时规定，发达国家的减排义务是强制性的，发展中国家虽有要求但不是强制性的。

③ 适应目标。考虑到气候变化的不可逆转性，要求确立全球适应目标。其基本思路是采用国家驱动，同时考虑到脆弱群体、社区和生态系统，将适应纳入相关的社会经济和环境政策以及行动中。要求从国家层面开展适应规划进程，包括制定相关的计划、政策。除了本国内部采取的适应努力外，要求开展适应的国际合作。

④ 能力建设。强调加强发展中国家应对气候变化的能力建设，具体包括技术开发、推广应用、资金获得、人员培训、公共宣传、信息通报等方面。其基本思路仍然是由国家驱动，依据并响应国家需要，促进本国能力的自主提升。

⑤ 资金技术转让要求。强调发达国家不仅应为发展中国家在减缓和适应两方面提供资金资助，而且应在技术开发和转让方面减少技术壁垒，加强与发展中国家的合作。发达国家资金支持应当逐步超过先前水平。

⑥ 资金保障机制。明确了四个基金组织：全球环境信托基金、气候变化特别基金、最不发达国家基金以及适应基金，其中，规模最大的全球环境信托基金应当优先资助致力于气候变化的减缓活动，兼顾适应活动。在资金分配时要注意考虑最不发达国家和小岛屿发展中国家的需要。

⑦ 透明度要求。在行动和资助两方面强化透明度，包括国家信息通报、两年

期报告和两年期更新报告、五年期报告、国际评审以及国际协商分析等机制建设,都应公开透明,还要求国家定期提供温室气体排放清单。

4. 控制气候变化的措施

从当前温室气体产生的原因和人类掌握的科学技术手段看,控制气候变化及其影响的主要途径是制定适当的能源发展战略,逐步稳定和削减排放量,增加吸收量,并采取必要的适应气候变化的措施。

(1) 控制温室气体排放的途径主要是改变能源结构,控制化石燃料使用量,增加核能和可再生能源使用比例;提高发电和其他能源转换效率;提高工业生产部门的能源使用效率,提高建筑采暖等民用能源效率;提高交通部门的能源效率;减少森林植被的破坏,控制水田和垃圾填埋场排放甲烷等。由此来控制和减少二氧化碳等温室气体的排放量。

(2) 增加温室气体吸收的途径主要有植树造林和采用固碳技术,其中固碳技术指把燃烧气体中的二氧化碳分离、回收,通过化学、物理以及生物方法固定。适应气候变化的措施主要是培养新的农作物品种,调整农业生产结构,规划和建设防止海岸侵蚀的工程等。

(3) 从各国政府可能采取的政策手段来看,一是实行直接控制,包括限制化石燃料的使用和温室气体的排放,限制砍伐森林;二是应用经济手段,包括征收污染税费,实施排污权交易(包括各国之间的联合履约),提供补助资金和开发援助;三是鼓励公众参与,包括向公众提供信息,进行教育、培训等。

(4) 从今后可供选择的技术来看,主要有节能技术、生物能技术、二氧化碳固定技术等。面对全球气候变化问题,发达国家已把开发节能和新型能源技术列为能源战略的重点。

5. 中国应对全球环境变化的行动与成效

作为世界上最大的发展中国家,中国主动实施一系列应对气候变化战略、措施和行动,积极推动共建公平合理、合作共赢的全球气候治理体系,为应对气候变化贡献中国智慧、中国力量。2020年9月22日,中国国家主席习近平在第七十五届联合国大会一般性辩论上郑重宣示:中国将提高国家自主贡献力度,采取更加有力的政策和措施,二氧化碳排放力争于2030年前达到峰值,努力争取2060年前实现“碳中和”。

“碳达峰”是指二氧化碳排放总量在某一个时间点达到历史峰值,之后逐渐回落,要求碳排放量绝对值下降。“碳中和”是指国家、企业、产品、活动或个人在一定时间内直接或间接产生的二氧化碳或温室气体排放总量,通过植树造林、节能减排等形式抵消,实现正负抵消,达到相对“零排放”。为了实现“双碳”目标,中国全方位应对全球气候变化，并取得了显著成效。

(1) 不断提高应对气候变化力度

中国确定的国家自主贡献新目标不是轻而易举就能实现的。中国要用 30 年左右的时间由碳达峰实现"碳中和"，完成全球最高碳排放强度降幅，需要付出艰苦努力。中国言行一致，采取积极有效措施，落实好"碳达峰""碳中和"战略部署。

中国将应对气候变化纳入国民经济社会发展规划。自"十二五"开始，中国将单位国内生产总值(GDP)二氧化碳排放(碳排放强度)下降幅度作为约束性指标纳入国民经济和社会发展规划纲要，并明确应对气候变化的重点任务、重要领域和重大工程。中国"十四五"规划和 2035 年远景目标纲要将"2025 年单位 GDP 二氧化碳排放较 2020 年降低 18%"作为约束性指标。

中国不断强化自主贡献目标。2015 年，中国确定了到 2030 年的自主行动目标：二氧化碳排放 2030 年左右达到峰值并争取尽早达峰。截至 2019 年年底，中国已经提前超额完成 2020 年气候行动目标。2020 年，中国宣布国家自主贡献新目标举措：中国二氧化碳排放力争于 2030 年前达到峰值，努力争取 2060 年前实现碳中和；到 2030 年，中国单位 GDP 二氧化碳排放将比 2005 年下降 65%以上，非化石能源占一次能源消费比重将达到 25%左右，森林蓄积量将比 2005 年增加 60 亿 m^3，风电、太阳能发电总装机容量将达到 12 亿 kW。相比 2015 年提出的自主贡献目标，时间更紧迫，碳排放强度削减幅度更大，非化石能源占一次能源消费比再增加 5%，增加非化石能源装机容量目标，森林蓄积量再增加 15 亿 m^3，明确争取 2060 年前实现"碳中和"。2021 年，中国宣布不再新建境外煤电项目，展现中国应对气候变化的实际行动。

(2) 坚定不移走绿色低碳发展道路

中国一直本着负责任的态度积极应对气候变化，将应对气候变化作为实现发展方式转变的重大机遇，积极探索符合中国国情的绿色低碳发展道路。走绿色低碳发展的道路，既不会超出资源、能源、环境的极限，又有利于实现碳达峰、碳中和目标，把地球家园呵护好。

① 实施减污降碳协同治理。围绕打好污染防治攻坚战，重点把蓝天保卫战、柴油货车治理、长江保护修复、渤海综合治理、城市黑臭水体治理、水源地保护、农业农村污染治理七场标志性重大战役作为突破口和"牛鼻子"，制定作战计划和方案，细化目标任务、重点举措和保障条件，以重点突破带动整体推进，推动生态环境质量明显改善。2020 年中国碳排放强度比 2015 年下降 18.8%，超额完成"十三五"约束性目标，比 2005 年下降 48.4%，超额完成了中国向国际社会承诺的到 2020 年下降 40%～45%的目标，累计少排放二氧化碳约 58 亿 t，基本扭转了二氧化碳排放快速增长的局面。与此同时，中国经济实现跨越式发展，2020 年 GDP 比

2005 年增长超 4 倍，取得了近 1 亿农村贫困人口脱贫的巨大胜利，完成了消除绝对贫困的艰巨任务。

② 加快形成绿色发展的空间格局。精准、科学、有序、统筹、布局农业、生态、城镇等功能空间，开展永久基本农田、生态保护红线、城镇开发边界“三条控制线”划定试点工作。将自然保护地、未纳入自然保护地但生态功能极重要生态极脆弱的区域，以及具有潜在重要生态价值的区域划入生态保护红线，推动生态系统休养生息，提高固碳能力。

③ 大力发展绿色低碳产业。建立健全绿色低碳循环发展经济体系，促进经济社会发展全面绿色转型。为推动形成绿色发展方式和生活方式，中国制定国家战略性新兴产业发展规划，以绿色低碳技术创新和应用为重点，引导绿色消费，推广绿色产品，全面推进高效节能、先进环保和资源循环利用产业体系建设，推动新能源汽车、新能源和节能环保产业快速壮大，积极推进统一的绿色产品认证与标识体系建设，增加绿色产品供给，积极培育绿色市场。持续推进产业结构调整，发布并持续修订产业指导目录，引导社会投资方向，改造提升传统产业，推动制造业高质量发展，大力培育发展新兴产业，更有力支持节能环保、清洁生产、清洁能源等绿色低碳产业发展。截至 2021 年 6 月，新能源汽车保有量已达 603 万辆。新能源汽车生产和销售规模连续 6 年位居全球第一，中国风电、光伏发电设备制造形成了全球最完整的产业链，技术水平和制造规模居世界前列，新型储能产业链日趋完善，技术路线多元化发展，为全球能源清洁低碳转型提供重要保障。截至 2020 年年底，中国多晶硅、光伏电池、光伏组件等产品产量占全球总产量份额均位居全球第一，连续 8 年成为全球最大新增光伏市场；光伏产品出口 200 多个国家及地区，降低了全球清洁能源使用成本；新型储能装机规模约 330 万 kW，位居全球第一。

④ 坚决遏制高耗能高排放项目盲目发展。中国持续严格控制高耗能、高排放（以下简称“两高”）项目盲目扩张，依法依规淘汰落后产能，加快化解过剩产能。严格执行钢铁、铁合金、焦化等 13 个行业准入条件，提高在土地、环保、节能、技术、安全等方面的准入标准，落实国家差别电价政策，提高高耗能产品差别电价标准，扩大差别电价实施范围。对“两高”项目实行清单管理、分类处置、动态监控。建立通报批评、用能预警、约谈问责等工作机制，逐步形成一套完善的制度体系和监管体系。

⑤ 优化调整能源结构。能源领域是温室气体排放的主要来源，中国不断加大节能减排力度，加快能源结构调整，构建清洁低碳安全高效的能源体系。优先发展非化石能源，推进水电、风电和太阳能发电开发，在确保安全的前提下有序发展核电，因地制宜发展生物质能、地热能和海洋能，全面提升可再生能源利用率。加强煤炭安全智能绿色开发和清洁高效开发利用，推动煤电行业清洁高效高质量发展，

推进终端用能领域以电代煤、以电代油。深化能源体制改革，促进能源资源高效配置。初步核算，2020 年，中国非化石能源占能源消费总量比重提高到 15.9%，比 2005 年大幅提升了 8.5%；中国非化石能源发电装机总规模达到 9.8 亿 kW，占总装机容量的 44.7%，其中，风电、光伏、水电、生物质发电、核电装机容量分别达到 2.8 亿 kW、2.5 亿 kW、3.7 亿 kW、2 952 万 kW、4 989 万 kW，光伏和风电装机容量较 2005 年分别增加了 3 000 多倍和 200 多倍。非化石能源发电量达到 2.6 万亿 kW・h，占全社会用电量 1/3 以上。

⑥ 积极探索低碳发展新模式。中国鼓励地方、行业、企业因地制宜探索低碳发展路径，在能源、工业、建筑、交通等领域开展绿色低碳相关试点示范，初步形成全方位、多层次的低碳试点体系。中国先后在 10 个省(市)和 77 个城市开展低碳试点工作，在组织领导、配套政策、市场机制、统计体系、评价考核、协同示范和合作交流等方面探索低碳发展模式和制度创新。试点地区碳排放强度下降幅度总体快于全国平均水平，形成了一批各具特色的低碳发展模式。

(3) 加大温室气体排放控制力度

① 科学有效控制重点工业行业温室气体排放，提高资源利用效率。强化钢铁、建材、化工、有色金属等重点行业能源消费及碳排放目标管理，加强生产、消费过程温室气体排放控制，通过原料替代、改善生产工艺、改进设备使用等措施积极控制工业过程温室气体排放。加强再生资源回收利用，提高资源利用效率。据测算，截至 2020 年，中国单位工业增加值二氧化碳排放量比 2015 年下降约 22%。2020 年主要资源产出率比 2015 年提高约 26%，废钢、废纸累计利用量分别达到约 2.6 亿 t、5 490 万 t，再生有色金属产量达到 1 450 万 t。

② 推动城乡建设绿色低碳发展。建设节能低碳城市和相关基础设施，以绿色发展引领乡村振兴。推广绿色建筑，逐步完善绿色建筑评价标准体系。开展超低能耗建筑示范。推动既有居住建筑改造，提升公共建筑能效水平，加强可再生能源在建筑上的应用。大力开展绿色低碳宜居村镇建设，结合农村危房改造开展建筑节能示范，引导农户建设节能农房，加快推进中国北方地区冬季清洁取暖。截至 2020 年年底，城镇新建绿色建筑占当年新建建筑比例高达 77%，累计建成绿色建筑面积超 66 亿 m^2。累计建成节能建筑面积超 238 亿 m^2，节能建筑占城镇民用建筑面积 63%。“十三五”期间，城镇新建建筑节能标准进一步提高，完成既有居住建筑节能改造面积 5.14 亿 m^2，公共建筑节能改造面积 1.85 亿 m^2。可再生能源替代民用建筑常规能源消耗比重达到 6%。

③ 构建绿色低碳交通体系，提升交通运输效率。调整运输结构，减少大宗货物公路运输量，增加铁路和水路运输量。以“绿色货运配送示范城市”建设为契机，加快建立“集约、高效、绿色、智能”的城市货运配送服务体系。提升铁路电气化水

平,推广天然气车船,完善充换电和加氢基础设施,加大新能源汽车推广应用力度,鼓励靠港船舶和民航飞机停靠期间使用岸电。完善绿色交通制度和标准,积极推动绿色出行,加快交通燃料优化,推动交通排放标准与油品标准升级,通过信息化手段提升交通运输效率,使综合运输网络不断完善,大宗货物运输"公转铁""公转水"、江海直达运输、多式联运发展持续推进;铁路货运量占全社会货运量比较2017年增长近2%,水路货运量较2010年增加38.27亿t,集装箱铁水联运量"十三五"期间年均增长超过23%。城市低碳交通系统建设成效显著,截至2020年年底,31个省(区、市)中有87个城市开展了国家公交都市建设,43个城市开通运营城市轨道交通。"十三五"期间城市公共交通累计完成客运量超4 270亿人次,城市公共交通机动化出行分担率稳步提高。

④ 推动非二氧化碳温室气体减排。中国历来重视非二氧化碳温室气体排放,在《国家应对气候变化规划(2014—2020年)》及控制温室气体排放工作方案中都明确了控制非二氧化碳温室气体排放的具体政策措施。自2014年起对三氟甲烷(HFC-23)的处置给予财政补贴。截至2019年,共支付补贴约14.17亿元,累计削减6.53万t HFC-23,相当于减排9.66亿t二氧化碳当量。加大环保制冷剂的研发,积极推动制冷剂再利用和无害化处理。引导企业加速淘汰氢氯氟碳化物(HCFCs)制冷剂,限控氢氟碳化物的使用。成立"中国油气企业甲烷控排联盟",推进全产业链甲烷控排行动。中国接受《〈关于消耗臭氧层物质的蒙特利尔议定书〉基加利修正案》,标志着保护臭氧层和应对气候变化进入新阶段。

⑤ 持续提升生态碳汇能力。统筹推进山水林田湖草沙系统治理,深入开展大规模国土绿化行动,持续实施三北、长江等防护林和天然林保护,东北黑土地保护,高标准农田建设,湿地保护修复,退耕还林还草,草原生态修复,京津风沙源治理,荒漠化、石漠化综合治理等重点工程。稳步推进城乡绿化,科学开展森林抚育经营,精准提升森林质量,积极发展生物质能源,加强林草资源保护,持续增加林草资源总量,巩固提升森林、草原、湿地生态系统碳汇能力。

中国是全球森林资源增长最多和人工造林面积最大的国家。2010—2020年,中国实施退耕还林还草约1.08亿亩(1亩≈666.67 m^2)。"十三五"期间,累计完成造林5.45亿亩、森林抚育6.37亿亩。2020年年底,全国森林面积2.2亿hm^2,全国森林覆盖率达到23.04%,草原综合植被覆盖度达56.1%,湿地保护率达50%以上,森林植被碳储备量91.86亿t,"地球之肺"发挥了重要的碳汇价值。"十三五"期间,中国累计完成防沙治沙任务1 097.8万hm^2,完成石漠化治理面积165万hm^2,新增水土流失综合治理面积31万km^2,塞罕坝、库布齐等创造了一个个"荒漠变绿洲"的绿色传奇;修复退化湿地46.74万hm^2,新增湿地面积20.26万hm^2。截至2020年年底,中国建立了国家级自然保护区474处,面积超过国土面积的 1/10，累计建成高标准农田 8 亿亩，整治修复海岸线 1 200 km，滨海湿地 2.3 万 hm^2，生态系统碳汇功能得到有效保护。

(4) 充分发挥市场机制作用

碳市场为处理好经济发展与碳减排关系提供了有效途径。全国碳排放权交易市场是利用市场机制控制和减少温室气体排放、推动绿色低碳发展的重大制度创新，也是落实中国二氧化碳排放达峰目标与碳中和愿景的重要政策工具。

全国碳排放权交易开市

所谓碳排放权交易是指政府把 CO_2、CH_4 等温室气体的排放上限，以排放配额的形式分配给各个企业，企业如果排放配额不够，可以向别的企业购买，如果排放配额有盈余，可以出售给别的企业，如果企业排放量超出排放配额，又不购买排放配额，就会受到处罚。比如某个用能单位，每年的碳排放限额为 1 万 t，如果这个单位通过技术改造、减少污染排放，每年碳排放量为 8 000 t，那么多余的 2 000 t，就可以通过交易出售，而其他用能单位因为扩大生产需要，原定的碳排放限额不够用，也可以通过交易购买，这样，整个大区域的碳排放总量控制住了，又能鼓励企业提高技术、节能减排。电力、化工等企业能耗较高，碳排放的配额可能不够，就需要从低能耗企业购买排放配额，这样做的好处显而易见。随着时间的推移，如果排放总量依旧增加，排放配额就会越来越稀缺，价格也就越来越贵。购买配额的成本压力将促使企业减排，推动节能和清洁技术的使用。最终达到降低碳排放量上限的目的。简单说，碳排放交易会让耗能低、环保技术先进的企业通过交易排放配额获得收益，而耗能高，技术落后的企业则需要购买排放配额，导致经营成本的增加。因此碳交易市场的开市，对高耗能企业和环保企业的影响是截然不同的。高耗能企业经营成本会越来越高，而环保企业通过出售碳排放指标将不断获得额外收益 。特斯拉是我们大家都熟悉的美国一家电动汽车及能源公司，2020 年特斯拉光靠出售碳积分就收入 15.8 亿美元，如果没有这部分额外收入，特斯拉在 2020 年依然会是净亏损状态，而过去 5 年，碳积分总共为特斯拉带来了 33 亿美元的收入，按照中国标准，特斯拉在中国每出售一辆电动汽车可获得 5 个碳积分，2020 年，特斯拉在中国卖出 14 万辆汽车，获得近 70 万个碳积分。未来出售碳积分对新能源企业的利润贡献将会越来越大。当然，受益于碳交易的行业不只是新能源汽车行业，排放份额的检测和分配需要碳检测企业，减排又需要环保企业技术支持，风电、光伏、水电等企业都将大幅受益。

(5) 增强适应气候变化能力和应对气候变化支撑水平

中国是全球气候变化的敏感区和影响显著区，中国把主动适应气候变化作为实施积极应对气候变化国家战略的重要内容，推进和实施适应气候变化重大战略，开展重点区域、重点领域适应气候变化行动，强化监测预警和防灾减灾能力，努力提高适应气候变化能力和水平。加强应对气候变化支撑保障能力建设，不断完善温室气体排放统计核算体系，发挥绿色金融重要作用，提升科技创新支撑能力，积极推动应对气候变化技术创新和转化。

(6) 大力提倡绿色低碳生活方式

践行绿色生活已成为建设美丽中国的必要前提，也正在成为全社会共建美丽中国的自觉行动。中国长期开展“全国节能宣传周”“全国低碳日”“世界环境日”等活动，向社会公众普及气候变化知识，积极在国民教育体系中突出包括气候变化和绿色发展在内的生态文明教育，组织开展面向社会的应对气候变化培训。“美丽中国，我是行动者”活动在中国大地上如火如荼展开。以公交、地铁为主的城市公共交通日出行量超过2亿人次，骑行、步行等城市慢行系统建设稳步推进，绿色、低碳出行理念深入人心。从“光盘行动”、反对餐饮浪费、节水节纸、节电节能到环保装修、拒绝过度包装、告别一次性用品，“绿色低碳节俭风”吹进千家万户，简约适度、绿色低碳、文明健康的生活方式成为社会新风尚。

中国已经进入以降碳为重点、推动减污降碳协同增效、促进经济社会发展全面绿色转型、实现生态环境质量改善由量变到质变的关键时期。我们期待中国经济更加高效，社会更加和谐，生态更加优美。2022年北京冬奥会就是中国绿化低碳发展的最好见证。请阅读《绿色低碳的北京冬奥会》。

绿色低碳的北京冬奥会

1. 绿色办奥的理念

2022北京冬奥会理念是：绿色、共享、开放、廉洁。“绿色”之所以放在第一位，充分体现了中国保护环境，防治污染的决心，要把生态放在第一位，要全面提升社会各阶层的环保意识，加强环境治理和污染防治，将最美的中国展现给全世界。

2. 绿色冬奥的规划设计

国际奥委会、国际残奥委会和北京冬奥组委2020年5月15日同步发布了《北京2022年冬奥会和冬残奥会可持续性计划》。提出了“可持续·向未来”北京冬奥会可持续性愿景，确定了“创造奥运会和地区可持续发展的新典范”总体目标，明确了“环境正影响”“区域新发展”“生活更美好”三个重要领域，提出了12项行动、37项任务和119条措施。规划设计中将体育设施同自然景观和谐相融，确保人们既能尽享冰雪运动的无穷魅力，又能尽览大自然的生态之美。例如，延庆赛区的国家高山滑雪中心，7条雪道，最长赛道全长约3 km，垂直落差大约900 m，由山顶向山谷蜿蜒“流淌”，犹如白色瀑布挂前川，疑是银河飞落九天。像一幅山水画卷展现于世界，更加体现了“山林场馆、生态冬奥”的设计理念。石景山首钢园区，同样是“绿色办奥”的生动缩影：曾经的首钢，机器轰鸣，铁花飞舞，如今，北京冬奥组委进驻首钢园区，铁矿石料场变成了办公区，联合泵站变成了冬奥会展示中心，精煤车间和运煤车站成为国家冬季运动训练中心。正如习近平总书记强调：“场馆建设要考虑可持续利用的问题，要突出科技、智慧、绿色、节俭特色”。不论是新建还是改建，北京冬奥会到处体现了绿色办奥的理念。

3. 资源的高效利用

最大化利用现有场馆和设施，是北京冬奥会筹办工作的一大亮点。继举办夏季奥运会开闭幕式之后，国家体育场“鸟巢”再度举办冬奥会开闭幕式，见证“双奥”高光时刻；“水立方”变成“冰立方”，实现了“水上功能”和“冰上功能”的自由切换，国家游泳中心成为世界上首个在泳池上架设冰壶赛道的“双奥场馆”，“水立方”又添新魅力；由“篮球馆”变成“冰球馆”，五棵松体育中心焕发新生机。这将成为奥运史上的一大传奇，也使资源得到高效利用。

4. 绿色科技支撑低碳排放

利用现代科技充分改造利用鸟巢、水立方、五棵松等原有奥运场馆，新增场地从设计源头减少对环境影响；国家速滑馆“冰丝带”成为世界上第一座采用二氧化碳跨临界直冷系统制冰的大道速滑馆，碳排放趋近于零；冬奥会全部场馆达到绿色建筑标准、常规能源100%使用绿电；冬奥会节能与清洁能源车辆占全部赛时保障车辆的84.9%，为历届冬奥会最高；在北京、延庆和张家口三大赛区，816辆氢燃料电池汽车作为主运力开展示范运营服务。3大赛区、39个场馆全部实现了城市绿色电网全覆盖，赛期全部使用绿色电能，这是奥运史上首次实现全部场馆100%绿色电能供应，是奥运史上“零的突破”。根据测算，从2019年6月第一笔绿色电力交易开始，到2022年北京冬残奥会结束，北京、延庆、张家口3个赛区的场馆预计共使用4亿kW·h绿电，可以减少燃烧12.8万t的标准煤，减排二氧化碳32万t。北京冬奥会手持式火炬首次采用氢气作为燃料，是世界首套高压储氢火炬，实现了冬奥会历史上火炬的零碳排放。在开幕式上以“不点火”代替“点燃”、以“微火”取代熊熊大火，充分体现低碳环保。这一个个生动的案例，都揭示此次中国举办了一届“绿色”冬奥会，也展示了中国在绿色技术领域的领先地位。

北京冬奥会采取低碳场馆、低碳能源、低碳交通等多项措施，减少赛事筹办和举办过程中的碳排放，通过使用大量光伏和风能发电、地方捐赠林业碳汇、企业赞助核证碳减排量等方式，圆满兑现北京冬奥会实现“碳中和”的承诺，实现“北京2022所产生的碳排放将全部实现中和”这样一宏伟目标。

10.1.2 臭氧层耗竭

1995年10月，瑞典皇家科学院宣布，把当年诺贝尔化学奖授予P.克鲁岑、M.莫利纳和S.罗兰3人，以表彰他们“在大气化学特别是在涉及臭氧的形成和分解方面取得的研究成果”。“3位科学家通过阐述对臭氧层厚度产生影响的化学机理，为我们寻找办法解决可能引起灾难性后果的全球环境问题做出贡献”。这是首次在环境科学研究方面获得的诺贝尔奖，这说明了全世界对臭氧层破坏问题的重视，也说明了科学界在研究这一问题上的重大进展。

1. 臭氧层的形成与破坏

在距地球表面20～30 km的大气平流层上部，有一层非常稀薄却集中了大气中90%的臭氧气体。臭氧(O_3)是大气中的一种天然痕量成分，若把大气中全部臭氧压缩在标准状态下，气层厚度也不足0.45 cm，但它却具有强烈的吸收紫外线的功能，可以吸收太阳光红外线中对生物最有害的部分(UV-B)，是地球生物的保护伞。如果没有这个屏障，地球上的生物就难以生存。但近几十年来，臭氧层却遭到了严重的破坏。

1985年，英国科学家发现，1977—1984年间，南极上空的臭氧损耗严重，局部空间已损耗了90%，南极臭氧空洞的发现，引起了全世界的极大震惊。次年，也就是1986年，国际北极探险队宣布，他们又在北极上空发现了一个面积相当于格陵兰岛那样大的臭氧空洞。最近几年，我国气象学家在研究1977—1991年间的气象资料时发现，原来，我国西藏高原上空也有一个臭氧空洞。它的中心位置约在拉萨偏北。每年6—10月，这里的大气臭氧比正常值低11%。

2. 臭氧层破坏的原因

臭氧层破坏是因为大气中存在过多消耗臭氧分子的物质。其中氟利昂等消耗臭氧物质是破坏臭氧层的元凶。氟利昂是20世纪20年代合成的，其化学性质稳定，不具有可燃性和毒性，被当作制冷剂、发泡剂和清洗剂，广泛用于家用电器、泡沫塑料、日用化学品、汽车、消防器材等领域。80年代后期，氟利昂的生产达到高峰，年产量达到 144 万 t。在对氟利昂实行控制之前，全世界向大气中排放的氟利昂已达到 2 000 万 t。由于氟利昂在大气中的平均寿命达数百年，所以排放的大部分氟利昂仍留在大气层中，其中大部分仍然停留在对流层，一小部分升入平流层。在对流层相当稳定的氟利昂在上升进入平流层后，在一定的气象条件下，会在强烈紫外线的作用下被分解，分解放出的氯原子同臭氧会发生连锁反应，不断破坏臭氧分子。科学家估计，一个氯原子可以破坏数万个臭氧分子，因此人们把氟利昂视为臭氧层的头号杀手。其反应式如下：

$$CFCl_3 + h\nu \longrightarrow CFCl_2 + Cl$$

$$CFCl_2 + h\nu \longrightarrow CFCl + Cl$$

$$Cl + O_3 \longrightarrow ClO + O_2$$

$$ClO + O \longrightarrow Cl + O_2$$

$$O_3 + O \longrightarrow 2O_2$$

哈龙主要用作消防灭火剂，其化学性质与氟利昂相似，但对臭氧的破坏力比氟利昂更大。如果把氟利昂对臭氧的破坏力定为 1，哈龙的破坏力就是 8～9。消耗臭氧的物质，既有氟利昂、哈龙等人工合成物质，也有甲烷等来自自然界的物质。但就对臭氧的破坏程度而言，威胁最大的还是人工合成物质。

3. 臭氧层破坏造成的危害

随着对臭氧层功能研究的深入，臭氧层破坏后造成的危害日益引起人们的忧思，这些危害主要表现在以下几个方面。

1）对人类健康的影响

医学界普遍认为，过量的紫外线辐射对人类健康有多种不良影响。

(1) 损伤人体免疫系统。由于紫外线辐射的强烈作用会损伤人体的免疫系统，可能导致传染性疾病增加或者自身免疫系统紊乱等。

(2) 对眼的损伤。过量的紫外线辐射，会引起白内障、雪盲、视网膜伤害或角膜肿瘤等多种眼部疾病。有科学家称，臭氧减少 1%，紫外线辐射将增加 3%，白内障发病率将增加 0.3%～0.6%。

(3) 对皮肤的损伤，导致皮肤癌发病率增加。紫外线照射过量时，对皮肤的伤害可以分为急性和慢性两种：急性伤害如阳光灼伤和皮肤变黑变厚，慢性伤害导致皮肤变老加剧及表皮变薄等。据估计，平流层臭氧若损耗 1%，皮肤癌的发病率将增加 2%。肤色浅的人种比其他人种更容易患各种由阳光诱发的皮肤癌。

2）破坏生态系统

对农作物的研究表明，过量的紫外线辐射会使植物的生长和光合作用受到抑制，使农作物减产。紫外线辐射也使处于食物链底层的浮游生物的生产力下降，从而损害整个水生生态系统。有报告指出，由于臭氧层空洞的出现，南极海域的藻类生长已受到很大影响。紫外线辐射也可能导致某些生物物种的突变。

3）引起新的环境问题

过量的紫外线能使塑料等高分子材料更加容易老化和分解，结果又带来光化学大气污染。

臭氧空洞改变了智利最南部人们的生活方式

每天早晨出门之前，除了气温和降雨之外，还要看一下紫外线辐射预报，这已经成为智利最南部城市彭塔阿雷纳斯市居民的习惯。

20世纪80年代中期，科学家发现南极上空地球大气的臭氧层出现了空洞，从那时以来空洞面积几乎增加了一倍。臭氧层吸收了太阳辐射到地球的大部分紫外线，保护着地球上的生物不受紫外线伤害。过强的紫外线照射是皮肤癌的主要致病原因。臭氧空洞覆盖的面积虽然相当于整个北美洲，但是它位于南极上空，对人类的危害尚不是很大，然而强烈的紫外线辐射有时也波及南半球国家阿根廷、智利的南端，彭塔阿雷纳斯市125 000居民就处于这种威胁之下。由于担心当地旅游业受到影响，彭塔阿雷纳斯地方当局一直不愿接受科学家关于臭氧空洞危害的警告。然而当2000年9月臭氧空洞直接笼罩在彭塔阿雷纳斯上空时，人们不得不正视这个问题。现在当地居民出门时即使天气暖和，也要穿外套或者长袖衬衣，阴天也戴遮阳眼镜。电视台每日以太阳信号灯的形式播出紫外线强度预告，如果信号灯是红色，家长就不让孩子外出。有的学校升起标识紫外线强度的旗帜，向家长发出警告。有关部门还在贫民区免费分发防晒油。人们的生活方式完全改变了。

4. 保护臭氧层的途径

目前世界各国都开始寻找各种方法来减少氟氯烃（CFC）等物质的排放，为保护臭氧层做出贡献，比较重要的工作有以下几个方面。

1）冻结和削减CFC及哈龙的生产量

这是硬性规定，必须签署国际性的条约并保证执行。

2）减少CFC等物质的排放量

除禁止CFC等物质作气溶胶、灭火剂外，还应该采取各种措施减少其排放量。例如，循环使用CFC可以大大减少排放量，将生产中用过的CFC回收，经净化处理后继续使用，如制造泡沫塑料用CFC等作发泡剂时，收集用过了的CFC，经活性炭过滤,再生使用,可以减少 50%的 CFC 损失。这一方面节约了 CFC 用量,另一方面也保护了环境。

3) 积极寻找 CFC 的代用品

CFC 的代用品要求性能至少与 CFC 相当,而对臭氧层的破断作用很小。目前的研究有以下几个途径:

(1) 在 CFC 的代用品分子中,尽量减少氯和溴原子。

(2) 把氢原子尽量加到 CFC 中,但分子中加入太多的氢,会使分子具有易燃性。

(3) 研究更新化合物,如各种碳链上加入 O、N、S、Si 等,使分子容易分解,当它们排到大气中时,由于很快分解,就不可能上升到臭氧层起破坏作用。

(4) 研究新的无氟制冷原理。当前,各国研究的新技术很多,如磁制冷技术、气体制冷技术、热电制冷技术、吸收或吸附制冷技术等,这从根本上解决了人造物质使用的问题。

5. 保护臭氧层的国际条约

在联合国环境规划署的推动下,1985 年制定了《保护臭氧层维也纳公约》(简称《维也纳公约》)。1987 年,联合国环境规划署组织制定了《关于消耗臭氧层物质的蒙特利尔议定书》(简称《议定书》)明确削减淘汰 CFC、哈龙等消耗臭氧层物质(ODS)的时间表。1990 年 6 月,在中国等国代表的提议下,《议定书》伦敦修正案提出由发达国家为发展中国家履约提供资金和技术援助,这也是共同但有区别的责任原则在国际公约中首次体现。根据修改后的议定书的规定,发达国家到 1994 年 1 月停止使用哈龙,1996 年 1 月停止使用氟利昂、四氯化碳、甲基氯仿;发展中国家到 2010 年全部停止使用氟利昂、哈龙、四氯化碳、甲基氯仿。中国于 1991 年签署《议定书》。

过去三十余年,在缔约国的共同努力下,ODS 的排放量大幅减少,其大气浓度也开始逐渐降低。观测与模拟研究表明全球臭氧水平正在逐渐恢复,其中北半球中纬度地区臭氧水平将在 2035 年恢复到 1980 年水平,南极地区则会在 2060 年恢复到 1980 年水平。

但随着 ODS 的淘汰,作为 ODS 替代品的氢氟碳化物(HFCs)所带来的气候效应问题凸显。HFCs 主要用做制冷剂、发泡剂、清洗溶剂、灭火剂和气雾剂等。因 HFCs 用途广泛且不会消耗臭氧层,近年来其生产消费量快速增加。但是,HFCs 的全球变暖潜能值(GWP)尽管低于 CFC 等的 ODS,但仍是受气候变化公约管控的强效温室气体。认识到上述问题,2013 年 6 月习近平主席访问美国期间,首次与美国时任总统奥巴马达成中美两国关于削减 HFCs 排放的协议。在中美等国的推动下,2016 年 10 月,《议定书》缔约方签订了《议定书》基加利修正案,计划在2045年前削减80%～85%的HFCs生产与消费量，以期到21世纪末避免0.3～0.5 ℃的升温。《议定书》基加利修正案的核心内容是将HFCs纳入《议定书》管控物质清单。并规定其生产和消费的削减时间表，以及对缔约国和非缔约国的贸易限制，规定2033年1月1日缔约国禁止同非缔约国进行HFCs的进出口贸易。为履行公约的常规义务，还将制定相关政策和法规，开展培训和宣传，开展相关科学研究评估HFCs及其替代品的环境影响等工作。

6. 中国履约行动与成效

中国于1991年正式签署《议定书》后，三十年多年来积极履约，为臭氧层恢复与气候保护做出了重要贡献。其成功可归因于以下三个方面的行动。

（1）制定可行的履约措施，建立有效的履约机制

中国政府在1993年就制定并实施了《中国逐步淘汰消耗臭氧层物质国家方案》，这是发展中国家的第一个国家方案。方案明确了中国ODS淘汰目标、管理制度、相关政策、各方责任和义务；明确了生产和消费同步淘汰，替代品同步研发，政府法规建设与淘汰活动同步配合的“四同步”工作指导方针。1995年6月开始，为了在各相关行业顺利实施《中国逐步淘汰消耗臭氧层物质国家方案》，中国政府组织制定了8个行业淘汰消耗臭氧层物质行业战略。在淘汰活动中，中国政府发布并实施了一系列有关保护臭氧层的政策法规，着眼于社会、经济和制度的变化，以及政策制定和实施过程中的影响因素，不断更新和完善政策体系。这不仅为实现履约目标提供保障，也为将来的可持续履约奠定基础。为保证履约目标的实现，中国政府建立了强有力的领导机构和执行机构，不断加强履约能力建设。为相关部门、行业、管理机构、相关企业的人员提供技术培训，增强了国家整体的履约能力。

（2）政府部门、行业协会、科研单位协同合作

政府部门在实施《中国逐步淘汰消耗臭氧层物质国家方案》，开展保护臭氧层工作中，自上而下建立起保护臭氧层的管理监督机构，充分利用现有行政管理框架和各部门的管理职能，将ODS的淘汰纳入环境保护和有关行业部门的日常监管工作中。行业协会在组织企业调查、企业培训、替代技术的选择等方面发挥自身优势，完成了大量工作。在替代品和替代技术的研发与推广方面，在国家相关部门的组织下，科研单位与企业联合并成功开发了相关替代技术和替代品，为ODS顺利淘汰提供必要条件。

（3）多边基金与技术援助发挥重要作用

中国是一个发展中国家，特别在履约初期，经济实力相对薄弱，很多行业，如冰箱、空调等还处在初级发展阶段，技术水平不高，资金紧张，国家和企业都很难拿出大量资金投入淘汰活动中。在这样的背景下，多边基金对中国淘汰活动的资助，发挥了杠杆作用，撬动和吸引了其他资金的投入，建立了资金渠道。通过多边基金

的资助，引进替代技术，起到示范引领作用，促进了产业调整和产品升级。多边基金的足额资助和有效的技术转让是保证中国实现履约目标的重要条件。同时，技术援助活动也对 ODS 淘汰起到巨大的推动作用。

中国于 2021 年 9 月 15 日正式加入《议定书》基加利修正案。中国是 HFCs 的生产大国，也是 HFCs 的最大消费国，在未来的履约行动中对于达成气候目标无疑举足轻重。作为第五条款国家，按照《议定书》基加利修正案管控要求，中国预计在 2029 年开始实质性削减生产量和消费量，在 2045 年将生产量和消费量削减到基线水平的 20%。控制 HFCs 的使用对相关的制冷、保温技术创新和提高产品的能效提出更高要求，这将推动行业的技术进步与产品更新，进而促进制冷行业、泡沫行业等的能源效率和产业结构调整，但也将面临巨大挑战。

10.1.3　酸雨危害加剧

1. 酸雨及其形成

酸雨通常指 pH 低于 5.6 的降水，但现在泛指酸性物质以湿沉降或干沉降的形式从大气转移到地面上。湿沉降是指酸性物质以雨、雪、霜、雹、雾和露等各种降水形式降到地面，干沉降是指酸性颗粒物以重力沉降、微粒碰撞和气体吸附等形式由大气转移到地面上。

酸雨形成的机制相当复杂，是一种复杂的大气化学和大气物理过程。酸雨中绝大部分是硫酸和硝酸，主要来源于石化燃料燃烧过程中排放的二氧化硫和氮氧化物。大气中的硫和氮的氧化物有自然和人为两个来源。二氧化硫的自然来源包括微生物活动和火山活动，含盐的海水飞沫也增加了大气中的硫。自然排放大约占大气中全部二氧化硫的一半，但由于自然循环过程中的硫基本上是平衡的，在很早以前并没有酸雨的记载，可能即使有酸性降雨也没有生成危害，因此并未引起人们的关注。人为排放的硫大部分是储存在煤炭、石油、天然气等化石燃料中的硫，在燃烧时以二氧化硫的形态释放出来；其他一部分来自金属冶炼和硫酸的生产过程。随着化石燃料消费量的不断增长，全世界人为排放的二氧化硫在不断增加，其排放源主要分布在北半球，其排放量占全部人为排放二氧化硫总量的 90%。天然产生和人为排放的氮氧化物几乎同样多。天然来源主要包括闪电、林火、火山活动和土壤中的微生物活动过程，广泛分布在全球，对某一地区的浓度不产生影响。人为排放的氮氧化物主要集中在北半球人口密集的地区。机动车尾气排放和电站燃烧化石燃料排放的氢氧化物差不多占人为排放氮氧化物总量的 75%。就某一地区而言，酸雨发生并产生危害有两个条件：一是发生的区域广泛地使用矿物燃料，向大气排放大量含硫氧化物和氮氧化物等酸性污染物，并在局部地区扩散，随气流向更远距离传播。二是发生区域的土壤、森林和水生生态系统缺少能中和酸性污染物的物质或者是对酸性污染物的影响比较敏感。例如，酸性土壤地区和针叶林就对酸雨污染比较敏感，易于受到损害。

2. 酸雨的分布

20 世纪 60 年代以来，随着世界经济的发展和矿物燃料消耗量的逐步增加，矿物燃料燃烧中排放的二氧化硫、氮氧化物等大气污染物总量也不断增加，酸雨分布有扩大的趋势。欧洲和北美洲东部是世界上最早发生酸雨的地区，但亚洲和拉丁美洲有后来居上的趋势。酸雨污染可以发生在其排放地 500～2 000 km 范围内，酸雨的长距离传输会造成典型的越境污染问题。

目前，世界上已形成了三大酸雨区：一是以德、法、英等国家为中心，涉及大半个欧洲的北欧酸雨区。二是 20 世纪 50 年代后期形成的包括美国和加拿大在内的北美酸雨区。这两个酸雨区的总面积已多达 1 000 万 km^2，降水的 pH 小于 5.0，有的甚至小于 4.0。美国是世界上能源消费量最多的国家，消费了全世界近 1/4 的能源，从美国中西部和加拿大中部工业心脏地带污染源排放的污染物定期落在美国东北部和加拿大东南部的农村及开发相对较少或较为原始的地区，其中加拿大有一半的酸雨来自美国。我国在 20 世纪 70 年代中期开始形成的覆盖四川、贵州、广东、广西、湖南、湖北、江西、浙江、江苏和青岛等省市部分地区，面积为 200 万 km^2 的酸雨区是世界第三大酸雨区。

自 20 世纪 80 年代以来，中国的酸雨污染呈加速发展趋势。在空间上中国主要形成了三大酸雨区：①西南酸雨分布区，污染强度居中；②华中酸雨分布区，污染强度最强；③华东沿海酸雨分布区，污染强度较华中、西南酸雨分布区低。在时间上，从 80 年代初期到 90 年代中期为第一阶段，是我国酸雨现象发生的急剧发展时期；90 年代中后期及其以后的很长一个阶段为第二阶段，我国酸雨情况总体进入相对稳定时期，但从形势上看仍然较为不乐观。从酸雨强度看，1993—1997 年这个阶段为酸雨危害最强时期，1998—2000 年我国酸雨强度有了明显下降，而在 2002—2004 年我国的酸雨强度又开始升高，之后这一时段，酸雨强度逐渐下降，直到相对稳定。

3. 酸雨的危害

(1) 酸雨对陆生生态系统的危害

一般来说，土壤应是弱碱性或中性的，然而经常降落的酸雨使土壤 pH 降低，这种土壤酸化现象导致了一系列环境问题。在土壤酸化过程中，土壤里的营养元素钾、镁、钙、硅等不断溶出、洗刷并流失；另外，由于土壤酸化，土壤中的微生物受到不利的影响，使微生物固氮和分解有机质的活动受到抑制，这都将导致土壤贫瘠化，从而影响陆生生态系统中最重要的生产者——绿色植物的生长和代谢。土壤酸化的结果将使许多元素进入溶液，如铝、铜、镉等，其中有的伤害植物的根系，使树木不能吸收足够的水分和养料；有的对树干、树叶有伤害作用；还可能降低植物抗病虫害的能力，减少陆生生态系统的生产量。

(2) 酸雨对水生生态系统的危害

酸雨对水生生态系统的危害最为严重。酸雨使水体酸化，一方面使鱼卵不能孵化或成长，微生物组成发生改变，有机物分解缓慢，浮游植物和动物减少，食物网发生改变，鱼的品种与数量减少，严重时使所有鱼类死亡；另一方面，由于水体酸化，许多金属的溶解加速，水体中金属离子的浓度增高，一旦超过鱼类生存的环境容量，也导致鱼类大量死亡。由于酸雨造成的水生生态系统的破坏，导致成千上万的湖泊变成"死湖"，两栖类动物，如青蛙正以极快的速度，在各大洲迅速减少甚至消失。

(3) 对各种材料的侵蚀作用

酸雨对建筑材料、公共设施、古迹和金属有严重的侵蚀作用，造成人类经济、财物及文化遗产的损失。酸雨对古建筑的破坏已有许多证据，我国故宫的汉白玉雕塑、雅典巴特农神殿和罗马的图拉真凯旋柱都已受到酸性沉降物的侵蚀。有人估算近几十年来酸雨对古建筑的侵蚀作用，超过以往几百年甚至上千年。被腐蚀的金属生成难溶的金属氧化物，生成离子被雨水带走。许多金属氧化物是疏松的附着层，完全没有阻挡进一步腐蚀的作用。

(4) 对人体的危害作用

酸雨对人体健康的影响是间接的。例如，许多国家由于酸雨的侵蚀作用使地下水中 Al、Cu 等金属元素的浓度超出正常值的 10～100 倍，饮用这样的水必然对人体健康有害。此外，由于食物链的作用如果食用受过酸性水污染的鱼类，也将对人的健康造成伤害。另外，酸雨对人的皮肤和眼睛也有一定程度的损害。

4. 酸雨的防治

1) 防治酸雨的技术措施

为了减少或解除酸雨的危害，必须减少和限制酸性化学污染物的排放，即减少二氧化硫和氮氧化物的排放。现在较为有效的措施如下：

(1) 优先开发和使用各种低硫燃料，如低硫煤和天然气；

(2) 改进燃烧技术，减少燃烧过程中二氧化硫和氮氧化物的产生量；

(3) 采用烟气脱硫装置，脱除烟气中的二氧化硫和氮氧化物；

(4) 改进汽车发动机技术，安装尾气净化装置，减少氮氧化物排放。

2) 防治酸雨的国际合作及中国行动

(1) 防治酸雨的国际合作

19 世纪 80 年代到 20 世纪中期，北欧地区发现降水酸化是空气污染源排放的二氧化硫和氮氧化物所造成的，接着酸雨在工业化地区广泛出现，并扩展成全球问题，受到全世界关注。在1972年斯德哥尔摩人类环境会议上，瑞典人B.波林等做了题为“跨越国境的空气污染，空气和降水中硫对环境的影响”的报告，指出了酸雨对生态系统的破坏作用。由于酸雨可以跨越国界，很容易引起国际纠纷，形成环境安全问题，防治酸雨的国际合作提到议事日程。1979年11月在日内瓦举行的联合国欧洲经济委员会的环境部长会议上，通过了《控制长距离越境空气污染公约》，并于1983年生效。本公约规定，到1993年年底，缔约国必须把二氧化硫排放量削减为1980年排放量的70%。欧洲和北美（包括美国和加拿大）等32个国家在公约上签字。之后各国防治酸雨方面都采取了相应行动。美国的《酸雨法》（1980年）规定，密西西比河以东地区，二氧化硫排放量要由1983年的2 000万 t/年，经过10年减少到1 000万 t/年；加拿大二氧化硫排放量由1983年的470万 t/年到1994年的230万 t/年。

(2) 防治酸雨的中国行动

20世纪80年代以来，随着中国经济的飞速发展，石油、煤炭等燃料的消耗迅速增长，从而使大气中排放的酸性污染物质大幅度增加。我国成为世界上继欧洲、北美之后的第三大酸雨分布区。我国科学界持续对我国酸雨态势、影响和控制进行深入研究，通过详细监测和调查，弄清了我国酸雨污染的范围和硫酸型污染特征，证实了酸雨区域输送行为，提出了酸雨控制国家方案。1990年通过了《关于控制酸雨发展的意见》；1992年经国务院批准在贵州、广东两省和柳州、南宁、桂林、杭州、青岛、重庆、长沙、宜昌和宜宾九市开展征收工业燃煤二氧化硫排污费和酸雨综合防治试点工作。1995年对《中华人民共和国大气污染防治法》进行了第一次修订，1996年发布了《国务院关于环境保护若干问题的决定》，提出实施污染物排放总量控制，建立全国主要污染物排放总量指标体系和定期公布制度。提出“两控区”（酸雨控制区和二氧化硫污染控制区）划分方案。“两控区”总面积约为109万 km^2，占国土面积11.4%，涉及176个地市级单元。其中酸雨控制区面积约为80万 km^2，占国土面积8.4%，二氧化硫污染控制区面积约为29万 km^2，占国土面积3%。要求通过燃煤含硫量限值、工业污染源二氧化硫达标排放、实行二氧化硫排放总量控制和征收二氧化硫排污费等措施使城市环境空气二氧化硫浓度达到国家环境质量标准，酸雨控制区酸雨恶化的趋势得到缓解。1996年我国出台《国家环境保护“九五”计划和2010年远景目标》落实“一控双达标”（即到2000年年底，各省、自治区、直辖市要使本辖区主要污染物的排放量控制在国家规定的排放总量指标内，工业污染源要达到国家或地方规定的污染物排放标准，空气和地面水按功能区达到国家规定的环境质量标准）。2000年对《中华人民共和国大气污染防治法》进行了第二次修订。在继续加大二氧化硫控制的基础上，要求对燃料燃烧过程中产生的氮氧化物采取控制措施。到 2000 年在国内生产总值年均增长 8.3%的情况下,“九五”期间全国主要污染物排放总量控制计划基本完成,全国二氧化硫、烟尘、工业粉尘主要污染物的排放总量比“八五”末期分别下降 10%~15%。我国酸雨出现的区域与往年相比无明显变化，基本维持了多年形成的格局,61.8%的南方城市出现酸雨,年均降水 pH<5.6 的区域面积占国土面积的 30%,主要分布在长江以南、青藏高原以东的广大地区及四川盆地。华中、华南、西南和华东仍是酸雨污染严重的区域。2001 年 3 月发布的《中华人民共和国国民经济和社会发展第十个五年计划纲要》提出要加强大气污染防治,实施“两控区”和重点城市大气污染控制工程,2005 年“两控区”二氧化硫排放量比 2000 年减少 20%,降水酸度和酸雨发生频率有所降低。2010 年,《关于推进大气污染联防联控工作改善区域空气质量的指导意见》提出到 2015 年,建立大气污染联防联控机制,形成区域大气环境管理的法规、标准和政策体系,主要大气污染物排放总量显著下降,重点企业全面达标排放,重点区域内所有城市空气质量达到或好于国家二级标准。酸雨、灰霾和光化学烟雾污染明显减少,区域空气质量大幅改善。2012 年新修订的《环境空气质量标准》(GB 3095—2012)开始实施。2013 年 9 月,国务院出台了《大气污染防治行动计划》(简称“大气十条”)。2016 年 3 月发布《国民经济和社会发展第十三个五年规划纲要》,对大气污染防治提出 4 项约束性指标,即到 2020 年全国地级及以上城市空气质量优良天数达到 80%以上,相比 2015 年 PM2.5 未达标的地级及以上城市浓度下降 18%,全国二氧化硫和氮氧化物排放量削减 15%,生态环境质量总体改善。2018 年 7 月国务院印发了《打赢蓝天保卫战三年行动计划》。经过多年的努力,我国环境空气质量管理体系和技术体系已经日趋完善,全国二氧化硫和氮氧化物排放量明显削减,酸雨发生频率明显下降,重度酸雨基本消除,轻度酸雨和较重酸雨所占比例也呈下降趋势,酸雨污染得到有效控制,生态环境质量总体改善。

10.1.4　海洋污染

海洋与人类的生产与生活有着密切的联系。海洋占地球面积的 70%,海水总量为 3.61×10^{13} t。海洋从太阳处吸收热量,又将热量释放到大气中,彼此相互作用。沿海地区一般气候温和,环境优美;又有丰富的海洋资源,可发展航运通商、旅游及海产品开发,对世界经济、文化的发展和社会文明的传播起着积极的作用。

随着生产力的发展,人类大规模地开发海洋生物资源、矿产资源、水利资源和能源,将大量的废弃物排入海洋,使海洋成为最大的垃圾场和下水道,导致海洋的严重污染。

1. 海洋污染及其污染来源

1）海洋污染的概念

海洋污染是指人类直接或间接地把物质或能量引入海洋环境，以致发生损害生物资源、危害人类健康、妨碍包括渔业在内的海洋活动、损害海水使用质量、降低或毁坏环境质量等有害影响。海洋的污染主要是发生在靠近大陆的海湾。由于密集的人口和工业，大量的废水和固体废物倾入海水，加上海岸曲折造成水流交换不畅，使得海水的温度、pH、含盐量、透明度、生物种类和数量等性状发生改变，对海洋的生态平衡构成危害。目前，海洋污染突出表现为石油污染、赤潮、有毒物质累积、塑料污染和核污染等几个方面。污染最严重的海域有波罗的海、地中海、东京湾、纽约湾、墨西哥湾（图 10-1）等。就国家来说，沿海污染严重的是日本、美国、西欧诸国等。我国的渤海湾、黄海、东海和南海的污染状况也相当严重，虽然汞、镉、铅的浓度总体上尚在标准允许范围内，但已有局部的超标区；石油和 COD 在各海域中有超标现象。其中污染最严重的渤海，由于污染已造成渔场外迁、鱼群死亡、赤潮泛滥，有些滩涂养殖场荒废，一些珍贵的海生资源正在丧失。

图 10-1 墨西哥湾石油污染造成的生态灾难

2）海洋污染物及其来源

按照污染物的来源、性质和毒性，可有多种分类法，当前，通常分为以下几类。

（1）石油及其产品

石油类污染物包括原油和从原油分馏成的溶剂油、汽油、煤油、柴油、润滑油、石蜡、沥青等，以及经裂化、催化重整而成的各种产品。它们主要是在开采、运输、炼制及使用等过程中流失而直接排放或间接输送入海。它们是当前海洋中主要的污染物，且易被感官觉察，量大、面广，对海洋生物能产生有害影响，并能损害优美海滨环境。

(2) 金属、非金属和酸、碱

此类污染物包括铬、锰、铁、铜、锌、银、镉、锑、汞、铅等金属，磷、硫、砷等非金属，以及酸、碱等。主要来自工、农业废水和煤与石油燃烧而生成的废气转移入海。这类物质入海后往往是河口、港湾及近岸水域中的重要污染物，或直接危害海洋生物的生存，或蓄积于海洋生物体内而影响其利用价值。

(3) 农药

来自森林、农田等施用的农药或随水流迁移入海，或逸入大气，经搬运而沉降入海。有汞、铜等重金属农药，有机磷农药，百草枯、蔬草灭等除莠剂，DDT、六六六、狄氏剂、艾氏剂、五氯苯酚等有机氯农药以及多在工业上应用而其性质与有机氯农药相似的多氯联苯等。有机氯农药和多氯联苯的性质稳定，能在海水中长期残留，对海洋的污染较为严重；并因它们疏水亲油，易富集在生物体内，对海洋生物危害尤大。

(4) 放射性物质

放射性物质主要来自核武器爆炸、核工业和核动力船舰等的排污。有铈-114、钚-239、锶-90、碘-131、铯-137、铁-55、锰-54、锌-65 和钴-60 等。其中以锶-90、铯-137 和钚-239 的排放量较大，半衰期较长，对海洋的污染较为严重。

(5) 有机废物和生活污水

这是一类成分复杂的污染物，有来自造纸、印染和食品等工业的纤维素、木质素、果胶、糖类、糖醛、油脂等以及来自生活污水的粪便、洗涤剂和各种食物残渣等。造纸、食品等工业的废物入海后以消耗大量的溶解氧为特征；生活污水中除含有寄生虫、致病菌外，还带有氮、磷等营养盐类，可导致富营养化，甚至形成赤潮。

(6) 热污染和固体废物

热污染主要来自电力、冶金、化工等工业冷却水的排放，可导致局部海区水温上升，使海水中溶解氧的含量下降和影响海洋生物的新陈代谢，严重时可使动植物的群落发生改变，对热带水域的影响较为明显。固体废物主要包括工程残土、城市垃圾及疏浚污泥等，投弃入海后能破坏海滨自然环境及生物栖息环境。

2. 海洋污染的危害及特点

1) 海洋污染的危害

海洋污染造成的海水浑浊严重影响海洋植物（浮游植物和海藻）的光合作用，从而影响海域的生产力，对鱼类也有危害。重金属和有毒有机化合物等有毒物质在海域中累积，并通过海洋生物的富集作用，对海洋动物和以此为食的其他动物造成毒害。石油污染在海洋表面形成面积广大的油膜，阻止空气中的氧气向海水中溶解，同时石油的分解也消耗水中的溶解氧，造成海水缺氧，对海洋生物产生危害，并祸及海鸟和人类。由于好氧有机物污染引起的赤潮（海水富营养化的结果），造成海水缺氧，导致海洋生物死亡。海洋污染还会破坏海滨旅游资源。因此，海洋污染已经引起国际社会越来越多的重视。

2）海洋污染的特点

由于海洋的特殊性，海洋污染与大气、陆地污染有很多不同，其突出的特点如下所述。

（1）污染源广

不仅人类在海洋的活动可以污染海洋，而且人类在陆地和其他活动方面所产生的污染物，也将通过江河径流、大气扩散和雨雪等降水形式，最终汇入海洋。

（2）持续性强

海洋是地球上地势最低的区域，不可能像大气和江河那样，通过一次暴雨或一个汛期，使污染物转移或消除；一旦污染物进入海洋后，很难再转移出去，不能溶解和不易分解的物质在海洋中越积越多，往往通过生物的浓缩作用和食物链传递，对人类造成潜在威胁。

（3）扩散范围广

全球海洋是相互连通的一个整体，一个海域污染了，往往会扩散到周边，甚至有的后期效应还会波及全球。

（4）防治难、危害大

海洋污染有很长的积累过程，不易及时发现，一旦形成污染，需要长期治理才能消除影响，且治理费用大，造成的危害会影响到各方面，特别是对人体产生的毒害，更是难以彻底清除干净。

3. 海洋污染的防治策略

（1）加强国际合作，建立健全海洋保护法律体系与管理体制

因为海洋大部分是公海，所以防止海洋污染是国际性的，而且整个世界只有“一个海洋”，因此加强国际协作来共同保护海洋是非常必要的。同时不断建立健全海洋保护的法律体系与管理机制，始终使海洋环境保护工作“有法可依”“有章可循”，做到“执法必严”，保证实现“有法必依，违法必究”。

（2）不断提高海洋环境监测水平

运用现代化的监测手段和技术，对海洋环境进行监管，及时发现违规行为，保护海洋环境，监测赤潮等都是非常重要的。

（3）实现海洋产业结构的高级化

优化海洋产业结构包括两个方面：一是优化海洋产业结构。不同的海洋产业结构对海洋资源的依赖程度和对环境的影响程度不同。从海洋第一产业、第二产业到第三产业，对海洋资源的依赖程度和对环境的影响程度逐渐减弱。我国多年来的海洋产业结构一直是以海洋第一产业为主，今后应提高第二、三产业的比重，

在实现海洋资源环境可持续利用的过程中，使我国海洋产业结构不断优化和升级。二是优化沿海地区的产业结构。沿海地区所产生的“三废”绝大部分直接入海，或通过河水和地表径流、酸雨等形式流入近海，影响着近岸海域的环境，近岸海域的环境状况和沿海地区经济结构，特别是与产业结构的变化有着高度的相关性。从“三废”排放的一般情况来看，工业废水、废气占全部污染物的 50%左右，所以第二产业对环境压力最大。而沿海地区是我国目前工业化程度较高的地区，第二产业在三个产业中所占的比重最大，这种产业结构严重地影响着近岸海域环境，应进一步加以调整，使之不断优化和升级。

(4) 推动海洋环保技术产业化的进程

海洋环保技术是指为防止或减少海洋环境污染，保证海洋生态平衡的各项技术。它包括海洋环境监测预警信息技术，如检测设备、资料浮标、无人值守站、卫星遥感等；污染物控制技术，如废弃物处理技术、溢油事故处理技术、倾废技术等；环境无害化技术或清洁生产技术，如资源综合利用技术、以预防污染为目标的少废或无废的工艺技术和产品技术；海洋生态恢复和整治技术等。海洋环保产业是在海洋环保技术基础上发展起来的一类经济产业，包括海洋监测预警信息服务业、海洋环保设备制造业、污水处理厂、垃圾处理厂、海上倾废场等海洋污染物处理企业以及为预防海洋环境污染而进行的资源再生利用等产业部门和单位。在我国的海洋环境治理过程中，积极运用环保技术，培育相关产业能获得事半功倍的效果。

(5) 坚持陆海并重、防治并举的海洋环保方针

海洋污染表现在海上，但其来源于陆地和海上，其中主要是陆地。因此，改善海洋环境质量，必须坚持陆海并重。第一，要有效实行排海污染物浓度控制和总量控制的双重控制制度；第二，要积极推行绿色生态模式，合理发展农业和养殖业；第三，市政部门要做好节约用水和处理污水工作；第四，加强地区间的污染处理协调工作；第五，抓好海上污染控制，保护好近海生态环境。

(6) 保证海洋环境保护与污染治理的资金投入，营造海洋环境保护的社会氛围

由于投资见效慢，各方面关系难以协调，而且没有短期的经济效益，海洋生态环境的保护和建设必须由国家和地方政府承担资金投入的主体，同时要加强引导，积极利用国际资金和民间资金。

目前，我国海洋开发总体水平仍然不高，海洋环境污染日益严重，赤潮等海洋灾害造成的损失逐年增加，因此，要提高全民的海洋环境保护意识，充分认识治理海洋污染，保护海洋生态环境的重要性和紧迫性。

10.2 可持续发展

10.2.1 可持续发展理论

20世纪中期，环境问题逐渐从地区性问题演变为全球性问题。在长期的探索中，国际社会和世界各国逐渐认识到，单纯依靠污染控制技术是解决不了日趋复杂的环境问题的，只有按照生态可持续性和经济可持续性的发展要求，改革传统的单纯追求经济增长的战略和政策，对传统的经济增长模式包括生产和消费模式做出重大变革，改变现有技术和生产结构，减少资源消耗，人类才有可能实现自身的可持续发展。

1. 可持续发展理论概述

1）可持续发展理论的提出

第二次世界大战后，世界各国，尤其是发展中国家都是以传统的发展战略来发展本国经济。其主要特征是以实现工业化为目标，以最大限度地提高国民生产总值为目的。其弊端主要是偏重于工业的发展，进而偏废了农业的发展，使资源和能源极度消耗。许多发展中国家尽管经济增长取得了一定的成效，但是造成了日益严重的农业问题、失业问题、"城市病"问题、环境污染和生态环境破坏问题等。这种环境与经济增长不协调的发展使发展中国家与发达国家的人均国民生产总值的差距反而进一步增加。这种发展模式使发展中国家付出了过高的环境代价。1980年，联合国向全世界发出呼吁："必须研究自然的、社会的、生态的、经济的以及自然资源利用过程中的基本关系，确保全球持续发展"。1983年，联合国成立了环境与发展委员会(WECD)，联合国要求该组织以持续发展为基本纲领，制订"全球的变革日程"。1987年，世界环境与发展委员会把历经4年研究和论证的报告《我们共同的未来》，提交给联合国大会，报告中正式提出了可持续发展的概念。1992年，这一概念已成为里约热内卢世界环境与发展大会的主题。至此一种全新的发展观点逐渐形成。

2）可持续发展的基本观点

《我们共同的未来》对可持续发展的定义为"既满足当代人需求又不危及后代人满足其需求能力的发展"，其中表达了两个基本观点：一是人类要发展，尤其是穷人要发展；二是发展有限度，不能危及后代人的发展。报告还指出：当代存在的发展危机、能源危机、环境危机都不是孤立发生的，而是传统发展战略造成的。只有改变传统的发展方式，实施可持续发展战略，才能解决人类面临的各种危机。它突出强调了发展的主题，与单纯地追求经济增长的概念有着明显的区别。

可持续发展包含了两个基本要点：一是强调人类应当在坚持与自然相和谐方式的统一下追求健康而富有生产成果的权利，而不应当在耗竭资源、破坏生态和污染环境的基础上追求这种发展权利的实现；二是强调当代人与后代人创造发展与消费的机会是平等的，当代人不能一味地、片面地和自私地为了追求今世的发展与消费，而剥夺后代人本应享有的同等发展和消费的机会。

持续发展理论源于传统的发展理论，但从本质上说，持续发展与传统的发展战略又是相对立的，是在对传统发展思想进行深刻反思的基础上的一个彻底的否定。当前，世界各国已越来越认识到传统发展战略的局限，接受了持续发展的思想。因此，持续发展已成为时代的主题，是人们普遍关心的问题。

3）可持续发展的内涵

以 1992 年联合国环境与发展大会为标志，世界各国开始接受可持续发展观。可持续发展理论强调的是经济、社会和环境的协调发展，其核心思想是经济发展应当建立在社会公正和环境、生态可持续的前提下，既满足当代人的需要，又不对后代人满足其需要的能力构成危害。

可持续发展包含以下基本内容。

（1）可持续发展强调了发展的主题

只有发展才能摆脱贫困，提高生活水平，特别是对于发展中国家，生态环境恶化的根源在于贫困。只有发展才能为解决贫富悬殊、人口剧增和生态环境危机提供必要的技术和资金，同时逐步实现现代化。

（2）可持续发展强调环境与发展的辩证关系

环境和发展两者密不可分，相互促进。经济发展离不开环境和资源的支持，而环境保护又需要经济发展提供技术和资金。发展的可持续性取决于环境和资源的可持续性。

（3）可持续发展从伦理角度提出了公平的概念

可持续发展在伦理上注重代内公平和代际公平。人类历史是一个连续的过程。后代人拥有与当代人相同的生存权和发展权，当代人必须留给后代人生存和发展所需的必要资本，包括环境资本。实现代内公平是全球范围内实现向可持续发展转变的必要前提。发达国家与发展中国家共同拥有地球上的环境和资源，发达国家在发展过程中已经消耗了大量的资源和能源，而且继续大量占有来自发展中国家的资源，并且对全球环境质量恶化责任也最大。因此，发达国家应对全球环境问题承担主要责任，从技术和资金方面帮助发展中国家提高环境保护能力也应是其义不容辞的义务。

（4）可持续发展强调改变传统的生产和消费方式

“高投入、高消耗、高排放、高污染”是过去人们的生产和消费方式，为了实现可持续发展,必须从思想到行动都要改变这种固有的模式,实行清洁生产和废弃物的循环利用,以提高资源利用效率。

(5) 可持续发展强调人与自然的和谐相处

可持续发展强调人类应当学会珍重自然、爱护自然,把自己当作自然中的一员,与自然界和谐相处。对自然界要精心保护、合理开发、永续利用。彻底改变那种认为自然界是一种可以任意盘剥和利用的对象,没有把它作为人类发展的一种基础和生命支持系统的错误态度。

2. 可持续发展的战略目标和基本途径

1) 可持续发展的战略目标

世界环境与发展委员会在《我们共同的未来》报告中提出了世界共同面临的可持续发展战略目标。战略的核心是人口、环境与经济的持续协调发展。主要包括:恢复和改变增长质量、满足人类生存的基本需求以及在决策中纳入环境与经济因素三个战略目标。

(1) 恢复增长和改变增长质量

一些贫穷发展中国家的发展速度仍然很低,因此持续发展应致力于解决生活在绝对贫困中人的基本需求问题,必须尽快改变增长质量是发展中国家和发达国家的共同目标。它要求改变增长的内容,降低原材料和能源的投入,增强发展的能力(如观念和教育)等。改变增长质量,要求我们将发展的增加量和自然资源储备的减少量等一系列影响因素全部考虑在内,更好地保持经济发展的自然资源储备。

(2) 满足人类生存的基本需求

可持续发展的中心内容之一就是满足人类生存的基本需求,包括粮食、能源、住房、供水、卫生设施和医疗保健等。随着世界人口的不断增长,人类的需求对环境会形成更大的压力。因此,必须在可持续发展战略中实现这一目标。

(3) 在决策中纳入环境与经济因素

可持续发展战略的主题就是需要在决策中将经济和生态环境结合起来考虑。在工业部门、资源部门、国际贸易以及影响生态环境的一些公共决策中,应充分实现经济和生态环境问题的统一,所采取的措施和发展政策应充分反映环境目标。

我国是一个人口众多和资源短缺的国家,而且又处于以经济发展为首要目标的阶段,我们在全球的持续发展战略的基础上,应充分结合具体国情,制定出我国的环境与经济持续发展战略。为此,我国政府在《中国环境与发展报告》和《中国21世纪议程》中阐述了我国环境与经济持续发展的战略目标。归纳起来,包括以下几方面:①确保稳定的人口水平;②维护和加强资源基础;③防治环境污染和公害,建立健全的生态环境体系;④建立低能耗、低物耗、低污染和高产出的工业持续发展体系;⑤满足公众的基本需求,建立适度消费的生活体系;⑥改进宏观调控，增强企业的环境与经济的刺激活力；⑦发展清洁生产和绿色农业技术，建立实用、创新和可持续发展的技术体系；⑧建立适应技术进步和经济发展的教育体系；⑨发展对外贸易，扩大国际经济、技术交流与合作。

2) 实现可持续发展的基本途径

1992 年联合国世界环境与发展大会通过的《21 世纪议程》，是由传统的发展模式向可持续发展转变的行动蓝图。它要求世界各国根据自身的自然、经济、社会和文化的条件和特点，探求可持续发展的道路。虽然世界上不存在一种统一的、普遍适用的可持续发展模式，但从国际社会和各国所提出的可持续发展目标和战略来看，可持续发展的主要途径有以下几种。

(1) 将环境保护纳入综合决策，转变传统增长模式

传统的增长方式的核心是单纯追求经济产出的增长，把国民生产总值(GNP)的增长当作经济发展和社会进步的代名词。从环境与自然资源角度而言，这种增长方式忽视了经济、社会系统对环境的影响，往往以牺牲环境与自然资源为代价来换取经济上的收入。

转变传统增长模式的途径主要是：修正传统的国民经济核算方法，把自然资源消耗和环境污染纳入经济核算，把经济发展战略建立在更为合理的目标和指标下；逐步取消各种使用资源的补贴，使资源价格充分反映其稀缺性，促进资源使用效率的提高；增加对污染的收费，使污染者完全补偿其污染环境的成本。

(2) 开发同环境友善的技术，实现清洁生产，发展同自然相容的产业体系

科学技术是一把“双刃剑”，既为人类提高生活水平和改善环境提供了手段，也为人类改变或破坏环境创造了条件。从本质上讲，人类在 21 世纪所造成的全球范围的环境危害就源自工业革命后人类发明和创造的各种生产技术。发展清洁生产技术，是人类有意识引导科学技术以适应环境保护的一种尝试。

清洁生产技术的基本目标是减少乃至消除生产过程中以及产品与服务过程中对环境的有害影响。从生产过程而言，要求节约原材料和能源，尽可能不用有毒原材料，并在排放物和废物离开生产过程以前就减少它们的数量和毒性；从产品和服务而言，则要求以获取和投入原材料到最终处置报废产品的整个过程中，都尽力能将对环境的影响减至最低，减少产品和服务的物质材料、能源密度，扩大可再生资源的利用，提高产品的耐用性和寿命，提高服务质量。20 世纪 80 年代以来，发达国家均把发展这类技术作为争取国家战略优势的重要途径以及提高在世界市场竞争力的重要手段。

(3) 更新社会观念，发展适度消费的新消费模式

以大批量物质消费和“用过即扔”的现代大众消费模式是在西方国家，特别是美国发展起来的，是传统经济增长模式的社会动力。在这种模式下，大众消费和大

规模生产相互促进，大量的物质产出带动了大量的物质消费，一波又一波的大众消费浪潮开辟了一个又一个市场。在惊人的消费增长中，发达国家正在消耗着世界上与其人口不成比例的自然资源和物质产品，以其占1/4的人口消耗了世界商业能源的80%。其中北美洲的人均消费是印度或中国的20倍。以全球资源和环境承载力，不可能使世界人口都维持西方现有的消费水平。有些学者估计，如果世界在21世纪初的70亿人都按照西方的消费水平来消耗能源和资源，那么，为满足人们的需求将需要10个地球，而不是1个。

转变消费模式，首先需要发达国家改变超出必要物质消费限度的并以越来越多的物质消费为目标的消费模式，致力于减少产品和服务对环境的不利影响，减少相应的资源、能源消耗和污染；同时，发展中国家也应选择与环境相协调的，低资源、能源消耗，高消费质量的适度消费体系。从消费品特征来说，强调持久耐用，强调可回收，强调易于处理。

(4) 发展和完善环境保护法律和政策

从经济、社会体系角度而言，环境问题是市场不完整及运转失效的一种表现，表现为一种“公害”，需要政府的干预行动。政府不论是采取直接行政控制和提供服务，还是采用间接经济手段，都要逐步建立相应的、有关自然资源和环境保护的法律体系。从发达国家有关法律的发展过程来看，20世纪70年代以后，这些国家一系列环境状况指标有了很大的改善，说明各国所采用的法律制度是有效的。但环境问题依然存在，一些环境问题还没有有效的控制手段，需要继续发展和完善自然资源和环境保护法律，使之适应可持续发展的长远目标。

(5) 提高全社会环境意识，建立可持续发展的新文明

公众既是消费者，又是生产者，他们的日常行为在很多方面对环境有很大的影响，一旦他们产生了保护环境的要求，并采取行动积极保护自己的环境权益，就会为环境保护提供持久的动力。西方发达国家的环境保护大多是在公众环境保护运动的冲击下发展起来的。

10.2.2 中国可持续发展战略

自1980年以来，中国开始探索建立可持续发展战略。中国的可持续发展战略是建立在两个基础上的，一是转变传统的经济增长方式，二是深化和扩展环境保护战略，并在此基础上建立起真正把环境保护纳入经济和社会发展中的国家和地区战略。《中国21世纪议程》初步提出了中国可持续发展的目标和模式，2012年6月联合国可持续发展大会在巴西里约热内卢召开，中国发布了《中华人民共和国可持续发展国家报告》(简称《国家报告》)，报告中明确提出中国推进可持续发展战略的指导思想、总体目标及总体思路。

“十二五”“十三五”期间，我国对可持续性发展战略进行了全方位的探索与实践，并取得了显著成效。

1. 中国推进可持续发展战略的指导思想与总体目标

中国推进可持续发展战略的指导思想是：以科学发展为主题，以加快转变经济发展方式为主线，以发展经济为第一要务，以提高人民群众生活质量和发展能力为根本出发点和落脚点，以改革开放、科技创新为动力，全面推进经济绿色发展，社会和谐进步。

中国推进可持续发展战略的总体目标是：人口总量得到有效控制、素质明显提高，科技教育水平明显提升，人民生活持续改善，资源能源开发利用更趋合理，生态环境质量显著改善，可持续发展能力持续提升，经济社会与人口资源环境协调发展的局面基本形成。

2. 中国推进可持续发展战略的总体思路

(1) 把经济结构调整作为推进可持续发展战略的重大举措

着力优化需求结构，促进经济增长向依靠消费、投资、出口协调拉动转变；巩固和加强农业基础地位，着力提升制造业核心竞争力，积极发展战略性新兴产业，加快发展服务业，促进经济增长向依靠三次产业协同带动转变；深入实施区域发展总体战略和主体功能区战略，积极稳妥推进城镇化，加快推进新农村建设，促进区域和城乡协调发展。

(2) 把保障和改善民生作为推进可持续发展战略的主要目的

控制人口总量，提高国民素质，促进人口的长期均衡发展；努力促进就业，加快发展各项社会事业，完善保障和改善民生的各项制度，推进基本公共服务均等化，使发展成果惠及全体人民。

(3) 把加快消除贫困进程作为推进可持续发展战略的急迫任务

以提高贫困人口收入水平和生活质量为主要目标，通过专项扶贫、行业扶贫、社会扶贫，加大扶贫开发投入和工作力度，采取财税支持、投资倾斜、金融服务、产业扶持、土地使用等领域的特殊政策，实施生态建设、人才保障等重大举措，培育生态友好的特色主导产业和增强发展能力，提高贫困人口的基本素质和能力，全面推进扶贫开发进程。

(4) 把建设资源节约型和环境友好型社会作为推进可持续发展战略的重要着力点

实行最严格的土地和水资源管理制度，大力发展循环经济，推行清洁生产，全面推进节能、节水、节地和节约各类资源，进一步提高资源能源利用效率，加快推进能源资源生产方式和消费模式转变；以解决饮用水不安全和空气、土壤污染等损害群众健康的突出环境问题为重点，加强环境保护；积极建设以森林植被为主体、林草结合的国土生态安全体系，加强重点生态功能区保护和管理，增强涵养水源、保持水土、防风固沙能力，保护生物多样性；全面开展低碳试点示范，完善体制机制和政策体系，综合运用优化产业结构和能源结构、节约能源和提高能效、增加碳汇等多种手段，降低温室气体排放强度，积极应对气候变化。

(5) 把全面提升可持续发展能力作为推进可持续发展战略的基础保障

建立长效的科技投入机制，注重科技创新人才的培养与引进，建立健全创新创业的政策支撑体系，推进有利于可持续发展的科技成果转化与推广，提升国家绿色科技创新水平；以环境保护、资源管理、人口管理等领域为重点，完善可持续发展法规体系；建立健全可持续发展公共信息平台，发挥民间组织和非政府组织的作用，推进可持续发展试点示范，促进公众和社会各界参与可持续发展的行动；加强防灾减灾能力建设，提高抵御自然灾害的能力；积极参与双边、多边的全球环境、资源、人口等领域的国际合作与交流，努力促进国际社会采取新的可持续发展行动。

3. 中国推进可持续发展战略实施的主要做法

(1) 坚持政府引导，注重市场调节作用

我国从规划计划、组织机构、制度安排、政策措施、项目实施等方面加大统筹力度，成立了自上而下的节能减排、生态环境监管机构，建立了节能减排管理体系，通过实行节能减排工作责任制、环境保护一票否决制等措施强化政策的执行。通过不断完善市场经济体制，充分发挥市场在资源配置中的基础性作用，激发产业界发展循环经济、开展清洁生产的动力。通过项目带动，形成重点突破、全面推进的生动局面。

(2) 坚持完善政策法规，强化能力建设

中国政府按照可持续发展战略要求，相继颁布实施和修订了一系列相关的法律、法规。在环境立法中，强调预防为主原则，初步形成了源头减量、过程控制和末端治理的全过程管理思路。坚持依靠科技支撑可持续发展，不断加大相关领域的科技投入和科技人才的培养。通过媒体宣传、教育培训等各种途径，在全社会广泛普及可持续发展理念，引导社会团体和公众积极参与。健全新闻媒体监督机制，保障可持续发展取得预期成效。

(3) 坚持试点示范，积极探索可持续发展模式

中国政府通过广泛开展《中国21世纪议程》地方试点、国家可持续发展实验区建设、循环经济试点、资源节约型和环境友好型社会建设试点、生态示范区建设等工作，探索形成了一系列创新性的、符合区域特点的可持续发展模式。

(4) 坚持务实合作，共享可持续发展经验

通过加强与国外政府机构、国际组织、企业、研究咨询机构等的深层次、宽领

域、多方式的交流与合作，共享各方的经验与教训，提高可持续发展的国际合作水平。

问题与思考

1. 温室效应的产生原因是什么？人类将如何应对温室效应加剧的趋势？
2. 简述应对全球环境变化的国际公约有哪几个。
3. 中国应对全球气候变化的目标是什么？
4. 查阅资料，阐述中国应对全球气候变化都做了什么。
5. 查阅资料，阐述中国应对全球气候变化取得了哪些新成就。
6. 臭氧层破坏的主要原因是什么？我们将采取哪些措施保护臭氧层？
7. 什么是酸雨？其危害有哪些？如何防控酸雨加剧？
8. 海洋污染的来源有哪些？如何保护海洋环境？
9. 什么是可持续发展？如何理解其内涵？

参考文献

[1] 刘培桐，薛纪渝，王华东. 环境学概论[M]. 2 版. 北京：高等教育出版社，1995.

[2] 郝吉明，马广大，王书肖. 大气污染控制工程[M]. 4 版. 北京：高等教育出版社，2021.

[3] 仝川. 环境科学概论[M]. 2 版. 北京：科学出版社，2017.

[4] 龙湘犁，何美琴. 环境科学与工程概论[M]. 北京：化学工业出版社，2019.

[5] 沈亚东. 碳中和——全球变暖引发的时尚革命[M]. 上海：上海科技教育出版社，2021.

[6] 中华人民共和国国务院新闻办公室. 中国应对气候变化的政策与行动[N]. 人民日报，2021-10-28.

[7] 朱妍，王林. 应对气候变化中国是行动派[N]. 中国能源报，2021-11-15.

[8] 李苑. 多地出台"十四五"应对气候变化规划[N]. 上海证券报，2022-08-08.

[9] 习近平. 共同构建人与自然生命共同体——在"领导人气候峰会"上的讲话[R]. 中华人民共和国国务院公报，2021.

[10] 张金萍. 最绿色的冬奥　最清洁的低碳——聚焦 2022 冬奥场馆建设中的绿色低碳实践[J]. 资源与人居环境，2022(3)：68-69.

[11] 侯学然. 低碳场馆洁净能源绿色理念 北京冬奥惊艳世界[J]. 中国环境监察，2022(z1)：74-75.

[12] 柴发合. 我国大气污染治理历程回顾与展望[J]. 环境与可持续发展，2020(3)：5-16.

[13] 蔡朋程.浅析中国的酸雨分布现状及其成因[J].科技资讯，2018(15)：127-128.
[14] 胡建信，陈子薇，张世秋. 履行《蒙特利尔议定书》三十年成就与未来挑战记[J].世界环境，2022(2)：58-61.
[15] 王慧.全球持续变暖海平面上升不可逆转[N].中国自然资源报，2021-08-24.
[16] 习近平.维护地球家园，促进人类可持续发展 [N].人民日报，2021-10-14.

课外阅读

《环境保护》编辑部.积极应对气候变化，构建人与自然生命共同体[J].环境保护，2022(z2)：4.